An Indispensable Truth

How Fusion Power Can Save the Planet

一个不可或缺的真相

——聚变能源如何拯救地球

〔美〕Francis F. Chen（陈凤翔） 著

何木芝 译

科学出版社

北京

图字:01-2019-3050

内 容 简 介

本书作者一生从事有关等离子体物理学的实验和研究。本书试图从气候变化和能源着手,清晰、公正地把事实真相呈献给读者,主要讨论了受控聚变的物理原理与技术。本书会告诉读者,聚变研究已经进展到哪里、还要走多远,最终我们将怎样与达目的地。作者力图深入浅出地解读受控聚变的深奥物理内容,实现聚变的种种困难和巧妙的解决方案,使每个读者能够领会聚变物理学家所做的一切努力,这是一项艰巨的科学技术任务。

本书是为不同背景的读者写的,包括广大科学爱好者。读者凭借大学和中学掌握的基础知识,可以从本书获得许多全新的概念和更多丰富的内容。

First published in English under the title
An Indispensable Truth; How Fusion Power Can Save the Planet
by Francis F. Chen
Copyright © Springer Science+Business Media, LLC 2011
This edition has been translated and published under licence from
Springer Science+Business Media, LLC, part of Springer Nature.

图书在版编目(CIP)数据

一个不可或缺的真相:聚变能源如何拯救地球/(美)陈凤翔著;何木芝译.
—北京:科学出版社,2020.1
书名原文:An Indispensable Truth: How Fusion Power Can Save the Planet
ISBN 978-7-03-064148-9

Ⅰ.①—… Ⅱ.①陈… ②何… Ⅲ.①核能-研究 Ⅳ.①TL

中国版本图书馆 CIP 数据核字 (2020) 第 016850 号

责任编辑:钱 俊 崔慧娴/责任校对:彭珍珍
责任印制:赵 博/封面设计:无极书装

科学出版社 出版
北京东黄城根北街16号
邮政编码:100717
http://www.sciencep.com

三河市春园印刷有限公司印刷
科学出版社发行 各地新华书店经销
*
2020年1月第 一 版 开本:720×1000 1/16
2025年1月第二次印刷 印张:26 1/4
字数:503 000
定价:188.00元
(如有印装质量问题,我社负责调换)

致　　谢

　　能够完成翻译本书的工作，我首先要感谢喜欢陈凤翔教授所写书的读者们，是你们让我能够克服自己水平的不足来完成这本书的翻译工作。在这过程中，也得到陈教授的鼓励，整本书中的图都是陈教授一张张寄给我，然后我让女儿林红一张张帮我把图上的英文全改成中文。初稿由中国科学院物理研究所副研究员徐丽雯和我在美国的大学同学黄瑞平进行修改指正，然后我根据他们的意见定稿。在此向他们表达我的感谢之情。

　　很荣幸的是最后的书样得到新奥科技发展有限公司的朋友们的支持，他们很认真，仔细地提出修改意见以及更正错误。在此我深深感谢大家的诚意和帮助。

　　陈教授已经 90 岁，但他仍然坚持写作，希望能够为读者们贡献他的学识和科研成就，他特别希望能献给中国的读者们。在这本书的封底，会有他的简历以及照片。让我们衷心祝愿他健康长寿。

　　这本书仍然由科学出版社钱俊先生负责出版，他们对书中的图以及文字修饰做了许多工作，在此感谢科学出版社的朋友们。

　　本书封面图是一位小朋友林澄 8 岁时画的，希望读者们喜欢。

　　总之，我衷心感谢大家的鼓励、支持和帮助，祝愿大家健康快乐！

何木芝

2020 年 1 月于休斯顿

前　　言

　　戈尔先生的书和纪录片《难以忽视的真相》(*An Inconvenient Truth*) 使公众清醒地意识到了全球变暖和气候变化给人类带来的巨大危害。作者希望传达一个信息，即危机是可以解决的，不但 CO_2 的人为排放引起的全球变暖可以解决，化石燃料的耗尽以及与石油资源有关的中东战争也可以解决。解决的办法就是快速发展氢聚变。这种能源来自用之不竭的海水，不仅没有温室气体排放问题，也没有核爆炸的危险。

　　许多立法者和新闻记者把聚变当成一个没有成功希望的白日梦。他们错了! 因为时代变了，虽然聚变能的获得是困难的，但是过去二十年的努力已经取得了卓越的进展。大自然母亲已经非常仁慈地给了我们许多完全出乎意料的恩赐。物理问题现在已经比较清楚，可以去开展系列工程了。如果有一个类似"阿波罗 11 号"的计划，就可以使聚变能在情况还不至于无法挽回之前及时上线，稳定气候变化。

　　作为聚变的重要一步，一个国际性的大科学工程计划，即国际热核聚变实验堆 (International Thermonuclear Experimental Reactor, ITER) 已在法国卡达拉舍 (Cadarache) 建立，参与共同建设的七个国家包括了全世界主要的核国家和主要的亚洲国家，覆盖接近全球一半的人口。卡达拉舍已成立了 ITER 国际组织和培养下一代的国际学校; 其他更多与 ITER 相关的活动都在进行中。以求得人类文明最紧迫问题的终极解决的工作计划和时间表也已经制订，至今还没有任何关于聚变的负面信息。

　　以气候变化和替代能源为主题的文章有很多，几乎每本杂志都在谈论。新闻记者为了在截止期限前提交稿件，不断地重复艾伯特·戈尔的数据，但读者却很难从他们的猜想和煽情中得到事实的真相。因此，本书试图从气候变化和能源着手，清晰、公正地把事实真相呈献给读者。这么做超越了我的能力，因为我不是气候学专家，有关的信息也和大众一样是从报纸、杂志、网页上获得的，但我认为，把聚变放在有关世界将来总体计划适当的场景之中是非常重要的。

　　本书主要讨论的是受控聚变。聚变物理是高技术的，作者力图深入浅出地解读受控聚变的深奥物理内容，实现聚变的种种困难和巧妙的解决方案，使每一位读者领会我们做的一切努力，这是一个艰巨的任务。与科学杂志的简短语言相比，我们的解释较长也较温和，请你耐心地读，而不要像看普通书那样匆匆浏览。本书是为不同背景的读者写的，包括"绿色"爱好者和某些没有科学背景的美国科学杂志的读者，凭借大学甚至中学所学知识都可以从中获得许多全新的概念和丰富的知识。

阅读时如果你的思路卡住了，请不要放弃，你可以跳到比较实际的、科学性不那么强的部分继续看下去。最重要的一点是，通过此书你会了解"还要做什么，要花费多长时间和金钱"，也许会给你一个惊喜。

Francis F. Chen（陈凤翔）

洛杉矶，加州，美国

开场白：走向一个可持续发展的世界

数亿年前，在阳光的照射下树木在地球上长出来了，最终又被埋在地壳深处转化成了化石燃料。人类凭借这一份轻易获得的能源遗产，发展和享有了今天的先进文明。但是，这种燃料正在快速地耗尽。我们所用的 90% 的能源来自太阳，其中大部分是以化石燃料的形态存在。太阳能发电的日产量还是太少，远远不能满足我们对能源的需求，所以说我们现在的生存完全是依赖着亿万年前阳光下生长的森林所形成和储存的化石燃料。受控核聚变，或简称 "聚变"，就是要在地球上制造一个人工太阳。这不是一件容易的事，但是我们要说明它不仅是可能而且是必须的（图 1）。

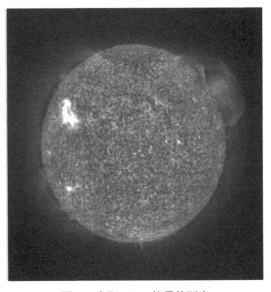

图 1 太阳 —— 能量的源泉

下面让我们看看化石燃料是如何融入人类历史进程的。图 2 给出的是从有文字可考的年代开始到将来的几千年的时间表，图中标出了在这段历史进程中的几个重大事件。图中央那个大而窄的峰是大家所熟知的哈伯特峰（Hubbert's peak），它展示了从 19 世纪工业化开始以来化石燃料的采用率和使用率情况，也预示了从现在（图中的 "现在"）起不到 100 年内，也就是我们的儿子辈和孙子辈，化石燃料储能即将耗尽。我们极其幸运地活在了人类历史非常短暂的时间切片上的今天。

如果要使人类文明继续走向未来，如同过去已经走过的那样久远的话，显然，节能和已知的再生能源都已经不能满足今日文明的需要，必须用其他能源来替代化石燃料。

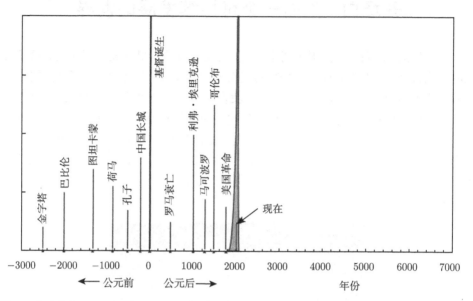

图 2　从过去的 5000 年到我们可能存活的将来 5000 年人类文明的时间线。图中标出了一些重大历史事件，阴影峰代表了今天人类占有的狭窄历史时段中化石燃料的年度使用情况

　　讨论气候变化或能源，必须区分三个非常不同的时间尺度。第一个时间尺度是短暂的，几个月或几年。对此需要一个刻不容缓的临时的解决方案。如气候变化，可能会达成像《京都议定书》那样的协议，或者发行可市场交易的碳信用额。对于石油或天然气短缺，可限制车速为每小时 55 英里 (1 英里 =1.609344 千米)，对装置再生能源实施税收抵免，或发动中东战争。第二个时间尺度是 10~50 年，这一较长的时间可用来发展不再燃烧化石燃料和排放 CO_2 的新能源。第三个时间尺度是长远的，100~5000 年，也许那时这个星球上的人类文明生活还像我们今天一样。权宜之计大多数是政治性的。很遥远的将来的问题在目前解决是不现实的，因为我们不知道将来会怎样。然而，第二个即中间时间尺度的问题已经迫在眉睫，采取有效的行动刻不容缓。地球变暖和海平面上升在将来的 10 年将加速；化石燃料的稀缺和难以燃烧干净使燃料价格飙升。现在迫切需要一个严肃的能解决更重大问题的计划以弥补过往的临时解决方案。

　　聚变是一个需要花费时间和金钱才能变成现实的方案，但没有比把人送上月球花费得更多。我们生活在一个辉煌的年代，能够发射卫星去探测太阳系，能够建造大型的粒子加速器去探测最微小尺度的物质结构，但我们却没有顾及将来。幸好，前景还不是太糟糕。正如后面几章要讲的，一个国际热核聚变实验堆 (ITER) 正由占世界半数以上人口的七个国家所支持，投资了 210 亿美元在法国建造；它将测试聚变反应的可持续性 —— 不间断地 "燃烧"。这个反应堆将在 2019 年完成后再运转 10 年或更长一些时间。同时需要另一个大装置去解决一系列不包括在 ITER 计划内的工程问题。这以后，第一个聚变产能的样机 DEMO 已经在计划之中，但不会在 2050 年以前完成。路线是清晰的，但是财政来源限制了进展速度。在美国，聚变被公众和国会忽视的主要原因是有关这个高技术项目的信息的贫乏。人们不了解什么是聚变以及它有多么重要。有的书轻易地把聚变说成是纯粹的幻想*。事实上聚变反应堆已经在稳固地、引人注目地发展。通过国际力量在重大问题上的协调努力，目前在 50 年发展聚变新能源的计划有可能缩短。是时候了，不能再陷在那些临时性的方案中了!

以下几章将讲述许多有关在地球上制造微型太阳 (这是一个非常棘手的问题) 的引人入胜的故事，同时也真实地述说还没有解决的问题以及成功的可能性。受控聚变不是一个白日梦，它能够代替化石燃料和抑制全球变暖。齐心协力及早使聚变反应堆进入电网将使全世界受益。

---

* 例如，C. Seife, *Sun in a Bottle: The Strange History of Fusion and the Science of Wishful Thinking* (瓶子中的太阳，聚变的怪异历史和一厢情愿的科学) (Viking Books, 2008)。

目　　录

第二篇　聚变工作原理和用途

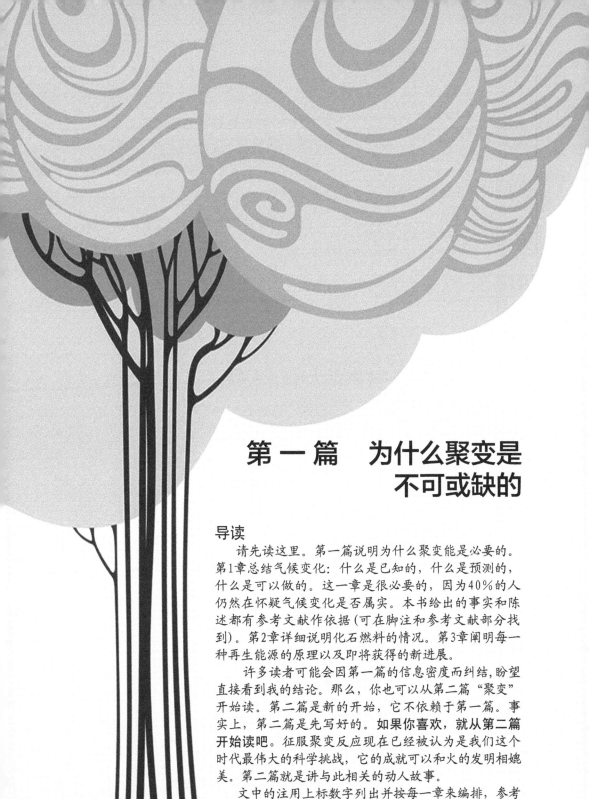

第一篇　为什么聚变是不可或缺的

导读

请先读这里。第一篇说明为什么聚变能是必要的。第1章总结气候变化：什么是已知的，什么是预测的，什么是可以做的。这一章是很必要的，因为40％的人仍然在怀疑气候变化是否属实。本书给出的事实和陈述都有参考文献作依据（可在脚注和参考文献部分找到）。第2章详细说明化石燃料的情况。第3章阐明每一种再生能源的原理以及即将获得的新进展。

许多读者可能会因第一篇的信息密度而纠结，盼望直接看到我的结论。那么，你也可以从第二篇"聚变"开始读。第二篇是新的开始，它不依赖于第一篇。事实上，第二篇是先写好的。**如果你喜欢，就从第二篇开始读吧**。征服聚变反应现在已经被认为是我们这个时代最伟大的科学挑战，它的成就可以和火的发明相媲美。第二篇就是讲与此相关的动人故事。

文中的注用上标数字列出并按每一章来编排，参考文献用括号中的数字如[5]表明。

第 1 章　气候变化的证据

1.1　全球变暖是真的吗？

下面的两张图作为插图以引起民众对人类活动造成的气候变化的关注。图 1.1 是查尔斯·D. 奇林 (Charles D. Keeling) 从 1958 年到 2005 年即他逝世前长达 47 年在夏威夷莫纳罗亚火山对大气中 CO_2 的极其细致的测量结果。从图中可以看到从 315ppm 到 380ppm 的连续变化，数据精细程度足以反映出每年随季节的规律变化。

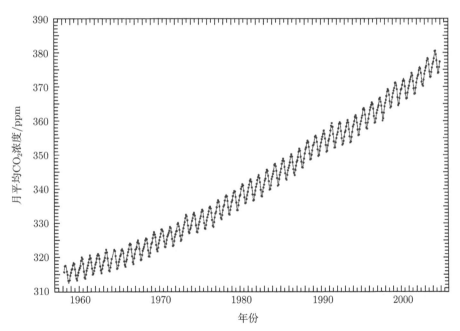

图 1.1　在大气中 CO_2 浓度的奇林曲线 (斯克里普斯 (Scripps) 海洋学协会报告)

图 1.2 是麦克·曼 (Michale Mann) 在 1998 年所推出的轰动一时的 "曲棍球棒" (hockey stick) 曲线，它显示了 1000 年以来北半球地表温度的变化。前 900 年曲线相对比较平坦；然而，在 1900 年左右，突然以陡峭的速率连续上升。曲线的形状酷似曲棍球棒的弯曲。历史上的数据只能从树的年轮和冰芯收集，近期的温度上升是用温度计测量的，结果更为精确。

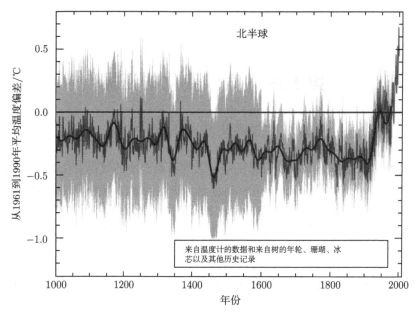

图 1.2　过去 1000 年内北半球地表温度的增加 (转载得到政府间气候变化专门委员会
(Intergovernmental Panel on Climate Change，IPCC) 的允许 [3])

　　这两个图有关联吗？是 CO_2 含量的增加引起温度升高吗？CO_2 的增加是人类
的责任吗？过去有很多怀疑论者，至今仍然存在许多怀疑，但现在对这三个问题的
答案是相当肯定的，即 "**是**"。首先我们来讨论这些疑问，然后说明为什么大多数科
学家认为全球变暖是事实，而且是人为的，就是人类所造成的。

　　俄勒冈州科学和医学研究所两位博士在他们发表的文章 [1] 中根据多方面的数
据认为，地球的升温和降温在过去就由于自然因素 (如太阳的变化) 发生过，这也是
在工业化前冰川大幅消退的原因。他们取得了弗雷德里克·赛兹 (Frederick Seitz)
的赞助。弗雷德里克原来是著名的物理学家，后来参与雷诺兹 (R. J. Reynolds) 烟
草公司的顾问业务。对全球变暖假设的最毫不隐讳的批评来自俄克拉荷马州的共
和党 (R-Okla) 参议员、参议院环境和公共工程委员会主席杰姆斯·英霍夫 (James
Inhofe)。他的《怀疑论者指南·揭露全球变暖的危言耸听》(*Skeptic's Guide to De-
bunking Global Warming Alarmism*) 2006 年被提交到美国参议院，2008 年 12 月在
他的 233 页更新报告 [2] 中宣称有 650 位科学家支持他的立场。

　　这些批评家的依据是一幅历史温度图，此图显示在中世纪的第 11 世纪与第 12
世纪间有一个暖周期，随后出现了第 15 世纪到第 16 世纪的小冰河时期。这张图
说明类似现在这种量级的温度涨落的自然现象在过去就发生过。后来发现这些数
据来自于马尾藻海 (Sargasso Sea) 局部地区，不能代表全球。2001 年的 IPCC 报
告 [3] 专门驳斥了这些数据不具有显著意义，而且采用了比较准确的图 1.2 的数据，

在这个图中没有他们所说的暖周期和小冰河期。英霍夫把 20 世纪 20 年代、60 年代媒体上警告全球变暖的文章与 50 年代、70 年代关于警惕冰河时代到来的文章捏合在一块，告诫人们：不应该相信从新闻中读到的东西。赞同人为导致气候变化的评论家都不是科学家，显然他们是有自己的目的的。不过也确实有一些物理学家研究了太阳辐射的变化，认为太阳辐射变化曾经导致了全球变暖[4]1。无论过去发生过什么，下面将给出的是气候学家的最可靠的估计，那就是人类活动引起的温室气体 (GHGs) 肯定会提高地球温度。

成立于 1988 年的政府间气候变化专门委员会 (IPCC) 大约每六年提交一个详细的报告。2001 年提交的第三次评估报告 (AR3) 给出了人为因素影响地球气候的充分证据。2007 年提交的第四次评估报告 (AR4) 编入了大量有关近年来气候科学的惊人进展，如大量冰芯、卫星的观察，海洋和冰的测量等，大大扩展了数据库。众所周知，六年中，计算机芯片的运行速度有了急剧的增长。更重要的是，气候变化的计算模拟程序已经变得更加可信，我们可以更精确地预测我们拥有什么样的未来。

IPCC-AR4 由一个 100 页的综合报告和三个工作组 (WGs) 报告组成。每个工作组报告都简化到 1000 页和 5 磅*重。在这里显示的数据主要来自第一个工作组 (WG1) 的报告《**物理科学基础**》，它是由 152 位作者总结了 650 位科学家的工作写出来的。分歧总是有的，写进报告的材料和数据都是在经过 30000 多次争议后达成的共识。在某种程度上来讲，前沿科学是自我监督的。如果有几个人做同样的研究工作，每一个人都会非常严谨地去检验其他人的研究方法和成果。IPCC 报告极其重视统计误差。每一个事实或估测的可信度由文字加上数字来表述。第二个工作组 (WG2) 的报告讲述气候变化的影响，而第三个工作组 (WG3) 的报告介绍缓解气候变化的方法。为了方便大众，每个工作组 (WG) 的报告和综合报告都带有一个决策者的总结。全部报告可以从 IPCC 网站免费下载 2。

如果不是前副总统戈尔的努力，IPCC 的大量数据报告不会影响到媒体和民众。戈尔的书和纪录片《难于忽视的真相》使我们在逻辑上和感情上意识到 CO_2 问题的严重性。戈尔的做法可能过于戏剧化，他对灾难的预判也还并未被证实，但是他做了科学家做不到的最难的工作，那就是激发民众的兴趣，掀起媒体的狂热，几乎在每种杂志的每一期上都有关于全球变暖的文章，其中大多数实际上只是简单地重复戈尔已经给出的材料而已。

自从气候变暖变得家喻户晓后，许多书被写了出来，许多杂志被创刊。在第一次狂热之后，有关气候变暖的文章更多出现在经济和政治界而不是科学界。但是世界靠钱运转，陈词滥调不能指导行动。戈尔的努力激起了民众在不同层次采取

---

* 1 磅 =0.4535924 千克。

行动应对气候问题。美国没有签署《京都议定书》，主要是因为执行这个协议要花费太多的成本。再说，作为一个拥有相当多化石燃料储存量的国家，美国并不急于寻找替代能源。幸好，绿色能源目前仍是有利可图的，部分原因是政府的补贴以及太阳能和风力发电公司正在快速增长。大公司在自己的建筑物中安装了可替代能源。可替代能源不仅是一种时尚而且能够盈利。这是一个健康的发展，但是这些能源不能长远地为人类服务。我们的目的就是要说明，只有聚变才是对地球变暖和化石燃料枯竭这两个问题的终极解决方案，我们不能坐等，必须努力促进聚变能的发展。

1.2   温度变化的物理学

CO_2 是怎样使地球温度升高的，不像人们被引导去相信那样简单。通常的看法是，太阳光透过大气层射向地面，泥土和水在吸收阳光的同时，又将其中的部分能量以波长更长的辐射返回大气层。温室气体 (GHGs) 却阻止这种辐射能量返回大气层，捕获这些能量从而加热地球。这种理解是对的，但是过于简单。确实，大气层中的气体对我们看得见的太阳光波长中的可见光是极其透明的。土地和水吸收了这些可见光后，反射回到天空的那部分能量是我们看不见的红外线。空气的主要成分氮气 (N_2) 和氧气 (O_2) 可以让红外光辐射返回去，但是温室气体，如 CO_2、CH_4 和 N_2O 能吸收红外线并加热自己，温度的升高使它们又上上下下地辐射能量，其中只有向下的辐射是被温室效应捕获的能量。实际上，大气层辐射到地球表面的能量大于直接来自太阳的能量 [5]。如果没有温室气体，地表的平均温度应该是 $-19°C$($0°F$) 而不是现在的 $16°C$($60°F$)。这就是说温室效应使地表温度提高了 $35°C$! 这足以使我们明白，CO_2 对地球温度的巨大影响以及为什么即使小量 CO_2 丰度的变化也足以令人担忧。

水蒸气其实也是很强的温室气体，这使情况更加复杂，水蒸气升华形成云，在高空受冷又凝结成雨和雪，它在大气中的量不断地变化着。不过，水 (H_2O) 是**短寿命**的温室气体，在大气层的存留时间是两周，而 CO_2 是**长寿命**的温室气体，平均存留时间为 4 年[3]。此外，水形成的云能强烈反射阳光，雨和云覆盖的范围变化莫测，区域性很强所以想估测云覆盖的细节是不可能的，因此 H_2O 的影响必须用平均的概念来处理。事情也并非那样悲观，因为正如大家熟知的，饱和湿度随温度的增加或者减少是可以预测的。

因为大气中水的含量变化无常，气候学家不能像处理长寿命的温室气体如 CO_2 那样来处理水，而是把它视为长寿命温室气体效应的一个**修正**。可以计算出，如果 CO_2 浓度增加一倍，将引起 $11°C$($2.1°F$) 的温度升高，水的存在将产生一个**正反馈**使温度有更大的变化。正反馈是一种如股票市场崩盘的自增强效应。如果股票价格下降, 就会有更多的人卖掉手中所持有的股票, 使股票价格下降得更快。当地球温度上升时, 更多的水蒸发到大气中, 在那里它又把能量辐射回地球, 进一步增高了地球温度, 温度最终定在较高的温度 29℃(85°F)。热空气向上形成的对流使温度下降到观察值 16℃(60°F)。实际上导致温室效应的是空气流动的阻塞, 而不是辐射的俘获 [5]。

要是没有这种缓解因子, 就会出现反馈的失控, 在那种情况下, CO_2 引起的温度升高使更多的水蒸发, 水蒸气 "捕获" 更多的太阳能, 进一步提高温度, 直到地球上所有的水被蒸发。金星上明显有这种情况, 那里的表面温度大约为 460℃, 足够熔化铅。逆向的失控也有可能发生, 如果地球很冷, 到处都是雪, 雪又把阳光反射掉, 地球就更冷, 形成更多的雪和冰, 最后地球就变成了冰球。在地质时代, 地球有过很多次的冰期和比较温暖的间冰期。人类总是能从灾难性的失控反馈中逃生。对此, 虽然许多理论企图解释, 但我们仍然不知道为什么。幸运的是, 现在我们正处在一个间冰期中, 它允许生命的存在, 甚至允许有情感的人类的存在。

1.3 量化地球变暖

即使有最大最先进的计算机, 预测地球气候将如何变暖也仍然是一项巨大的工程。这里给出一些处理这个难题的思路。每一个导致地球平均温度 T 改变的因素都可以用它的改变能力来评价, 这个改变能力称为 "强迫力"(forcing), 单位用 W/m^2 来表示, 也就是说在其他因素保持不变的情况下, 该因素能强迫太阳光强度增加多少 W/m^2 的能力。强迫力的计算需要有一定的模型。例如, 计算 CO_2 的强迫力, 必须考虑 CO_2 在大气中的总额、能持续的时间、辐射吸收率和辐射发射率以及反馈效应, 即最初由 CO_2 导致的温度 T 的升高而使水蒸气增多, 增多的水蒸气又引起温度的升高。显然, 模型的好坏决定了计算结果的好坏。因此, 计算模型都必须经过非常仔细的检查核实并清楚地标明它的不确定数。关于这些, 下文还有更多的叙述。温室气体的强迫力的计算误差在 ±10% 左右, 也就是说有 90% 的可信度, 其他一些微小的因素则可能有 ±100% 的误差。图 1.3(a) 比较了几种主要的**辐射**强迫力, 也就是几种能通过改变太阳辐射的吸收使温度 T 变化的因子的比较。

太阳辐射峰值大约是 $1300W/m^2$, 它的半球平均值是 $342W/m^2$, 达到地球表面的是 $240W/m^2$。由图可知, 这些 "强迫力" 都小于 $2W/m^2$, 相比之下, 只是一个很小的值。但是我们即将明白, T 的小小变化也会造成毁灭性的灾难。人为的 "强迫力" 有正值 (变暖) 和负值 (致冷)。让我们看看这些数字是怎么得出的。导致变暖效应的三种主要温室气体是 CH_4, N_2O 和 CO_2, CH_4 的暖化潜势是 CO_2 的 26 倍, 而 N_2O 是 CO_2 的 216 倍, 但是 CH_4 和 N_2O 的浓度很低, 因此 CO_2 是变暖效应的主要因素。CFCs (氯氟烃类) 的强迫力数据综合了 60 种在蒙特利尔破坏臭氧层物质管制议定书 (Montreal protocol) 中的含氯气体。在 2007 年的 IPCC 报告中 [6]，对这 60 种气体逐个进行了评价。**臭氧**的强迫力值和臭氧空洞关系不大，因为高海拔的臭氧起的作用很小。影响地球变暖的是那些处于较低的大气层，由地球上的一些自然过程如生物体的腐烂形成的臭氧。被我们称为灰尘的是所有工厂和火山产生的**气溶胶**(aerosols) 的总和。工业气溶胶主要是大小不同、反射率不同的硫酸盐和碳颗粒。你也许认为黑炭的吸收好，但是别忘了，黑体不仅吸收好而且辐射也好。更重要的是，颗粒物质能够催生云，而云能有效地反射太阳光。气溶胶的综合强迫力值是**负**的，有致冷效应。**反射率** (albedo) 反映了地球表面反射率在所有方向上的积分，地表对太阳辐射的吸收能力。反射率的影响是两种效应的平衡。雪上的黑灰尘将减少雪的反射率而引起变暖。人为的退林化和其他土地改造的结果是树木被农场和建筑物替代了，反射率也增加了。在这种情况下，土地使用得益了，反射率的变化使强迫力是负值。这个结果很不可信，不管怎样，它是一个影响不大的小值。

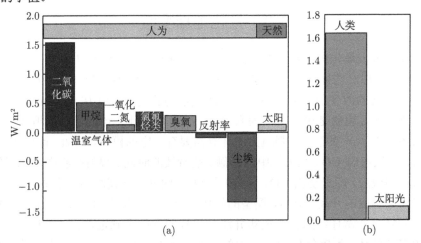

图 1.3　(a) 主要的辐射强迫；(b) 人为强迫与自然强迫对比。数据来自政府间气候变化专门委员会 [6]

　　自然强迫力来自火山和太阳的可变性。火山灰在大气层仅仅存留几年，火山爆发既稀少也不能预料。**太阳的变化**和 11 年的太阳黑子周期紧密相关，其 8% 值是可以准确预测的。然而，我们关注的不是 11 年而是长期的趋势。地球轨道的变化或者地球轴的倾斜周期是几万年，在当代显现出来的变化很小。最近的数据表明从 1750 年到现在太阳辐射呈现的 "强迫力" 值是 $+0.12\mathrm{W/m^2}$。其真值是这个值的一半的可能性为 90%。图 1.3(b) 显示了人为强迫力和太阳变化引起的自然强迫力的比较。人为的作用比自然界大 13 倍。怀疑论者 [1] 说全球变暖是一种自然现象，那就是说,气候学家的数据错了一个量级。他们说什么都是无关紧要的,因为现在人类排放的 CO_2 对温度影响的数据是以 $\pm 10\%$ 的误差计算出来的而不是猜出来的。

1.4 气候变化的证据

1.4.1 古气候

令人奇怪的是,远在 65 万年前,地球温度和 CO_2 含量是怎样被测定的呢。在过去的 1000 年,温度是用温度计精确测试和记录下来的。比这更早,古代文献中有极端气候的记录,从有关春播或者瘟疫发生的日期记载可以搜集到有关气候的一些情况。史前年代的气候没有直接观察的记载,但可以通过一些**代用标志**间接找到,如一环一环地计算树的年轮、冰芯、土壤或海底层状沉积物的芯都可以得到年度信息。冰芯中的气泡能给出几十万年前 CO_2 的浓度。冰芯和珊瑚中氧和氢同位素的相对丰度及其他一些比值 (如镁和钙的比例) 也可用来估算温度。当代依靠更多的资料可以把这些代用标志相互关联起来,从而获得较精确的温度数据。在图1.4中示出了南极冰芯的数据。在地球经历很长的冰河期和短暂而相对温暖的间冰期的过程中,CO_2 和 CH_4 的丰度是紧随着温度变化的。我们不好说哪个是因哪个是果。从图中可以看出,现在正处于允许生命存在的暖周期,看起来和早先的间冰期没有多大区别,除了在右侧边缘出现的尖峰。正是这些尖峰使我们知道了:CO_2 是因,温度升高是果。

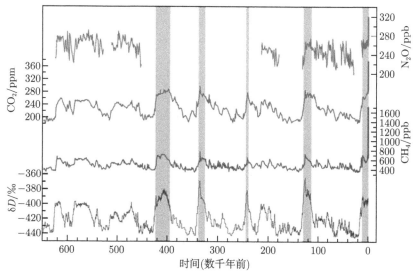

图 1.4 由南极冰芯得到的 CO_2,CH_4 以及 N_2O 的丰度和温度变化的古气候数据 [6],温度以氘丰度为代用标志 (**最下面的曲线**);阴影部分表示温暖的间冰期;横坐标是年数,"0" 表示现在

　　讨论几万年前的气候，必须考虑到地球轨道的变化。地球的自旋轴并不垂直于地球轨道平面而是倾斜 23.5°，因而，当南半球是夏天时，北半球却是冬天。这个倾斜角不是固定的，大约以 2 万年为周期在 22° 和 24.5° 之间变化。它并不影响地球上的总的太阳光，但却使北半球和南半球的太阳光分布有很大的不同。因为北半球有更多的土地，而南半球有更多的水，太阳光的不同分布就会影响到气候。当地球轴像陀螺那样旋转时，二分点 (春分或秋分) 的进动会带来更大的影响。这个影响来源于地球轨道偏心率的变化和近日点的位置变化。也就是说，当地球靠近太阳 (近日点) 时的太阳辐射要比远离太阳 (远日点) 时的辐射更加强烈。从一个旋转方向看，北半球在近日点有夏天，而 1 万年后南半球的夏天会更热。由于其他星球主要是木星的吸引，地球轨道的形状在不断改变，或更圆一点或更椭圆一点。变化的周期大约是十万年或更长。冰河时代的发生可能和轨道的强迫力有关，即前面描述的失控的反馈。回到温暖时期的情况是同样值得注意的。有一个奇妙的理论说，最近的回暖现象 (图 1.4 中最右边的阴影条) 可能在大约 11000 年前人类开始耕种就造成了 [7]。甲烷是由农业生产中腐烂的蔬菜和动物产生的，砍伐森林也造成树林吸收 CO_2 的量减少。

　　有关过去 20000 年 CO_2 和 CH_4 丰度随时间变化的史前气候数据非常好，从不同的代用标志得到的观测结果惊人地一致，如图 1.5 所示。CO_2 含量从 190ppm 慢慢增加到工业化前的 280ppm，随后在 2005 年迅速增加到 379ppm。现在的 CO_2 水平超过了过去 65 万年内的最高值 (如左边的灰长方条所示)。现在的峰值也能在甲烷的图中看到。

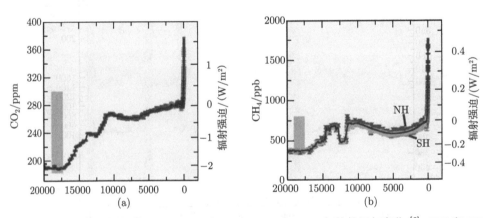

图 1.5　从不同来源测得的 CO_2(ppm) 和 CH_4(ppb) 在 2005 年前的逐年变化 [6]，NH 和 SH 分别代表北半球和南半球

1.4.2 计算机模型

自从 2001 年 ICCP 报告问世以后，计算机科学有了很大进步，预测也因此更可靠。空气和水是怎样流动的以及热是如何从一种介质传播到另一种介质的，都可以由标准的物理方程得到答案。然而气候是一个很复杂的问题 [8]，它因地方不同而不同，也随着时间而变化。预报气候的计算机处理，在空间上必须分成足够数量的小区域，每个小区域大约是横向 200km，垂直方向是从大气 1km 处逐渐下降到离地面 100m 处。在时间上，对气候的平均时间是 30min，对天气预报则更短一些。计算机程序取一个小区域内的平均条件，然后预测下一个时间段的条件。这些条件包括温度、风速、水蒸气、积雪以及在本章前面提及的所有影响因素。我们还没有提到 CO_2。人为产生的 CO_2 大约有 45% 进入大气层，30% 进入海洋，余下的被植物所吸收。海洋吸收的 CO_2 要经历许多年向海底扩散。大气中的 CO_2 呈现不同的寿命，粗略地说，有一半在 30 年中消失，而另一半可以存在几个世纪。所有这些因素都必须计入计算模型。

关键词是 "平均"。例如，云在不断地形成和移动，怎样去确定巴黎上空 1km 处 100km×100km×1km 区域内的平均条件？建模师研发的**参数化模型**，就是一种对小空间尺度和短时间条件下取平均的技术。显而易见，有了模型还要有经验，想得到正确的平均参数，需要累积几十年的经验，即使这样，不同的工作者得出的参数还可能不同，不能使人们有很大的信心。大多数气候变化的怀疑论者不相信计算模型，而且以实事求是的姿态指出，这就是灾难发生预报的薄弱之处。好在有检验的方法。几个世纪前，温度、CO_2 组分等的准确数据已经存在，模型师利用这些数据，根据他或者她得到的参数，推断下一步将发生什么。然后，他/她根据实际发生的事实检查所用的参数，再使参数经过适当的调整最终得到正确的结果。唯一的不确定性是 100 年前的参数和现时的是否相同。不同的工作者的预测成功情况是不同的，但是却得出了同一结论：今天的全球变暖是人为造成的。

1.4.3 现代数据

在给出现代的模型结果之前，把现在用于分析的数据量和史前气候作比较是有启发意义的。计算全球平均温度，不就是对地球上一定的区域 (如几百个区域) 求取加权平均值吗？今天，我们有了人造卫星，覆盖度更广了。下面举三个例子。图 1.6 示出了在 1950 年代和 1990 年代海洋温度的观测数有极大的增加。图 1.7 精细地展示了格陵兰岛 (Greenland) 和南极洲 (Antarctica) 卫星覆盖范围内每一处的海拔变化的细节；同时能很清楚地看到冰川和冰原滑入大海处冰厚度的减少。图 1.8 示出从卫星不透明度的测量得到的全球气溶胶的分布。图中补充了一些地面观察数据，这些数据能够确定颗粒物的大小和组成。

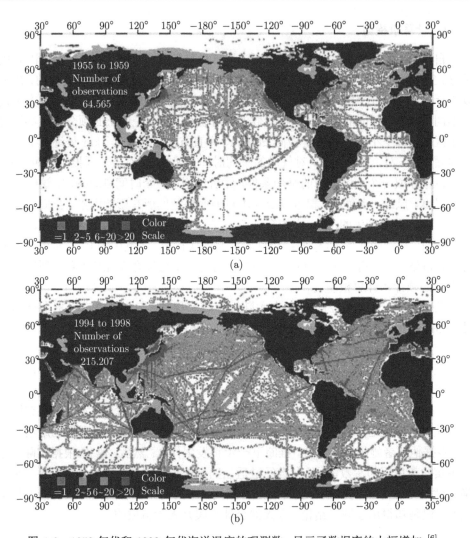

图 1.6　1950 年代和 1990 年代海洋温度的观测数，显示了数据库的大幅增加 [6]

(扫描封底二维码可看彩图)

不同色的圆点代表不同的观测数

1.4.4　全球温度升高

　　本节详细介绍图 1.4 和图 1.5 中出现在当今时刻的峰值和关于未来温度升高的预测，正如前节所说，这个预测是气候模型利用海量的观察数据库计算得到的。图 1.9 示出了用各种方法 (代用标志) 推断的过去 1000 年的温度变化。可以看到，1850 年前的结果有相当大的分歧，1850 年之后的各种代用标志的结果却相当一致地给出了当今时刻的温度升高趋势。这样的一致性是相当惊人的，因为整个图的温度范围只有 1.8℃。不确定性的减少在图 1.10 中看得更清楚了，图中用误差棒给出了全球加权平均温度的计算标准偏差。

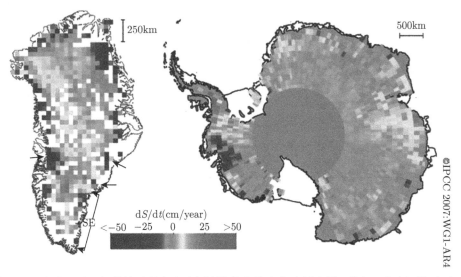

图 1.7 人造卫星测得的格陵兰岛和南极洲海拔变化率和冰川冰原 (**蓝色**) 以及积雪 (**红色**) 的减少 [6] (扫描封底二维码可看彩图)

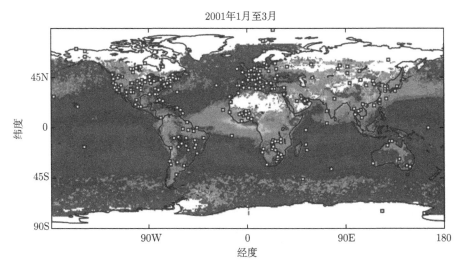

图 1.8 从人造卫星观察 (带颜色) 和从地面观察 (圆点) 的气溶胶分布 [6]。**红色**表示数量较多，**蓝色**表示数量较小，而**白色**表示没有数据 (扫描封底二维码可看彩图)

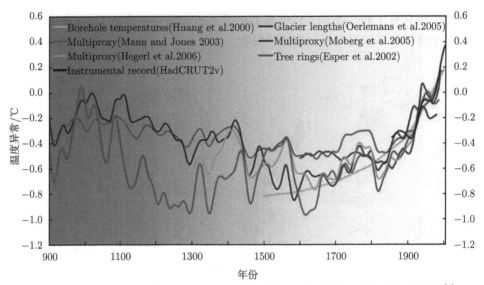

图 1.9　用不同方式推断的过去 1000 年中温度峰值变化 (转载于国家研究委员会[9])

(扫描封底二维码可看彩图)

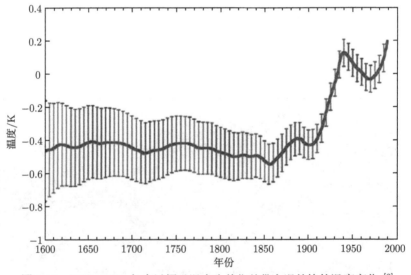

图 1.10　1600~1990 年中以摄氏温度为单位并带有误差棒的温度变化[8]

图 1.11 示出了自 1850 年到现在北半球和南半球的温度数据和它们的平均值。现在北半球的温度更高, 也许是因为这里有更多的工业。除此之外, 南北半球气候的经历是相似的, 表明这种趋势真的是全球性的。每一数据点的误差棒是有显著意义的, 说明真值不在这个范围的概率仅有 5%。由此相当清楚地说明, 相对 1980 年, 地球温度已经从前工业化时期的−0.3℃上升到了+0.6℃。

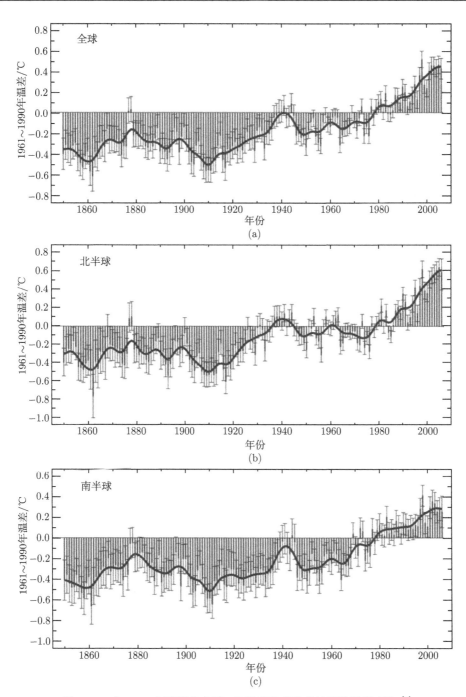

图 1.11 自 1850 年到现在全球、北半球和南半球的平均温度变化 [9]

　　问题是温度的升高是否源于人为。气候学家计算了天然的和人为的强迫力，如图 1.3 所示。请记住，这些强迫力取决于模型师用来获得空间或时间细尺度变化的平均值所选取的 "参数"。不同模型的预测显示在图 1.12 中，和 2000 年以前的结果是一致的。既然这些参数能够根据 20 世纪以前的数据正确预测 20 世纪，就意味着这些模型已经得到了验证。只要参数不变，这些模型就可以预测将来。然而，不同模型对将来的预测结果是不同的，不确定因素很大。图 1.12 中的最低的那条曲线描述的是假设温室气体保持在 2000 年的水平没有进一步排放的情况。由于 CO_2 在大气中可以存留几百年，所以温度就不会下降。图中有三个模型预测到 2100 年温度将提高 1.8~3.6℃。2007 年的 IPCC 报告[6] 给出了从乐观到悲观的六种不同场景。最乐观的场景预测是百年后温度升高 1.1~2.9℃，最悲观的场景预测升高 2.4~6.4℃。每个模型给出的范围的可信系数为 66%。

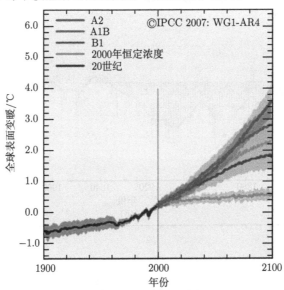

图 1.12　以不同的气候模型预测到的温度增加[6] (扫描封底二维码可看彩图)

　　因为 IPCC 报告受到了持不同观点的科学家的挑战[4]，我挑选这几张图用于说明不论是模型还是数据都存在不确定性。虽然 IPCC 的 1 号工作小组有 600 多位科学家参与，他们中少部分人仅仅因与某一个问题有关而卷入，争议也随之而来，然而关于温室气体的排放在一定程度上的危害将来可以通过其他能源代替化石燃料得到抑制，这一点是无可争论的。

1.5　灾害和重大灾难

　　全球升温的后果为那些总是在捕捉新视角的新闻工作者提供了大量素材。我们读到了许多关于最近的飓风、洪水、干旱和热浪及其给珊瑚、鸟类和其他野生动植物带来威胁的文章。这些和**局部**变暖的关联也许比较确定，和**全球**变暖的关系至多是间接的推测。用计算模拟的方法可以非常成功地展现一些现象，海平面的升高就是一个最好的例子。

海平面以每年 3mm，相当于八年 1 英寸 (1 英寸 =2.54 厘米) 的速率上升，如果保持这个速率不变，那么一个世纪后就能增长 1 英尺 (1 英尺 =0.3048 米)。低洼的沿海地区如荷兰、印度尼西亚和孟加拉国将首先遭遇到几百平方英里土地的消失。图 1.13 说明工业化的发展加速了海平面的上升，由此推测在很大程度上这是由全球变暖引起的。

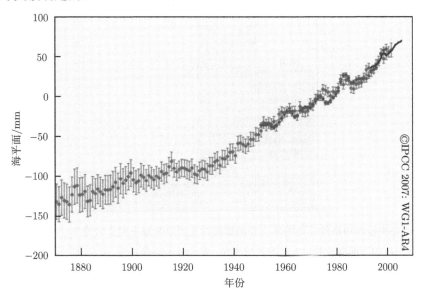

图 1.13   由卫星拍摄的相对于 1975 年海平面的最新数据图，误差棒表明可信度为 90%[6]

水的热膨胀、冰川融化向海洋的滑动和陆地上冰盖的融化是海平面上升的三个主要因素，它们对海平面上升的贡献如图 1.14 所示。图中每一个长方块的底部显示过去 42 年海平面上升的平均速率；其高度表示近 10 年的平均上升速率。上升速率用每年多少毫米 (mm/year) 表示。四个长方块相加在一起是 3mm (1/8 in)，图中几种情况都表明海平面上升的速率显著加快。因为冰川融化在海中的水量是无法直接测量的，所以数据由计算机模型解析得到。计算得到的总和与实际测得的海平面上升非常吻合，证明模型的精确度是可信的。

漂浮在海上的冰山融化不影响海平面上升，因为它在海面下的那部分冰山 (为 85%～90%，取决于海水的温度和盐度) 融化成水的体积和原先被它排开的海水体积相等 5。而冰川和冰帽、冰原就不同了，因为它们都是在陆地上，当它们融化的时候，不仅作为附加的水流入海洋，而且它们底下的被湿的泥土也将更快地滑入海洋。

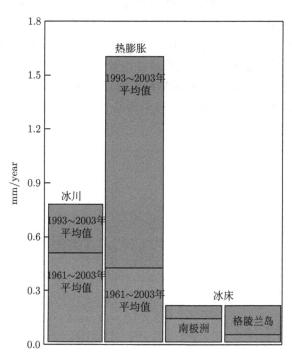

图 1.14 在南极洲和格陵兰岛的冰川和热膨胀以及冰原对海平面上升速率 (mm/year) 的贡献。每一个柱的**下面**部分是 42 年的平均速率；整个柱的高度是近 10 年的平均值。数据来自政府间气候变化专门委员会 [6]

过去 10 年冰川的萎缩可以从许多照片上看到。冰川融化的速率是每周 2 立方海里 (1 海里 =1.852 千米)[6]，这是温度升高的直接证据，更可怕的是看不到的反馈效应。冰有很高的反照率，故能有效地反射太阳光。冰融化后，暴露的地面会更多地吸收阳光，使温度升高。当格陵兰岛的永久冻土解冻时，暴露的植被因腐烂产生 CO_2 和 CH_4。虽然在图 1.3 看到的反照率变化引起的总强迫力是负的，但是由覆盖的冰的消失引发的**局域**加热也可能诱发失控效应。

因为永久冰在陆地和海洋上的覆盖面积仅分别为 10% 和 7%，所以冰川的灾害性变化不是海平面升高的主要因素，水的热膨胀才是主要的，如图 1.14 所示，而且冰融化的后果并不全是负面的。潜艇的直接测量证明，北极的冰层绝对是正在变薄 [7]。寻找了很久的西北通道可能变为现实。树可以在暴露出来的地面上生长并吸收 CO_2。当然，消极因素还是占主导地位。如果格陵兰岛和南极洲的雪和冰全都融化了，海平面会分别上升 7m 和 57m [6]。地球经历热和冷的周期变化不是一个新

现象, 它在地质时代, 史前甚至在人类历史中就发生过。不同的是目前发生的变化
正在极其快速地发展, 如果人类仍然习惯于像过去那样慢慢地去适应, 非常有可能
令人措手不及, 带来不堪设想的后果。

1.5.1 墨西哥湾流

北极冰川融化的大量淡水涌入北大西洋, 有可能打乱欧洲人宜居的温暖的洋
流。可能性也许不大, 但其令人不安的后果还是招来了过多的关注。英国的伦敦和
加拿大的卡尔加里在同一个纬度, 意大利的罗马和美国马萨诸塞州的波士顿同在
一条线上, 挪威的特罗姆瑟在北极圈以北的 250 英里 (1 英里 =1.609344 千米), 这
些地方的海港从来没有结过冰。这就是为什么极地探险选择从这些地方开始。技术
上称为大西洋经向翻转环流 (Atlantic Meridional Overturning Circulation, MOC)
的墨西哥湾流把大西洋副热带环流的热量带到副极地环流。在海风的驱动下, 这些
环流可跨越几千英里。图 1.15 显示了全球的大洋环流。在北大西洋, 加勒比海的
热水流沿着美国海岸到达哈特拉斯海角 (Cape Hatteras), 然后突然往东转向冰岛
和英国[8]。当它到达高纬度区域时, 海水因冷却而密度增大向深处下沉。冷却的咸
水在暖水下面返程流回南方。格陵兰岛的冰融化的淡水比咸水轻而处于顶部, 阻止
墨西哥湾流向北。

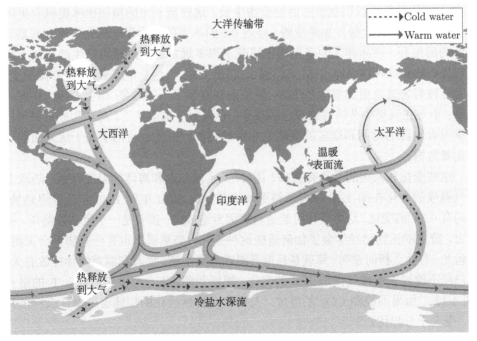

图 1.15 大洋传输带 (经政府间气候变化专门委员会许可[3])

人为因素将如何影响 MOC? 计算机模型的猜测是各种各样的, 最新的结果仍然分歧很大: 也许不影响, 也许会减慢 50%。 问题的复杂性来自其他两个因素, 即北大西洋年代际振荡 (Atlantic Multidecadal Oscillation, AMO) 和北大西洋涛动 (North Atlantic Oscillation, NAO), 它们分别能够在几十年内加速或者延迟 MOC 变慢, 取决于哪里的升温更大。 从北方注入的淡水和北方的温室效应两者都将减缓 MOC, 而南方的变暖将加速 MOC。 2007 年的 IPCC 报告得到的结论是, MOC 在未来 100 年中有所减少的可能性大于 90%, 但没有任何一个模拟预测到 MOC 将完全停止。 总之到目前为止, 没有任何关于 MOC 变化的确凿证据。

1.5.2   1℃效应

在 20 世纪, 地球平均温度已经升高 0.74℃(1.3 ℉), 其中大部分温升即 0.55℃ (1.0 ℉) 是发生在 1970 年后。 通常局部地区白天和黑夜或者夏天和冬天之间温度可以相差几十摄氏度, 1℃的温度变化又会发生什么可怕的后果呢? 这里所说的 1℃的变化指的是全球和全年的平均值。 某一特定地方的温度波动可能远远大于 1℃, 但因为有其他地方的逆向温度波动的补偿并不影响平均值。 正如下面将讨论的, 已有证据显示, 极端气候事件 (如干旱和洪水等) 的频繁发生以及野火一类的灾难可能与 1℃的温度变化有关, 尽管其因果关系现在还不清楚。

从几个例子说明 1℃效应是十分显著的。 格陵兰岛的大部分永久冻土接近于融化点, 1℃升温就可以引发解冻而使植物生长。 这些新长出的植物比冰能吸收更多的阳光, 通过正反馈触发加速变暖。 接近 0℃的冰雪的消融影响到北极熊和其猎物僧海豹的生存。 北冰洋下的多年冻土捕获了很多远古前腐烂植被产生的 CH_4。 近来已经观察到这种增温能力比 CO_2 强 26 倍的 CH_4 气泡总量越来越多。 在陆地上, 尽管这种有害效果更加细微和隐晦, 但依旧观察到了一些迹象: 山上的树线在向上移动; 小鸟在筑巢季节的食物源已经减少; 春天似乎来得早了。 鸟群和蝴蝶每年的迁徙对食物源的时间和地区的变化是非常敏感的。 框 1.1 给出了关于这方面的一些定量数据。

这些变化和人类的活动有关吗? 图 1.11 示出陆地和海洋的温度升高。 陆地上空气温度的变化在图 1.16 中表示得更加清楚, 从 1890 年到 1940 年呈升温趋势, 大约有 0.5℃的变化, 这个变化可能是自然因素造成的; 接着是一个全球降温期。 在过去, 野生动植物已经学会了如何适应这种变化, 当然偶然也有一些物种会灭绝, 如恐龙。 有什么新问题呢? 那就是目前升温在显著加速, 而且和温室气体排放有关, 它已经不像过去那样仅仅是 1 ℉ 的变化。 根据预测, 下一个世纪将有 6 ℉ 的温升 (图 1.12)。 如果不控制 CO_2 的排放, 人类驱动自然进化的加速会带来什么样的后果, 令人十分担忧。

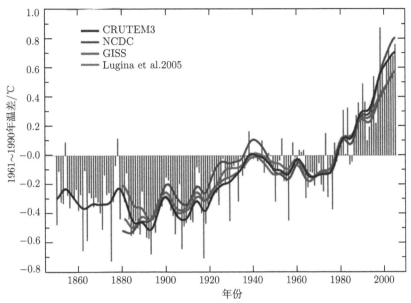

图 1.16　1850 年以来陆上的空气温度 [6] (扫描封底二维码可看彩图)

1.5.3　洪涝和干旱

　　谈到降水量, 全球的平均值是没有意义的, 因为雨和雪只在局部地区发生。从图 1.17 可以看到, 不同区域的降雨量是不同的。全球变暖确实增加了极端事件的

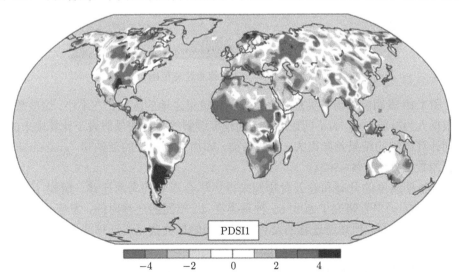

图 1.17　自 1900 年后红色地区变得更加干旱, 而蓝色地区水量变得更多 [6]

(扫描封底二维码可看彩图)

PDSI(Palmer Drought Severity Index) 代表帕默尔干旱强度指数

发生：或洪水滔天或严重干旱。由于一些周期性的大气候事件，如厄尔尼诺南方
涛动 (El Niño Southern Oscillation，ENSO)，对欧洲的西风有调节作用但不太著名
的北大西洋涛动 (North Atlantic Oscillation，NAO)，我们很难预测极端事件发生
的长期趋向。尽管如此，2007 年的 IPCC 报告表明，1900~2002 年全球干湿差 (在
图 1.17 中用不同颜色表示) 明显增加 9。

框 1.1   温度升高对鸟类和花类的影响

　　奥杜邦 (Aububon) 鸟类统计活动已经延续了 109 年，数据库中有 35000000
只鸟的记录。加利福尼亚奥杜邦鸟类协会 2008 年的研究表明 [12]，由于过去 40
年 1 月份温度上升了 2.5℃(4.5 °F)，有 312 种鸟类发生迁徙。其中大部分鸟类是
向北迁徙甚至飞到 400 英里以北气候更冷的地方。图 1.18 给出几个例子。

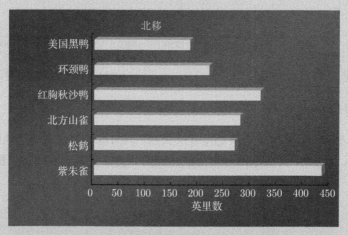

图 1.18   几种典型鸟类的北迁徙范围 [12]

　　图 1.19 表明能够为鸟类提供足够食物和筑巢之地的区域正在缩小。这些数据
是根据人为排放 CO_2 的不同速率和不同程度缓解的多种情景假设下计算出来的。
不同计算模型的结果差异很大，某些鸟类，如加利福尼亚的亚蚋莺 (gnatcatcher)
的预测数据处于 7%~56%。

　　筑巢期温度的升高和春天食物源来得更早会影响到鸟的迁移。詹妮 (Jenni)
和克里 (Kéry) [13] 研究了西欧 65 种鸟类在 43 年间的迁移时间，发现长途迁移
的鸟类迁移较早，但短途迁移的及有许多雏鸟的鸟类会延迟迁移或者不改变迁移
时间。

　　升温也使花朵提前开放。波斯士大学的普赖马克 (Primack) 教授用他本人
在马萨诸塞州测量的开花期和亨利·大卫 (Henry David)19 世纪 50 年代的记录
作了比较 [14]10，足以说明在 1855 年到 2006 年间，由于 5 月份的温度升高了 2.9 °F

(1.6°C), 43 种花的平均开花日期提前了 7 天, 还有一些植物开花甚至提前了 20~30 天。

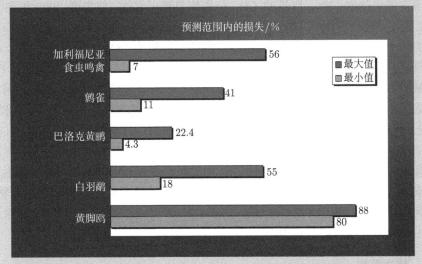

图 1.19 使用图 1.12 所用的情景计算机模拟预测到鸟迁移区域的减缩。**浅色**和**深色**条各表示用不同气候模型预测的范围损失百分数的最小值和最大值[12]

基础物理学说明了一个事实, 空气温度越高, 饱和水蒸气压力越大: 温度每升高 1°C, 饱和水蒸气压力会增加 7% 以上。下雨的地方, 大气中水分含量越多, 雨就越大。水蒸发是一个冷却过程, 因此地表的水分蒸发到空气中就会导致地表的冷却。没有雨的地方, 就没有冷却效应, 大地变得更热和更干燥。热浪和森林火灾发生的概率升高, 森林火灾使更多的 CO_2 进入大气层。猜测全球变暖对季节性干旱有直接的影响。早夏意味着山上的积雪在人们需要之前过早地融化成了水, 这些不需要的水会引起水库水位暴涨。水的流失意味着夏天的干旱。

1.5.4 对海洋的影响

海洋是一个巨大的 CO_2 储存库, 每年大约吸取 20 亿吨 CO_2。虽然每年吸取总量在增加, 但吸收率的增长速度却在下降。1750~1994 年有 42% CO_2 排放入海, 1980~2005 年减少到了 37%, 这是由人类活动而造成的 CO_2 排放量剧增所致。CO_2 就是从苏打饮料 (汽水) 中冒出来的气泡, 当它溶解时形成一种弱酸。海洋吸收的 CO_2 比溶解的 CO_2 多得多。CO_2 气体和 H_2O 反应形成正氢离子 (H^+) 和负的碳酸根离子 (CO_3^{2-}), 以及 "缓冲" 过程中的碳酸氢根 (HCO_3^-)。这个反应可以使海洋 CO_2 的量增加一个量级。雷维尔 (Revelle) 缓冲因子可以定量表达 CO_2 吸收的增加, 它和海洋表面上 CO_2 分压有关。排放到大气中的 CO_2 越多, 海洋能够从大气中吸收的 CO_2 越少。这些压力之间大约需要一年才能达到平衡, 而碳以不同形式在海洋中循环的时间为几千年。CO_3^{2-} 也能和钙结合形成碳酸钙 ($CaCO_3$)，它是珊瑚和贝壳的组成材料。这些固体沉入海洋深处，并可以停留几百万年。如果人类现在停止排放 CO_2，海洋的 CO_2 分压恢复到正常值，将需要 4000 年到 1 万年。在缓冲过程中有很多 H^+ 产生并注入海洋，使海洋的酸度增高。海洋本来是弱碱性的，pH 在 7.9～8.3，从 1750 年以来，因人为排放的 CO_2，pH 减少了 0.1。听起来这只是一个很小的数，但是 H^+ 的数目已经增加了 30%。计算机模拟预计在 21世纪减少 0.14～0.35。酸可以溶解碳酸盐物质，如珊瑚和贝壳等海洋动物，因而减慢或者阻止了海洋动物的生长。我们都读过关于已死的和正在死亡的珊瑚礁的报道，是否和全球变暖有关还只是猜测。在食物链底部的浮游植物可以吸收 CO_2 的量和陆地上的植物几乎一样多 [11]，但它们被更大的生物消费掉了，而这些生物又正是所有鱼类和鲸鱼的食物。多数甲壳类，如磷虾 (krill) 有甲壳素而不是碳酸盐，而基于碳酸盐的贝壳类将经受酸度增加的损害。海洋酸性度增加会搅乱整个食物链，不过到目前为止，还没有被科学证实。2007 年 IPCC 报告说关于海洋酸度增加对海洋生物的影响目前知道甚少。

1.5.5 极端气候

常被引用为全球变暖影响的一个例子是 2005 年新奥尔良 (New Orleans) 的卡特里娜 (Katrina) 飓风。2005 年飓风季节遭遇的飓风之数量和强度都创造了有记录以来的最高值。当然不能把任何单一的、局部的或一个季节的极端事件归因于一般的缓慢气候变化。极端天气是一系列异乎寻常的局部条件串联引发的。把 2009年澳大利亚的野火与全球变暖联系到一起更显得牵强 [12]。是的，那里的引火物也许已经干枯得一点即燃，但干旱在以前就有过，例如，1998～2003 年的东南亚干旱，2002～2003 年的澳大利亚干旱，以及 1999～2004 年美国西北部的干旱。被指与全球变暖相关的还有欧洲 2002 年的洪水和 2003 年的热浪。12 个最热的年份中有11 个发生在过去 12 年中。反向的极端事件还一直没提及。在欧洲，1962～1963 年的冬天冷到使塞纳河 (Seine) 结冰，导致石油运不到巴黎。在 2008～2009 年，欧洲的冬天是 20 年来最冷的。真的是全球变暖引起了热浪、寒流、洪水、干旱和火灾以及风暴吗？

有幸的是，人类早已经有办法将极端气候事件统计归档。地球上许多区域的温度和降雨记录被保存和出版。亚历山大 (Alexander) 等整理编辑了这些数据并绘制成图，用以显示温度和降雨的发展趋向 [15]。图 1.20 用地图和数据图给出了极端温度发生的例子，在此需要解释一下。图 1.20(a) 中地图下方的图给出了 1951～2003年间每年冷夜数偏离平均数的统计数值，表明最近几年的冷夜数在减少。上方的地图给出了冷夜发生的地方，蓝色部分表示在此期间那里的平均冷夜数较少，而红色表示冷夜数较多。反之，图 1.20(c) 给出了暖夜数。由图可以看出，最近几年的暖夜数增加了很多。其地图表明，西非和拉丁美洲的情况最严重。图 1.20(b) 和 (d) 给出了非常寒冷和非常炎热的**天数**，白天和夜晚的趋势是相同的，但是晚上的趋势更明显一点。请记住，这些数据不是一般情况下变暖的趋势，而是有关极端热和极端冷交替发生的情况。它显示了在 21 世纪冷期更少、热期更多的趋向。

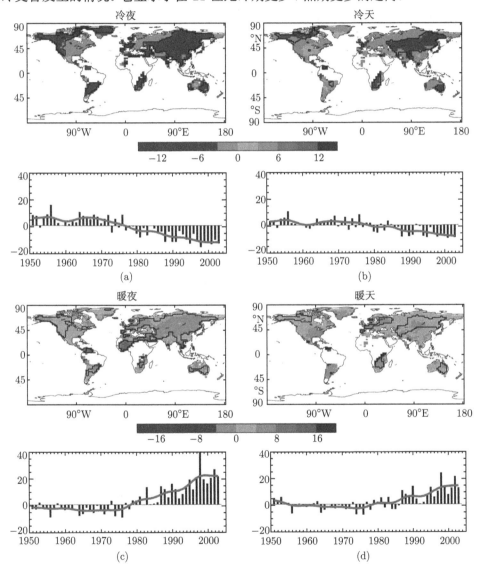

图 1.20　1951~2003 年，每年冷夜数 (a) 和冷天数 (b) (<10 百分位数)；每年暖夜数 (c) 和暖天数 (d)(> 第 90 百分位数)。**图**上面的**地图**是这个时期内极端天气在全球的分布；**粗线所示区域的数据很准确** [6] (扫描封底二维码可看彩图)

　　图 1.21 的钟形概率曲线能够更清楚地显示冷和热的变化。图中深色曲线表示 20 世纪 50~70 年代，浅色曲线表示近期。曲线高度表示概率，横坐标是与一定概率对应的每年天数。图 1.21(a) 深色曲线的峰值表示在这期间的任何年份发生 11 个极冷夜的概率是 0.12(12%)。在图 1.21(a) 和 (c) 中，浅色曲线移往深色曲线的左边意味着现在冷的时间更少；图 1.21 (b) 和 (d) 中浅色曲线向右移动表明近年来会有更多的时间。

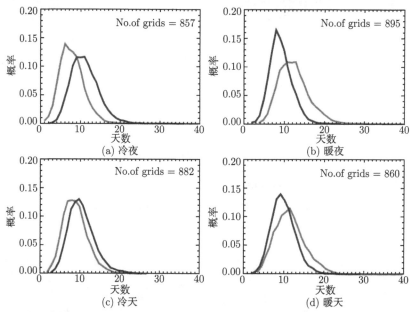

图 1.21　**钟形曲线**示出每年出现冷夜 (a)，暖夜 (b)，冷天 (c) 和暖天 (d) 天数 (**横坐标**) 的概率 (**纵坐标**)[6]。深色曲线代表 1951~1978 年间，**浅色曲线代表 1979~2003 年间** [15]

　　反常的大雨的记录见图 1.22。虽然年与年之间的变化相当大，但是在 1990 年后，大暴雨带来的雨量增多的趋势是明显的。

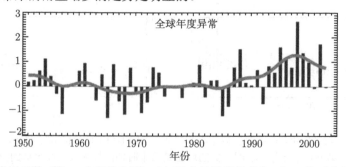

图 1.22　非常湿天数 (第 95 个百分位数) 对年降水量贡献的变化，与 0 值对应的是在图中心这个周期的平均百分数 22.5%[15]

1.5.6 飓风和台风

极端事件 (如飓风) 是很难预测的，即使统计学也很难确定，因为很难对飓风、龙卷风和台风的构成下定义。通常采用与风速和持续时间有关的气旋能量指数 (accumulated cyclone energy, ACE) 来区分什么是飓风和什么是猛烈的暴风雨。每个区域每年收集 ACE 的统计数据。最感兴趣的数据也许来自于大西洋区域。在那里 1970~1994 年间，平均有 8.6 个热带风暴，5 个飓风，1.5 个主飓风；而平均 ACE 值仅是正常值的 70%。作为比较，1995~2004 年间有 13.6 个热带风暴，7.8 个飓风，3.8 个主飓风，平均 ACE 值是正常值的 159%[6]。事实上，这期间中只有两年，即 1997 年和 2002 年的飓风少于通常情况，而这两年正是厄尔尼诺年。众所周知，厄尔尼诺在太平洋形成了非常严重的风暴，而大西洋的情况则正好相反。

从这些统计数据可看出，破坏性风暴正在增加，但和全球变暖的直接因果关系还没有得到证实。飓风增加是有其物理原因的，因此这些物理因素也被用来模拟飓风。当海面温度升高时，更多水分被蒸发到大气中。水蒸气的温室效应使温度进一步升高，热空气上升，形成向上的气流。当局部温度达到 26℃(79 ˚F) 时，气流强到足以产生飓风。飓风发生与否取决于大气中的风切变。在侧风很弱的情况下，向上的气流由于随机涨落在某处会变得很强。按照伯努利定律 (Bernoulli law)，一个流动的流体比不流动的流体压力小。棒球的曲线运动也是这个原理，即如果给棒球一个旋转力，球做曲线运动，球体两侧气流速度会不同。初期的飓风压力不大，周围的空气在压力差的驱动下从各个方向向低气压中心移动。科里奥利 (Coriolis) 力导致飓风柱旋转，并发展成回旋式涡流。我们在注释 8 中简单地描述了科里奥利力。这个力怎样引起风和旋转是非常有趣的，而且经常被误解，因此我们在框 1.2 中作了一个详细的解释。

热带风暴有一个表面温度冷却效应。海水的蒸发使海表面冷却，正如我们的皮肤因汗的蒸发变冷一样。最终，大气中的湿气凝结变成雨，带着热返回到海洋，所以不是净降温。风暴搅动着大气同时把热带到海拔更高的地方，这些热量在还没有来得及回到地球之前已经被辐射到太空。这可能是大自然使海洋温度稳定的一种方式。闪电引起森林大火，在烧尽矮树丛之后，新树木生长出来，森林得到更新。飓风和森林火灾可能都是地球用于稳定现状的自然机制。两者都给人类带来巨大的灾难，但是人类仅是地球上生命的一小部分。

框 1.2　为什么北半球的飓风总是逆时针旋转？

我们观察到飓风在南半球总是沿顺时针方向旋转，而在北半球总是沿逆时针方向旋转，这个现象归因于科里奥利力，可用图 1.23 来说明。地球自西向东旋转，所以太阳从东方升起西方落下。图中画出了几条纬线，纬度越高，纬线圆越小；地球的自转线速度与纬度有关，在赤道上线速度最大，向着两极变得越来越小，在两极点是零。大气被地面拖着，所以在不同纬度的空气就有不同的速度，(a) 中红色箭头的长度表示速度大小。空气团如果没有南北向的移动，什么也不会发生。看北半球 (a) 的情况，如果空气团从赤道 A 向北移动到纬度 B，如蠕动的蓝色箭头所示，也就是说纬度 A 具有较大速度的空气进入了正常速度较小的区域，这个速度差用粗绿色箭头表示，在纬度 B 的人们就感到了从西向东吹的风。如果空气向南移出热带，在南半球发生的情况是相同的。现在我们假定气流向热带运动，即在北半球的气流向南，在南半球的气流向北，如图 1.23(b) 所示。这种情况下，原来速度较慢的空气团进入了常规速度**较大的**区域，空气团速度的变慢形成了反方向的风，也即向西的风，如图中粗绿色箭头所示。科里奥利力是一种形成风的虚拟的力。

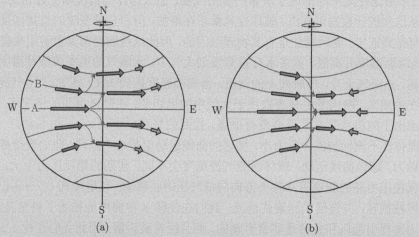

图 1.23　形成西风 (a) 和形成东风 (b) 的科里奥利力示意图 (扫描封底二维码可看彩图)

　　气团究竟是向北还是向南移动取决于其他条件，如不同纬度的温度差和气压差。已经得到证实的是在北纬 30° 到 60° 之间，如图 1.23(a) 中 B，气团是向北移动形成西风。就是这种风使飞机从纽约 (41°) 到洛杉矶的时间比回程要长 1h。在纬度比较低的区域，由北向南**向着**赤道的运动形成东风，这就是给夏威夷岛 (北纬 21°) 带来凉爽的"信风"。

　　现在来说说飓风。飓风中心是一个低压区，空气被推向中心。飓风眼的两侧的空气团的移动方向恰恰相反，如图 1.24 所示。在北半球，科里奥利力把自北向南 (N-S) 的气流推向西方，如图 1.23(b) 中粗蓝色箭头所示；而把自南向北 (S-N) 的气流推向东方，如图 1.23(a) 中粗蓝色箭头所示。当然，东西向的气流是不受科里奥利影响的，结果是在北半球飓风逆时针旋转。在南半球的情况是所有的箭头反过来，飓风顺时针旋转。

　　科里奥利力真的如此强大吗？典型的飓风的直径大约为 500 千米 (300 英里)。

如果它是在纬度 20° 之处，那么这个飓风南北边缘之间的地球旋转速度之差大约是每小时 25 千米 (15 英里)。这么大的速度差足以驱动旋转，并使飓风不断加速。同样的道理，浴缸洗澡水排出时的漩涡的方向也是和在哪个半球有关的，只不过一个浴缸的排水量比飓风小了 2500 万倍。

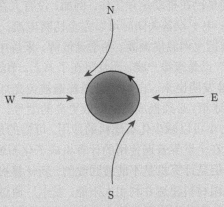

图 1.24　北半球飓风的逆时针的转矩

所有对科里奥利力的解释都有一个假设，即物体是旋转的。我们如何知道地球是旋转的呢？如果我们从同步卫星“往下”看地球，发现它是停止不动的。因为太空没有摩擦力所以就无法知道地球是否在转动。地球相对于什么旋转呢？实际上，地球相对于太阳和星星的惯性系旋转。因为有可察觉的明显的离心力，所以我们知道它在旋转。它给卫星一个助推力使得卫星被发射后能进入定向旋转轨道，这就是为什么大多数卫星靠近赤道发射而很少有极轨道。如果地球的惯性系和同步卫星是唯一参照系，卫星将直接落到地上。

1.6　减缓的必然性

尽管气候变化的基础是科学，但却是政治和经济的问题。什么赚钱就做什么，当然在一定程度上受到法律和有见识的政府制定的资助计划的影响。这个广泛宣传的主题超越了本书的科学基调，这里只是给出一个简单的总结。应对地球变暖在绝大程度上取决于各国或各个社团的生活方式和政治体制。IPCC 第三工作小组就缓解地球变暖问题的报告篇幅很大 [16]，实质性的结论和建议却很少。对 IPCC 报告的预测存在分歧。有些人说，报告太悲观了，我们不要对天气预报反应过急；有的说，报告不够有力，需要更快地采取行动。无论如何，大家都知道了人为气候变化 (我们唯一能控制的部分) 主要是温室气体排放，特别是 CO_2，其中有大量的 CO_2 可以在大气中存在几百年。我们可以希望变暖趋势能够缓慢下来，但是我们不能期待在半个世纪内从肆意挥霍的习惯中恢复过来。

缓解变暖有三个步骤: 适应、节约和创造。适应意味着采取急救措施去保护我们自己免受迫在眉睫的灾害,如海平面上升和猛烈的暴风雨,意味着建筑海堤,提高桥梁的高度,强化和提高海边附近的建筑物等。节约是不需要新技术或者经费的,而且许多组织机构早已在推动这项工作。例如,没有人在房间时可以用红外和遥控 (探测) 器去关灯;电子设备关闭时可以完全切断电流;通过开慢车、拼车、骑自行车节省汽油;夏季把空调温度调高、冬季调低等。采炼中化石燃料的回收计划已经到位。"绿色生活" 已是家喻户晓,而且写在了书上。节约的同时是提效: 许多能效更高的电器已经被发明出来。白炽灯已经普遍被荧光灯和发光二极管 (LED) 代替。家用电器 (如电冰箱) 必须换成新的能效更高的型号。气–电混合汽车和即将推出的插电式混合动力车可以减少化石燃料的使用。可惜的是,汽油价格的变化影响着这种车的大众化。在全世界普遍使用的计算机成了化石燃料产电的大用户。计算机能效一直在提升,但是计算机是不能被回收的。新计算机都有一个大的化石足迹。房子可用更好的保温材料建造并利用太阳能。发电厂通过热电联产可以大大提高效率,即回收发电中的废热再用于加热和冷却。节约和提高效率相对来讲比较容易贯彻,大众都愿意做。

在缓解中的第三步是以长期为目标的新设备的发明,其中最重要的是用新的不排放 CO_2 的方法产生能源,这也是本书第 3 章的内容。本书的主题 "受控聚变" 正是最适合的长期方案。短期的需求,如发明更好的电池或者制造合成燃料的新化学。能源的存储不论是对运输还是间歇性能源 (如太阳能和风能) 来讲都是一个大问题,至今电池还没有取得重大的突破。创新范式的转变可能需要回到基础研究上面。美国能源部基础能源科学办公室的前瞻性考虑组织了关于能源需求的十个系列专题研讨会,如电能的储存、太阳能的应用和能量的催化,发布了挑战性的报告 ——**《安全和可持续性能源发展的新科学》**,总结了长远计划必需的基本科学进展 [13]。

控制或反转全球变暖长远计划,即未来 50~100 年内的进度可以看以下的图。在本章开始提到的全球变暖的人为强迫力主要来自温室气体的排放,其中 CO_2 是罪魁祸首。图 1.25(a) 示出主要的 CO_2 排放来自于化石燃料的燃烧,因此我们必须发展新能源或者寻找新的途径消除 CO_2 的污染。图 1.25(b) 示出全球各种人类活动排放的温室气体的分布。不同国家的活动是非常不同的,所以不能用通用的缓解方法。

从 1970 年到 2004 年,CO_2 浓度增长了 80%,而总的温室气体增温能力增加 70%。大约有一半的温室气体来自于仅占世界人口 20% 的高度发展国家。问题在于人口和生产两者都在增长。图 1.26 是用不同场景预测的人口和国内生产总值 (GDP) 增长,其中大约 400 个场景没有涉及缓解技术。结果有很大的分歧,因为模拟中除了考虑气候的物理因素外，还必须把人为因素作为附加因素考虑进去。2000年前的计算结果用阴影示出，用不同方法得到的近年来的数据用线条示出。由于人口增长率的减缓，这些线给出了比较乐观的景象。当第三世界国家工业化后，他们的 GDP 将迅速增长。例如，中国已经取代美国成为 CO_2 排放的世界第一。

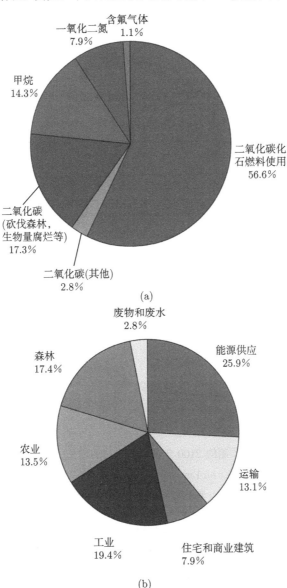

图 1.25 (a) 人为温室气体的主要成分；(b) 各种人类活动排放的温室气体的分布。F-气体是臭氧层的各种含氟气体[16]

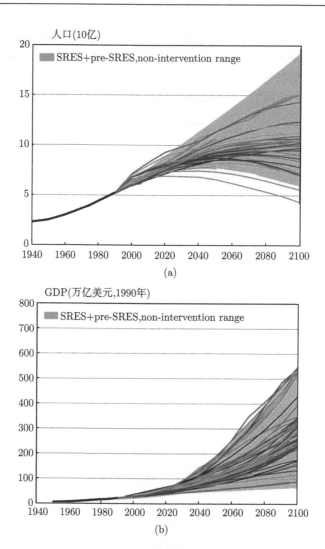

图 1.26 (a) 用不同场景预测的 2100 年前世界人口的增长；(b) GDP 的增长预测 [16]
在这里 SRES(IPCC Special Report on Emissions Scenarios) 表示 2000 年 IPCC 的关于排放场景的特别报告。两个图的基线都是没有缓解的场景

当场景中考虑到缓解后，结果有更大的分歧，因为对不同国家或不同地区的每种经济成分要给出不同的假设。为了在大约 800 个不同的场景的大量数据中得到有意义的结果，IPCC 根据温室气体浓度或辐射强迫力水平分组，最终每个场景显示出全球温度增加的平均值超过工业化前，如图 1.27 所示。从 I 到 VI 的每一个模块都分别聚集了导致温室气体浓度增加的各种场景，曲线显示各组场景预测的温度增加的范围，结果也列于表 1.1。由表可以看到，CO_2 含量在下个世纪某个时候

可能会达到一个峰值，尔后下降；CO_2 含量越大，峰值出现得越晚；IV 模块的场景数最多，这显然也是最期望的范围。

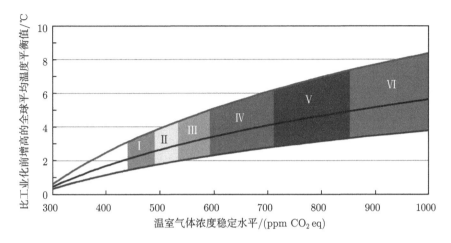

图 1.27 根据用各种缓减方法达到的不同温室气体浓度水平分成 I~VI 不同场景组预测全球温度的升高范围 [16]

表 1.1 靶子达到的 CO_2 浓度在列 3 (或等价的所有温室气体中 CO_2 浓度在注 4)，CO_2 达到峰值的年份在列 5，排出 CO_2 的变化百分数在列 6 [16]

组别	附加的辐射强迫 /(W/m²)	CO_2 浓度 /ppm	CO_2 等价 浓度/ppm	排放 CO_2 峰值的年份	2050 年全球排放变化 (2000 年估计的百分数)/%	场景数
I	2.5~3.0	350~400	445~490	2000~2015	−85 ~ −50	6
II	3.0~3.5	400~440	490~535	2000~2020	−60 ~ −30	18
III	3.5~4.0	440~485	535~590	2010~2030	−30 ~ +5	21
IV	4.0~5.0	485~570	590~710	2020~2060	+10 ~ +60	118
V	5.0~6.0	570~660	710~855	2050~2080	+25 ~ +85	9
VI	6.0~7.5	660~790	855~1130	2060~2090	+90 ~ +140	5
总数						177

这些计算的复杂性在于，没有告知如何达到特殊的稳定水平。没有一种缓解方法一定会获得成功。对于这个问题，索科洛 (Socolow) 和帕卡拉 (Pacala) 给出一个简单而有趣的分析方法 [17-19]。他们处理未来 50 年的中期问题仅依靠已有的节约和增效方法，而不涉及将来可能有的任何新发明。由于 CO_2 温室气体占优势，为简单起见，就只考虑这一种气体。在图 1.28 中，蠕动的线表示测量的碳年排放数据 (GtC/year)；虚线是当前我们正在走的路径，沿着它走到 21 世纪末，碳的年排放量将为当今的 3 倍。水平线是保持排放在目前水平的期望值。"稳定三角形" 表示为了达到排放期望值必须减少的排放量，图 1.29 是这个三角形的放大图。

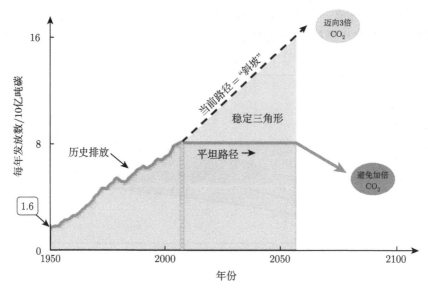

图 1.28　索科洛和帕卡拉图示出为了使 CO_2 排放量保持在目前的水平，
需要减缓碳排放量[17−19]

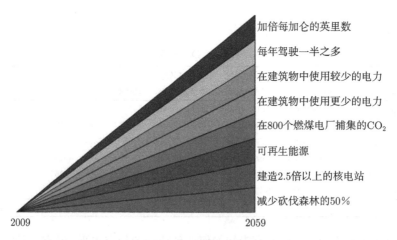

图 1.29　将稳定三角形分成若干楔, 每一个楔表示每年需要减少 10 亿吨碳的排放 (此图源于
普林斯顿大学碳减排倡议书, 并根据文献 [17-19] 的数据设计绘制)

　　这个三角形可以分成 8 个 "楔"，每一个楔表示一种特定的减少碳排放的策略
贡献。每个楔也表示每年减少 1 亿吨碳排放量。这些楔加在一起即可以到 2058 年
仍保持每年 8 亿吨碳排放量而不是原预测的 16 亿吨。有了这种方法，问题变得不
那么难了，简化成只需要每个领域减少与其活动相关的碳排放量。当然，图中的线
并非真的是直线，直线化只是为了把想法叙述得简单易懂。事实上，作者已经把这

个概念简化成可以在教室里演示的游戏，要求每个或每组的学生找出他或他们所负责的领域的减排方法。每一个楔可以用很多方法组成，但是这些方法可能会重叠。例如，在后 50 年内，建造 700 个用煤少的发电厂是一个楔，建造比现在多 2.5 倍的核电站也是如此，但它们属于同一个楔。图 1.29 的楔选的是几个不会重叠的例子。

图 1.29 中从上到下：如果汽车平均每加仑行驶 60 英里 (3.9 升/100 千米) 代替每加仑行驶 30 英里 (7.8 升/100 千米)，就能赢得一个楔；混合技术已经解决这个问题。每年开车 5000 英里而不是 10000 英里，其他 5000 英里用骑自行车、拼车和搭乘公交车解决，虽然时间花费得较多，但可以赢得另一个楔形。建筑物用了60%~70%的电力，其中很多是不必要的。如果能够节省一半电力的话，就可得到两个楔。要求 800 个燃煤厂减少 CO_2 的输出可以获得一个楔。在发明新技术前，建造更多的再生能源，如风能和太阳能又是一个楔。用建造 2.5 倍于现在的核电站代替燃煤电站也能取得一个楔。森林被破坏的面积每年减少 50%得到一个楔。解决的方法有许多，切割的处理方法使得问题不像当初那样令人难以处理。战略是容易设计的。通过努力和政府的激励，守住这条线也是可以的。如果不发达国家为了烹饪增加用电和燃料，则需要增加楔的数目，但是仅增加 1/5 的楔 [17-19]。

你也许感到奇怪，10 亿吨的碳怎么以 CO_2 这种不比碳酸饮料中的气泡更重的气体上升进入大气的呢？框 1.3 将给出解释。

框 1.3　CO_2 为何能有那么重？

CO_2 是一种像大家呼吸的空气一样很轻的气体。而在这里说它有十多亿吨，我们的汽车和工厂真的能排出这么重的气体吗？确实可以！这里告诉你是怎么回事。首先，10 亿是一个很大的数，在美国是 1000 个百万 (10^9)，在英国是 100 万个百万 (10^{12}) (英国的一个 Gt 是美国的 10 亿)。让我们作一个简单而又容易理解的解释。世界上有 10 亿辆汽车，每辆汽车每年排放大约 1 吨废气，这几乎是一辆汽车本身的质量。这仍然是让人难于相信的数。

汽油的质量主要来自碳，汽油的分子是碳氢化合物，氢原子 (原子量为 1) 和碳原子 (原子量为 12) 的比例大约为 2:1，因此碳在石油的质量中占比为 12/14。汽油比水轻，1L 水的标准重 1kg，1L 的汽油重 0.74kg。0.74kg 的汽油中 0.63kg(6/7)是碳。一满箱汽油重多少呢？如果要装满一箱需要用 45L (12gal) 油，那么一满箱油的质量大约是 $45 \times 0.74 \approx 33$(kg)(73lb)，其中含有的碳重为 $45 \times 0.63 \approx 28$(kg)。当汽油燃烧时，碳和氢与空气中的氧结合成 CO_2 和 H_2O。由于氧原子质量为 16，CO_2 分子的质量为 $12+2\times16=44$，这好像是每个碳原子因为吸收了空气中的氧而重了 3.7 倍 ($44/12\approx3.7$)。因此当整箱的汽油燃烧时，排出 $28 \times 3.7 \approx 104$(kg)

(228lb) 的 CO_2 到空气中。假定一辆汽车每两周加油一次，或者说一年加油 26 次，每年排放的 CO_2 为 $26 \times 104 \approx 2700(kg)$，也即每年 2.7 吨，大约 3 个美国吨。如果算入起初提炼汽油过程中已经用的大量化石能源，驾驶的碳足迹甚至更多。

讨论楔时用每年 10 亿吨的碳不是以 CO_2 作单位。把 CO_2 的排放量除以 3.7 就得到碳的排放量。在汽车的例子中，能排出的碳量为 $2.7/3.7 \approx 0.73(t)$，即每年一辆汽车排出的碳几乎是 1 吨。如果每加仑的英里数增加 2 倍，每年每辆汽车可以省 0.5 吨或者 10 亿辆汽车可以省 5 亿吨的碳。预计到 2059 年有 20 亿辆汽车，那么就可节省 10 亿吨的碳。因此，图 1.29 中处于顶部的楔告诉我们的是：当我们愉悦地开车行驶在高速公路时，一路上汽车都在喷出大量的无味无色的气体。

大多数国家已经采取行动减少本国的碳排放量，由物理学家钱西洛·安吉拉·默克尔 (Chancellor Angela Merkel) 掌控的德国走在前面，其他国家跟随着。德国拥有最大的太阳能电池市场，是仅次于中国和日本的第三大制造业。为了使太阳能电力反馈到电网，启动了 $1kW \cdot h$ 支付大约 0.5 欧元的上网电价补贴政策 (feed-in tariff)。德国也是风力发电的主要用户。它的再生能源生产总电力的 14.2%，而欧盟的计划是 2010 年达到 12.5%[14]。政府以每月电费增加 1 欧元来支持该计划，令人担心的是这将导致太阳能的快速发展。托尼·布莱尔 (Tony Blair) 已经设定了英国到 2050 年减排 50% 的目标。美国加利福尼亚州州长阿诺·施瓦辛格 (Arnold Schwazenegger) 带头推出了减少 CO_2 排放的宏伟法案，到 2020 年 CO_2 减少到 1990 年的水平，到 2050 年再减到 1990 年水平的 80%。美国在能源和环境问题上徘徊不前，是因为他比石油输出国组织 (Organization of the Petroleum Exporting Countries，OPEC) 外的其他国家有更多的石油储存。美国没有签署 "京都议定书" 的原因是花费太多。2008 年由能源部制定的气候变化战略计划是用 30 亿美元作能源研究，经过美元换算和 1968 年的经费一样多。在布什政府的领导下，美国有两年没有实现对 ITER 的承诺。ITER 是一个研发聚变动力的国际项目，将在第 8 章介绍。奥巴马总统任命 Steve Chu (朱棣文) 为能源部长、约翰·霍德仁 (John Holdren，等离子体物理学家) 为科学顾问。他们在保护环境中采取了积极措施，例如，调配 777 百万美元在大学和实验室建立能源前沿研究中心，高级研究计划署 (Advanced Research Project Agency，ARPA) 已经启动了一个新的能源研究项目，以激励能源效率和碳排放限制的新思路。

通常出于经济原因第一步是建立一个 "总量管制和交易系统" (cap and trade system)，碳排放量大的公司从其他碳排放低于法定标准的公司购买碳信用额。除非碳排放低的公司用新的清洁能源，否则这种方法并不能直接减少碳的排放量。燃煤电厂发现购买碳信用额比建立捕集并隔离排出的 CO_2 装置便宜。碳税大约是排放 1 吨碳交 100~200 美元，等价于燃烧 1 吨煤交 60 美元或者每加仑汽油交 0.25 美

元 [17-19]。这个税也许预示将提高电费，于是激发了一些大公司，如沃尔玛 (Walmart) 和谷歌 (Google) 在屋顶上安装太阳能板。

过去有见识的立法已经成功地保护了环境：为了治理臭氧洞，氯氟碳化合物 (CFCs) 已经被限制使用，而铅也已经从汽油、油漆和管道中清除。我们可以在全球变暖方面得到新的成功。因为减排不是个别的，而是整个社会的问题，所以立法是必要的。"比你更绿" 不是正确的态度。这里有一个例子，在纽约曾有一个演示 "绿色" 摩天楼的建设电视节目。人们注意到了，高层建筑拦截的阳光高达通常会落在那个区域的阳光的 40 倍。使用部分反射窗可以减少热负荷，节省大量用于空调的能源。建设一座建筑物是不会改变太阳照射到地球上每平方米的总热量的，问题是建筑物的阴影覆盖的地面会冷却，这与窗户的设计无关。反射窗使前面的建筑物变热，反而增加了它们的空调的耗能。因此，是否真正能够节能还取决于邻近设备的能效。市场驱动的节能多半是自私的，必须加以提防。

这里讨论的是关于未来 50 年的排放问题。在 21 世纪后半期内，世界将变得非常不同。现在不能想象那时可能出现什么样的新技术。从莱特兄弟 (Wright brothers) 到波音 747 仅仅用了 67 年。

存留的石油和天然气在 2050 年会变得昂贵，使用太阳能和风电的地方将会很普遍。尽管燃煤电厂和核电站存在储存废弃物和采矿成本的问题，但是它们仍然是基本的供电站。受控聚变毫无疑问地即将成为主要能源。如果人们能尽早完成聚变研发，就可以节省许多用于研发和商业化新能源技术的花费。

注　释

1. Subsequent letters and rebuttals published in this journal and in APS News showed that a number of physicists believed that variations in solar radiation could have caused the earth's temperature rise. Their proposal to mitigate the American Physical Society's strong statement that climate change is caused by humans was overwhelmingly rejected by the Society.

2. http://www.ipcc.ch or just google IPCC AR4.

3. Note that this is not the half-life of CO_2 concentration in the atmosphere, which is 30 years. CO_2 molecules go in and out of the ocean, and four years is the recycling time. Courtesy of R.F. Chen, University of Massachusetts, Boston, who read this chapter critically.

4. For instance, Hegerl et al. [10], countered by Schneider [11]. Also, Scafetta and West [4] who elicited seven letters to the editor in Physics Today, October 2008, p. 10ff.

5. Not exactly, since fresh water is about 2.5% less dense than seawater.

6. National Geographic News, December 5, 2002.

7. A. Gore, *An Inconvenient Truth*, DVD (Paramount Home Entertainment, 2007).

8. The eastward motion is the result of what physicists call the Coriolis force. The earth rotates west to east (making the sun move east to west daily), and the air picks up the large "ground speed" near the equator. As the air moves northward, it goes into a region of lower ground speed and moves faster eastward than the ground does.

9. What this IPCC graph (FAQ 3.2, Fig. 1.1) means in detail is too complicated to explain and is shown here only to illustrate the large local variations in rainfall data.

10. An impressive graph of the changes in several species appeared in Audubon Magazine, March/April 2009, p. 18.

11. The Ocean Conservancy newsletters, Spring 2008 and Winter 2009.

12. National Geographic Video Program, *Six Degrees Could Change the World* (2009).

13. http://www.sc.doe.gov/bes/reports/list.html.

14. New York Times, May 16, 2008.

参 考 文 献

[1] A.B. Robinson, N.E. Robinson, W. Soon, J. Am. Phys. Surg. **12**, 79 (2007)

[2] J.M. Inhofe, US senate environment and public works committee minority staff report, http://www.epw.senate.gov/minority

[3] Intergovernmental Panel on Climate Change, Assessment report 3, *Working Group 1* (2001)

[4] N. Scafetta, B.J. West, Phys. Today **3**, 50 (2008)

[5] K.A. Emanuel, *What We Know About Climate Change* (MIT, Cambridge, MA, 2007)

[6] Intergovernmental Panel on Climate Change, Assessment report 4, *Working Group 1: The Physical Science Basis* (2007)

[7] W.F. Ruddiman, Sci. Am. **292**(3), 46 (2005)

[8] A. Scaife, C. Folland, J. Mitchell, Phys. World **20**, 20 (2007)

[9] National Research Council, *Surface Temperature Reconstructions for the Last 2000 Years* (National Academies Press, Washington, DC, 2006)

[10] G. Hegerl et al., Detection of human influence on a new, validated 1500-year temperature reconstruction. J. Climate **20**, 650 (2007)

[11] T. Schneider, Nature **446**, E1 (2007)

[12] National Audubon Society, *Mapping Avian Responses to Climate Change in California* (2008)

[13] L. Jenni, Kéry Marc, Proc. Roy. Soc. Lond. B **270**, 1467 (2003)

[14] A.J. Miller-Rushing, R. Primack, Ecology **89**, 332 (2008)

[15] L.V. Alexander et al., J. Geophys. Res. **111**, D05109 (2006)

[16] Intergovernmental Panel on Climate Change, Assessment report 4, *Working Group 3: Mitigation of Climate Change* (2007)

[17] S. Pacala, R. Socolow, Science **305**, 968 (2004)

[18] R. Socolow, R. Hotinski, J.B. Greenblatt, S. Pacala, Environment **46**, 8 (2004)

[19] R. Sokolow, S. Pacala, Sci. Am. **295**(3), 50 (2006)

第2章 能源的未来 I：化石燃料*

现在有三种不同的能源：主体能源、绿色能源和移动能源。**主体能源**是主力能源，我们需要它，它就存在。**绿色能源**来源于不污染环境的再生能源。**移动能源**是用于汽车、飞机和其他车辆以及有特殊输运需求的能源。下面将依次讨论它们。

2.1 主 体 能 源

世界能源的 40% 用于发电，其他用于产热和制造业。电力在发达国家支配着人们的生活方式。在炎热的夏天，你可能经历过突然停电。夜幕降临，你点燃一根蜡烛，似乎有那么一点浪漫色彩，还行吧；但是要读书就太暗了。你想打开收音机听听，但是收音机没有电不能工作。你想看电视或者磁碟，它们也不能工作。你想打电话问问邻居，电话也不能工作。这时你会想：不需要电源适配器就可以直接通话的电话在哪里呢？好啊，"我去网络冲浪吧！"想得美！计算机像钉死的门一样，没电，动不了！这就是现代化！来杯热茶清醒一下头脑吧，哎呀！炉子、热水器也都是用电的。你想开车出去在月亮下兜兜风，说不定回来电就来了。可是，打不开车库门。这正是没电什么事也做不了。1965 年纽约因持续停电 10 小时变得漆黑一片，人们无可奈何也无事可做。9 个月后产科医院可忙坏了，好奇怪啊！媒体把真相曝光出来，才恍然大悟。

家庭取暖主要是石油和天然气，在紧要关头还是要用比较靠得住的电。约翰逊夫人是一个寡妇，一个人住在郊区的房子里。雪太深了，输油车无法送油。电也因为公用实施的一个大电机停转没有了。外面没有太阳，只有猛烈的暴风雪在肆虐。可惜这种狂风不能提供风能来弥补电的不足。室内温度降到了零度以下。约翰逊夫人有一个电热器，但是没有电源。没有电，她无法烹饪。两天后，她在床上用自己的体温解冻了一个汤罐头。第三天，她边看着床头柜上孙子们的照片边想："我还能见到你们吗？"第四天，电恢复了！约翰逊夫人能够再见到孙子们了。谢天谢地，多亏有主体能源。这个剧情说明，没有主体能源将造成致命的后果。现在大多数医院备有用化石燃料运转的应急电源系统。这是化石燃料的一种合情合理的用途。

为了限制温室气体，再生能源是绝对需要的。但是，再生能源如大多数人知道的 —— 风能、太阳能和水电 —— 作为主力能源是不够的也是不可靠的。用它们来增加能源的来源，这是巨大的进步，但是它们只能是主体能源的补充，因为我们

---

* 上标的数字是注的号码；而括号 [ ] 中的数字表示本章末页参考文献的号码。

无法存储间歇性能源,也无法将其从产电区运输到要用的地方。而主体能源必须是任何时候都可用。这就是说,它必须具备足够的储备发电能力,能够在其他所有能源发生故障时保障电的供应。主体能源可以保证人们正常的生活和活动。绿色能源能节省燃料费用,但是不能节省资本成本,因为仍然需要建立主体能源电站作为备用。关于这方面,在有关风力发电的章节中将进一步叙述。**只有三个能源满足主体能源的要求:化石燃料、裂变和聚变,其中只有聚变能源具有作为绿色和安全的主体能源的应用前景。**

2.2 能源赤字

2.2.1 能量单位

首先,让我们弄清楚什么是能量。如果你打开一个 100W (瓦) 的灯泡,它将消耗 100W 的能量,对吗? 不太确切! 瓦数测量的是能量消耗的**速率**。能量是可以存储的,而**功率**是能量消耗的快慢。运行一个烤面包器大约需要 1000W (1kW) 电。如果它工作 1h,它将使用 1kW·h 的**电能**。一个 200W 的灯泡照明 10h 需用 2000W·h 或者 2kW·h 的电能。再用一个生活中的事例来解释,假定你吃了一个小的 (200cal,1cal=4.18585J) 汉堡,那就是你存储的能量。后来你用 2h 的锻炼消耗了这些能量,那么你锻炼的平均**功率**就是 100cal/h。很多人对这些熟知的电单位混淆不清。记住:瓦 (特) 是功率单位,不是能量单位,把它乘上时间才能得到能量。

有关能源危机的文章常常使用不同的能量单位,如英国的热单位 (BTUs)、万亿瓦年、百万桶油当量 (MBOE)、煤当量兆吨等,使大家对这两个电单位更加混淆。在本书中,我们将所有数据以公制 (mks) 单位表示,即瓦 (特) 和焦耳以及它们的倍数。常见单位制之间的转换因子在框 2.1 中给出。

框 2.1 能量单位的换算

单位	等价的各单位			
	kJ	kW·h	BTU	BOE
千焦耳	1	2.8×10^{-4}	0.95	1.6×10^{-7}
千瓦时	3600	1	3412	5.6×10^{-4}
英国热单位	1.055	2.9×10^{-4}	1	1.7×10^{-7}
油桶当量	6.1×10^{6}	1700	5.8×10^{6}	1
油当量	4.5×10^{7}	1.2×10^{4}	4.3×10^{7}	7.33

单位	等价的各种单位				
	TJ	TW·year	MBtu	Quad	MBOE
万亿焦耳	1	3.2×10^{-8}	948	9.5×10^{-7}	1.6×10^{-4}
万亿瓦年	3.2×10^{-7}	1	3.0×10^{10}	30	5200
百万英国热单位	1.1×10^{-3}	3.3×10^{-11}	1	1.0×10^{-9}	1.7×10^{-7}
夸特	1.1×10^{6}	0.033	1.0×10^{9}	1	172
百万桶油当量	6.1×10^{3}	1.9×10^{-4}	5.8×10^{6}	5.8×10^{-3}	1
百万油当量	4.5×10^{4}	1.4×10^{-3}	4.3×10^{7}	0.043	7.33

第一个表给出了一些基础单位, 最熟悉的是用于电能的千瓦时 (kW·h)。焦耳是公制的能量单位; 焦耳/秒, 即瓦, 是**功率**的单位, 这是大家比较熟悉的。1kW 就是 1000W 或者 1kJ/s。由于 1h 是 3600s, 1kW·h 是 3600kJ。在公制建立前使用的 BTU 制至今仍被广泛地使用, 而且和千焦耳很接近。一公吨相当于公制吨的 1.1 吨。在实验室外, 如工业上, 能量常常用桶油当量 (BOE), 显然这是不确切的, 因为它取决于油的种类和燃烧的效率。美国国税局 (US Internal Revenue Service) 把它定义为 5.8×10^{9} J。

第二个表给出了在全国或全球范围内能量的单位缩放。1TJ 是 10^{12} 焦耳或者 10 亿 kJ。在科学记数法中, 指数 (10 的上标) 表示在 1 后面有几个 "0"。这里是对应的各种倍数因子。

千 (Thousand): 1000(10^{3}), k(kilo-)

百万 (Million): 1 000 000(10^{6}), M(mega-)

十亿 (Billion): 1 000 000 000(10^{9}), G(giga-)

万亿 (Trillion): 1 000 000 000 000(10^{12}), T(tera-)

千万亿 (Quadrillion): 1 000 000 000 000 000(10^{15}), P(peta-)

百亿亿 (Quintillion): 1 000 000 000 000 000 000(10^{18}), E(exa-)

1TWyr 是 32EJ = 3.2×10^{19} J。一个 1GW 的大功率发电厂每年产生的电能为 1GWyr。1000 个这样的发电厂每年输出的电能为 1TWyr。由于 1Btu 大约是 1kJ, 1 百万 Btu(MBtu) 大约是 1GJ。在考虑全国或全球的大规模能源生产时通常用的单位是夸特, 1quad=10^{15}Btu, 或者 GMBtus, 它等于 172 兆桶油当量。桶油当量是杂志和学术期刊文章常用的单位。我们在所有图表中采用夸特和 MBtu 的单位, 可取之处是它们接近现代公制单位。

2.2.2 能源消费

世界和美国的能源消耗量如图 2.1 所示。对世界来讲, 消耗的能源总数 472 夸特中以石油为主, 总数的 79% 是化石燃料。对美国来讲, 能源消费总量 71 夸特中以煤为主, 总数的 86% 是化石燃料。再生能源主要是风能、太阳能和生物质能 (木头和废品), 在 2006 年仅占世界能源消耗总量的 1.3%, 美国的 5.5%。

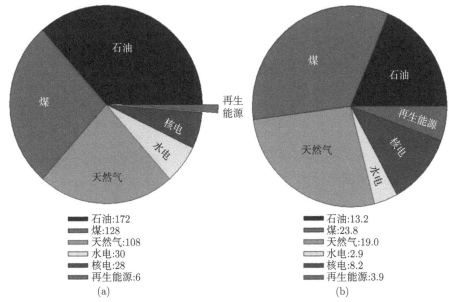

图 2.1 2006 年 (a) 世界 [1] 和 (b) 美国 [5] 的能源消耗 (单位: 夸特/年)

图 2.2 中以不同类型的能源分别示出过去 36 年的世界能源消耗增长趋势。由图可见化石燃料在消耗的能源中占绝对优势；再生能源的贡献仅是顶部黑线的薄薄一层。虚线显示 1970~2002 年能源消耗大约以每年 6 夸特的速率稳定增长。然而, 从 2002 年后年增长率迅速提升到大约 16 夸特/年。

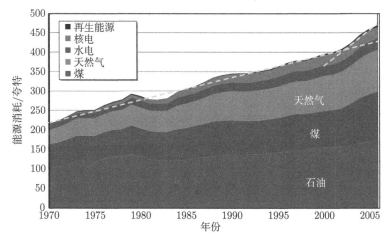

图 2.2 过去 36 年世界每年不同类型能源的消耗。**虚线**表示 1970~2002 年和 2002~2006 年的平均增加率 (数据来自注释 1 和 5)

从图 2.3 可清楚看到美国在世界能源生产和消耗中的比例, 不到世界人口 5%
的美国消耗了 22% 的能源。值得注意的是, 世界总能源的 15% 是在美国国内生产
的, 如图中间的长方块所示, 其余是进口的。美国有丰富的化石燃料, 为什么在发
展替代能源的竞争中落在后面在此可以得到解释。像法国、德国、日本等国家更多
地依赖于进口能源, 所以它们率先发展化石燃料的替代品。

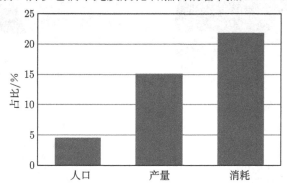

图 2.3　2005[1] 年美国在世界人口、能源生产和能源消耗中占比

2.2.3　能源预测

要预测未来能源需要不是一件容易的事情, 就像预测气候一样, 必须依赖计
算机模拟。模拟中用到的模型如同第 1 章中的那样, 场景假设有相当大的差异。
图 2.4 示出到 2030 年的预测结果。各组数据的中间条块是参考场景, 在参考场景

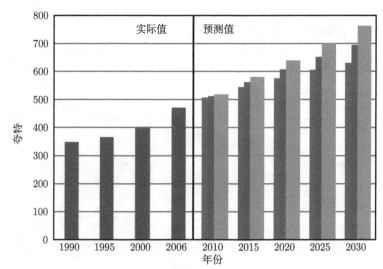

图 2.4　到 2030 年每年世界能源需求的预测值。**三色条块**表示用不同的方案计算出的最低
值、平均值和最高值 (数据来自注释 1)

中假设政策和法律都保持不变。两边低的和高的条块是考虑所有场景后预测得到的最小值和最大值。正如预料的那样，预测的范围和不确定性都随着时间增加。伴随着经济高增长，能源消费量将从 470 夸特增长到 2030 年的 760 夸特。到 21 世纪末，将达到 1200 夸特以上。显然，问题来了，在石油和天然气即将耗尽的今天，该如何应对这种双倍、三倍的能源需求？

2.2.4 什么在驱动能源需求的增加？

人口增长是一个原因，但不是主要原因。人口增长预测的结果见图 2.5。根据情景推测发展中国家人口，一般来说可能先是缓慢增长，到 2040 年左右出现一个峰值，然后缓慢下降直到 21 世纪末。非洲和拉丁美洲的不发达国家的人口到 2100 年将连续增加。专家相信，人口将在达到 100 亿 (10^{10}) 时停止增长，因为地球只能养活这么多人。如果人口总数超过了这个数，就不得不移民到月球和火星了。

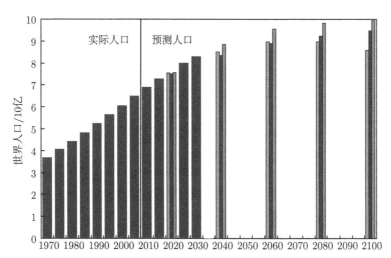

图 2.5　人口增长预测。用**三种颜色的条块**表示用三种不同场景的预测数据 (数据来自温室气体排放和大气浓度的场景，美国气候变化科学计划 (USCCSP)，综合评估产品 2.1a，2007 年，注释 1) (扫描封底二维码可看彩图)

图 2.6 说明人类生产力对能源的需求越来越多。国内生产总值 (gross domestic product，GDP) 是衡量一个国家或地区总体经济状况的重要指标。单个国家和发达国家的 GDP 比较容易计算，但全球的 GDP 计算很复杂，需要考虑到不同国家的不同货币和不同的计算方法。因此，关于全球的 GDP 数据来源不同，估算也不同。然而，预测增长要用统一的体系来计算。在图 2.6 中，GDP 用美国 2000 年的美元来换算。尽管发达国家的人均 GDP 期望有小幅下降，但其余国家的工业化将推动能源的需求。因此，预期 GDP 仍将以指数增长。

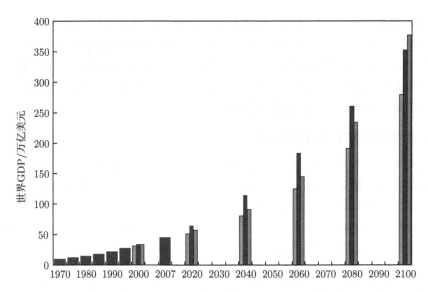

图 2.6　世界 GDP 增长，单位是 2000 年时万亿美元。**三个不同颜色条块**表示根据温室气体
排放和大气中浓度三个不同场景的预测数据。美国气候变化科学计划综合评估产品
2.1a，2007 年。2007 年后的数据来自中央情报局的《世界概况》一书
(扫描封底二维码可看彩图)

　　为了说明这一点，图 2.7 把图 2.4 中高经济增长能源需求的情况按经济合作发展组织 (Organization for Economic Cooperation and Development，OECD，简称经合组织) 国家和非经合组织 (non-OECD) 国家两部分分别显示。经合组织由 30 个工业国家 (2015 年为 34 个) 组成，主要是欧洲和北美洲国家，加上日本、韩国和澳大利亚。非经合组织包括俄罗斯、中国、印度以及非洲、中东、中美和南美国家。很清楚，直到 2030 年能源需求增长的大部分来自非经合组织国家，而且从图 2.6 的 GDP 预测可知在 21 世纪的下半期非经合组织国家将占主导地位。

　　这个预测可信吗？也许还会有人不相信那些看不见的科学家用计算机做出的计算，但是必须承认，这是我们在计划将来时拥有的最好的信息。怀疑者和反对者通常是不在家做家庭作业、仅靠直觉的个别人士。相反，这里显示的场景是 "一大群专家依靠大量数据做出来的"。场景的基本规则是在一开始就决定了的，然后广泛采用不同的方法去求得可能的结果范围。例如，在预测发展中国家的情况时，一个场景是假定不同地区的现代化是按照他们各自的习惯和生活方式独立实现的，而另一个场景是假定不仅这些国家之间通过互联网有良好的联系和通信，而且与其他国家可以很好地分享方法和经济。不同区域的 GDP 增长速率可以有相当大的区别，图 2.6 显示的是世界范围的平均值。到 2100 年预测结果虽有显著的不同，但仍然给出了一定的趋势。在图 2.4 能源预测中，大量的不同场景给出的 2030 年的

结果仍然在 ±10% 的误差范围内一致。

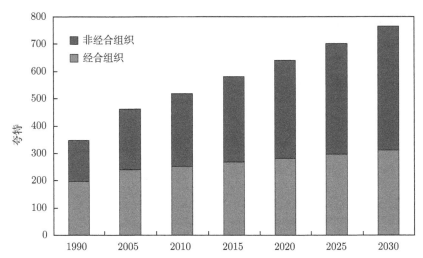

图 2.7 经合组织和非经合组织能量消费的现状和预测,单位为夸特 (数据来自美国能源部能源信息管理局,2008 年国际能源展望,以及欧洲联盟委员会能源研究局 2003 年的《世界能源,技术和气候政策展望 2030》)

2.2.5 能源去了哪里?

不是所有能源都是相同的。电能是现代社会最主要的能源之一,它操控着我们现代社会的生活方式;我们依赖它却又经常不珍惜它。发展中国家大部分能源用于电力基础设施建设。下面四张图是根据美国的数据说明电力从何处来又用到哪里去。

图 2.8(a) 说明美国的能源消耗几乎被交通运输、工业、住宅和商业四大领域平分,但使用的能源种类却有所不同。交通运输方面的能源几乎全部来自石油 (在此不严格地称为油)。工业系统燃烧的多数是石油和天然气 (简称气)。在商业和住宅方面,电和气同等重要。商业部门电的消耗正在快速超过气,如图 2.8(b) 所示。建筑物的照明和空调耗费了大量电,其中有很大部分的电是可以通过严格的节约措施省下来的。住宅用电的 31% 是为了室内加热、冷却和通风,而 35% 是用于厨房电器和热水。照明、电子设备、洗衣房等其他使用的电力都不超过 10%[2]。不分冬夏和昼夜,每一个美国家庭的日平均用电稳定在 1.2kW 左右。如果每个家庭人口平均为 2.6,则每个人消耗的电力约为 470W[2]。当然,峰值负载要比这个大很多倍,设计发电厂时必须考虑到有应付高峰需求的能力。

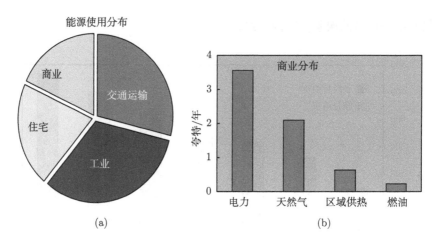

图 2.8   (a) 2007 年美国各部门的能源使用情况；(b) 商业消耗的能源类别 (数据来自美国能
       源部能源情报署的 2007 年年度能源评论)

　　糟糕的是，发电是非常低效的。发电中能源的损失见图 2.9(a)，发电用的能源
见图 2.9(b)。产电过程中大约有三分之二 (69%) 的化石能源浪费掉，主要浪费在由
热到电的转化中。产电过程大致是这样的：先准备好可燃的原材料，如煤，通过燃烧
形成蒸汽，蒸汽驱动涡轮机再带动发电机 (一个逆转的电动马达) 发电。每个步骤都
要消耗能源。热力学原理中卡诺定理 (Carnot's theorem) 认为，任何把热能转换为
机械能的热机，都会损失数量等于初始温度除以最终温度的分数值的能量。例如，
如果用加热到 500℃ (932 ˚F) 的蒸汽去驱动涡轮机，最终它冷却到 100℃ (212 ˚F)，
对应的绝对温度大约分别为 770K 和 370K，那么在这个过程中损失的能量就等于
370/770 即 0.48 或者 (48%)，剩下的 0.52(52%) 是有用的。因此，在理想状态下，
最高效率也不超过 52%。现代的新型热机可以突破这个数字，但是涡轮发动机不
可能是完美的。这个转换损失可以在图 2.9(a) 中看到，输配电的损失，包括高压电
缆和为了使高压降低到墙上插头值而用的变压器的发热等在图 2.9(a) 也用一个方
块示出。图中间的方块是可用的部分。
　　我们对电力的渴求导致它的价格飙升。珍贵的化石燃料正在被我们非常低效
地使用着。如水力发电、风力发电和光伏太阳能电池这些不用经过热循环而直接发
电的能源是非常有意义的，但是太阳能的效率有物理学极限，这在本章稍后将会讨
论。在图 2.9(b) 中我们看到大部分电力来自煤 —— 最脏的化石燃料。我们还没有
把采矿、输运和炼煤等环节中耗费的能源计算进去。图中用 "其他" 标志的那片包
括了风力和太阳能。我们希望这一片能变得更大，因为它们可以不通过热循环直接
产生电。

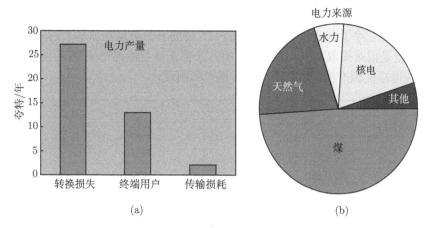

图 2.9 (a) 产电过程中能源的损失,用夸特/年表达而不是百分数;(b) 不同电力来源的相对贡献。分别是美国 2003 年和 2007 年数据,取自美国能源部能源情报署 2007 年的年度能源评论

2.2.6 能源存储量

世界上还剩有多少化石燃料? 可以维持多久? 关于这些底线的数据是 2007 年的,热当量用夸特计 [3]。首先,让我们看看图 2.10 示出的最大能源 —— 煤的分布。亚洲太平洋地区包括中国、印度、日本、韩国、澳大利亚和其他太平洋地区的国家。欧洲和欧洲大陆包括西欧和东欧,原来的苏联、希腊和土耳其。北美是美国、加拿大和墨西哥。南美洲和中美洲及中东是不言自明的。确认的存储量是指可以利用现有技术开采的存储量。煤矿集中在前三个区域,中东可以说是没有煤的。

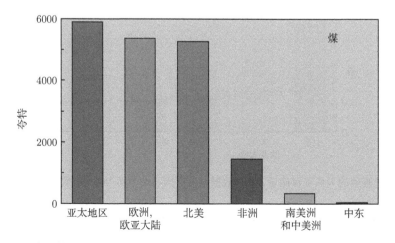

图 2.10 确认的世界煤矿分布 (数据来自英国石油公司 2008 年的 "世界能源统计")

石油的情况就不同了，如图 2.11 所示，正如我们已知的：世界上石油的绝大部分是在中东。除了普通石油外，据报告，大量的石油蕴藏在加拿大的油砂和页岩油中。问题是很难提取出来，因为已有的方法都是针对能源密集型的。要从油砂和页岩中获得净能源产额，还必须等待新技术的出现。

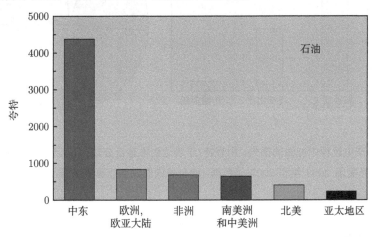

图 2.11　已查明的石油蕴藏量分布 (数据来自英国石油公司 2008 年的 "世界能源统计")

天然气的存储情况用图 2.12 说明。中东也是领先的，但是天然气的存储总量相对于煤和石油要少。

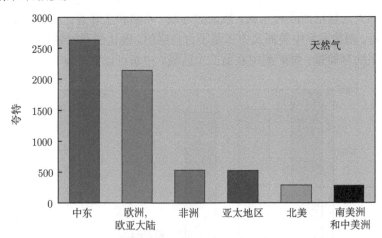

图 2.12　已查明的天然气存储量分布 (数据来自英国石油公司 2008 年的 "世界能源统计")

把这些能源的存储放在同一尺度下表示 (图 2.13)，可以突出煤的优势地位。长方块表示的是石油，由图可知，我们主要的运输燃料仍然要依赖于中东。

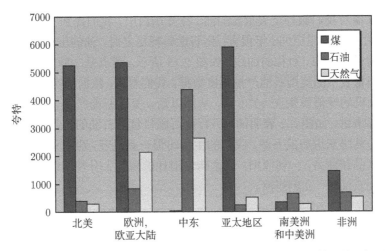

图 2.13 世界化石燃料存储量概况 (数据来自英国石油公司 2008 年的 "世界能源统计")

现在我们要面对最棘手的一个问题: 化石燃料还可以持续多久? 我们在开场白中提到过的哈伯特峰 (Hubbert's peak), 如果用存储量和开采量之比 R/P 来估算可以更容易理解。图 2.14 给出了全球各个区域的 R/P 比值。如果把各个区域已知的化石能量存储量除以年产量, 就能得到可以持续的年数 (**假设没有贸易**)。显然, 某些区域的能源状态似乎能自食其力, 但现实世界的出口燃料和进口燃料是常识。图的纵坐标给出了全球化石燃料可以维持的年数。石油 42 年后将用尽, 天然气也在 60 年后耗尽, 而煤还有 133 年可用。注意, 这里计算用的是 2007 年的消耗率, 也就是说**假定稳定在 2007 年的消耗水平**, 才能维持这么多年! 如果按照图 2.4 中预测的消耗增加计算, 全球化石燃料会在更短时间内耗尽。

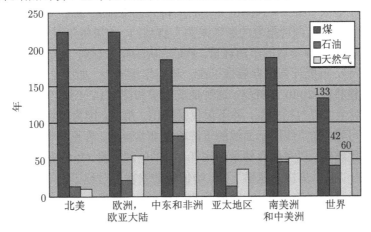

图 2.14 世界各个区域的存储量和开采量的比值 (数据来自英国石油公司 2008 年的 "世界能源统计")

现在来谈对我们旅行至关重要的油。在开场白中，我们提到了哈伯特峰，哈伯特 (M. K. Hubbert) 在 1956 年预言：化石燃料耗尽之时，油的生产也将最终下滑。这个峰通常是光滑的、对称的曲线，如图 2.15 所示。黑点是 1900 年以来用夸特为单位的热当量表示的美国石油产量年度数据。我们看到，数据确实落在哈伯特曲线上，石油危机的峰值发生在 1973 年。从那以后，美国石油产量一直在下降。但是对整个世界来讲，如图 2.2 表明的，所有化石燃料包括石油的消耗仍然在增加。美国缺少的是从中东进口的石油。我们的生活习惯一点没变，坐飞机和开车旅行，用卡车运输食品和商品，一切照旧。这意味着消耗的持续上升使曲线不再对称，当越来越难找到石油时，立刻崩溃。

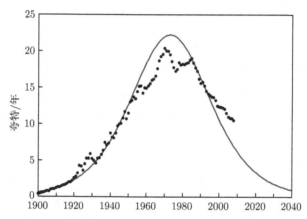

图 2.15   1900~2008 年美国石油产量 (黑点) 和哈伯特曲线。曲线下的面积是在常规时的石
油存储量 (数据来自能源情报署网站)

何时发生崩溃？图 2.4 预测世界化石燃料只能维持到 2030 年。这个关于油的特定预测周期是从能源情报署的参考案例 [1] 查到的，如果每年以 1.2% 的平均增长率算，能预测到 2030 年后的年消耗量。然后，从注释 3 查到 2007 年常规油存储总量 (7180 夸特)，就能计算出存储量正在一年一年地减少，如图 2.16 所示。**全世界的石油存储量将在 2040 年耗尽**。这种情况似乎和图 2.15 一致，实质上是不同的。第一，这是对全世界包括中东，并不仅仅是美国。第二，因为消耗率继续上升，油价变得高不可攀，如点线所示曲线的下降将是非常陡的。在这种情况下，不可避免地要使用替代燃料，以免油存储量彻底耗尽。油的消耗量 (当考虑整个世界时产量也一样) 将比以前以更快的速率下降，哈伯特曲线就不对称了。高成本的非常规能源只能使曲线稍微延长一点点。需要强调的一点是：**世界**石油将很快耗尽。和美国不一样，就全球而言，没有可能从其他地方进口石油。

缓解石油需求的举措是有一些的，比如想各种办法使汽车省油：用碳纤维代替钢铁制造汽车，将大大减轻车身的整体重量；目前的汽油发动机低效得可怕，只有

1% 的能量用于驱动器，10% 用于汽车的运行，其他 90% 损失成热 [4]。气–电混合动力车已经上市而且能使车程数翻倍。插电汽车不用气体用电，从而将负担转移到更丰富的燃料 —— 煤，它在中央电厂高温燃烧时效率更高。替代燃料 (如氢和酒精) 也有其自身的问题，我们将在第 3 章讨论。应指导购买者将对马力和速度的追求转向高燃料效率的要求，但从制造钢部件和气发动机转变到制造碳部件和高效新型发动机的基础设施要花费几十年时间；改变燃料分布 (加油站和管道) 也需要几十年时间。因此，石油的问题已经迫在眉睫。

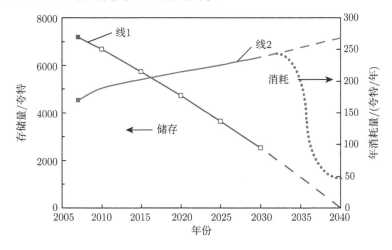

图 2.16　世界石油存储量的预测 (**线 1，左边标尺**) 和年消耗量 (**线 2，右边标尺**)。2007 年的点 (**实方块**) 是真实数据。**空心方块**是计算机模拟数据；**虚线**是外推；**点线**是推测 (数据来自英国石油公司 2008 年的 "世界能源统计"，美国能源部能源情报署的《2008 年国际能源展望》，《2030 年世界能源、技术和气候变化政策展望》，以及欧盟委员会能源研究局 2003 年的《世界能源，技术和气候政策展望 2030》)

　　石油是最迫切的问题，其实所有的化石燃料都必须很快置换。我们曾经讲过煤是不短缺的，这句话对北美洲和欧洲也许正确，但不是对整个世界。中国正在每周建设一个新的燃煤电厂，存储的煤消耗得非常快。在图 2.14 中，亚太地区煤的存储量对应于它的消耗率已经最低了。再者，如果所有燃煤电厂都尽可能消除温室气体，那也是一笔很大的费用。至于石油，这么宝贵的能源被烧掉是不明智的，应该省下来用于其他特殊的用途，如制造塑料。因此，希望到 21 世纪中叶，石油和天然气耗尽时，图 2.2 中原来属于它们的那片区域将被核能、聚变能和再生能源代替。再生能源如风力、太阳能和生物燃料也必须扩大 100 倍才能有所改变。核能可以扩大 17 倍，但是有环境污染问题。关于这些能源将在第 3 章详述。在 21 世纪的前半个世纪，需要用它们和煤一起去填补能源的短缺。**如果 21 世纪中叶聚变能够到位，就帮上大忙了，它绝对是 21 世纪后半世纪所需要的能源。到 2100 年，煤**

和铀都耗尽了，聚变将成为主体能源的主要来源。在第二篇将叙述关于聚变如何进行和困难所在。

2.3　煤和碳的管理

煤是主要问题。它为这个世界提供了 27% 的能源和 40% 的电力；为美国提供了 23% 的能源和高达 49% 的电力 [5]。煤也是最大的 CO_2 排放源。在 2007 年，中国燃煤排放 CO_2 总量达 26.5 亿吨，美国是 22.0 亿吨 [6]，其他国家排放的 CO_2 都不超过 5.4 亿吨。中国和美国的煤存储量都很大 [3]，他们用煤分别生产了世界能源的 41.1% 和 18.8% 是不足为奇的。煤占优势是很容易理解的：它比石油和天然气便宜；具有大的供应量；容易通过火车来运输；矿山不那么偏远；不需要建设管道也不需要油槽，避免了油槽破裂污染海域偶然事故的发生。

煤也是一个 "坏东西"，采煤失事会导致死亡，许多家庭徒劳地等待着被困在地球深处得不到救援的所爱的人的故事让我们忘不了。当整个山坡被挖掘时，环境被毁坏，而且放出许多污染物，如硫。单说美国吧，美国虽在 2007 年已经停止建厂，但每年仍有 1 亿吨煤灰和污泥存于 200 个垃圾填埋场，包括一些危险的污染物，如砷、铅、硒、硼、镉和钴 [7]。中国的燃煤电厂正以每周一个的速度建设着，快速发展使这个问题日益加剧。一个最令人关注的问题是：中国和印度都在不停地工业化。在中国，74% 的能源来自煤，而且将增长达到 90%，如果努力发展再生能源，也许能维持在 70% [8]。中国大约有 3 万个煤矿，其中 24000 个是小煤矿，它们使用旧设备，没有安全制度。2006 年，中国有 4746 名矿工死亡，美国仅有 47 名死亡，比过去都减少了。中国煤每年排放 3950 亿立方米的甲烷、二氧化硫和黑烟，它们比 CO_2 有更大的增温能力。此外，甲烷导致煤矿爆炸，二氧化硫引起酸雨。在中国，百万人患黑肺病，其中 60% 是矿工。这个病使煤矿总死亡率增加了 50% [8]。短期内用其他能源代替煤是不可能的，但是我们必须要努力去减轻它对全球变暖的影响。

2.3.1　总量管制与排放交易

没有政府的干预，煤炭工业是不会做任何降低利润的事的。大多数发达国家通过立法，限定时间减少碳的排放量。总量管制与排放交易机制是这样实施的。立法规定每个排放源有一个限制排放量，这个根据 CO_2 排放吨数设定的 "配额" 可以分成若干个单位配额。单位配额可以拍卖。严重排放源 (如大工厂) 可以去买排放配额，这比建立减排设备要便宜得多。小排放源 (如现代化的高效电厂) 能够出售他们多余的配额。两种排放源都得到了经济收益。为了让总量管制与排放交易机制行得通，政府必须建立防欺诈的监督系统和对违规者的严惩制度。

可惜的是，这个制度实际上并没有减少碳的排放。由上面的叙述可知，两个相同的排放源是没有指标可交易的。再者，被迫尽快减少排放的一些大企业集团利用排放交易延迟 CO_2 捕获设备的投资。一些正在兴建中的绿色能源 (包括太阳能和风能) 的新发电厂在利润的驱动下把配额卖给燃煤电厂，他们所为都不是为了总量管制与排放交易**而是**为了利润。如果企业集团不论是出于对社会的关注或是盈利的宣传已经采取措施减少排放的话，就无需总量管制与排放交易等机制了。这个机制在执行中也存在不少问题，如排放配额的分配。机制的漏洞使种种财务花招总是和任何建设性的事情相伴相行。总量管制与排放交易的唯一优点是使大污染者意识到什么即将发生，而且开始担心污染问题。

2.3.2 碳的埋存

为了继续用煤，我们必须捕集排放的 CO_2 并掩埋它，即所谓碳捕获与存储 (carbon capture and storage，CCS)。它有三个步骤：第一，把 CO_2 从煤燃烧炉出来的废气中分离开；第二，CO_2 必须送到掩埋地点；第三，CO_2 必须深埋于地下的地质层永久保存。最后一步是一个颇有争议的问题，而第一个步骤捕获是最贵的。捕获有三种方法 [9]。第一种方法，使废气和一种叫做 MEA 的液体混合溶解 CO_2。MEA 这个化学名字通常有不同的拼写，是一种在一些家用的脱漆剂、万能清洁剂中都可以找到的腐蚀性液体。加热 MEA 溶液到 150℃时，CO_2 便释放出来，而 MEA 通过蒸汽清洁后可再用。这种方法可以翻新改造用于现有的电厂，但是需要一个巨大的成本支出。加热和蒸汽生产要花费电厂 30% 的总能量。这一步骤的成本比其他两个步骤要高 4 倍。为了减少成本，正在尝试用其他的溶剂 [10]。

第二种方法，用特殊方法燃烧煤以控制产生的废气混合物。煤在含有 80% 氮气和 20% 氧气的空气中燃烧时，就产生许多氮的化合物，而 N_2O 是温室气体。较好的方法是，一开始就把氮从空气中分离出来，使煤在纯氧气中燃烧，出来的废气中只有水和需要埋存的纯 CO_2。然而，把氮从空气中分离出获得纯氧气需要电厂 28% 的能源，仍然是一个难于接受的代价。瑞典的能源公司 Vattenfall 正在德国小镇施瓦茨蓬普 (Schwarze Pumpe) 试验这种方法。实验规模相当大 (30MW)，但还不是电厂的规模，并提出了一种新功能 "富氧燃烧"：采用再循环的方式使烟气和氧以一定比例混合回到燃烧炉。这种混合气可以使燃烧温度适当降低，以避免在用纯氧时锅炉壁因温度太高而被熔化。事实上是烟气中的 CO_2 替代了空气中的氮气稀释了氧气。

第三种方法是煤的气化：煤与蒸汽和氧一起加热到高温，把煤转化为气态，叫做合成气，它是一氧化碳 (CO) 和氢气 (H_2) 加上某些令人讨厌的污染物的混合物。这种混合物经过净化后，在 "整体煤气化联合循环" (integrated gasification combined cycle，IGCC) 中成为发电的燃料。煤气化技术已经在比较大的发电厂试验过，但是

IGCC 似乎有点像鲁布·戈德堡型 (Rube Goldberg type) 一样的装置, 还需要进行大规模的验证。IGCC 包括两部分, 即合成气的产生与净化及合成气的燃烧发电, 这两大部分都需要获得纯氧的空气分离装置。除去了污染物后的气化煤进入一个气室, 在气室中 CO 和蒸汽 (H_2O) 反应生成 CO_2 和 H_2, 再通过一个薄膜把纯氢分离出去, 得到清洁的燃料。遗留下的气体包含 CO_2、CO 和 H_2, 被送入连续的涡轮机、燃气轮机和蒸汽轮机, 和氧气一起燃烧, 产生电。通过薄膜分离得到的纯氢可以出售或者燃烧生成更多清洁的电。用 IGCC 方法可获得 45% 的产电效率, 而普通燃煤发电的效率是 35%, 前面已经谈到, 这是因为卡诺 (Carnot) 理论的限制。同时, 产生的 CO_2 比较少, 而且它是以纯 CO_2 的形式出现, 容易存储。分离系统仅仅增加 25% 的成本。一个更有效的方法是化学循环法, 它正在发展中 [9]。捕集 CO_2 的新化学结构将在第 3 章的氢动力汽车中叙述。

2003 年, 未来电力联盟 (FutureGen Alliance) 提出一个计划, 要在伊利诺伊州建设一个 10 亿美元的大型示范电厂用以验证 IGCC, 计划在 2013 年建成。2008 年布什 (G. W. Bush) 总统砍掉了这个计划, 因为它的成本是预算的两倍。难以置信的是, 后来发现是会计算错了, 实际仅仅增加了 15 亿美元。直到奥巴马政府上台, 美国能源部部长史蒂文·朱正式承诺, 用 11 亿经济刺激基金重新启动这个项目, 加上其他由 FutureGen 募集的基金共有 24 亿资金支持 CCS 研究, 可以和能源部自 2001 年以来为这个目的的花费的 30 亿美元相比。

CO_2 已经分离出来了, 把它放在哪里? 有三个地方可放: 老井、地下和海底。油和气在地下已经埋藏了几千年, 说明多空的岩石和地下岩洞可以稳定地控制液体和气体。要把 CO_2 存储在这些地方, 必须先用高压把它的体积压缩到很小, 再用卡车或者火车运输到埋放处。运输中有一定的风险, 如万一容器爆炸, 成吨的 CO_2 将释放到大气。待 CO_2 平安到达目的地后, 便被注入老的油井或气井再封得严严实实。如果当初挖井时没有留下漏洞的话, 它们将在那里待几千年。因为 CO_2 和水反应会生成碳酸, 必须用抗酸的密封材料以免被侵蚀。已经试验出很好的存储液用来存储夏天多余的气和油, 到冬天再取出用。本质不同的是 CO_2 的存储要求必须永久稳定, 不允许存在任何可能的泄漏。其实把 CO_2 注入油井有一个好处, 它可以把油往上推。当油井寿命将结束时, 油变得非常稠厚, 就需要注入气体如 CO_2 以降低油的黏滞性。沿着加利福尼亚海岸看到的那些点头泵就是这个道理!

很多地下岩层能够容纳 CO_2, 如很多覆盖着一层坚硬和不透水的岩石的多孔砂岩沉积。在加利福尼亚州府萨克拉门托南边的小镇桑顿 (Thornton) 下面就发现有这样的沉积层。估计那里的微孔可容纳 10 亿吨 CO_2, 足够存储加利福尼亚几百年排出的 CO_2 [11]。当然, 没有人知道是否会泄漏。政府提出了很多钻探和测试这个岩层结构的计划, 引起了当地居民的恐慌, 发生所谓的 "邻避效应": 从反对风能和太阳能的 "不在我的后院" (Not in My Back Yard, NIMBY) 变成了 "不在我的后院下" (Not under My Back Yard，NUMBY)。

在海底也找到了可存储 CO_2 的大型地质结构，叫做盐碱含水层的多孔沙岩层，躺在海底深处并覆盖有防渗石板。用含水层存储 CO_2 是唯一已经大规模试验过的封存法，也有一个很有趣的故事 [9,11-13]。图 2.17 所示的斯莱普纳 (Sleipner) 石油平台是一个位于北海中间的巨大的石油钻井和碳封存站，与挪威和英国等距。它是在 1996 年由挪威最大的石油公司 Statoil 为了产油和封存试验建造的。该平台能适应极寒冷的天气并能抵御 130 英里/时的风暴以及 70 英尺的波浪的冲击。这里有 240 个雇员，他们的工作被认为是世界上最危险的。斯莱普纳石油平台下不仅有丰富的天然气而且有叫做尤特西拉结构层 (Utsira formation) 的盐碱含水层，深居在海底下 1000m 处 (图 2.18)。盐碱含水层很大，面积约 $(500 \times 50){\rm km}^2$，厚 200m。它能存储 100 倍的欧洲 CO_2 年排放量。

图 2.17　北海中的斯莱普纳石油平台 (http://images.google.com)

从一开始就有一个特殊的原因要在电站建设封存。斯莱普纳气田的气体中含有大约 9% 的 CO_2，要能合适地燃烧，必须把 CO_2 含量降低到 2.5%。这种气体必须用前面提到的 MEA 液体净化，因此必须存储每年释放出的大约 100 万吨 CO_2。CO_2 的注入方法需要一些物理学知识。CO_2 必须在 80 个大气压下被压缩成液体，这种 CO_2 液体的密度是水的 70%。所以，CO_2 是作为液体被存储的。当 CO_2 和盐碱含水层的盐水混合时，因为 CO_2 的浓度较小，就会往上升。令人担心的问题来了：CO_2 往上升的速度究竟有多快？存储处 200m 厚页岩层是否会出现漏洞？通过页岩层钻孔注入气体时这样的漏洞是可能发生的，所以这些孔必须用耐酸材料小心地封住。Statoil 公司花费几百万美元研发了一个用声波测量 CO_2 的扩散和泄漏的方法。该系统的分辨率为 25m，测量面积可达几平方千米，数据量是数兆字节

(megabytes)。这些数据清楚地显示，CO_2 不仅向上扩散也向横向扩散；到目前为止，不存在泄漏。在最好的场景中，CO_2 将在 1000 年左右最终溶解在海水中，变成比水重的液体，然后安全地向下移动，最终在地质时间尺度中转变为矿物，CO_2 得以永久封存。所有化石燃料到那时将成为遥远的记忆。

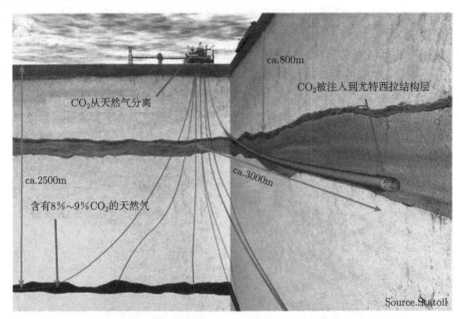

图 2.18   斯莱普纳平台下的气田和盐碱含水层 (http://images.google.com)

尤特西拉形成层的独特之处是它与气沉积层处于同一的地方，因此不需要运输 CO_2。它并不是唯一的 CO_2 大墓葬地。美国有存储 4 万亿吨的 CO_2 的存储库，足以应对所排放的 CO_2 直到煤用尽。如果不是挪威政府每年征收 5300 万美元的碳税，Statoil 可能不会建设 Sleipner 平台。没有明智的政治领袖和强硬的立法，就无法遏制全球变暖。估计分离和埋藏每吨 CO_2 要花费 25~50 美元。如果研发出新技术，这个费用会有所下降，但仍然是一笔巨大的开销。烧 1 吨煤就产生 3 吨 CO_2，一个相当大 (1GW) 的燃煤电厂每年排放 600 万吨 CO_2，成本就要上升 3 亿美元，然后把它转嫁给消费者。这还不是主要的问题。主要的问题是在短时间内根本改变所有燃煤电厂或者建立有足够新技术的电站是不可能的。到现在为止，除了 Sleipner 之外，还没有其他用干净的燃煤厂替换肮脏的燃煤电厂的综合计划，仅有一些小的分散的清洁煤的项目得到了资助。这和发展聚变能的 ITER 项目形成鲜明的对比，在 ITER 那里，尽管政治环境不同，但大的国际合作已经得到解决。清洁所有燃煤电厂可能要花费二三十年的时间，这个时间不会短于无碳再生能源商业化的时间。

2.4 石油和天然气的白日梦

本章前面讨论了石油的短缺问题，并未关注能提供和石油一样多能源的天然气 (图 2.1) 的问题。那是因为气和油多数是在同一个地方，用同样方法开采并且同样地耗尽。我们也忽略了油和气之间的些许重叠：石油可以转换为丙烷和丁烷气，它们是我们露营和在偏远房子中用的能源；气在低温下能够液化以便运输如液化天然气 (LNG)。本节将把它们放在一起来考虑扩大其供应的各种方案。

油价可以跳动很大，如 2008~2009 年一桶油可从 140 美元的高价跌到低于 40 美元然后又跳回高价，汽油的价格也随着变化。这些都深刻地影响着国民经济和居民的生活，旅游的人少了，买大车的人也少了。1973 年的天然气危机触发了美国立法制定车速不能超过每小时 55 英里。令我们担忧的不是这些急速的变化，而是石油和天然气一起耗尽。在 2007 年，英国石油公司 (British Petroleum, BP) 报告中说，探明的石油储量比早先知道的要高 15%，因此石油还可持续另一个 40 年 [14]，也就是说比图 2.16 预测的多了 30 年。然而，这个数据的可靠性引起了普遍的怀疑。国际能源署 (International Energy Agency, IEA) 评估了 400 个大油田，发现它们都处于陈旧和不好的状态 [15]。他们没有看到有什么可能从现在每天消耗 87 百万桶提升到 100 百万桶，这个数还远低于预测的 2030 年的 116 百万桶。生产沙特 (Saudi) 90% 油的 6 个油田也同样被发现已处于极耗尽状态 [16]。在美国，因为普拉德霍湾 (Prughoe Bay) 的油井正以每年 16% 的速度耗尽，阿拉斯加在 1970 年建成的管道仅能输送 1/3 国内的油和天然气时，人们已经感受到局面的艰难。图 2.19 显示自 1964 年以来发现的新油田数一直在下降 [17]。

俄罗斯出口的油和气比其他任何国家都多，全球油的生产的 11.8% 来自俄罗斯，9.9% 来自沙特阿拉伯，12.4% 来自伊朗、阿拉伯联合阿联酋、科威特和伊拉克 [15]。俄罗斯国家天然气工业股份公司 (简称俄气，也称盖茨普洛姆) 实力是如此强大，以致可以利用关闭天然气输送管道使乌克兰和欧洲一些地区不得不听它摆布。关于气和油的政治环境正在发生变化。原来强大的石油公司，如埃克森美孚 (ExxonMobil)、雪佛龙 (Chevron)、英国石油公司 (BP)、皇家荷兰壳牌 (Royal Dutch Shell) 正在被新的 "七姐妹"，即阿美石油公司 (Aramco，Saudi Arabia)、俄罗斯天然气工业股份公司 (Gazprom，Russia)、中国石油天然气集团公司 (CNPC，China)、伊朗石油公司 (NIOC，Iran)、委内瑞拉石油公司 (PDVSA，Venezuela)、巴西石油公司 (Petrobus，Brazil) 和马来西亚国家石油公司 (Petronas，Malaysia) 所代替 [18]。IEA 预测 90% 新油气田的开发将来自发展中国家。下面将展示产业部门试图用各种方法勘探到新油田以超越 "已探明" 的存储量。

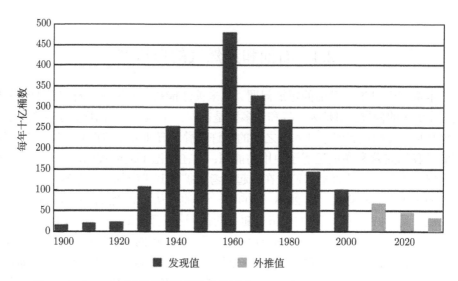

图 2.19　自 1900 年以来发现新油田的速率 (http://www.theoildrum.com)

2.4.1　深挖

如果能挖得足够深，就有可能找到新油田。相信除加勒比海外，北海、尼罗河三角洲、巴西海岸和西非都有很深的油气沉积层 [19]。看看这有多难! 雪佛龙的 (Chevron's) 杰克 (Jack)2 号井，离墨西哥湾海岸 175 英里。在水中往下钻了 1 英里到海床，又往下 4 英里才到底。为了寻找这样大的沉积层，需用现代超级计算机进行大量的数据处理并分析三维地震信号；还必须建造比以前深两倍的新一代的钻探设备。这些平台和 Sleipner 那里的一样既大又危险，每天租金 50 万美元，如果每桶油价 45 美元以上，仍然可以盈利。可能蕴藏的原油高达 150 亿桶，但和世界上探明的存储量 12 000 亿桶相比不过是沧海一粟。只有用**水平钻井**才能探到的新矿床也已被发现 [20]。管道从中心平台先是垂直往下钻，然后 90° 水平转弯，水平方向穿越几千米深埋的页岩层。从这些井收集到的油被泵到地面的大管道中。图 2.20(a) 显示一个正常大小的钻台在气候很晴朗时的模样。它们是船，哪里需要就去哪里。风暴和火灾使石油钻井成为一种危险的行业。

当 11 个工人在 2010 年 4 月 20 日墨西哥湾的深水水平钻井平台爆炸中遇难时，这句早就写下的话受到了格外的关注。图 2.20(b) 显示的是不在理想状况下的石油平台。巨大的钻井平台烧了好几天，石油无法控制地漏入海湾，污染了几千平方英里的海域，严重干扰了路易斯安那州的渔业和贝类产业，也伤害了水生和鸟类等野生动物。在 8 月泄漏被封顶以前，490 万桶油已经漏光，超过了 1979 年尤卡丹半岛 (Yucatan peninsula) IXtoc 1 号井喷井事件泄漏的 330 万桶。这些数字压倒了 1989 年 Exxon Valdez 邮轮在阿拉斯加泄漏的 257000 桶油，其影响可延伸到 30

年后，使拥有深水水平钻井平台的能源巨头英国石油公司受到严重的经济损失。这次事故一方面导致用立法去规范和限制深水钻井；另一方面也更加清楚地证实了，发展新能源替代油比搜索并深挖地球剩下的最后一点存储能源不仅对生态有利也更加便宜。

(a)

(b)

图 2.20　(a) 墨西哥湾中的钻井船 (http://images.google.com)；(b) 2010 年深水水平钻井平台发生井喷 (国家地理频道，2010 年 7 月)

2.4.2　北极钻探

如果你能够忍受寒冷和荒凉，你可以在那些地方找到更多的油和气。俄罗斯拥有许多的资源，但在那种没有人愿意去的地方。日本北部用来囚禁犯人的库页岛，那里的页岩沉积层含有 140 亿桶油和 27000 亿立方米的气 [21]。壳牌 (Shell) 和皇家荷兰壳牌想建造一个 850 公里 (500 英里) 长的管道来输送液化天然气到美国，但需要和俄罗斯竞争。世界上第三大气田在巴伦支海靠近摩尔曼斯克的什托克曼，它是北极圈北部最大的城市。那里存储有 32000 亿立方米的气，可以与已经探明的存储量 177 万亿相比。西方公司正在招标，因为他们想得到一部分气。但是寒冷的条件需要最新的设备和最难学的技术。那里有冰山且远离海岸 550 公里 (340 英里)；管道在海底可能被冰山刮伤。更糟的是，为了防止气体和水作用形成可能会阻塞管道的天然气水合物 (稍后会提到更多) 必须加防冻剂乙二醇 (glycol)，稍后又必须把水和乙二醇分开。这些北极挖掘技术正在挪威的斯诺维特 (Snohvit) 气田进行试验。开发这些气田估计需要 3 万亿美元 [22]。很清楚的是没有外国的投资俄罗斯是负担不起的。

缩小冰盖和开放西北通道可以更容易地开发加拿大北极地区的油气田。美国地质调查局估计全世界 25%(也有说是 10%)"未被发现的石油存储量"是在北极地区[23]。当然,这是一个矛盾的说法。你怎么知道还有多少没有被发现的?有一个估计含有 310 亿桶油当量 (BOE) 的天然气的存储矿,足够供美国使用 4 年。问题是政治,没有人知道谁能拥有这些矿源。加拿大北部也是俄罗斯北部,俄罗斯曾计划在北极插上他们的国旗。这些议题都值得关注。

2.4.3　页岩油

在科罗拉多、犹他和怀俄明那些长耳鹿和松鸡漫步的山艾灌丛的地下深处,蕴藏着丰富的有机泥灰岩轴承油。美国报告说,锁在那里的岩石中的页岩油是世界总量 2.6 万亿桶的两倍,其中 8000 亿桶相信是可以获得的,2/3 是油而 1/3 是气,可以和中东已经探明的 12000 亿桶油当量 (BOE) 油气存储量相比。要把这些油气提取出来,基本上就是煮石头。宁可采用破坏性小的**原地**钻探开采油气,也不会每年挖掘 2 亿吨岩石去得到每天 100 万桶油。壳牌石油公司在西部科罗拉多州钻了 1000 英尺深的孔去试探开采的可行性。大致情况是这样的: 钻三个互相间隔几英尺的孔直到页岩。把像烤面包器中的电热丝那样的电加热器塞入其中的两个孔管道,加热岩石到 700 °F (370℃)。这个加热过程大概需要几个月或几年,然后保持这个温度直到矿的寿命结束,大概有十年吧。幸运的是,地球是很好的绝缘体。岩层中溢出的气和油流向产油的三个管道被泵出并通过管道输送到加工厂。你会疑惑: 怎么用电加热? 众所周知,电转化为机械功比产热有效得多。这就是微波炉和烤面包机用 1000W 功率,而一台大窗式风扇只需 100W 的原因。原地采矿使用的电来自传统电厂,它们发电用的化石燃料有 69% 被浪费掉了,如图 2.9(a) 所示。

那么,开采页岩油能获得净能量吗? 可以说净能量是很小的。让我们通过封底计算来判断页岩油开采是否合理。1 吨 (2000 磅) 的页岩将得到 25 加仑油[24]。单位用公制比较容易: 1 吨大约是 0.91 公吨 (tonnes)。每桶是 42 加仑,每吨页岩我们得到 0.65 桶 (bbls) 油。先计算加热水用的能量。1 克水每上升 1℃,需要吸收热量 0.001 大卡或 1 卡 (C/(g·℃)),因此 1 吨水每上升 1℃ 需要吸收百万卡热量。1 卡相当于 4J,因此百万卡就是 4000kJ。加热岩石比较容易。岩石的比热仅是大约 0.2,所以 1 吨岩石每上升 1℃,需要吸收的热量是 800kJ。要加热到 700 °F,大约 380℃,需要 800×380 (或大约 300000)kJ。从方框 2.1,我们看到 1kJ 等于 1.6×10^{-7} 原油当量桶 (BOE),所以 3×10^5kJ 等于大约 0.05 原油当量桶 (BOE)。但是我们从 1 吨页岩石仅得到 0.65 桶,那么生产 1 桶页岩油就需要相当于 0.08 原油当量桶的电能用于加热。如果发电厂只有 30% 的效率,1 桶的页岩油需要 0.25 桶**真正的**油用于加热,这里还没有加上运转炼油厂必须使用的电能。如用雷西恩 (Raytheon) 建

议的微波加热法 [25]，效率就更低了。

此外，他们还计划建立一个 "冻结壁" 阻止油液渗入地下水。这将是围绕钻探场深 1800 英尺、厚 20 英尺的一堵有岩石有水的墙。方法是钻很多的管道，让冷氨溶液在这些管道中循环使墙壁保持在冻结温度。由于冷冻比加热更加低效，这将增加双倍的电力成本，如果把产电用的煤折算成油，结果是用 1 桶油只能得到 2 桶页岩油。可能的好处是油是液体，在交通方面比煤更有价值。为了获得这点化石能源，还要付出的一个高代价就是环境的破坏。

爱沙尼亚 (Estonia) 给我们提供了一个例子来说明露天开采页岩的后果是什么 [26]。爱沙尼亚 (Estonia)70%～90% 的电力是页岩油提供的。在那里，先将页岩石粉碎成 6～10mm(大约 0.5in) 大小后放进具有高达 250m 烟囱的锅炉燃烧，烟灰和污染物从烟囱出来，大的页岩颗粒落下后可以重新燃烧，每年排放的 CO_2 为 1000 万吨。仅在美国福斯特惠勒 (Foster-Wheeler) 的新式锅炉替用以后，SO_2 和 N_2O 的排放才下降到可接受的水平。固体废渣堆了 100m 高。每年产生的 500 万公吨的尘灰和废水一起泵进一个有 30m 高围堤的大湖。这个蓝绿色的湖看起来很好看，但是充满了钾、锌、硫酸盐和氢氧化物等有毒物质 [26]。

2.4.4 含油砂

如果你觉得页岩油不是什么好消息，那么含油砂也是这样。页岩至少是一种固体。含油砂是油、沙、水，甚至还有黏土组成的细颗粒。要从含油砂得到油简直比清理泄漏在海滩上的油更难。新闻报道称，在加拿大西部有大量的含油砂或沙油，估计有 1.7～2.5 万亿桶原油 [27,28]，把它作为没有开发的能源存储例子。在阿尔伯达 (Alberta) 省的西北角，阿撒巴斯卡 (Athabasca) 河从阿撒巴斯卡湖出发一路蜿蜒到贾斯珀 (Jasper) 国家公园。在北边的尽头，靠近麦凯堡 (Fort McKay)，是加拿大三个油砂源中最大的一个油砂源。阿尔伯达油砂每天产百万桶油，而且已经探明有经济价值的可开采量是 1730 亿桶，也许能扩大到 3150 亿桶，可以和沙特阿拉伯的 2640 亿桶相比 [27]。美国进口油中有 10% 是从这些砂提炼的，可以说这是一个好消息。坏消息是为了获得这种油不仅花费了大量的能源，更糟糕的是严重影响了环境。对深埋的油砂矿，要使用上面说到的**原地** (in situ) 方法，井钻一直下到油砂层，然后沿着油砂层水平式挖掘。蒸汽通过垂直井注入使油融化，融化后的油滴落到下面较低的一口井，然后被泵到地面。露天采矿用的能源少，但仍需要加热。生产 1 桶油，原地开采排放 388 磅的 CO_2，露天开采排放 364 磅，而正常采矿排放 128 磅 [27]。80% 油砂矿因埋得极深不得不用耗能较多的**原地法**开采。

这里告诉你如何运作。油砂的油似沥青那样，夏天像蜂蜜那样稠，冬天像冰球杆那样硬。油砂中含有 10% 的沥青、5% 的水、20% 的黏土和 65% 的砂 [28]。为了得到它们，首先要砍掉森林，然后挖掉 100m 深的土直到砂层，每桶油要挖 4 吨土。

巨大的铲土机把砂铲进大卡车堆得三层楼高, 每次能装 400 吨矿砂。矿砂用粉碎机研碎后进入一个容器, 在那里和 80℃(175 °F) 的热水混合成泥浆。泥浆被泵到 5 公里长 (3 英里) 的管道后到达另一个容器。这个管道具有特殊的功能, 砂粒在输运过程中通过和管壁的摩擦, 使沥青和砂分开并让沥青附在气泡上形成泡沫上浮到顶部而被分离出去, 砂和黏土则落到底部。还有一些沥青仍然留在混合物中, 则要通过第二次循环再形成泡沫而被清除。携带沥青的气泡在上升过程中可能会和一些反方向运动的重物碰撞, 因此浮到顶部需要相当的时间。有一个加速的方法是把混合物放在两个和垂直方向成一定角度的倾斜的平行板之间, 当水和砂下落到底部时, 气泡沿着缝隙上升, 避免了相互的碰撞, 是真正的高科技。泡沫中的气体然后被煮沸掉, 剩下水 (30%)、沥青和黏土的乳状液。乳状液是互不混溶的液体的混合, 如色拉酱中的醋和油。如果乳状液中的水滴能聚合起来, 水就会沉到底部, 油浮到上部, 其他的留在那里。在非常交结的乳状液中, 水滴被一薄层黏土颗粒包裹着不能互相聚合在一起, 必须加溶剂进去使水分离出, 最终得到的沥青中含 2%水和 0.8%黏土。这些污染物中的化学物质会腐蚀管道, 因此油被输送到升级工厂时, 需要在 100 大气压下加热到 480℃(900 °F)。这个加热成本也必须计入油砂的加热成本中。

还有一些上面没有提及的能源成本。每辆大铲车的钢牙要用 1 吨钢制成, 这些钢牙 1~2 天就得更换一次。炼钢消耗的能量往往被忽略了。大卡车每小时用 50 加仑柴油, 而它们的大轮子仅有六个月的寿命。油砂必须靠近河, 因为需要大量的水来清洗, 在阿撒巴斯卡每天必须加热 20 万吨水。除去黏土以后的油砂下一步该怎么办? 它们进到尾矿池, 这也是最坏的地方。尾矿是由废水和 30%砂油以及已经剥离了沥青的其他固体组成的厚泥浆, 也含有有毒化学物质。一个尾矿池有 4 平方英里 (10 平方千米) 大, 加拿大的尾矿池共有 50 平方英里 (130 平方千米), 占世界砂油存储面积的 1/3。尽管有 300 英尺 (100 米) 高的沙堤围绕着尾矿池, 人们仍然怀疑有毒化学物质已经渗入河流和湖泊。因为已经发现鱼的皮肤上出现不寻常的红斑。曾经有 500 只鸭子因为在有油的废水池歇息而死亡。为了驱赶飞禽, 安装了像稻草人一样的扑翼机械猎鹰, 显然这完全不足以达到环保的要求。要花费 1~2 年的时间清洁的水才能升上来, 被回收后再作为采矿用水。留在底部的是什么, 仍然是液体, 而且很难固化恢复林地。到目前为止, 没有一个尾矿池是能被改造再用的。

为了供油, 矿业不分冬夏和昼夜地运转着。有大矿源, 但是价格是高昂的, 开矿成本远比正常油井高好几倍, 这还没有包括捕集和封存碳的成本。开采油砂排放 CO_2, 当这种油转化为汽油和在汽车燃烧时排放更多的 CO_2。就环境影响而言这不是一个扩展油源的妥善之举。争议得最尖锐的是: 用于开采含油砂的能源多数是天然气 —— 最清洁燃烧的化石燃料, 用宝贵的气去生产低级的油, 这是一种浪费!

2.4.5 藻类油

我们知道树的光合作用是利用阳光把 CO_2 转化成氧气。它是否也能产生油？已经证实，快速增长塞满池塘被认为是浮渣的藻类，既含有生物柴油，又含有可以发酵生成乙醇的碳水化合物。在创业资本家资助下，数百家公司竞相启动一个可以和矿物油竞争的藻类油商业化项目。2008 年藻类生物技术 (Algae Biotechnology) 中心在加利福尼亚州 (简称加州) 圣地亚哥成立，同时在该区域成立了约 200 个公司。从帝王谷 (Imperial Valley) 往东，有 400 英亩 * (81 公顷) 的藻类农场 [29]。水藻重量的一半是油，因此期望每年每英亩能够生产 1 万加仑油，而油棕榈树每年每英亩只能生产 650 加仑 [29]。藻类的生长需要 CO_2 和光，电厂产生的废气 CO_2 可以用来培植更多的水藻；光，不一定非要太阳光，因为大部分太阳光的频率 (颜色) 不合适。藻类能够在 1 英亩大的容器中生长，容器内衬有塑料薄膜，给予适量的 CO_2 和水以及合适的温度。在最佳条件下，好的藻类品种一天时间重量就可以翻倍。OriginOil 公司 [30] 进行了一个水藻生长、收获和提取油全过程的小规模的试验。高效的具有合适频率的 LED 灯代替阳光用于生长藻类，再注进嘶嘶作响的 CO_2 气泡。水藻收获以后，必须使水藻的细胞壁破裂才能使油释放出来。方法是先加入 CO_2 改变酸碱度 (pH)，然后施加一个频率、强度和脉冲速率反馈可控的微波脉冲；再把水藻混合体移到沉淀槽，在重力作用下生物质沉到底部，油则上浮到最上面，而水处于两者之间。生物质可用作为原料。这样的分离是一个很简单的步骤，不需要再输入能量。因为整个过程尚在研究阶段，水藻产油是否有价值现在还没有定论。

2.4.6 天然气水合物

天然气水合物是冰状固体，仅仅在高压下如低于几百米的海下存在。它们含有被包进水分子中的甲烷气泡，在空气中遇火即可燃烧。甲烷被认为在很久以前因细菌作用生成。在大陆架和北极的永久冻土带都发现有天然气水合物。图 2.21 是在海洋深处的天然气水合物。图中垂直点线表示水的冰点，大约为 0°C 且随压力没有大的变化。线的右边是液体水，左边是冰。天然气水合物仅仅存在于很深的地方，因为那里有高压；温度越高，深度越深。图中的黄色区域是天然气水合物可能存在的深度–温度组合条件。海洋中温度在冰点以上，天然气水合物在海水下 500m 处。在北极，由于温度低，它们接近表面。

美国地质调查局 (USGS) 引领勘察近海水域的天然气水合物，如卡罗利纳海槽 (Carolina trough)，阿拉斯加的北斯洛普，墨西哥湾，印度的孟加拉湾和泰国的安达曼海。为了获得天然气水合物层的核心信息，2005 年和 2009 年开展了墨西哥湾

---

* 1 英亩 ≈ 0.0040469 平方千米。

的钻井项目, 不仅得到了天然气水合物的浓度数据, 而且有与钻探的砂层性质和稳定性有关的资料。据估计, 这些天然气水合物中的化石能源总量超过地球所有的其他化石燃料的总量, 但这是一个推测成分极高的数字。也有的估计在 10 万和 300 万亿立方英尺的水化物气体, 换算到夸特, 1 万亿立方英尺接近于 1 夸特能量。这可以和图 2.12 给出的全球已探明的通常天然气储量 6385 夸特相比。最高的估计是这个数字的 47000 倍, 非常不靠谱, 让人难以接受。比较精确的数据最近已经获得 [31]。

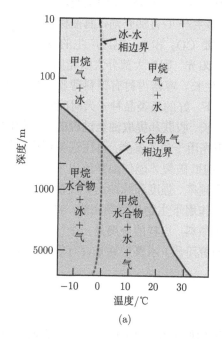

(a)

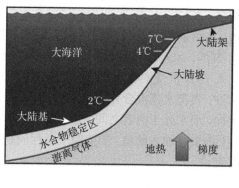

(b)

图 2.21　(a) 天然气水化合物在海洋深处的深度–温度关系 (灰色区域)(美国地质调查局, USGS, website http://energy.usgs.gov/other/gashydrates); (b) 这个区域和大陆架的关系 (W. F. Brinkman, 美国能源部, 为美国能源部科学办公室向国会提出 2011 年度的预算)

　　至此我们谈论了天然气水合物的资源情况, 还没有涉及如何安全开采和运送。甲烷是比 CO_2 强十倍的温室气体, 而且一旦水合物原来所处的压力降低, 它即刻会逸出。这种气体只要稍微有一点漏到大气中就会带来灾祸。甲烷也可能在钻探砂层过程中释放出来。虽然甲烷是一种清洁燃烧气体, 比其他燃料排放的 CO_2 少, 但它还是化石燃料, 燃烧时也会排放 CO_2。即使真的水合物中天然气的储量非常之大, 但开发它们有很大的危险。这个话题将在第 3 章讨论。哲理地总结本章, 回顾开场白中的图 2.2, 可看到化石燃料的利用在人类历史上仅占一个短暂的片段。数百万年以来, 太阳能可以被存储于树木, 树木深埋在地下腐烂成为碳化合物。人类发现了这个宝藏便肆意用其来推动现代化发展而没有顾及未来。显然，大自然母亲的馈赠并不意味着可以浪费，而是希望这份馈赠足以让人类发挥聪明才智去寻找无限的能源：聚变能。她指导我们发展了氢弹，以此显示巨大的能源是可以获得的。现在她正在引导我们走下一步。在第 7 章我们将看到她伸出援手的证据。在控制反应的尝试中，给了我们完全意想不到的奖励。这样才能继续从大自然母亲那里获得像化石燃料一样一次性遗产的奖励，而不去伤害她创造的鸟类、鱼类和动物等所有生物。

注　释

1. International Energy Outlook 2008, Energy Information Administration, US Department of Energy. See also *World energy, technology, and climate change policy outlook 2030*, Directorate-General for Research (Energy), European Commission, Brussels (2003).

2. Energy Information Administration, US Department of Energy website.

3. BP Statistical Review of World Energy 2008.

4. Car of the future, NOVA on public television, May 2009.

5. Annual Energy Review 2007, Energy Information Administration, US Department of Energy.

6. Los Angeles Times, November 18, 2007.

7. IEEE Spectrum online, May 2009 (Institute of Electrical and Electronic Engineers).

8. Yang Yang, Woodrow Wilson International Center for Scholars, Princeton University, report (April 2007).

9. Physics World, September 2006 and July 2007.

10. A new method has recently been found in the laboratory to use porous solids instead of liquids to capture CO_2. These metal-organic frameworks (MOFs) are like molecular sponges that selectively trap CO_2 in microscopic pores and then release it much more easily than MEA can. A liter of MOFs can hold 83 L of CO_2. Their use in real smokestacks has yet to be tested. [L.A. Times and Scientific American website, June 30, 2009.]

11. Janet Wilson in the Los Angeles Times (date unknown).

12. Los Angeles Times, September 9, 2006.

13. IEA Greenhouse Gas R&D Programme, Gloucestershire, UK.

14. Time Magazine, July 9, 2007.

15. Wall Street Journal, May 22, 2008.

16. Money Magazine, February 2005.

17. http://www.theoildrum.com

18. Los Angeles Times, March 19, 2007.

19. Business Week, September 18, 2006.

20. Video, *Deep Sea Drillers*, National Geographic, July 14, 2009.

21. IEEE Spectrum, September 2006.

22. Business Week, June 30, 2008.

23. Time Magazine, October 1, 2007.

24. Audubon Magazine, March–April 2009.

25. IEEE Spectrum, December 2008.

26. IEEE Spectrum, February 2007.

27. National Geographic, March 2009.

28. Physics Today, March 2009.

29. L.A. Times, September 17, 2009 and Popular Mechanics, March 29, 2007.

30. http://www.originoil.com

31. *Realizing the Energy Potential of Methane Hydrate for the United States*, ISBN: 0-309-14890-1 (National Academies Press, 2010).

第3章　能源的未来 II: 可再生能源*

3.1　引　　言

许多政府都在对发展再生能源提供支持和补贴。在创业基金的支持下几千个公司应运而生, 通常激励它们的还是商业利润。世界靠钱运作, 赚不了钱什么事情都做不成。这种激励是人为的。更重要的是与每一种技术有关的**化石足迹**。也就是说, 有多少化石能源被用于产业和设备维持, 包括原材料的开采和运输、电站的组装以及建立[1]。最终的目标是把化石燃料**替代**出去而不是去买更多的化石燃料开展新的业务。"绿色" 能源必须是可持续的, 这似乎是显而易见的事, 却只有从事风力发电的人们敢于去计算他们的化石足迹并公布这些结果。本章将介绍新的发明和思想, 由于还没有经过大规模的试验, 这里只是给出将来的希望。

电是我们现代生活所依赖的能源。从化石燃料生成电要经过热循环。如第 2 章所解释的, 热循环的效率受热力学的限制, 精心设计的电厂也只能达到或接近 40%的效率。在产电过程中, 60% 的化石燃料被燃烧浪费掉了。大多数再生能源 (如水电、风电和太阳能电) 是无须经过热循环而**直接**产生的, 因而避免了 60% 的损失。这些能源的缺点是受地域限制, 或是间歇的或是局限于自身的低效。水力发电已建得不错, 可惜不是每个地方都有。风电和太阳能的现状将在下面叙述。可能的主体能源、裂变和聚变, 都需要经过一个热循环。第二代或第三代聚变反应堆, 通过一个所谓的 "磁镜装置"(mirror machines) 也许能直接产电。有关这些先进装置将在第 10 章中概括叙述。

3.2　风　　能

风车在电问世前已经被用作能源很久了。现在我们要建风力发电场又回到这个能源。风实际上是一种太阳能, 因为它是由太阳光对地球不同部位的加热不同而产生的。图 3.1 示出一个典型的现代化风力发电场。最初的想法是把发电场建在多风而且人烟稀少的开阔地。农民将土地租给电力公司, 每年每个涡轮机交 3000~6000美元, 而且还允许农民让牛群在风塔周围吃草。这似乎很理想, 但是有人反对了。靠近旧金山的阿尔塔蒙特关口 (Altamont Pass), 那里因风电场 5000 个涡轮机每年杀死大量的鸟而声名狼藉。堪萨斯州的麋鹿河 (Elk River) 风电场建在原始草原

---

* 右上角的数字表示注释, 而括号 [ ] 中的数字是参考文献的编号, 都放在本章末尾。

—— 艾草松鸡和小草原榛鸡的家[2]。这里的自然生态环境现在已经被道路、传输线和电站弄得支离破碎。为了得到足够风能，不得不影响环境，但利远大于弊。中国希望到 2020 年风力发电能够提供一半的电力，从而减少 30% 的碳排放量[3]。实现这个美景肯定不会一帆风顺的，不过那里很少听到反对的声音。风力发电不是没有技术问题的，但与其他绿色技术相比，不那么严重。在一些地方，如得克萨斯州，风力发电的成本已经可以和石油竞争。

图 3.1　一个现代化风力发电场 (这是一个出现在许多网站的照片，电场的确切地址没有标出)

3.2.1　鸟和蝙蝠

　　风力发电尽管有经济效益，但也遇到相当大的阻力。最初，发现许多蝙蝠和猛禽在风电场死亡。在阿尔塔蒙特关口每年有 1300 只猛禽，包括 100 多只金鹰死亡[4]。这个风电场处于鸟迁徙路线上，猛禽落在涡轮机上，低头寻找地上的啮齿动物，一旦发现目标，它们径直穿过涡轮叶片俯冲下去，导致死亡。显而易见，解决的办法就是避开鸟的迁徙途径。加利福尼亚州已经关注到此类事件并制定了发展风电中如何处理鸟的指导方针[5]。虽然没有说能避免鸟类的死亡，但是概括了一些有关保护鸟类的许可证和监控程序。蝙蝠不是最可爱的动物，但是它们吃了许多害虫。金鹰有一个富豪的名字，它们捕猎加利福尼亚海峡群岛上的岛狐使其濒临灭绝。风力发电对野生动物的影响已得到相关机构的监控[6]。

　　图 3.1 所示的现代涡轮机没有出现这类问题。这些涡轮机比第一代涡轮机高很多并且旋转速度更慢。争议是可以用数字来解决的。每年 1 万～4 万只鸟和蝙蝠死在风电场。作为对比，每年被猫杀死的蝙蝠有 1 亿只，还有 6000 万只蝙蝠是自己撞到车和车窗上而致死的[4]，只是没有人会像对风电场那样去计算导致鸟类死亡的汽车事件。如果不淘汰化石燃料、不控制全球变暖的话，如我们在第 1 章所叙述

的，会有更多的鸟和动物濒临死亡甚至灭绝。

还有一些有关环境的异议。风电场不能总是建在没有人的地方。噪声很烦人，也影响风景，即使海上的风力发电机，其噪声之大也不能容忍。因此，又出现了"不要在我的后院"(NIMBY) 之呼吁。这些反对者有自己的网站[7]。解决技术问题需要时间和空间。由于风速的涨落，在风很强时产生的多余能量需要储存，但目前还没有十分容易的方法去储存更多的能量。通常风电场离需要能源的人口中心区很远，需要用新的传输线改造电网。这是一个鸡和鸡蛋的问题：既不是风力发电场公司也不是传输线公司应该独立运作的事，它们缺一不可。

3.2.2　风电增长

作为最经济的再生能源技术，近几年风力涡轮机的安装量迅速增长。从图 3.2可以看到，在这个领域占领先地位的是更依赖于外国石油的欧洲，它起步快，其他国家也以更快的速度推进。在 2006~2008 年，美国和亚洲的风电能力翻了一倍。图 3.2 中纵坐标的单位为 GW，即 1000MW。一个大的燃煤电厂大致产生 2GW 的热能，进而得到 1GW 的电。因此，2008 年欧洲 65GW 的风电**峰值**大约可以替代65 个燃煤发电厂。不过，后面会讲到，风力涡轮机的**平均**功率是很小的。

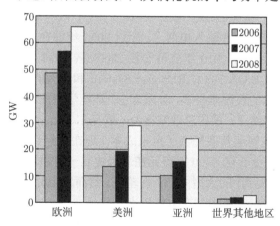

图 3.2　三大陆 2006~2008 年间累计安装的风力发电场，纵坐标单位是 GW(10 亿瓦)，根据维斯塔斯风力技术有限公司 (Vestas Wind，No.16，2009 年 4 月) 的原图重画。原始数据来自于 2009 年 3 月更新的 2008 年 BTM 世界市场

风电装机容量最高的几个国家示于图 3.3 中，纵坐标的单位仍然是 GW。在这里看到，美国和中国迅速超越原来领先的欧洲国家。在这两年里，美国的风力发电增长了 1 倍多，中国增长了 4 倍多。图中也给出了丹麦的风电装机容量，这不仅是因为丹麦的风电是许多其他欧洲小国家的典型代表，而且是因为丹麦在研发风力涡轮机技术和开展海上风电和陆上风电方面都是世界领先的。现在丹麦 20% 的电

来自风电 8。估算在 2013 年风电成本为每度 0.055 美元，而燃煤和天然气每度电成本为 0.05 美元，核电是 0.06 美元，太阳能是 0.22 美元 8。

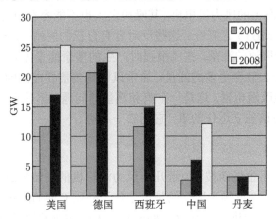

图 3.3　拥有最高装机容量总数的 4 个国家和丹麦 [选自维斯塔斯风力技术有限公司 (Vestas Wind)，2009 年 4 月，No.16. 原始数据来自于 2009 年 3 月更新的 2008 年 BTM 世界市场]

　　在俄国切尔诺贝利核电站出事后，德国曾经想要淘汰核电，用风能和太阳能来代替。自 1990 年后，实施强制上网法 (feed-in law)，政府强制要求电力公司必须全额收购可再生能源发电并输入电网 9。计划 2006 年前在北海 (North Sea) 安装 500MW 的海上风电装置，2010 年前再安装 2500MW 的海上风电装置。主要由几个大的供电公司，如 E.ON Netz，REpower System 和庞大的瑞士 Vättenfall 负责。实际情况比他们想象的要困难得多，补贴太少，环境学家的议论太多。仅仅几个海上风力涡轮机安装就绪了。德国总理安格拉·默克尔 (Angela Merket) 通过把新传输线的负担转移到电网运营商降低了风电成本。现在已经订购了 900MW 的涡轮机，E.ON Netz 将花费 2 亿 5400 万美元在北极建立一组涡轮机，其中包括一些来自 REpower(后面会提到) 的大型 5MW 涡轮机。然而，风太反复无常变幻莫测，目前它所提供的能量仅仅是核电站产电的很小一部分 9。

　　到 2009 年中止，美国的风电安装已接近 30GW，能提供全国电力的 1.4%。风电容量最多的几个州是得克萨斯州 (7.1GW)、爱荷华州 (2.8GW) 和加利福尼亚州 (2.5GW)。最大的风电场在得克萨斯州有 House Hollow，Capricorn Ridge 和 Sweetwater Farm；在加利福尼亚州有 Altamont，Tehachapi 和 San Gorgonio；在印第安纳州有 Fowler Ridge10. 美国的风电占再生能源的 5%，太阳能为 1%，而再生能源占总能源的 7%。美国的大平原，如堪萨斯州具有很大的发展潜力，以现在的建造速度 (图 3.3) 有望实现奥巴马政府在 2012 年提出的清洁能源翻倍的目标。到目前为止，海上风能的记录还只完成了一点点，计划在东海岸进行试验，但技术远远落后于多年来一直在研究海上风电的丹麦人。研究也许会受经济危机的影响而迟缓。比如，布恩皮肯斯 (T. Boone Pickens) 原来准备花费 100 亿美元在得克萨斯州建立最大风电场的计划因为石油价格的大跌，风电价格太贵而被取消了。又一次证明意识形态是经济的奴隶。

对于遥远的未来，风电的支持者是不担忧的。图 3.4 是丹麦维斯塔斯风力技术有限公司的专家预测，其中，黑色曲线表示从 1997 年到 2008 年世界风力涡轮机容量增加 16 倍；浅灰色曲线表示到 2020 年有望增长到 1.3TW($1.3×10^{12}$W)。这些指标是否能实现还是一个问题。正如我们下面要提到的，风电是需要大量主体能源去支撑的，如果功率波动太大会使电网很不稳定。幸好的是风电设施有很少的化石足迹。

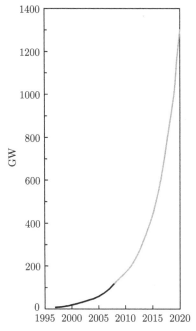

图 3.4　1997~2020 年实际 (**黑色**) 和预测 (**浅灰色**) 的风力发电能力，纵坐标以 GW 为单位 [维斯塔斯风力技术有限公司 (Vestas Wind，No.16，2009 年 4 月)，原始数据来自于 BTM 世界市场更新 2008 年 (2009 年 3 月)]

3.2.3　什么时候兆瓦不是兆瓦？

在谈论风力涡轮机的电功率时，一般指的是它的峰值功率，也即风力最强时产生的最大功率。涡轮机的输出功率与风速的**立方**成正比。也就是说，如果风速从每小时 20 英里 (9m/s) 下降到每小时 10 英里 (4.5m/s)，产生的功率将下降**至八分之一**。涡轮机的平均功率大大低于它的最大功率。图 3.5 描述了风电功率是如此多变，其数据来自控制德国 40% 风电的大公司 E. ON Netz 掌控下的一个区域。这个例子说明电网功率峰值一年中是在 0.2%~38% 这么大的范围内变化。由于这个原因，标定功率为 5MW 的涡轮机实际上输出的平均功率比 5MW 低很多。图 3.6 是某特定区域风电功率一年中随时间的变化，纵坐标是以 GW 为单位的风电功率，横坐标是以 15 分钟为单位的时间数。可以看到最大容量为 7GW 的装置实际上从来达不到这个数，即使达到 6GW 的时间也很短。全年的平均功率比最大容量的 1/5 还低。半年的平均功率是最大容量的 14%[11]。因此，7MW 意味着仅仅是 1.3MW!

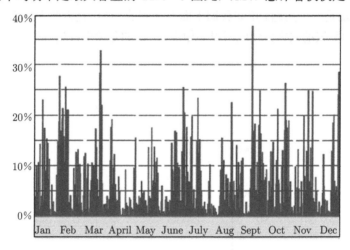

图 3.5   2004 年在 E. ON Netz 控制的某区域中风电的日波动。纵坐标是电网高峰负荷中风
          电的贡献 (改编自 2005 年 E. ON Netz Wind Report)

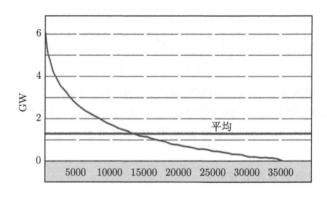

图 3.6   2004 年 E. ON Netz 的风电功率每隔 15 分钟记录一次得到的变化情况，纵坐标是以
GW 为单位的风电功率，横坐标是以 15 分钟为单位的时间数 (一年有 35000 个 15 分钟)，横
    坐标为 5000，对应的纵坐标比如说是 3GW，那就是说，一年中有 5000 个 15 分钟的功率是
    在这个数字；而 17000 个 15 分钟的功率是 1GW，全年的平均功率是 1.3GW(改编自 2005
        年 E. ON Netz Wind Report)

我们经常看到这样的陈述，如 "5MW 泰坦 (Titan)(在丹麦) 的平均产电将足以提供给 5000 个家庭"[8] 或者 "在科罗拉多绿色项目中，每年 108 个 1.5MW 涡轮机产生的电力足够提供给 52000 个家庭"[4]。在上述两个例子中，前者给出每个家庭的平均峰值是 1kW，后者则是 3.1kW。数值的大小与当地风力的大小以及用电的生活方式有关。

美国 2001 年每个家庭[12]每年的平均电力消费是 1.2kW 或者每人平均 0.47kW。这是稳定情况下的全年平均。1MW 约是 1.2kW 的 833 倍。因此，如果风电平均功率仅是峰值功率的 20%，如图 3.6 所示德国的情形，那么 1MW 仅能提供 $(1/5) \times 833$，即约 166 个家庭，比注 4 中的 250~300 个家庭的数字略少，差异可能是由他们作了风力较平稳的假设引起的。科罗拉多的风电平均值是峰值的 38%，几乎是德国的 2 倍。这意味着科罗拉多 1MW 的峰值功率能供给 320 个家庭，和注 4 的平均 250~300 个美国家庭数吻合得很好。在上面举的丹麦的例子中，1MW 的**峰值**功率提供的平均功率可以给 1000 个家庭使用，大约 3 倍于科罗拉多的数字。这是非常可能的，因为丹麦的用电比美国节约得多。

总之，风力涡轮机的平均功率仅是标定功率的 19%~38%，取决于风电位置的选择。一个风电场能供给多少个家庭使用则和当地的能量使用方式有关。因而，没有实地查看不能轻易相信关于风电效率可以大幅改变的宣传。

3.2.4 规模经济

丹麦的 Nørrekær Enge 风电场用 13 个新涡轮机更换了 77 个旧的涡轮机。这些峰值功率为 2.3MW 的现代涡轮机产生的功率是以前旧的涡轮机的 2 倍。由于离地越高风越稳定，新涡轮机的**年平均**功率扩**大了4倍**。德国计划 2020 年前用新的涡轮机**更新**改造全国的风电场，从而能增加 25000MW 的功率输出[13]。再麻烦，这也是值得的！不仅因为第一代涡轮机已经老化，而且因为海拔越高风力越强、越稳定。高度增加一倍，风速将增加 10%。功率与速度的三次方成正比，10% 风速的增加演绎成风电功率增加 34%。因此，风力发电场倾向于建立有很长叶片的高如塔的巨型涡轮机。

图 3.7 是这种新的巨型涡轮机的图片。目前最大的是 Enercon E-126。它的转子直径是 126m(413 英尺)，总高度 198m(650 英尺)！3 个叶片转动时掠扫的面积就像是两个足球场伸展到了天空。可以做一比较，美国自由女神的高度仅仅是 93m(305 英尺)，华盛顿纪念碑的高度是 169m (554 英尺)，而法国埃菲尔铁塔的高度是 (Eiffel Tower)324m(1063 英尺)。上过埃菲尔铁塔的人都领略过那里的风。这种巨型涡轮机不能像其他装置那样一步一步从地面往上装配。叶片和**机舱**(容纳叶片和发电机的外壳) 必须用很高的起重机吊起来安装。这些起重机本身非常高大，是由许多小起重机组装成的。操作过程是很危险的：一丝风都能导致所有一切崩塌。

　　每个叶片是 200 英尺 (60m) 长，为了使叶片能接收更多的风，必须使它们每分钟仅转动 5 圈，即每 12 秒转一圈。这样缓慢转动不会伤到鸟类。这台涡轮机的标定功率是 6MW，但是期望得到大于 7MW 的峰值功率。按照前面我们所做的计算，一个 E-126 涡轮机能供欧洲 5000 个家庭用电，或者 1776 个美国家庭用电。当然，因为风电功率的不稳定，它不能直接送到每个家庭而是输入电网作为总能源的一小部分去替代部分化石燃料和核能源。

图 3.7　Enercon E-126 涡轮机和起重机

(http://www.metaefficient.com/news/new-record-world-largest-wind-turbine-7-megawatts.

html, 2008 年 2 月)

　　图 3.8 显示德国西门子制造的一个海上涡轮机机舱的内部。那里有马达和随着风变化而改变叶片间距的控制器，把叶片的旋转运动转化成电的发电机，以及把转子连接到发电机的齿轮箱。机舱有会议室那么大。图 3.9 是德国 Repower 建造的 5MW 海上涡轮机组。图 3.10 是机舱的特写镜头。由于涡轮机太高，工人需要搭乘直升机上去工作，所以机舱备有直升机降落的平台。

图 3.8　德国西门子制造的一个海上涡轮机机舱的内部图

(http://www.powergeneration.siemens.com/press/press-pictures/)

图 3.9　Repower 建造的 5MW 海上涡轮机组

(http://www.repower.de/)

图 3.10   Repower 5MW 涡轮机的大机舱

(http://www.repower.de/)

3.2.5   海上风电场

在欧洲，因为空间的缺乏和对陆上风电产生的噪声、光影闪动的反感，海上涡轮机组是发展的重点。在海上建造风电塔因为有风暴、冰山和盐水等问题，技术难度较大，运转和维修的费用更大。所以，只要风力较稳定也较强，塔的高度不必太高。在 2005 年前，丹麦安装的海上风电场最多 (图 3.11)，而且在技术上也处于领先地位。

如图 3.12 所示，根据水的深度采用不同的方法在海上安装风电塔。对几千米深的海上风电塔，涡轮机必须能浮动，而底部固定在海床上。这个比浮动的石油钻井平台要困难得多，因为必须保持风塔不转动、不倾斜和不翻倒。尽管德国设想在离岸 40km 安装浮动的风力涡轮机 [9]，但仍在实验研究之中。2009 年 9 月，丹麦的维斯塔斯风力系统宣布设计了专门用于海上的 V112-3.0MW 涡轮机 [14]。这个涡轮机综合了很多新技术以增加效率，减少噪声和提升应对恶劣情况的能力，包括加热系统各部件以避免防冻。V112 涡轮机的功率曲线示于图 3.13。这个涡轮机的切入风速为 3m/s，风速在 12~25m/s 范围内获得最大输出。从曲线可知，功率极大地依赖于风速。

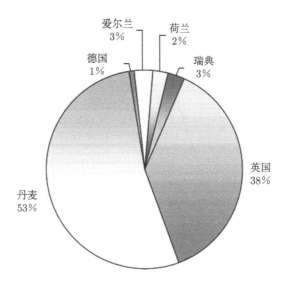

图 3.11　2005 年欧洲海上风电分布图 (图选自《海上风能》，美国国家可再生能源实验室
NREL/CP500-39450，2006 年 2 月和《海上漂浮式风力涡轮机工程挑
战》，NREL/CP-500-38776，2007 年 9 月)

图 3.12　安装海上涡轮机的方法 (《海上风能》，美国国家可再生能源实验
室，NREL/CP500-39450，2006 年 2 月和《海上漂浮式风力涡轮机的工程挑
战》，NREL/CP-500-38776，2007 年 9 月)

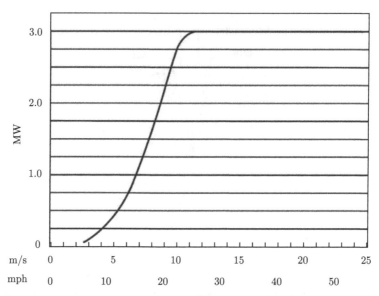

图 3.13　维斯塔斯 V112 涡轮机的功率曲线。横坐标是以米/秒 (m/s) 或英里/小时 (mph)
为单位的风速(改编自 Vestas brochure V112-3.0MW，*One Turbine for One World*)

3.2.6　叶片的设计

图 3.14 中 V90 的照片显示，为了在所有风速下得到最大效率和把湍流减到最小，现代涡轮机的叶片具有特殊的形状[15]。一些较新的飞机也有这种形状的叶片(图 3.15)。叶片还可能会进一步演变成带有扇形皱褶，如同鲸鳍的凸起一般，因为他们发现座头鲸鱼的鳍可以减少拽力[16]。在风速变化的情况下，为了捕获最大风能，

图 3.14　维斯塔斯 V90 的叶片

叶片的间距随风速变化可以由马达控制。遇到强风时，叶片会像飞机的机翼一样变形。出于成本的考虑 [17]，纤维玻璃叶片比风车的叶片薄得多且每个转子只有三个叶片。叶片多了不仅成本高，强风时还需要有更坚固的塔去支撑。一个 200 英尺 (60m) 长的叶片，只要每分钟转 5 圈，叶片尖端的线速度就可以达到每小时 170 英里 (每秒 75m)。

图 3.15　法国航空的 ATR-42 A2-ABP 的叶片

　　为了在风速低时也能获得较多的风力，转子的直径也是很大的，其原因可以用图 3.16 来解释 [18]，该图是平均风速为 7.5 m/s(每小时 17 英里) 时的情况。左边有一个峰值的平滑曲线表示在此平均风速下各个风速出现的概率。速度由下面横坐标显示。

　　可以发现大多数情况下风速是处于 2~12m/s。最右边的上升曲线表示转子直径为 50m 的涡轮机输出功率。这个功率受发电机大小所限制。标有 50m-3.0MW 的曲线，开始功率随风速的增加而增加，但是达到 3MW 时 (相应的风速是每秒 16m) 曲线停止上升且变平。为了获得最强风力的能量，可以将发电机的容量提升到 4MW 或 5MW—— 如右边最上面的曲线所示。然而，由风速分布的概率曲线可知这些情况只发生在很短的时间内。如果保持发电机在 3MW 而增加转子的直径，得到标有 70m、90m、120m 和 150m 带有颜色的曲线。对 3MW 发电机来说，当功率达到 3MW 时曲线都会被削平，但显然直径较大的转子可以更有效地利用低速的风能。

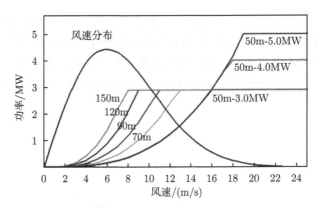

图 3.16　**左边**平滑曲线：平均风速为 7.5m/s 时的风速分布 (任意单位)。**右边**的曲线：涡轮机功率 (单位: MW) 随发电机尺寸增加的变化。**中间**的曲线：当转子直径 (米) 增加时 3MW 发电机的涡轮机功率 (改编自维斯塔斯系统，R&D 技术公司，首席策略师克里斯·瓦罗尼 (ChrisVarrone) 的演示报告)。横坐标是风速 (单位 m/s)。如要转换到英里/小时，参考图 3.13

　　虽然较大的转子可获得更多带峰值的平滑曲线下相应风速较慢的风能，但为了承受大的转子，塔必须建得比我们现有的庞然大物还要高。轮毂的高度也对涡轮机效率有影响，越远离地面风越强，因为地面的树、草、山坡和建筑物都赋予风阻力。所以，说这些技术性的问题，是希望大家明白为什么要流着伤心的泪把旧涡轮机丢弃而换用一些较大的涡轮机。

3.2.7　涡轮机工作原理

　　正如本章开头所讲，风力涡轮机无须经过蒸汽循环就能有效地直接产电。机舱内的发电机基本上是一个反向转动的电动机，结果不是用电使物体转动而是叶片的转动产生电。原理很简单，但有一定科技含量。风是变化莫测的，改变间距可以保持叶片在不同的风速下以相同速度转动。齿轮箱是转子与发电机之间的转速传动机构，即把转子的转速 (如 5 转) 增加到发电机的转速 (如 1000 转)。齿轮箱是最容易磨损的部件。为此，正在研发的新涡轮机将用电子开关更换齿轮而无须移动其他部件。因为改变叶片间距只要花费 1~2s，在阵阵的狂风下转子和发电机依然可以应付自如。

　　下一个问题是如何将发电机的电输入交流电网。发电机有不同的类型，不是所有的发电机都能经常输出和电网相同频率的交流电。发电机的输出是随着风而变化的，可能没有哪个地方的风电刚好是接近 50~60 周的交流频率。它也将是**变化**的。也就是说，尽管输出电压和电流应该匹配变化，但是它们不会同相。为了解决这个问题，用**变频器**首先将发电机输出的交流电转换为直流电，然后再把直流电转换为 50~60 周的交流电，这样就能输送到电网了。我们通常用的变频器是小型的, 如手机和笔记本电脑用的充电器是把交流电转换为直流电。有一些用在汽车里的小装置可以把打火机的直流电转换为便携式家庭电器用的交流电。但一个 5MW 涡轮机的变频器可是个大家伙, 它所需要的电子设备和电容器将充满一个小厂房。原则上, 在风塔底部或者内部必须建一个相当大的变电站。5MW 是很大的功率, 它等价于 6700 马力 *(horsepower, hp)。转换这么高功率的电必须用高负荷的大功率晶体管和正在研制的碳化硅 (SiC) 转换器, 它比普通的硅功率器件好得多[19]。把风电转换成电网的电需要许多大部件, 它们不仅增加了风电的成本而且会给环境带来一定的影响。关于这些, 人们通常了解得不是很清楚。

3.2.8 化石足迹

　　风电仅贡献了世界能源的 1%。建造风电站必须用许多的化石燃料, 因而也排放了很多的 CO_2。所幸的是, 风电这样的再生能源, 只需几个月而不是几年就能够偿还它耗费的电能。维斯塔斯风力技术有限公司于 1997[20] 年和 2006[21] 年仔细地分析了风电生产中的能源消耗情况。维斯塔斯是丹麦的一个大制造商, 已经安装 38000 个涡轮机, 大约占世界总数的 1/2。对补回安装消耗的全部化石能源所需的时间, 他们的底线是: 在 1997 年对一个 600kW 风电涡轮机大约是 4 个月; 在 2006 年对一个 3MW 海上涡轮机大约是 6.8 个月。

　　分析生命周期 (life-cycle) 是很有意思的, 因为它给出了评估建立一个风电场涉及的方方面面的综合概念。以 2006 年的一个研究作为例子。它从建立一个虚拟的发电厂出发[21], 计划在 14km(9 英里)、水深 6.5~13.5m(大约 33 英尺) 海域处建一个由 100 个维斯塔斯 V90-3.0MW 涡轮机组成的风电场。每个涡轮机生产 14GW·h/year 的电, 总的发电量为 1400GW·h, 即每年 14 亿 kW·h 的电力, 和丹麦每年的平均家用电 2300kW·h 相比, 足够提供 60 万户的用电。分析说明, 大型发电站生产 1kW 的电所需要的能量比小工厂要少。

　　用于建设这个风电厂所用的能量可以分成 4 个部分: ①各种部件的加工制造; ②涡轮机的运输、建造和安装; ③它们的运转和维修; ④寿命终止后的拆除和废物处置。保守一点, 寿命估计是 20 年。整个工程由地基、塔、机舱、叶片、变压器站、连接电网的传输线和海上发电厂的船码头等组成。海上风电的地基必须用长 30m、直径 4m、厚 40cm 的钢管, 钢管的顶端是用混凝土制作塔的承台, 塔由钢制造。采矿炼钢、制造塔、喷砂和油漆表面等所花费的能源都必须计算进去。机舱包括齿轮箱、发动机、变压器、配电板、偏航系统、液压单元和盖子, 这些组件由承包商制造, 他们所用的能源也必须计入。叶片由 60% 纤维玻璃, 40% 环氧树脂制成, 叶片的导流罩是用塑料做的。

　　运输这些组件到风电场址的卡车和船要耗费汽油或柴油, 大起重机用的燃料

---

* 1 马力 =745.7 瓦。

就更多了。海上风电站的变电站建在三个离水面 14m 的混凝土桩上。钢结构的尺寸是 20m×28m, 高 7m, 上面是一个直升机用的平台。为了把电传输到陆地, 两条 150kV 水下电缆线直通到 20km 外的电缆过渡站, 在那里, 再由 34 多千米长干的电缆传到岸上。在维修方面, 假定在 20 年生命循环期间有一半的齿轮箱和发电机必须替换和修理, 每个涡轮机每年检修 4 次, 运送检修人员的汽车、直升机和船等用的能源也必须计入。人们可能不知道有一个防止海水对金属部件腐蚀的办法, 就是利用以铝合金为代价的阳极来保护阴极。铝不能回收, 铝的开采耗能也要计入。

寿命到了, 涡轮机、塔和基础设施等必须拆除和处置。在拆除中可以回收一部分能量, 比如, 金属可以 100% 循环回收, 90% 能再利用, 10% 被填埋。玻璃纤维、塑料和橡胶等材料可以烧掉, 将燃烧的热能收集利用。把所有这些加在一起, 每个涡轮机 20 年消耗的能量是 810 万 kW·h, 而它每年产生的电能是 1420 万 kW·h。两个数字相除得到能量偿还时间为上面提到的 0.57 年或者 6.8 个月。这是海上风电的情况。陆上风电仅产生一半的能源, 但是它的安装和维护也只需用一半的能源。令人吃惊的是, 海上风电和陆上风电能源偿还时间几乎一样, 是 6.6 个月。至于碳足迹, 这种电厂每生产 1kW·h 的电大约排放 5g CO_2。作为对比, 欧洲普通的发电厂每产生 1kW·h 的电排放 548g CO_2。风确实是一种很干净的产电方法, 当然还有其他的一些问题。

3.2.9　能量储存

风是多变的, 怎样平滑风能的波动呢? 那就是储能。储能方法取决于要储存多长时间。机舱和涡轮机传输站中只存储一个交流周期的电能已经要用很大的电容器了。要储能保持 1h 需要做更大量的平滑工作[22]。电池能做到这一点, 但是它们太贵了。最好的电池是锂离子 (如笔记本电脑中用的) 和硫化钠 (Na_2S)。用锂离子电池来储能需要的成本几乎和涡轮机本身的成本一样多。一个 1 MW 的 Na_2S 电池群大小就是三个集装箱那么大。在日本六所村 (Rokkasho) 的一个 34 MW Na_2S 电网能源储存装置有 16 个大楼房那么大[22], 似乎不太实际。还有一种大飞轮的机械储能方式, 还没有受到足够的重视。

8h 或者更长时间的夜以继日的储能办法是有的。例如有一个山坡, 可以用抽水储能, 先用多余的能量把水泵到位于高处的水库, 再通过水力发电可以相当有效地重新释放这个能量。还有一个正在认真考虑的方案是压缩空气储能, 即利用多余的风能把空气泵进地下盐丘或页岩顶部多孔砂岩。美国超过 85% 的地方可以找到这些场所, 它们也可以用来储存 CO_2[23]。让备用的压缩空气去旋转天然气涡轮机进而驱动发电机以实现能量回收。这个方案示在图 3.17。如图 3.18 所示的涡轮机是燃气轮机不是风力涡轮机。当天然气燃烧时, 膨胀的气流穿越叶片带动发电机机轴而产生电。将地下的压缩空气导入燃气轮机做功发电, 能使涡轮机的效率增加

60%或更多。不过其中包含一个热循环，即一开始空气被压缩是放热过程，这些热量传给了岩石。以后气体膨胀时，是冷却过程，气体必须再加热才能驱动涡轮机。如果你细心地看图 3.17，就会看到加热用的热量是从涡轮机出来的热空气回收的，效率损失大于 50%[22]。这一类的大规模储存项目计划在爱荷华州、明尼苏达州、得克萨斯州和达克达州进行。

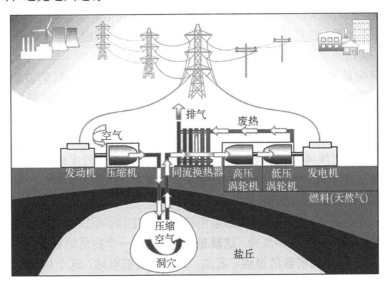

图 3.17　风电用压缩空气储能系统工作原理 (引自维斯塔斯 风，16 期，2009 年 4 月)

图 3.18　燃气轮机

(http://www.powergeneration.siemen.com/press/press-picture/)

3.2.10　与电网的连接

　　风力发电站很少会建在最需要它的地方，而恰恰是在你不愿意居住的、经常有狂风的地方, 如福克兰群岛 (Falkland Islands) 的西边。因此必须架设新的传输线。也正因为如此, 风电的发展没有像预期的那样快。在德国, 估计 2020 年前需要架设 2700km(1700 英里) 超高压线用于传输所期望的 48GW 风电。110kV 的高压线已经令人足够**害怕**了, 而这些新输电线是 380kV 的高电压, 花费将超过 30 亿欧元 [11]。传统的发电厂都建在靠近人口集中的地方, 传输线很短。分布式风电需要新的路权, 有一些是在地下。新传输线比普通标准线的成本高 7~10 倍 [11]。除了成本高以外, 还有政治、法律和社会的种种问题。比较而言, 德国乃至全欧洲这些问题都比较小。美国风电传输线问题较大。

负荷分配是另一个大问题。如果输入电网的风电功率有 10% 的波动, 电网就不稳定了。然而, 即使几个风电源连接到同一个电网, 如果各个风电源接通或切断足够快的话, 负荷的变化是能够避免的, 需要的是精确预报风速和电网操作人员之间的紧密合作。瑞典、挪威和丹麦等北欧国家为了负荷均衡非常紧密地共用能源 [18], 他们可以交换风电和水电。比如, 当丹麦的风力发电过多时, 可以卖给挪威; 挪威可以通过减缓其水力发电来容纳能源, 把它储存在坝上水库里; 当丹麦的风消失时, 挪威再把水电卖给丹麦。

风是如此多变, 以致不可能成为总电网能源的主体。不仅如此, 它还必须由传统的化石燃料或者核能电站支持。**这就是说, 安装每一个兆瓦的新风电站, 必须建造一个等价于 1 兆瓦的新的燃煤、石油、天然气或核电站**, 这个估算的可靠度为 90% [11] ~100% [24]。

3.2.11 风能的底线

风是一个有吸引力的免费能源。它直接产生电力, 不污染, 只需半年就能产生足够能量偿还它花费的能量。风电技术研发得很好而且是相当吸引人的。但是风能永远不可能成为主体能源, 因为它太变化无常, 而且能量的储存、传输和负荷均衡等都是十分棘手的问题。风力发电适合于岛屿, 如加拉帕戈斯 (Galapagos) [25] 和夏威夷 (Hawaii)[26], 那里所有其他能源都必须进口。**风能作为辅助能源在再生能源中是最好的, 但是它不能替代主体能源**。

3.3 太 阳 能

3.3.1 阳光的本性

如果我们把 1m² 大小的太阳能电池放在大气顶部, 直接对着阳光, 它接收到的太阳辐射能为 $1.366kW/m^2$。再把它放在地面上, 由于空气的吸收和散射阳光被减弱, 接收到的太阳辐射能为 $1kW/m^2$。对全球来讲, 1h 充足的阳光就能提供全世界一年所需的能量。如果你觉得难于相信的话, 请看框 3.1 中的计算。

框 3.1 在一小时中地球能得到多少阳光?

地球的半径大约是 6400km(4000 英里)。用半径为 6400km 的盘子代替地球,盘子和地球得到的阳光是一样多的。盘子的背面不必计算,因为晚上没有太阳(图 3.19)。

图 3.19 照到地球和照到与地球半径一样大的平盘上的阳光是等量的

盘子的面积是 πr^2,即约为 1.3 亿平方千米 ($1.3 \times 10^8 \mathrm{km}^2$)。用平方米的话,即 130 万亿平方米 ($1.3 \times 10^{14} \mathrm{m}^2$)。每平方米得到 1kW,因此全地球得到的总能量是一长串数字的 kW。写出来太长,可以简写为 1.3×10^{14}kW,上标 14 是幂指数 (这是科学计数法,在第 2 章解释过)。

为了和能量消费对比,我们必须把千瓦 (kW) 转化为每年的夸特 (Quads)。用第 2 章的表 2.1 进行转换。通过运算,1.3×10^{14}kW 等同于每小时 440 夸特。在第 2 章已提到我们每年的消费大约是 500 夸特,在一个量级上。的确如此,每小时照射到地球的阳光携带的能量和我们每年消费的能量大致相同。

图 3.20 显示太阳在一年中的变化。这显示地球的地轴相对公转轨道面是倾斜的。考虑图中上红线标出的北半球某一地区的情况。夏天,太阳在左边,当地球旋转时,大部分虚线是处于阳光普照的区域,少数是在灰色的夜晚区域。白天比黑夜长。南半球的情况则相反。当地球转到轨道的另一边,太阳出现在右边。灰色区域阳光普照,不过太阳停留的时间比在白色区域的夜晚要短,即这时的北半球是白天短夜晚长。在高纬度区域,太阳从来不会高于地平线很多。由于我们不能很容易地把太阳能从夏天储存到冬天,太阳能的分布是不均匀的。

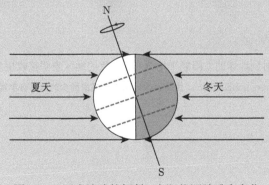

图 3.20 因为地球的倾斜,太阳能源随季度变化

为什么我们没有被太阳烤焦呢? 首先, 有一个 2 的因子。除赤道以外, 太阳不是从头顶上而是以一定的角度射向地球, 因此能量分布在很大的面积之中。要算出某一特定纬度和经度处有多少 kW/m^2 的太阳能, 是球面三角学中一道花费时间的习题, 但是我们可以取平均。半球面积是 $2\pi r^2$, 刚好是盘子的 2 倍, 因此地球上的平均日照仅为 $0.5kW/m^2$。由于地球轴和它的轨道是倾斜的, 因此北半球与南半球各有四季变化。住在高纬度的人们感受到冬天和夏天有极大的差异, 而且获得的总太阳光很少。图 3.21 和图 3.22 说明了这个问题。$0.5kW/m^2$ 是对所有纬度和季节的平均。实际情况中还要考虑到云彩、暴风雨和雾对太阳的阻挡, 平均值就低于 $250W/m^2$, 因为是平均值, 意味着不是任何地区都能达到这个值。即使如此, 如果我们能够学会有效捕获能量, 这个能量已很多了。在美国, 平均每一个人 24h 大约用电 500W。如果太阳能电池 100% 有效, 所在区域又很好, 那么 $2m^2$ 的太阳能电池就能产生 500W 的电能。但至今, 除了在实验室, 即使 10% 的效率也很难得到。

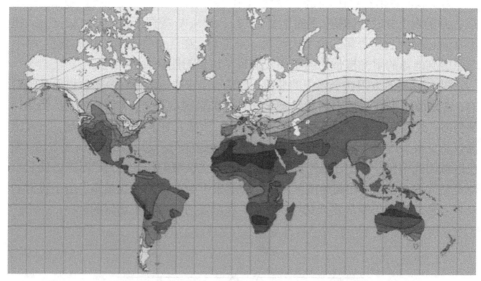

图 3.21   入射到地球的太阳能平均分布, 深色的地区表明接收更多的太阳光
(http://images.google.com)。由图表明地球上人烟最稀少的地方有丰富的太阳能

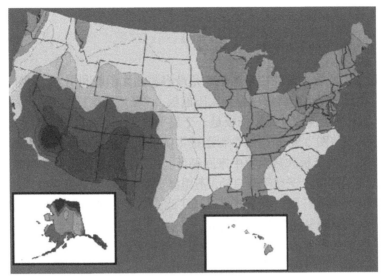

图 3.22   入射到美国的太阳能平均分布，深色地区表明接收的太阳光较多

(http://images.google.com)。由图表明把太阳能从西南运输到需要能源的东北是很困难的

3.3.2   使用太阳能的方法

虽然在公共媒体经常出现关于太阳能的文章，但并不能清楚地告诉人们有很多又互不相同的捕获太阳能的方法。首先，有本地太阳能与中央太阳能之分。本地，意即太阳照到每一个屋顶，没有任何理由不去用这个免费的能源。中央太阳能发电站是另一回事了。这些电站占有很大面积而且必须把能量从人少的地区传输到人口密集的地区。它们必须与燃煤电厂和核电站进行竞争。

太阳热能和太阳电能之间也有大的区别。太阳热能，是指阳光直接加热液体，如水，热水可以直接使用也可以用于发电。太阳热能的**本地**利用非常简单：在屋顶上加热水，直接减少了天然气和电的账单。太阳能**中央**热水系统确实是用镜子做的。马达驱动几英亩的镜子跟随太阳转动并把阳光聚焦到塔顶的锅炉。锅炉中的液体，如水或液态盐被迅速加热后储存在地上的容器中。由于热很难远距离输送，热的液体被用于蒸汽发电机产电。大部分的能量损失在热循环中，如第 2 章中所述。

太阳能发电通常被称为光伏发电 (或简称 PV)。有两类光伏发电：硅和薄膜。由硅制成的太阳能电池很贵，有很多种：多晶硅、无定形硅和微晶硅。多晶硅太阳能电池效率很高，但是十分昂贵以至于只能用在不计成本的地方，如太空人造卫星。无定形硅效率较低但是便宜得多，具有一定的市场竞争能力。研发中的新的微晶硅电池也许会成为较佳的折中方案。显然，发展最快的是**薄膜**太阳能电池。这些电池比硅电池便宜得多且用料少，本地与中央太阳能电站都能用。虽然目前薄膜电池的效率最差，但具有巨大的发展潜力。比如，可以想象把窗户镀上薄膜电池。下面几节将叙述这些不同类型的太阳能电池是怎样工作的。

3.3.3   每个房顶上的太阳能板

在屋顶放上一块太阳能板来加热水是最容易的太阳能利用方法。许多国家都这样做了。在日本乘火车就可以看到太阳能板。像夏威夷这样的地方,太阳能板不需要很大,$1m^2$ 就足够了。太阳能板是一个扁平的盒子,顶上是玻璃,底部涂黑以吸收所有的阳光 (图 3.23)。用两个管道把太阳能板连接到通常的热水器。一个小泵用来使水在太阳能板和热水器中来回循环。热水器由天然气或者电启动后就可以保持在设定的温度上无须经常启动。不用昂贵的电器,花费就很低。太阳能游泳池热水器就更经济了。同一个泵既可以用于水过滤器也可用来把水泵到屋顶上的太阳能板,水从那里又虹吸下来。每循环一次的升温仅仅 1~2℃,也就不需要用高温材料。太阳能板用宽约 1m、长 2m 的黑色塑料板制作,每个板上有许多平行的通水小管道,通常可以用 30 年。

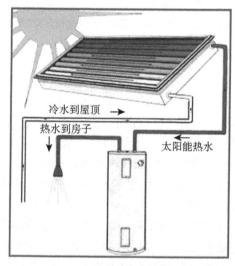

图 3.23   一个太阳能热水器的简单示意图

(http://images.google.com)

意大利人分析了屋顶太阳能聚热器的化石足迹 [1]。正如 3.4 节中有关风电的生命周期一样,所有用于材料生产、安装、运转和维持等所消耗的能量加在一起,再减去寿命终止后从材料回收偿还的能量。消耗的能量主要来自传统的化石燃料电厂。然后,和太阳能设备在寿命期内可产生的总能量比较一下,就得到能量偿还期为 1.5~4 年。显然,太阳能设备还应该包括屋顶上的一个保温箱,它是镀锌钢部件重量的主要贡献者,在消耗的能量中占 37%。如果没有这个保温箱,能量偿还期接近于最低限 1.5 年。这样收集到的太阳热能是真正的"绿色"能源。每个家庭都没有理由不去收集照射在他们屋顶上的太阳能。

屋顶上的**光伏**(PV) 太阳模板是另一回事。这种模板很贵,但它们产的是电而不只是热。在屋顶上装 PV 的成本大概是每瓦 5 美元。美国每家全年平均用电大约 1.2kW,为应对高峰时刻则需要大约 5kW 装机容量,就得花费 5000×\$5=\$25 000。通常人们为系统付费是\$20000~\$40000,那是因为有 30% 联邦的回扣 (rebate) 以及有一些州的回扣。PV 系统一般保证 25 年后效率损失不超过 20%。如果电池产生的能量比使用的多,很多州有"净电量结算"政策;如果安装 PV 系统的用户用的电比他们产生的太阳能电要少的话,电表可以往回转。由此节省的电费能在 8 年内付清安装 PV 的成本 (有回扣) 或 15 年 (没有回扣)[27]。这意味着将出现一个向着南方的一览无余的大面积屋顶太阳能电池 (在北半球)(图 3.24)。

图 3.24   一个 4.4kW 屋顶光伏系统

(http://www.californiasolarco.com)

PV 太阳能系统是否能收回投资,决定于你住在哪里。每天峰值等效小时数是评估一个给定地区有多少可利用阳光的参数。在美国平均是 3.5~6.5h。在西北,冬天只有 1.5~2.5h,而在西南,夏天有 8h[27]。2h 强阳光下 5kW 的 PV 系统能得到 10kW·h 的电。你还记得每个家庭每小时平均使用 1.2kW,每天则是 $1.2 \times 24 = 28.8(\text{kW·h/day})$,可见一个大 PV 系统即使在西北也能提供 1/3 的用电需求。令人高兴的好消息是,即使多云天气仍然能得到 20%~50% 的太阳能。

当然,太阳是不会在我们最需要电的夜晚时分出现的,那时电灯得开着,还要看电视,可偏偏没有阳光。因此能量必须要储存以备用。在西南地区,峰值功率是大得无法直接使用的,必须要储存。储能还得用电池,这就增加了太阳能系统的成本。目前最经济的电池是汽车用铅酸电池,家里必须放一大堆电池。有更大、更紧凑的铅酸电池,在柴油运不到的非洲狩猎营地,就会用这种电池。一排 20 英尺 (6m) 的电池组能够提供营地 3 天的低用电需求。因为 PV 产生的电是直流 (DC)

电, 一般电器不能用, 需要 DC-AC 逆变器把直流电转换成 60Hz 的交流电, 这是在美国, 在其他一些地方是 50Hz。这又是一个必须算上的额外成本。

本地太阳能利用方面还有一些不被广泛知道的麻烦。比如, 阴影可以完全切断太阳能模板。这是因为单个太阳能电池仅有 0.6V 电。一个太阳模板必须由许多个太阳能电池串联起来才能达到普通电池和逆变器所需要的 12V 或更大。如果其中一个太阳能电池被阴影挡住了, 就会切断所有电池的电流。就好像圣诞树灯的老接法, 用串联而不是并联, 一个灯烧掉了, 整串灯就灭了。

3.3.4　危险性

尽管屋顶太阳能电的电压低, 但实际上也可能是很危险的。这是因为模板脏了就需要清除灰尘、污垢、湿叶子和鸟粪以确保太阳能的效率。人们自然会爬上屋顶去清洗模板, 这就带来了危险。关于从屋顶或者楼梯摔下来的人数统计没有找到, 但是有偶然摔死事件的报道。疾病防治中心 (Center for Disease Control and Prevention)[28] 报告说, 64 岁以上死于意外跌倒的人数是 15800 人。CDC 的一个分支表明, 2006 年由于意外跌倒的死亡人数为 19195 人 [29]。2000 年美国人口普查的数据表明, 1996 年从一个高度到另一个高度摔落的死亡人数是 3269 人 [30]。如果我们保守一点取最小的数即大约 3000 人, 其中 10% 是因为从屋顶和通到屋顶的楼梯上摔下死亡的, 即在美国每年为 300 人。屋顶太阳能的普遍使用可能将这个数增加一个量级, 则每年死亡 3000 人。与美国 1996~2009 年间平均每年因采煤死亡的 32 人比较 [31], 这是一个惊人的数字。如果美国的本地太阳能发电按设想的那样扩大, 死亡人数将可与中国每年采煤的死亡人数 4000~6000 人不相上下了。

工厂通常是带有平面屋顶的比较大的平房, 是安装太阳能的理想之处。有眼光的公司如沃尔玛 (Walmart) 和谷歌 (Google) 都已经在他们的屋顶装上了太阳能。有顶棚的停车场也是好的选择, 有些公司也已经这么做了。太阳能系统的安装必须由专职人员去做, 不能由屋主自己做。毫无疑问, 将采取措施以保障家庭的安全。太阳能模板的设计也应考虑到这方面 [32]。像改变烟囱的清洗方法一样, 也许会出现清洗模板的服务行业。屋顶太阳能是需要的, 但是应把危险系数减到最小。

3.4　中央太阳能电站

3.4.1　太阳热电站

下一步我们考虑收集太阳能的大型电站, 主要有两类: 太阳热能和太阳电能。太阳热能是可以更容易地直接理解的。它由镜子制成。有一种方式是这样的, 在一块大面积的地上铺上镜子, 镜子反射太阳光到塔顶的 "锅炉"。这种装置示在图 3.25, 也称为**太阳能聚光器**。为了减少成本, 镜子通常是平面的, 因此必须控制它们去追随太阳。从所有镜子反射的巨大热浪汇聚到锅炉使其中的液体升到很高温度，然后液体通过管道流到储存容器存用。这就解决了日夜储存的问题。这个液体可以是水、油或者熔盐。水变成蒸汽前只能加热到 100℃，但是熔盐能加热到 1000℃。但为了不损坏容器，温度应保持在 600℃。必须在它冷却变成固体之前使用或排放，否则一旦它变成固体后就不能再被融化了。为了产电，热盐通过管道被送到一个热交换器，在那里把水变成蒸汽，蒸汽推动标准的蒸汽涡轮机而产生电能。热循环的最高效率为 30%～40%，因此除了把照到地上的所有阳光反射和聚焦到锅炉过程中的损失外，还要加上这个 70% 的损失。

图 3.25　美国在莫哈维沙漠 (Mojave Desert) 的太阳能发电塔

(http://ec.europa.eu/energy/res/sectors/solar_thermal_power_en.htm)

当太阳在天空中垂直移动时，抛物柱面镜可以用来聚焦阳光，但这种镜子制作较难。这种方法用于如图 3.26 显示的线性系统。一个长的聚热管固定在抛物柱面反射镜焦点处，管中的液体被加热并流到每排的管道末端，然后被转移到储存容器。这种方法也可用较便宜的平面反射镜，但需要控制平面反射镜倾斜的角度，以便当太阳在天空移动时，能够跟踪太阳确保不断地把能量反射到聚热管。这类系统如图 3.27 所示。通过遥控使平面反射镜绕轴周期转动，以保证把阳光反射到管道上。也可以将多个反射镜以不同角度设置，如菲涅耳 (Fresnel) **透镜**，模拟抛物柱面镜不管太阳的位置如何都能把阳光聚焦到塔上。

这些系统的**化石足迹**可以通过对几种中央塔和抛物槽式太阳热能发电站的生命周期分析找到。这里给出西班牙的两个代表性装置的研究数据 [2]。第一个是由总面积为 265000m^2 的 2750 面镜子组成的 17MW 电力的中央塔型发电站，它占据 1.5km^2 或者 0.58mi^2 土地面积。另一个是由总面积为 510000m^2 的 624 面镜子组成的抛物槽式系统，它占据 2.0km^2 或者 0.77mi^2 土地面积，产生 50MW 电力。高塔年发电量是 104000MW·h，槽式系统较大是 188000MW·h。这两个系统似乎非常不同，它们的其他数据，包括化石足迹却非常相似。假定它们的寿命都是 25 年，都用熔盐作能量储存，高塔可储存 16h，而槽式系统是 7.5h。两个系统收集地面阳光的效率大约都是 46%，热转换电的效率都是 37%。整体效率大约为 16%，2 倍于现在商业光伏系统的效率。

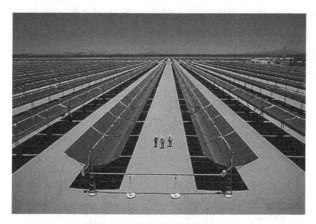

图 3.26　抛物柱面槽镜系统

(http://thoughtsonglobalwarming.blogspot.com/2008/03/solar-thermal-company-says-it-could.htmi)

图 3.27　能转动追随太阳的反射镜线性阵列

(http://www.instablogsimages.com/images/2007/09/21/ausra-solar-farm_5810.jpg)

　　和风电的情况一样，生命周期的研究要考虑到建设和安装用的材料和采矿，炼制和传输各种材料所需的能量。更多的能量用在制造和安装镜子、建筑物、储热设备和发电厂。运转电厂靠传统的气和电。停用包括电厂拆除和材料回收。通常这些停用过程可以赚回能量成本。底线是这两种电厂的**能量偿还期为 12.5 个月**。这是一个比较短的偿还期,只是光伏系统的 1/2。除了用抛物柱面镜收集太阳光也可用菲涅耳透镜,它是在一个平板面上由一系列凹槽组成,每个凹槽都可以看成一个独立的小透镜,以特定的角度将光线会聚于中心焦点。菲涅耳透镜就像我们买来阅读用的那种光滑柔软的塑料片放大镜。如果这样的镜片能大量生产,能量偿还期会缩短到 **6.7 个月**,可与风力涡轮机相比。太阳热电站的缺点是要占用大面积的土地。上面所述 50MW 的抛物槽式发电站占地 $2km^2$,那么和一个普通 1000MW 燃煤或核电站相比,发电量要增加 20 倍就需要 $40km^2$ 的土地,这个面积是纽约曼哈顿岛的 2/3。

不过,可以这么说,太阳能聚光器特别是线性一类的能得到蒸汽。"用内华达州 9% 的土地生产太阳能电可供整个美国的用电"这一说法已遭到质疑[33]。新的镜子材料正在研究中,计划用薄的玻璃代替厚玻璃。镜子必须经受苛刻的沙漠环境并且不易老化。它们是前表面反射镜,而不是家用的后表面反射镜。一个薄的镜子也至少有 6 层:衬是不锈钢或者铝的,一层黏合剂,一层漆,一层铜背底,最后用薄的保护玻璃的银反射层[33]。太阳热电站是资金密集型的。它们的电价格大约是 $0.16/kW·h,希望在 2012 年减半,就能和传统电价格的 $0.06/kW·h 相比了。有一个宏伟的计划,即在阳光充足的地方,如在美国西部地区、西班牙、以色列、埃及和墨西哥,建造 200~1000MW 大小的发电厂。

上述生命周期的研究,计算了**碳足迹**(carbon footprint),但没有提及装置在生命周期中排放的 CO_2 量。原因在于后者比较难于理解,其实只要是使用化石能源,那么两者计算的偿还时间是差不多的。当然,如果制造太阳热电站中使用再生能源的话,碳足迹可以减少。

3.4.2 太阳光伏电站

如果要建一个能和燃煤发电厂或核电站竞争的太阳能发电站,必须解决许多问题:成本、运输、储存和能量偿还时间。太阳能和风能的共同问题是运输和储存,但是风能比较便宜。太阳**热**有一种短期储存的简便方法,但是太阳光伏不能。首先考虑成本问题。由硅制成的太阳能电池是很贵的,但已安装的电池仍然有 90% 是由硅制成的,这是因为它们是最早发明的。现在**薄膜**太阳能电池是市场上发展得最快速的,因为它们很便宜。在美国 First Solar 公司引领下,德国和中国迅速发展太阳能电,而且美国在薄膜电池研发方面即将完成。

为了在成本上和标准能源竞争,有时引用一个神奇的数字,即最大装机功率成本为 1 美元/瓦。硅电池一直在想方设法减少成本,但是离目标还很远。然而薄膜也许已经达到"市电平价"(grid parity)。这个神奇的数字从何而来?粗略计算列在框 3.2,说明这个数据是相当合理的[34,35]。太阳光的减弱意味着中央太阳能电站需要更多的土地。框 3.3 给出太阳能电站若要生产与燃煤电厂相同的功率至少要占有 100km²(10000 公顷或者 24700 英亩) 的土地。图 3.28(a) 是 2008 年西班牙南部开发的一个 100 公顷、14MW 太阳能电场。120000 个太阳模板可以处理的峰值功率可达 23MW。图 3.28(b) 是一个阳光灿烂的葡萄酒种植园区的空中视图切片。给小城的 20000 个家庭提供足够的太阳能电就需要这么大的土地。

(a)　　　　　　　　　　　　　　　　　　(b)

图 3.28　在西班牙 Jumila 的大太阳能电场

(http://ourworldonfire.blogspot.com/2008/08/world-largest-pv-solar-farm-opens.html;

http://technology4life.wordpress.com/2008/01/31/the-world%C2B4s-largest-pv-solar.plant-open-

in-southern-spain/)

框 3.2　以 "市电平价" 为目标的太阳能电池价格

这里有一点复杂的是 "1 美元 1 瓦", 这里的瓦不是能量单位。电的价格是以千瓦时为单位, 千瓦给出的是瞬时的功率。1kW·h 是 1kW 的能源在 1h 产生的总能量。

如早些时候推导的, 综合了白天和晚上, 夏天和冬天一年中阳光的不停变化, 峰值功率为 1kW 的太阳能电场的年平均功率大约为 200W。这和每天的等效日照峰值小时大约是 5 的说法是一样的。因此, 每个峰值瓦是 $1, 那么 1kW 的峰值功率是 $1000; 1kW 的平均功率大约是 5 倍, 即 $5000。这么多的投资, 能得到多少千瓦时呢? 这取决于太阳能电池的寿命。一年有 8766h, 对 20 年寿命的电池, 那就是 175000h。$5000 除以 175000h 就得到太阳能电的成本是 $0.03/kW·h, 而 2009 年的美国平均电力成本为 $0.10/kW·h, 比它高 3 倍[34]。当然 $1/W 仅仅考虑了太阳能电池本身。电池必须要装配、运输和安装, 而且要建立变电站把电池的直流低电压转换成电网的交流高电压, 供晚上用电的储能机房, 以及铺设长的传输线以便使电从沙漠到达人口密集的中心。2009 年报告的薄膜电池最低价格也是 $1.18/W[35]。First Solar 高管估计, 为了达到市电平价, $1/W 价格不得不减半。

框 3.3   用玻璃覆盖沙漠

　　一个典型的大燃煤或者核电站产生 1GW 电力。产生等量电的太阳光伏电场需要多大面积呢？上面给出的平均太阳辐射估算值为 200W/m²，再乘以太阳能电池效率 8% 得到薄膜太阳电池模板净功率为 16W/m²。在电子装置中和使面板倾斜去跟踪太阳方面都损失了很多功率，较现实地估计净功率也许是 10W/m²。这样，一个 1GW 的太阳光伏电场将需要 1 亿 m² 的空间，是一个边长为 10km (6.25 英里) 的正方形的面积。用太阳能电池来覆盖这么大面积要用多少成本呢？以每一个峰值瓦\$1 或者每平均瓦\$5 来计算，1GW 将需要\$50 亿，这还仅仅是太阳能电池本身的成本。让我们比较这个成本和用其他材料覆盖沙漠的成本。一块面积为 (4 × 8) 平方英尺、厚 3/4 英寸的廉价胶合板，大约\$20，即\$6.73/m²，或者对于 1 亿 m² 是\$6.7 亿，仅比电池的成本少了大约 7 倍。便宜的窗户玻璃价格大约是\$58/m² 或者 1 亿 m² 为\$58 亿。这比太阳能电池的\$50 亿还多！这么一算，可见制造\$1/W 的光伏电池将是一个了不起的成就。太阳能电池是镀着多层半导体薄膜并带有电极的玻璃，它的制造成本还必须低于普通玻璃的零售价格！

　　随着价格接近市电平价，太阳电池模板的工业投资会迅速扩大，这里给出的美元和兆瓦数将急速变化。中国是太阳电池模板的最大制造商，99% 用于出口。中国在 2009 年仅有 140MW 的光伏电池装机，但是计划 2020 年将扩大到 20GW(10^9W 或 1000MW)[36]。美国计划在 2015 年安装 5~10GW。西班牙在 2008 年再加 2.3GW，赶上德国的 5.8GW。First Solar 已经把产量提升到每年 192MW。以这样的增长速度，许多制造商将不得不参与到中央太阳光伏电站中来。

3.4.3   储存和输送

　　太阳能电池的价格可控后，下一个问题是如何将白天收集的能量储存起来晚上再用。**太阳能量储存不同于燃料储存。**例如，储存不需要很大的地方，但是汽油燃烧后，能量必须用诸如电池等来储存，不但体积大而且贵。屋顶太阳能的储存问题不大，因为这种能量仅是电网的一小部分补充，晚上供电还是依靠大的电力发电厂。但如果太阳能电场成为主体能源的话，储存的电不仅用于晚上而且要用于阴天。上述风力发电的储能方法也可用于太阳能。GW 大小的太阳能发电场用在储能的电容器和电池将会是一笔难以承受的极其昂贵的大开支，而且使它们的化石足迹有极大的增加。由于沙漠几乎没有山坡，把水泵到山上用于晚上发电是不现实的。在没有更好主意的情况下，提出了还未经证实的压缩空气储能 (CAEC) 法，如图 3.17 所示。过剩的太阳能用来把空气压进地下洞穴或盐丘，和 CO_2 储存在这种自然结构中不同之处是压缩空气不会长期存在那里，在夜里要放出来，高压空气膨胀并驱动发电机产生电能。和在风电中的解释一样，由于空气压缩过程产生热量，因此有大量的能量损失。

既然能量储存是这么难, 那么把它从美国西南输送到东海岸又怎么样呢? 美国的智能电网正在讨论再生能源的分配问题。这是一个巨大的计划, 如果没有像研制聚变反应堆那么多的时间和财力是不可能实现的。电网是一个连接发电厂和用户,电压范围在 115~765V 的高压线复杂网络。它必须应对突然的电力需求变化, 其可靠性受到严密的监控。即使对再生能源没有特殊要求, 由于设备的老化和数字电路的严格要求, 在任何情况下都必须现代化 [3]。另一篇来自电力研究所 (Electric Power Research Institute) 的文章提出用液氢冷却的超导传输线, 它不仅能降低输送损耗, 而且可以为汽车供应氢 [4]。即使这个方法是有意义的, 也需要花费许多年才能使这个新思路进入设计、成本核算和建设的阶段。新输送线的路权存在法律上的障碍。把中央太阳能电站的电直接从亚利桑那州送到纽约, 或从北非送到巴黎都需要基础设施的彻底改变。

3.4.4　大规模的太阳能发电真的可行吗?

太阳能发电的支持者已经计算出全球用能的相当大部分可以由阳光提供。雅克森 (Jacobson) 和德路奇 (Delucchi)[5] 估计 2030 年全世界的能源需求为 16.9TW(TW是 10^{12}W)。如果我们采用水、风和太阳电 (WWS), 就可以减少到 11.5TW, 因为这些能源不必通过热循环能够直接产电。图 3.29 示出由 WWS 产生的能源比例。水能 (1.1TW) 是来自水力发电厂、地热发电厂和还在研发的潮汐涡轮机。风力发电(5.8TW) 将来自 380 万个风力涡轮机以及源于风的海浪发电。太阳能 (4.6TW) 将需要 89000 个 300MW 发电场和 17 亿个屋顶太阳能收集器。这三个能源还必须协同工作来弥补日常和年度的功率的波动, 尽管这些装置的 99% 仍然还必须建造。

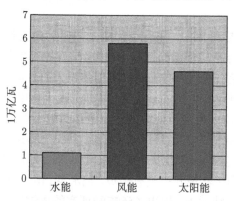

图 3.29　2030 年为提供全世界的能源需求, 水、风和太阳各自必须提供的电能

有关太阳能的部分, 弗西纳斯基 (Fthenakis) 等做了详细的估算 [6]。他们估计, 在撒哈拉大沙漠、戈壁滩、美国西南的沙漠能产生$4/W 和$0.16/kW·h 的光伏电力。这个数是对整个电厂而言, 不仅仅是太阳模板本身。居民用电成本接近

于$0.12/W·h，因为还有补贴 (rebate)，太阳能的价格已经可以和标准电价格相比。作者指出电能储存和输送仍然在研发之中，由于太阳能还很少，必须依靠传统燃料来完成。能量偿还时间是两年左右 (稍后将说明)；一旦太阳能增长到总能源的 10% 或更多，以后的建设就不再需要化石燃料了。这些研究似乎是比较现实的，作者指出了许多问题仍然需要详细处理：稀有材料的可用性、压缩空气储存的场所、输送问题、商业扩大的问题以及对土地和野生物的生态破坏等。如果太阳能电池效率可以达到 10% 以及有比太阳能电池面积大 2.5 倍的土地，那么 42000km² 的沙漠可以为美国提供 100% 的电力 (如果储存和输送问题解决了的话)。这个面积看似很大，其实比美国用于水电站的湖面积的一半还要小，而太阳能可以产生 12 倍于水电站的能量。湖泊，像米德湖 (Lake Mead) 的景观已经有了极大的改变。欢迎这个改变的是游客，而不是鱼。

至此，可以比较清楚地看到，WWS(水、风和太阳) 能源还有一些大的问题需要克服：间歇能量的储存；远距离的输送；大面积土地的使用；对土地和野生物的生态破坏；景观和海景的不雅观影响；以及来自法律、政治和环境保护的反对声。克服这些障碍也许比开发没有这些问题的紧凑的能源中心 (如核聚变) 需要更长的时间。**用聚变反应堆取代煤或核电厂的动力核心，但仍可保留发电机、传输线和已有的房地产。对公众来讲，除了所有 CO_2排放和燃料成本消除之外，没有什么明显的不同。**当然，WWS 的巨大优势的可行性已得到证明；技术上的进一步改进可以在私人融资行业的小范围内试验。相对来讲，聚变发展的每个阶段的成本都很高，需要国际协作来共同分担。

3.4.5 光伏电池工作原理

太阳能电池是由半导体材料制成的层状电子器件，如计算机中的芯片那样，但是更大和更简单。因为每个电池产生的电小于 1V，必须把很多电池串联在一起以给出有用的电压，如 12V。手电筒的电池是 1.5V，两个串联起来就给出灯泡所需要的 3V。尺寸约为 (1/2)m² 的太阳能模板是由许多用透明电线连接在一起的电池组成的。从量子力学可知，导体 (如金属)、绝缘体 (如玻璃) 和半导体的差异源于量子力学，它指出固体中的能级是**量子化**的，即电子的能量不再是经典物理学中可以任意连续变化的能量，而是处于某一特定能级上的只能以确定的大小一份一份地进行变化的能量，而且不允许两个电子处在同一个能级，如图 3.30 所示。图中每种材料示出两个能带，每个能带列出了 7 个能级，实际上能带是由无数个能级组成的。在绝缘体中，下面一个能带的每个能级有一个电子，即所有能级都被充满。这种材料不能导电，因为电子不能运动，周围的能级上都已经有一个电子了，不允许它们去，上能带中最低的能级也不是电子得到一点能量就能跳得上去的。在导体中，低能带被填满了，但是在上能带中有电子，但没有充满。因此，上能带中的电子能够导电,因为它们可以移动到空的能级上去。在半导体中,两个能带间的带隙很小;低能带是充满的,但是,如果最顶上的电子得到足够大的 "激发"(kick,如从太阳),它就能跳跃到上能带,在上能带运动。所以有时半导体是导电的。

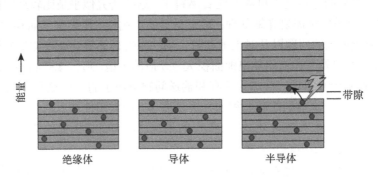

图 3.30　半导体与其他材料的区别

最普通的半导体是硅。硅的带隙是 1.1eV。在此关于一个 eV 是多少能量是不重要的,在第 4 章有充分的解释。电子从阳光得到的可以跃到上能带的 "激发" 取决于太阳光的颜色。太阳光包含一系列的颜色,用棱镜 (图 3.31) 可以把它们分开成众所周知的色带:紫色,靛蓝,蓝色,绿色,黄色,橘色和红色。光是一种光子流,光子是有能量但没有质量的粒子。不,它们不是通常的粒子,它们不遵循 $E = mc^2$!各个颜色对应特定能量的光子。处在光谱的蓝色末端的光子具有更多的能量,而处在红色末端的光子具有较小的能量。要使半导体硅导电的光子至少有 1.1eV 的能量。这意味着太阳光较红的部分是不可用而丢失了。对硅光伏电池,有一个想法就是加进不同带隙的其他半导体,从而可以捕集太阳光光谱中其他部分的能量。

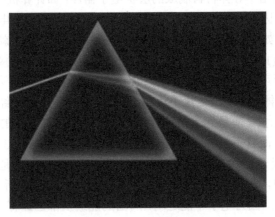

图 3.31　阳光的色彩

(http://images.google.com)

一个电子被一个光子激发进入导带后，将发生什么呢？看图 3.32。这就是图 3.30 中的半导体，只是仅给出了处在高能级的电子。电子被激发进入导带以后，在价带中留下了一个空穴。电子原本属于原子，原子是由带正电荷的核和围绕它的电子所组成，整个原子是不带电的。原子在晶格中有一定的位置和排列。在图 3.32(a) 中，一个电子从一个原子被激发到了导带。留下的原子因为失去了一个电子而带一个正电荷，图中用白色表示一个 "空穴"，意思是那里原应有一个电子但是没有了。邻近原子的电子可以跳进这个空穴而在邻近的原子上留下一个空穴，如图 3.32(b)，空穴就好比**正**电子那样可以运动！如果加上一个电场，导电带中的电子向一个方向运动，而价带中的空穴将向相反方向运动。这些电子–空穴对可以导电，现在我们必须了解电流是怎样收集的。

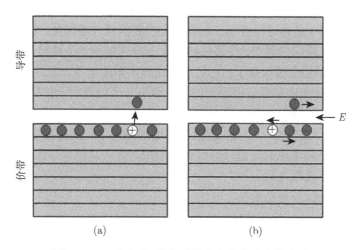

图 3.32 一个电子–空穴对的产生和空穴怎样移动

由于这些电荷不能穿过这些非常不同材料之间的交界面，所以不能将电子和空穴直接收集到一个铜板连接的导线上，必须用上一个缓冲层 (buffer layers)。这个缓冲层是由 "掺杂" 的硅制成的。掺杂就是加进一些特别选择的比硅原子多一个电子或少一个电子的原子即所谓 "杂质"，来制成高导电的 n 型或 p 型半导体。前者有一个净负电荷，后者有一个净正电荷。然后用它们做成三层的汉堡式太阳能电池的基本单元 (图 3.33)。当太阳光光子在硅中产生电子–空穴对，因为异性电荷互相吸引，电子被吸引到底部 p 型层，空穴被吸引到顶部的 n 型层。因为电子带的是负电荷，所以它们的电流方向与运动方向相反。电子可以穿过缓冲层进入导线引电流到负载 (电器设备或使用果汁的电池)。当电子达到 n 型层时，它们填充扩散到那里的空穴。产生的电压是带隙电压。带隙越大，电压越高。这是有道理的，因为只有足够大能量的光子才能推动电子越过大的带隙。

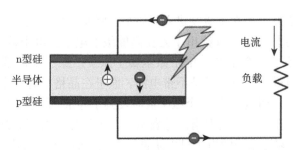

图 3.33   太阳能电池的基本元素。电子携带的电流和它们的运动方向相反

3.4.6   硅太阳能电池

目前，最通用也是历史最长的硅太阳能电池正在快速地被比较简单和低成本的薄膜电池所代替。晶体硅很贵而且制作过程中要消耗许多能量。它也仅吸收部分太阳光谱，这确实是它的弱点。仅那些能量大于硅带隙的光子能被吸收，因此红色和红外部分的太阳能全被浪费了；它们还会加热太阳能电池，但这不是什么好事。太阳光谱中的蓝色光也有部分被浪费掉了，因为一个能量大于带隙的光子不管它的能量有多大，仅能释放一个电子。因此，处于光谱蓝色末端的能量很大的光子只有部分能量用去产生电流，剩余的能量损失而形成热了。要捕集更多颜色的太阳光，基本电池由不同带隙的其他材料代替硅制成。这些其他半导体材料称为III-V化合物，详细解释见框 3.4。

框 3.4   掺杂和III-V族半导体

理解如何调制半导体的最好方法是查看周期表中硅原子周围的部分元素，如图 3.34 所示。每列顶上的罗马数字表示原子外壳层的电子数。不同的行有不同的内壳层数，内壳层是不活泼的。每个小方块中的小数字是元素的原子序数。硅 (Si) 和锗 (Ge) 是最普通的半导体，都在第IV列，都有 4 个活性价电子。它们和 4 个

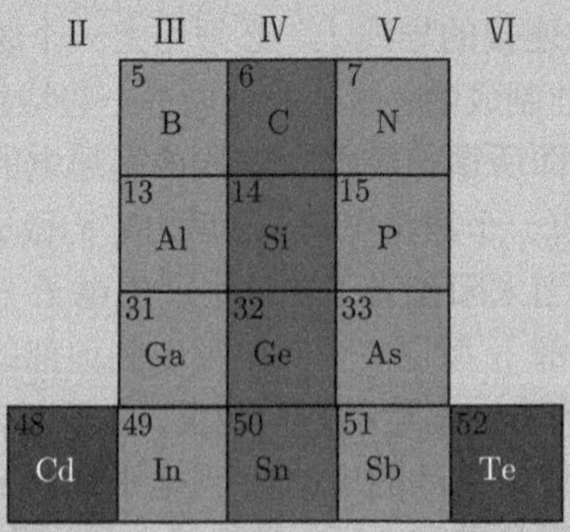

	II	III	IV	V	VI
		5 B	6 C	7 N	
		13 Al	14 Si	15 P	
		31 Ga	32 Ge	33 As	
	48 Cd	49 In	50 Sn	51 Sb	52 Te

图 3.34   周期表中硅附近的元素

最近邻的原子共享价电子形成共价键。在图 3.35 中用双线表示共价键。这些键相当强可以把原子约束在刚性晶格中,叫做晶体。实际晶格是三维的,不像图中画得那么简单。晶体是绝缘体,但若通过光子激发生成电子-空穴对并使一个电子进入导带,则导电有了可能,如我们在图 3.32 所见。

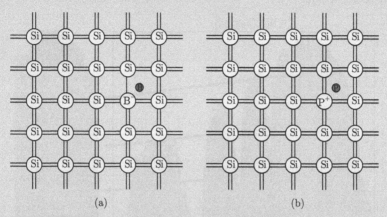

图 3.35 掺硼 (a) 和掺磷 (b) 的硅晶格

显然还有一种方法可以使硅和锗导电,那就是用III族中的一个原子 (如硼) 代替硅原子,如图 3.35(a) 所示。因为硼 (B) 仅有三个价电子,使共价键中留下一个空位置,这样就有了一个 "空穴"。空穴带着电荷在周围运动就好像是正电子那样,因此这种 "掺杂" 的半导体能够导电。我们也可以用V族的磷 (P) 掺到硅中,如图 3.35(b) 所示。因为磷有 5 个价电子,在和相邻的硅原子形成共价键时,还多了一个电子。这是一个能导电的自由电子。要注意的是,当一个电子被移开后,P核就有一个多余的正电荷 (+1),因此总体仍然保持正负电荷的平衡。通过掺杂原子数的多少可以控制电导率。在任何情况下,百万分之几的掺杂足以使半导体成为良好的导体和金属导线对接。任何III族的元素,硼 (B),铝 (Al),镓 (Ga),铟 (In) 能用于获得 p 型半导体 (空穴导电)。任何V族元素,氮 (N),磷 (P),砷 (As),锑 (Sb) 能用于获得 n 型半导体。当掺杂量大时,就叫做 p^+ 和 n^+ 重掺杂半导体。

现在撇开硅,我们用III族和V族的元素组成化合物,即III–V化合物。以等量的镓和砷原子构成的砷化镓 (GaAs) 举例。As 中多余的电子能够填补 Ga 中多余的空穴,得到仍然有共价键结合的晶格。甚至能够把三个或更多的III–V族元素混合起来,如 $GaInP_2$,它是用III族的一个 Ga、一个 In 和V族的两个 P 组成的,其电子和空穴数刚好相等。这种任何III族元素和任何V族元素的自由混合对多结太阳能电池是至关重要的。首先,各个化合物有不同的带隙,因此能够用叠层来捕集太阳光谱中较宽的波长区域。其次,**晶格–匹配**(lattice-matching)。不同化合物的晶格空间是不同的，如果晶格不匹配，电流就不能畅通无阻地从一个晶体到另一个晶体。幸运的是，III–V 化合物的制备相当自由，以致具有不同带隙的多到五种化合物的多结电池已经制成。图 3.36 示出三层的三结电池是怎样覆盖地面太阳光谱的不同波段的。

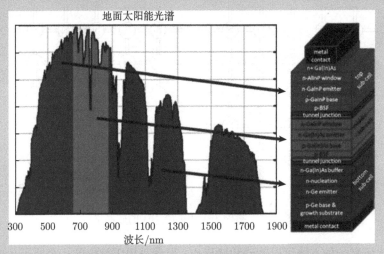

图 3.36　多结太阳能电池中各个子电池覆盖地面太阳光谱的波段部分

(http://www.amonix.com/technology/index.html)(扫描封底二维码可看彩图)

在图 3.34 的底部是 II–VI 元素，碲化镉 (CdTe) 是 II–VI 化合物。每对 Cd 和 Te 原子有**两个**电子和**两个**空穴。这种特别的 II–VI 材料在单层太阳能电池中是很有效的。它是正在迅速膨胀的薄膜光伏工业中用到的主要半导体之一。

通过调节这些 III–V 族化合物的组成，可以根据需要覆盖的太阳光的不同波段改变它们的带隙，如图 3.37 所示。关于太阳光的光谱在图 3.40 中给予解释。不同的电池，一个接一个叠在一起，每一个电池对流经它们的总电流都有贡献。在这种"多结"电池中有许多层。图 3.38 示出了简单的双结电池的叠层。顶电池有一个标有 n-GaInP$_2$ 的活性层，它夹在标有 n-AlInP$_2$ 和 p+GaAs 的收集电流的缓冲层之间。图 3.33 显示的只是最基本电池结构。底电池的活性层 n-GaAs 也是夹在两个缓冲层之间。把顶电池和底电池连接起来的是一个双层隧道二极管，它确保所有电流在相同方向流动。最多用 5 个子电池构成的叠层太阳能电池已经成功制成 [38]，效率高达 40%，而单硅电池的效率只有 12%～19%。各个子电池有三层加上隧道二极管。然而，不是所有层的厚度如图中所画的那样是相同的，而整个叠层厚度小于 0.1mm。纯晶体硅吸收光至少需要 0.075mm 的厚度，而为了防止破裂就至少需要 0.14mm[7]，但这个数据不适用于其他材料。

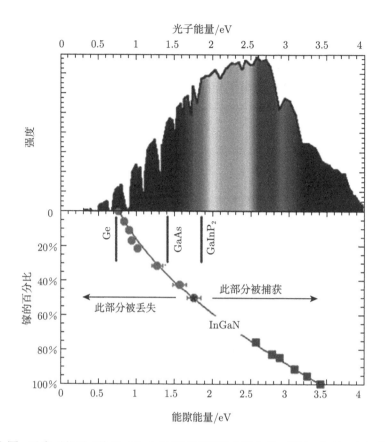

图 3.37   **上图**: 以光子能量 (单位:eV) 为横坐标显示的太阳光谱, 长波 (红外) 在**左边**, 而短
波 (紫外) 在**右边**, **中间为可见光**。**下图**: 不同半导体材料的带隙 (横坐标单位:eV) 对应的组
分比例。Ge, GaAs 和 GaInP$_2$ 标在相应的位置上。InGaN 中, 一半的原子是 N, 另一半是
In 和 Ga。InGaN 的带隙随 Ga 在 GaIn 中的百分数 (%) 改变, 数据点给出了不同 Ga 百分
数对应的带隙。带隙右边 (**蓝色边**) 的太阳光可被捕集, 而带隙左边 (**红色边**) 的太阳光是损
失的 (从 http://emat-solar.lbl.gov 改编)(扫描封底二维码可看彩图)

　　半导体层是太阳能电池的主要部分, 但是和结构中的其他组件相比, 它们很
薄。图 3.39 是一个三结电池。支撑层是放在底部的不锈钢板或放在顶部的玻璃。顶
部的玻璃上刻有槽以便收集来自不同角度的光线。底部的一个镜子使透过电池的
光线反射后再次通过电池。顶上是一层和我们的照相机或眼镜上的透镜涂层一样
的增透膜。电流通过导电材料薄膜上刻成的格栅式 "电线" 收集。顶部的格栅必须
能透过阳光, 为此, 它由透明的导电体制成, 像用在计算机和电视屏幕中的铟–锌
氧化物 (indium-tin oxide)。光伏层的排列必须有特别的顺序。顶部用带隙最大的材
料, 它仅捕获有最大能量的蓝光光子, 低能光子不被吸收, 它通过顶层进入下一个

标有 "绿色" 的层, 这一层的带隙较低, 所以能吸收较低能量的光子。最后是 "红色" 层, 它有最小的带隙, 能吸收不受其他层阻挠来到红色层的低能量 (最长波) 光子。如果红色层在顶部, 它会用尽所有光子包括其他层能够吸收的光子, 但这是无效的, 因为产生的电压和带隙电压相同。

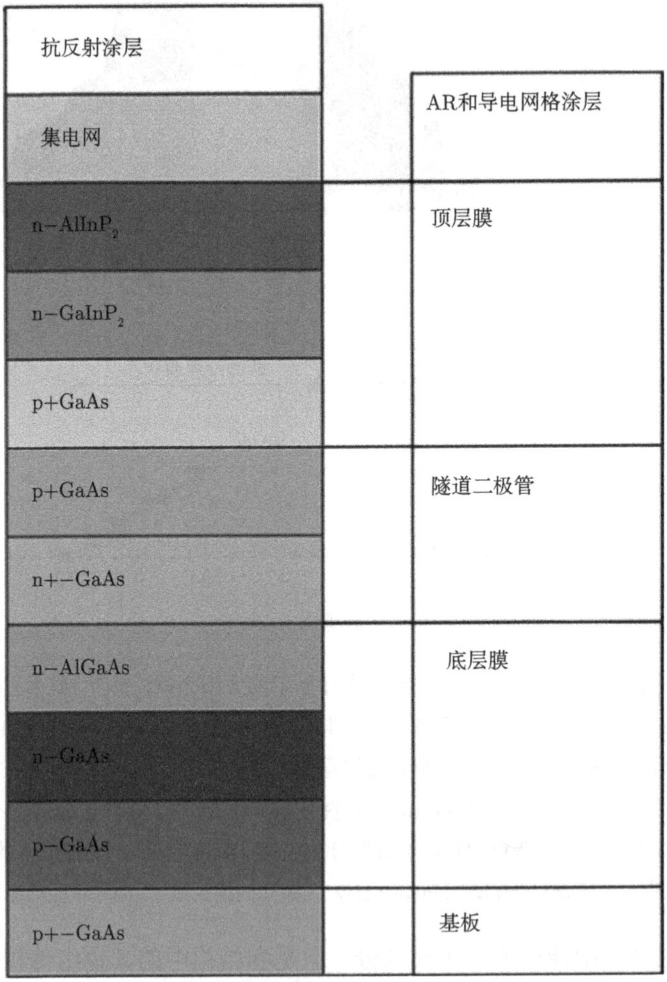

抗反射涂层	
集电网	AR和导电网格涂层
n−AlInP₂	顶层膜
n−GaInP₂	
p+GaAs	
p+GaAs	隧道二极管
n+−GaAs	
n−AlGaAs	底层膜
n−GaAs	
p−GaAs	
p+−GaAs	基板

图 3.38　用镓–铟–磷 (GaInP₂) 和砷化镓 (GaAs) 叠层双电池的示意图

(http://www.vacengmat.com/solar_cell_diagrams.html)(扫描封底二维码可看彩图)

每个电池产生的电压仅是 1.5V, 因此要把很多电池串联在一起使电压相加形成有较高电压的模板 (module)。比如, 12V 的模板组成阵列, 成千个阵列形成一个太阳能电厂。模板和阵列需要固定架来支撑, 固定架必须支撑在地面上, 成本中要加入这个费用。串联电池有一个问题, 即电流是通过所有电池的, 因此只要其中任何一个子电池坏了，整个电池就没有输出了。同样，如果叠层中有一层坏了，也使整个电池没有电流输出。幸好，目前商品的报废率是已知的并且不那么差。太阳能电池使用 25 年或更长时间后仍能获得 80% 的标定功率，至少对单结太阳能电池是如此。

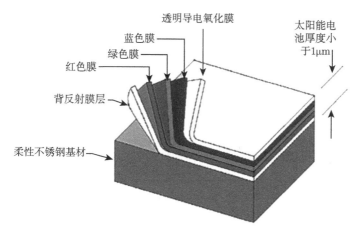

图 3.39 一个典型的多结太阳能电池的装配图。电池活性部分的所有层的厚度小于 1μm
(http://www.solarnavigator.net/thin_film_solar_cell.htm)(扫描封底二维码可看彩图)

太阳能效率退化还有其他一些因素：电池所对应的颜色在设计光伏层时是固定的，但是阳光的颜色是随时间和地点的变化而变化的。落山时的阳光较红和较黄，这意味着蓝色子电池不能有更多电流输出。由于整个叠层的串联电流是相同的，等于所有层中最小电流，所以尽管红色子电池的电流较大也没有用，它多余的电流会转变成热。大气层对太阳光谱的影响之大是你意想不到的。图 3.40 中的太阳光谱与经典的黑体辐射光谱极其相象。在光谱的可见光部分，大约 30% 的强度被大气所吸收。在红外区域，有大气层中各种气体的强吸收带。该光谱在白天随着太阳从天空降低时会被大气层进一步递降。

多结和晶体硅太阳能电池太贵以至于不适合用于太阳能发电厂，但是它们有两个重要应用。首先也是最重要的是它们可以用于不计成本的空间卫星。晶体硅的坚固耐用性和多结电池的效率都是那里需要的。太阳光很强，那里又没有空气，因此必须考虑冷却。到月球和火星执行任务无疑是由最贵的太阳能电池来承担的。在地球上，昂贵的太阳能电池能用于**聚光光伏系统**。因为多结电池是如此昂贵，制造大面积菲涅耳透镜来捕集阳光并聚焦到小的芯片上的成本更低。阳光的强度可以增加 500 倍 (500 个太阳)。太阳能电池将会很热，但是在地球上冷却是不成问题的。这个想法吸引了商业人士的兴趣。在施乐公司的帕洛阿尔托研究中心 (Palo Alto Research Center of Xerox Corp.) 已经研发出一种像气泡膜一样凸起的模压玻璃板。每一个隆起凸形包含两个像卡塞格伦望远镜 (Cassegrain telescope) 的镜子把阳光聚焦到小电池。所需光伏材料的用量至少减少了 100 倍。制造高质量硅是很耗能的, 但是硅的某些形式能用于陆地的太阳能电池。更多关于硅的信息参看框 3.5。

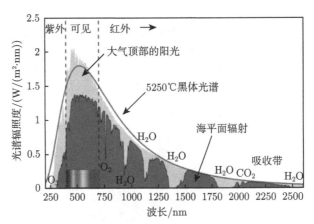

图 3.40   太空 (黄色) 和地球表面 (红色) 的太阳光谱。可见光区域用下面的小光谱标出, 有部分光谱被水蒸气、氧气和 CO_2 大量吸收

(http://en.wikipedia.org/wiki/Image:Solar_Spectrum.png)(扫描封底二维码可看彩图)

框 3.5   硅的故事

氧和硅是地壳中最丰富的元素, 氧主要以水 (H_2O) 的形式存在, 而硅以岩石 (SiO_2) 形式存在。这些分子因为很稳定也很普遍, 若要分解它们须用很多的能源。太阳能电池产业所以能抢先一步是因为半导体工业已经有了生产纯硅的基础设施。没有硅源, 制造硅太阳能电池的费用将高得令人望而却步。

计算机、手机、音乐播放器 (iPods) 和其他电子器件用的集成电路是由 99.999% 的纯硅制成。这些芯片由单晶硅制成。首先是从石英 (水晶) 中提取纯硅。石英在加热到 1400℃(2600°F) 以上的坩埚中熔化, 这需要许多能量: 想想夏威夷的基拉韦厄火山口 (Kilauea caldera) 处流入海洋的熔岩就明白了。把籽晶浸入液体后慢慢往上拉, 一些附在籽晶上的液体硅同时被拉上来并按照籽晶的结构晶化, 可以形成一个大的柱状单晶硅锭, 其直径可达 400mm(12 英寸), 然后把它切割成大约 0.2mm 厚的硅片 (wafer)。切割过程中 20% 的硅单晶成为 "锯屑"(sawdust) 或碎片, 因为切割工具的污染而不能再用。对计算机芯片, 一个硅片要制造上百个芯片, 一个芯片包含百万个晶体管。先把这个硅片切成尺寸不大于 1cm² 的独立芯片。硅片的成本不大, 但芯片的身价高达百万元。对太阳能电池来讲, 要求的是面积大, 这就意味着即使用半导体工业淘汰的硅材料, 硅的消费仍然是非常可观的。硅的短缺会引起价格的大波动。请注意,要制成太阳能电池,硅必须重新熔化,这又要耗费额外的能量。

单晶太阳能电池是最有效的,因为电子和空穴在晶格中的运动很容易。但小晶粒硅容易制成而且便宜,只需把硅倒入坩埚不用提拉。这种硅根据晶粒的大小叫做多晶硅和微晶硅。在这些材料中,电子运动受到晶粒边界的阻扰。因此电阻率较高使一部分能量损失成热。大多数硅太阳能电池由多晶硅制成。

也有无定形硅,它是真正的薄膜材料。硅原子根本不在晶格,而是任意分布的,其制造过程完全不同。一个暴露在硅烷 (SiH_4) 和氧气 (O_2) 中的玻璃底片,在等离子体放电时,氢抓住氧形成水而硅沉积在玻璃底片上。无定形硅的电导率是很差的,必须在随后的氢化过程中通过加氢来改善。生成的硅叫做无定形硅 a-Si:H。首次使用的输出功率减少大约 28%,通过 "光浸" (light-soaked) 大约 1000h 后可以稳定。冬天,温度低时它的效率也低,仅有大约 6%。但是无定形硅比起其他任何晶型硅便宜了很多,而且能用到大型设备中。换句话说,晶体硅适用于太空,但不适宜用于大的太阳能发电厂。

3.4.7 薄膜太阳能电池

前面已经提到用 III–V 族或者 II–VI 族材料制成的薄膜多结太阳能电池。晶体硅的主要问题是它是**间接带隙**材料。我们不必深究这方面的物理学,而只须简要地谈谈。间接带隙意味着光子吸收效率低,硅必须有一定的厚度 (大约 0.1mm) 才能吸收足够的光子,框 3.5 还告诉我们制造纯硅是非常困难的。换句话说,薄膜材料有直接带隙,只需要微米厚就有非常好的吸收 [39]。微米 (μm) 是毫米 (mm) 的千分之一。可以作个比较,一张普通纸的厚度大约是 100μm (0.1mm 或者 0.004in),和人的头发一样厚。厚度仅仅是纸的 1% 的薄膜能够吸收 98% 的太阳光。难怪敷一层薄薄的防晒霜就能防止皮肤被阳光晒伤。所以,晶体硅太阳能电池中的硅厚度必须大于 100μm,而薄膜太阳能电池中的半导体厚度却可以少 100 倍。

薄膜太阳能电池成功的主要原因不在于材料需用量少,而是因为美国第一太阳能公司 (First Solar Inc.) 和其他公司在制造工艺技术的研发大大减少了成本,太阳能源已可盈利。由政府支持转移到了由强大金钱激励的私人企业,薄膜太阳能电池获得了更加快速的发展。第一太阳能公司通过碲化镉 (CdTe) 的最佳化成为这个领域的主导者。带隙为 1.45eV 的碲化镉材料给出了单层电池高功率输出的电压电流最佳组合。第一太阳能公司先在俄亥俄州建了一个年产 90MW 的太阳能电厂,后在德国加建了一个年产 120MW 的太阳能电厂,在马来西亚加建了一个年产 240MW 的太阳能电厂。它和中国的合同包括了 2010 年建 30MW,2014 年建 100MW 和 870MW,最后在 2019 年达到年产 1000MW 的计划。他们的自动生产线从所有电池各层的沉积到安装和测量的全部生产过程只需要 2.5h。得益于规模经济，第一太阳能公司的电池成本已降低到 $1/W 以下，而太阳能板的成本为 $110/m²。他们的目标是进一步降到 $0.5/W 或者 $1.5/W，包括平衡系统 (balance-of-system，BOS)。电的价格将是 $6 \sim 8 \text{¢}/\text{kW·h}$[40]。每年产生 1GW 的太阳能将使公司在全球市场占有接近 1/6 的份额。

　　CdTe 太阳能电池的薄膜层示于图 3.41。薄膜层沉积在面积为 60cm×120cm 的 5mm 厚的玻璃基板上，即在这个大约是 (4×8)ft 的长方形胶合板大小的基板上有许多电池。它的下面是绝缘用的二氧化硅 (SiO_2) 薄层，接着是作为顶部电接触的氧化锡 (SnO_2) 透明导电层；跟着是硫化镉 (CdS) 薄层，仅大约 0.1μm 厚，是作为如图 3.33 中所示的 n 型掺杂层 (n-doped layer)，它必须很薄，因此光可以透过进入吸收层 CdTe。硫 (S) 是 VI 族元素，为了避免杂乱，在图 3.34 没有画出，因此 CdS 是 II–VI 族化合物。经测试，CdS 是 n 型 (n-doped)，而 CdTe 是 p 型 (p-doped)[8]，因此图 3.38 中的其他层无须分离电子和空穴，大大简化了装置。作为主要层的 CdTe 层的厚度是 $1 \sim 5$μm；Gupta 等 [9] 研究表明，厚度超过 0.75μm 性能没有太多改善。在底部是由金、镍或铝组成的另一个电极，接着是塑料黏合剂和一个玻璃保护膜。分别用于电池各种沉积层之间的激光刻划把电池分割成许多小电池，并且串联小电池可提升电压到 70V。这些完成过后，把整个电池板置于 $CdCl_2$ 气体中，在 400~500℃进行退火，可以使效率提高两倍[41]，其原因还不很清楚。这样做成的电池在 10.6% 的效率下可获得 1A 输出电流和 75W 的能量[41]。效率也许有可能提高到 12%。

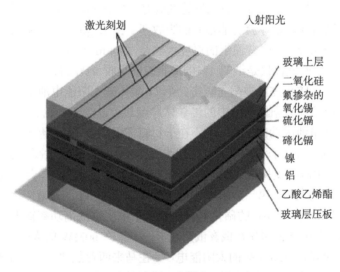

图 3.41　CdS/CdTe 太阳能电池的示意图 (IEEE Spectrum, August 2008)

在实验室得到的最高效率是 16.5%。为得到这个效率，必须用高导电率和透明度更高的锡酸镉代替通常用的氧化锡作为顶部的导电层，并在它下面加上锡酸锌缓冲层 [42]。当电流通过电池时，因内电阻的存在而发热使部分能量损失。这个损失可以用 **"填充因子"**(filling factor) 来测量，它是实际可用功率与理想功率的百分比，最好的情况下能达到 77% [42]。虽然一般的生产过程是众所周知的 [41] (参考文献 [8])，但是技术细节是严格保密的。例如，有关底部接触的不稳定趋向和退火对附着力的影响都是不公开的。

可以和 CdTe 竞争的薄膜材料还有无定形硅(a-Si:H)和铜铟镓硒化合物 (CIGS)。无定形硅只有 6%~7% 的效率，但是因为半导体工业中它的制造设备比较成熟所以用得最早。这种材料损失了太阳光谱中的红光部分，故有人尝试增加 2μm 厚的微晶硅层来增加蓝光部分，这样效率可能增加到 11%，就可以和 CdTe 相比。CIGS 的实验室效率为 19.5%，而 CdTe 为 16.5%。它们的模板效率分别是 13% 和 11%；产品效率分别为 11.5% 和 9% [8]。制造 CIGS 很难，但是因为效率可能会达到 25% 而受到青睐。目前，它在市场份额仅有 1%，而 CdTe 和硅分别为 30% 和 60% [43]。

3.4.8　化石足迹和环境问题

对硅和薄膜太阳能电池已经进行了许多生命周期分析。2007 年劳盖伊 (Raugei) 等 [10] 根据欧洲实际生产数据发表了关于硅和薄膜太阳能电池对环境影响的极认真的研究报告。对多晶硅 (最普通的一类)，必须先决定它的来源。如果它来自电子工业，即使是不用的等外品，如框 3.5 所示，其能量成本也是很高的。另外，如果太阳能工业发展成长到可以建立自己的工厂去生产低纯度的太阳能级硅，能量成本会大大降低。把硅的最坏情况和最好情况与 CdTe(碲化镉) 和 CIS(铜铟硒，和上面提到的 CIGS 相似) 薄膜系统的能量偿还时间进行了比较，结果示于图 3.42。

计算是这样进行的。首先，列出使用的材料。对薄膜，包括玻璃、塑料、水和电子层。显然，玻璃是最大部分，而薄膜是最小部分。然后估算工厂制造这些材料使用的能源和制造电池用的电。这些还仅仅是对裸电池 (bare cell)，须加上 BOS (balance-of-system)，即完成功能面板和阵列所需的所有部分，包括作为框架的铝、支撑架的钢材、电缆和连接器，以及把 DC 转换为电网的 AC 电压的电器设备；还有在安装时所用的燃料石油。弗塞纳斯基 (Fthenakis)[11] 还考虑到了寿命结束停用后回收所用的能量成本。假定所用的是典型欧洲式的平均产电效率是 32% 的化石燃料和水力发电的混合能源。就太阳能的输出来说，假定的数据是相当保守的。以欧洲南部为代表，那里不是沙漠，每年可用的阳光是 1700kW·h/m²。再计入积尘和电器设备老化的效率损失为 25%，得到的系统寿命仅仅是 20 年。

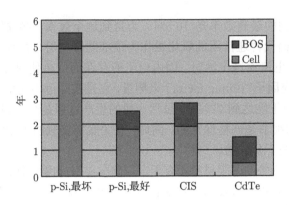

图 3.42　对多晶硅 (p-Si) 和薄膜 (CIS 和 CdTe) 太阳能模板以年为单位的能量偿还时间比较。对 p-Si 来讲，最坏和最好的情况的定义在文中已给出。每个条块的**下面部分**是裸电池，**上面部分**是平衡系统 (BOS)，包括架子、支撑和从 DC 转化为 AC[10] 的电子装置

计算的能量偿还时间见图 3.42，正如所料，从电子工业得到的多晶硅的最坏情况的偿还时间最长。如果有专门生产太阳能级硅的工厂，偿还时间就可以缩短很多。在这项研究中 CdTe 明显是赢家，它的偿还时间仅仅是 1.5 年。这张图也显示了裸电池的能量成本和 BOS 之间的分歧。可以看到，CdTe 电池的 BOS 所需要的能源最多。这项研究也计算了每个系统的全球变暖潜势 (CO_2 排放)，当然比化石燃料要小得多。在建设初期排放一些温室气体 (GHG) 后，太阳能电站在 30 多年的产电中几乎没有 GHG 排放。

镉是一种很毒的元素。在 2009 年，曾经因为从中国进口的玩具中发现含有可摄取的镉而闹得沸沸扬扬。然而，这并不能说明化合物 CdTe 是有毒性的。如同食盐，虽然钠和氯都是毒性很强的元素，但 NaCl 肯定是没有危险的。尽管电池封装在玻璃中，而且镉是很稳定的，镉的蒸汽几乎是零，人们仍然担心在生产和制作 CdTe 期间镉是否会排到环境中去。很多人都不知道，其实在燃煤和石油发电厂也会偶然排放出镉的。劳盖伊 (Raugei) 等 [10] 估算出，在相同能量输出的情况下，太阳能电站排放的镉比燃煤电站排放的要少 230 倍。弗塞纳斯基 (Fthenakis) 等已经完成了对有毒物质危险性的详细评估 [12,13]。

弗塞纳斯基 (Fthenakis) 和金 (Kim)[14] 把太阳能电的用地量和对环境的影响与其他能源作了比较。结果在意料之中，太阳能的支持者发现太阳能需要的土地量**最少**，生物质能源需要的最多。煤矿和核电站的用地包括开矿时土地的破坏和废料堆存地。水力发电用的大坝是把旱地改造成湖。实际上，这么做也许改善了环境，只是野生生命不再是动物而是鱼。被太阳能阵列覆盖的大面积土地上，如果某些植物能够在太阳面板下生长的话，那么一些沙漠动物、鸟类和乌龟也可以生存在那里。然而，沙漠的反射率 (或反照率) 由于黑色太阳面板的吸收将减少。因为面积

很大, 也可能进一步影响到云彩的形成和这个区域的气候。

太阳能电站的生命周期研究不如风力发电那样周全, 而且似乎是被最佳化了。风电的研究包括了磨损部件的更换、检查和维修的能量成本以及检查人员使用的汽油。在沙漠里没有水, 但覆盖在太阳能面板上的灰尘是必须要清洗掉的。面板的玻璃盖可能被沙尘暴打坏。在气候温和的地方, 植物会长出来, 必须在它们长得不太高时拔掉, 否则, 10~20 年后太阳能发电厂将处于浓密的森林之中。所以在太阳能板排与排之间必须留有足够的空间让割草机通过。火星探测器经历了不加维护的太阳能电的麻烦。面板因为积累灰尘功率减少, 要靠风暴把灰尘吹跑。几年下来灰尘的积累会影响探测器电池板对阳光的采集, 功率会变得很弱以致无法通信。必须将探测器操控向着坎边 (crater's edge) 使得太阳面板倾斜更直接地面对太阳。地球上的太阳能电场中的面板都是固定的[44]。因为根据估算, 控制面板跟踪太阳的机制会增加 25% 的成本, 但是能够提高 40% 的产电能力。在他们的研究中也没有包括晚上用能的储存成本。

梅森 (Mason) 等 [15] 以令人敬佩的细致处理了能量储存的问题, 仅用了一个储存办法即 CAES(compressed air energy storage), 在"风力能源"一节讲过 (图 3.17)。具体做法是: 先用需要储存的电能把空气压缩到大洞穴; 需要用电时, 释放压缩空气驱动气体涡轮机而产生电。CAES 仅仅在两个地方试验过: 1978 年开始运转的德国 290MW 的电站和 1991 年开始运转的阿拉巴马的 110MW 的电站, 用 CAES 系统储存非高峰时间常规电站多余的电力。美国有很多适合 CAES 的大洞穴, 但是由于某些原因它们不能靠近太阳能电厂。有最丰富阳光的沙漠却只有很少几个合适 CAES 的地方, 还没有足够的水用于冷却。它们也在远离人群集居的地方。有人建议用高压直流 (HVDC) 传输线把太阳能从电站输送到储存站, 条件是这两个站的容电能力必须匹配。

梅森 (Mason) 的研究 [15] 考虑了一个根据需要从星期一到星期五每天能提供 10h 峰值功率的储存电站, 又考虑了另一个每天 24h 提供基载电力的未来中央太阳能电厂的储存电站, 计算了一年中太阳能的日输出和每天所需要储存的能量。太阳能电站和储存电站的成本都仔细地逐项列出, 包括维修、土地整理、建设期中利息和零部件的替换, 也包括高压直流和从直流转化到交流小变电站的成本。这样一个峰值负荷 PV-CAES 系统的计算结果概括列于图 3.43。带有储存系统的光伏电成本和带有碳封存的天然气先进循环电厂成本进行了比较。10 年后, 光伏电的成本如人们期望的可能会减少, 但是约占总成本 1/3 的 CAES 部分的成本不会有太大的变化。到 2020 年, 峰值负荷中太阳能电将可和天然气电竞争。作为基载电力, PV-CAES 电成本是 \$0.118/kW·h, 比分别为 \$0.076/kW·h 和 \$0.087/kW·h 的带有 CCS 的天然气电和燃煤电要贵。由于价格、安全、稳定性和地下储存的法律问题等都还没有经过大规模的试验, 所以一切只是猜测。

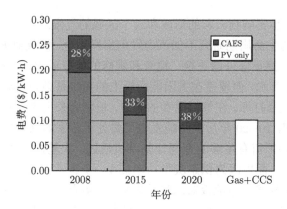

图 3.43　2007 年带和不带压缩空气能量储存 (CAES) 的薄膜光伏 (PV) 电厂电力价格，单位为 ＄/kW·h。**白色条**表示带有碳的捕集和封存 (CCS) 的先进燃气涡轮机 [15]

3.4.9　思想在即

制造太阳能电池的新想法不少，只是还没有试验。太阳能在研发阶段比其他技术 (如风、核或聚变) 具有更大的优势，因为可在小装置上对新思想进行探索，无须建造大机器或者风力涡轮机。实验性的太阳能电池只需 1cm² 那么小。这意味着新思想可以通过小公司作盈利性的研发，这样就把研究经费转移到了商业部门。政府资助的大设备依然是需要的，它用于验证商业的可行性，而不是为了试验新思想。这些新思想属于第三代太阳能电池，如图 3.44 所示。

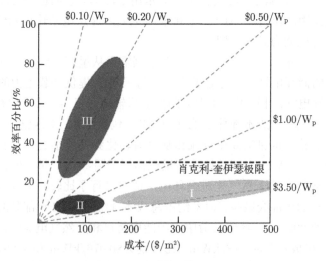

图 3.44　以成本和效率展示三代太阳能电池 [16]。横坐标是成本，单位为 ＄/m²，对角线给出每个峰值瓦的美元成本，平行于横轴的黑虚线是文中所说的理论极限值

在这个图中，给出了太阳能电池的效率与每平方米和每瓦峰值功率的成本关系。三个椭圆分别代表第一代、第二代和第三代太阳能电池。第一代包含单结硅电池，每瓦峰值功率成本高于 $3.50，效率低于 18%。第二代包含薄膜和有机电池，成本便宜得多，但是效率低。第三代包括具有效率高于 40% 的多结电池和一些仍然处于思考阶段的新思想。这些太阳能电池能够达到最大理论效率，即肖克利–奎伊瑟 (Shockley-Queisser) 极限，31% 以上。这个极限适用于非聚焦阳光的单结电池，其中每一个光子仅产生一个电子，多余能量作为热损失掉。第三代电池因为规避了这些条件所以效率更高。比如，聚焦太阳光能使一个光子激发多个电子，而新纳米材料能够捕集更多的能量并把它转变成电流 [16]。

3.4.10　有机太阳能电池

有机太阳能电池比薄膜更便宜，更容易制作，在小型化和个人应用方面具有更大的潜力。最好的有机太阳能电池是由简称为 P3HT 和 PCBM 的聚合物 (通称塑料) 组成的。它们有不同的带隙和不同的电子和空穴亲和力。和 CdTe 电池的分层不同，这两个聚合物是完全混合在一起的**本体异质结**(bulk heterojunction) 材料。这种混合物的熔点小于 100℃，在液化后很容易涂到基底上固化。这个基底可以是一块布料。通过特定的速度冷却这种混合物，它可以**自组织**连接成各自分开的 P3HT 和 PCBM 簇团。其情形可以用图 3.45 所示的草图表示。

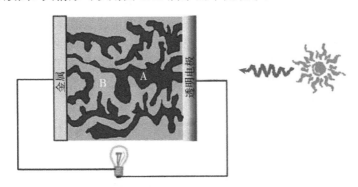

图 3.45　在本体异质结的有机电池中，A 和 B 两种材料的自组织 [17]

一个光子射到 P3HT 区域 (A)，产生一个电子–空穴对，然后电子沿着 A 的路线到透明电极 (**电极** 的定义见脚注 45)。因为两种材料之间产生内电场，空穴被吸引到 PCBM(B) 区域沿着 B 的路线到金属电极。类似的道理，一个光子射到 B 区域，电子跳进 A 区域，空穴留在 B 区域，两种电荷各自沿着 A 和 B 移动到相应的电极。当两个电极与负荷连接，电子流动形成的电流提供太阳电能。聚合物的这种意外的自组织现象免除了传统硅或者 CdTe 电池中复杂的多层结构，得到这种合适的自组织混合物的关键是要细心地控制温度缓慢冷却 46。

　　第一个实验用的聚合物层厚小于 $1/4\mu m(1/4000\ mm)$，比邮票厚度的 $1/10$ 还小；从太阳到电的转换效率为 4.4%[18]，填充因子 (上面定义过) 高达 67%。因为小样品在边缘和顶部收集到的阳光是一样的，许多宣称的高效率都是靠不住的，但是这个数据是国家可再生能源实验室 (NREL) 经过测试认定的。2009 年利用化学名称可以长到两行的 PBDTTT 聚合物作了进一步改善，搭配的材料不再是聚合物而是富勒烯 (fullerene) 中的碳，一般称为巴基球 (buckyball)，它是众所熟知的由三角形面形成的球状碳晶格，后以巴克明斯特 · 富勒 (Buckminster Fuller) 命名。这种有机太阳能电池效率为 6.77%，输出电压高，而且能捕集比原先的模型更高的红外能量 [19]。尽管电子必须沿着弯弯曲曲的路线运动，但得到的电流还是合理的。

　　因为有机太阳能电池的效率比得上无定形硅电池，且不贵又几乎能用在一切地方，诸如手提电子设备和布纺织品，因此具有很大的商机，例如，把它们装在背包里供 iPods 和手机充电。但聚合物容易受到氧的侵蚀仅有 $1\sim 2$ 年的寿命，不适合用于大设备。在无氧环境下，如在双层窗内 46，它们的寿命几乎是无限的。

　　进一步的发明是染料敏化和量子点太阳能电池。**染料敏化电池**，也叫 Grätzel 电池，由氧化钛 (TiO_2) 纳米颗粒组成，颗粒直径大约 $20nm$，颗粒外面有染料镀层，如图 3.46 所示。(前缀 nano 表明大小，$1m$ 的 10 亿分之一或者毫米的百万分之一)。TiO_2 是一种大带隙半导体，所以它本身只吸收紫外线。然而，染料被相应颜色的阳光激发后注入一个电子到纳米颗粒，这个电子从一个颗粒跳到另一个颗粒直到电极，失去了一个电子的染料再从颗粒沉浸的电解质液体 (含碘的导电液体) 中夺取一个电子。实验室观察到的效率已达 $11\%\sim 12\%$，在商业生产中会怎样还不知道。由于这个电池的一部分是液体，它必须密封，这就带来了不便。也尝试过用固体或胶状电解质，但是效率很低，大约只有 4%[17]。

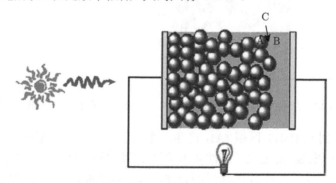

图 3.46　染料敏化太阳能电池的草图 [17]。图中 A 是纳米颗粒，B 是导电液体，而 C 是颗粒上的染料层

　　由于电子必须要跳很多次才能到达正电极，通过用纳米线或者纳米管代替纳米颗粒可以加速电子的运动。这个情况可以用图 3.47 说明。纳米线涂上厚厚一层

染料，电子沿着它们能轻易地流动直接到达电极。这里的纳米线是氧化锌 (ZnO) 而不是氧化钛 (TiO₂)。碳纳米管很早就被使用了。纳米管长 360nm，其表面积 3000 倍于管平面面积 [21]，当然没有任何一个表面能比直接对着太阳的表面接收的阳光更多。在实验室观察到效率为 12%。

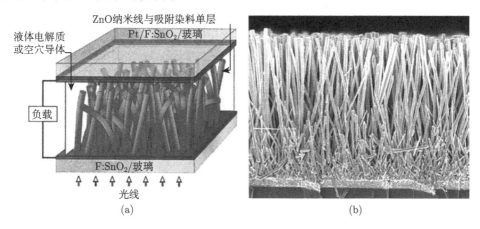

图 3.47　(a) 用 ZnO 纳米线 [20] 的染料敏化电池示意图；(b) 真实纳米线的电子显微镜图；
图 3.47 相对于图 3.46 转了 90°

进一步的改进是用**量子点**(QDs) 替代染料，**量子点**是磷化铟 (AnP) 或者硒化镉 (CdSe) 的纳米晶体。它们**真的**小，直径大约仅有 3nm。把它们代替图 3.46 或者图 3.47(a) 中的染料涂层覆盖在 TiO₂ 或者 (ZnO) 纳米线上。改变量子点的大小，就能改变吸收的太阳光谱的颜色。当一个光子投到量子点，产生电子-空穴对，电子进入纳米线，和染料电池情况一样被直接带到电极。量子点电池比染料电池的效率高，因为它们不遵循图 3.44 所示的理论极限。它们能够给出更高的电压和更高的电流 [22]。通常，如果一个光子的能量除了用来激发一个电子穿越带隙到达导带 (图 3.32) 外，还有多余的能量，则会将这多余的能量给予电子。这种电子称为 "热电子"，它冷却后掉到导带底，因此输出电压仍然只是带隙电压。在量子点中，热电子的冷却非常慢以致在它们进入电路时还没有损失多余的能量，因此电池的输出**电压**高于简单理论值。甚至，即使没有光子，热电子有足够的能量自己去产生更多的电子-空穴对，从而使电池的**电流**超越理论极限。

尽管量子点太阳能电池仍然在实验阶段，制造纳米线 [23] 和量子点 [24] 的方法已得到充分的证实。它们在小应用方面具有有机太阳能电池的所有优点，而且有望获得更高的效率。它们是否适合用于太阳能发电厂还没有得到证明。

根据塞贝克 (Seebeck) 效应加热可以直接引发电流，给出**热电功率**，如图 3.48 所示。如果我们在热电材料的顶端加热，顶部的热粒子比底部的冷粒子运动更快，

因此顶端高温粒子向低温端扩散。如果右边有电子丰富的 n 型材料，电子即从上
电极扩散到下电极。为了得到一个封闭回路，我们在左边放上电子欠缺的 p 型材
料，在那里空穴将向下漂移，然后在两个下电极之间连接一个负载，电子将通过线
从右边流到左边去填充空穴。由于电子是负的，电流则是从左边流向右边，工作原
理如图 3.49 所示。太阳经过聚光器可以使加到热光伏 (TPV) 的热量更多，电池的
下电极必须用水或者气流保持冷却。

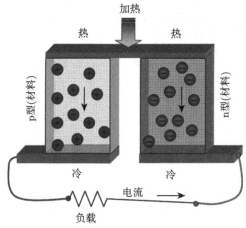

图 3.48   热直接产电的示意图 (改编自美国真空学会 J. P. Heremans 的邀请报告, 2009 年
11 月 11 日)

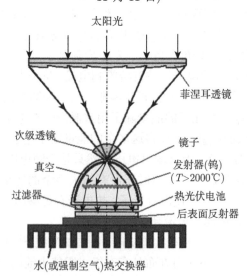

图 3.49   热光伏太阳能电池示意图 (太阳能利用的基础研究需求, 美国能源部科学研究
会, 2005 年 4 月)

化合物如碲化铅 (PbTe)、碲化铋 (Bi$_2$Te$_3$)、碲化银铋 (AgBiTe$_2$) 和硒化银铋 (AgBiSe$_2$) 的热电效率测试和新化合物设计还处于初始阶段。要注意的是后两种化合物是 I-V-VI 型半导体 [25]。尝试用纳米线和量子阱结构实现这个目的的研究正在进行之中 [26,27]。

3.4.11 地球工程学

媒体的文章诱发了民众很多奇异的想法，其中有些思想甚至被**地球工程学**合法化了。例如，与其去减少温室气体为什么不能为地球遮掉更多阳光呢？这可以通过发送不计其数的小塑料片到地球轨道上空把大面积的阳光反射回去。也有人建议使用相对于自身重量有较大表面积的天然植物孢子，度假旅游业务可能不会很喜欢这个想法。更严重的是，这种大面积又不受控制的实验可能对气候和生活带来不可预测的后果，也许会引发冰河时代。当然这些都只是科学幻想。

以下的设想已经被认真采纳。既然太阳不能不间断地照耀地面太阳能面板，为何不把面板送到太空？在地球上空 22000 英里 (3.6 万千米) 的地球静止轨道上，那里不但气候晴朗而且由于卫星很高，在地球的夜晚时分，它不会经常处于地球的阴影之中，所以那里的夜晚更短。在那里太阳能面板可获得 1.366kW/m^2 太阳能量的全部，而不是到达地球表面的 1kW/m^2。这样效率也仅提高到 37% 多一点。陀螺仪能使太阳能面板总是向着太阳。如用价格高的多结硅太阳能电池，效率可达 40%。需要多少面积的太阳能面板才能产出与燃煤电厂或者核电站同样的功率，比如说，1GW(1000MW)? (一个大国往往有上千个这样的电厂)。为了论证方便，假定卫星上的太阳能面板平均功率是 1kW/m^2。以 100% 的效率产生 1GW 的电能需要 10^6m^2(0.39 英里 ^{2})。如果效率是 40%，需要的面板面积是 2.5km^2 或是大约 1 英里 ^{2}。要把这么多的面板送到太空！由于受到微陨石和太阳耀斑的损坏，这些太阳能面板也许不能持续很多年。月球的引力会使卫星漂移出地球同步轨道，需要有推进器来修正运行轨道。这个推进器也不能持续使用很多年。

再说，如何把能量送回地球也是一个问题。有人提出把太阳能转化为微波，以不被大气吸收的波长发射回到地球。显然，这适合用于风暴和云很少的沙漠地区，还必须要建立传输线通到人口密集的中心。大气中的水蒸气对微波的吸收很强。水对低频如微波炉用的 2.45GHz(2.45×10^{9}Hz) 波有很好的吸收能力，这就是为什么用微波炉加热水必须把时间控制得很短。为避免水对微波的吸收，频率必须提高，如 100GHz。**回旋管**能产生这样的频率，最先进的回旋管是为大聚变 ITER 研发的回旋管，这将在第 8 章描述。实验室的回旋管在 110GHz 时产生 1.67MW，时间是 30μs，而在 140GHz 时产生 800kW，时间是 30min[28]。尽管以这样的功率连续运行可以期望把能量送回地球，但由于太空缺乏冷却用的空气和水，能否在太空工作还不一定。回旋管是大型设备，其中有能够注入高能电子束的大磁铁。磁场将电子能量转换成微波，但不是所有电子的能量能够被提取，因为一旦电子速度变慢了，它们就同步不了了。最好效率可望达到大约 50%。剩余的能量进到带有冷却设备的束流收集器。可以建造热涡轮机用热产电，产的电再用来加速更多的电子，但这将使已经很复杂的装置变得更加复杂。微波能量在收集端转换成交流电时会有进一步的能量损失。更糟糕的是，高功率微波可以击穿空气产生等离子体，产生的等离子体能散射和反射微波。太空中的太阳能面板得到的可用太阳光 2 倍于陆地，但是，即使有新技术研发出来，在输送中损失的太阳能可能比 2 倍还多。不计成本，这真正是一个坏主意!

3.4.12　太阳能的底线

我们一开始就给出了这样的事实，即太阳给地球的能量是 $1kW/m^2$，1h 就足够提供地球一整年的能量。至此，我们又知道了捕集这些能量却是那么难。大气层会吸收太阳光，晚上没有太阳，冬天的太阳升得不高，还会有阴天和暴风雨，高纬度处最需要能源，但那里的阳光偏偏很少。太阳能电池仅仅能够捕集太阳光谱中的一部分，并且还不是那么高效。我们引用的峰值效率仅适用于太阳直接从头顶照射的情况。太阳落山时阳光的色谱会改变，不再能和太阳能电池最佳的颜色匹配。转动太阳能面板使其跟踪在天空移动的阳光的装置是很昂贵的。我们能捕集百分之几的太阳能已经是很幸运了，但是，即使这样，我们仍然很不应该浪费大量的能量。

在屋顶或者外墙上放置太阳能板应该普及为新结构的标准。它们能够给电网贡献百分之几的电力，但是因为太阳能是间歇性的所以不能便宜地储存，也仅此而已。把多余的能量出售给发电站只是一个小噱头，公用供电站并不会在乎这点小小的贡献 [47]。

薄膜技术的进展已经使太阳光伏能源可以和传统的能源竞争。能量偿还时间低于一年，尽管没有风电那么短但也算足够短了。但应用这个技术于大的太阳能发电厂来提供中央电站能源，仍然是问题重重。主要问题是晚上没有太阳，而人们恰恰在这个时间段要开灯。没有便宜和可行的方法储存大量的能源。建设高科技传输线也可以使太阳电跨越时区从日光用到月光，但是需要几十年来实现。

太阳能电是电网的一个重要的补充，但是它不适合作为主要的中央电力。从现在起的 50 年中，只有燃煤、裂变和聚变能够提供可以支撑文明世界的可靠、稳定的主体能源。

3.5　交通运输能源

除电以外我们最不能忘的能源就是汽油。对石油的依赖导致中东战争。石油价格影响着我们的经济。1973 年严重的石油危机，使美国立法限制车速为每小时 55 英里。(其有益的影响是政府增加了对受控聚变研究的资助！) 火车爱好者还会记得火车装着煤，煤被不断铲进蒸汽机驱动火车气喘吁吁地横行全国的年代。而如今液体燃料成为主流。汽油、柴油、液化天然气被被用于汽车、公交车、卡车、火车、飞机和轮船等交通运输。全世界一半的石油被用于运输。如何用清洁能源替代呢？风和太阳电都不易携带。我们也不能动用核潜艇。

氢已经被炒作为一种有应用前景的无污染的燃料。令人吃惊的是，许多人仍然认为氢是能源！事实上，需要花费许多能量去产生氢。水是地球上最稳定的元素之一，有了它我们才有一个蓝色的星球。需要用很多的能源才能使水分解成氢和氧，才能提供运输需要的氢。用氢的汽车只排放出水，但是目前用的氢来自天然气，这不但会耗尽我们现有的能源储存，而且产氢的过程中也在排放 CO_2。所以即使用化石燃料得到了氢，使用氢的运输仍需要减少污染。为使民众对氢有一个清晰的概念，我们先讲这个话题。

3.5.1 氢燃料汽车

1. 用氢经济吗？

先讲如果用氢代替天然气作为汽车的燃料，是如何运作的 [48] 。在非化石能源能够大规模使用前，氢仍需要从天然气获得。然后再把原来的天然气站改为氢站，但仍需要运送天然气给这个氢站。氢可以在本地产生并储存在地下的高压罐。汽车的后备箱内必须装一个塑料桶用来带上足够行驶 200~300 英里的氢。这些塑料桶必须能承受至少 300 个大气压的压力，而且要求胶皮软管接头能安全充气。除非氢和氧先混合，否则氢不会爆炸。汽车里的**燃料电池**使氢和空气中氧结合产生电，汽车有电动马达，靠电行驶，排出的仅仅是水。这个燃料电池-电动机的结合体比气体发电机更有效，比直接燃烧天然气或氢所用的能源更少。风和太阳能可以产生电力直接用在电发动机，但是电池需要进一步研发，而且任何情况下都需要长时间充电。氢可以作为携带能源的一条途径。**不是在氢燃料汽车中直接燃烧氢**。主要问题是燃料电池，它是昂贵的，而且如果用天然气就有 CO_2 的封存问题，下面将讨论这些课题。现在还不是很清楚，在清洁汽车能源方面，是氢燃料汽车还是电力插件汽车将作为较好的方案最终能够胜出。

2. 如何携带氢 [29]

同样是一磅，氢携带 3 倍于汽油的能量，燃料电池能用此能量比一般的汽车发动机更有效。但是，如果我们用 20 加仑汽油箱装气体氢，那么它仅够行驶 500 英尺。有两种方法可以携带更多的氢气：液化或者压缩它。氢气在 −253℃或者绝对零度以上 20℃变成液体。无需多说，得到这样的低温需要耗费许多能量去运转低温设备。即使车中的油箱绝缘很好, 整个夜晚氢仍然会缓慢蒸发。要用时, 必须依照汽车的速度快速加热氢以供燃料电池用。更重要的是每升或每加仑液态氢产生的能量仅为同样体积汽油的 30%。可见压缩氢是有道理的。

潜水气罐和实验室气罐都很重。已经研发出汽车用的由碳纤维复合材料组成的轻型氢罐, 它能承受高达 10000psi(每平方英寸的磅数) 或者 69000kPa 的压力, 比大气压高 700 倍, 通常将大约是 5000psi, 高于潜水气罐。这种氢罐的价格至少 10 倍于等体积的汽油箱。先不管价格, 这种氢罐能够驱动汽车行驶 300 英里 (480km) 吗? 框 3.6 给出关于这个气罐的封底计算。压缩氢气需要能量, 此能量大部分以压缩热的形式出现。压缩必须提前进行, 使氢有充分时间冷下来, 否则不能用足够的氢充满氢罐。氢在使用释放过程中温度会降低, 以免燃料电池太冷而必须加热。

固体氢储存方法正在研发之中。在一定压力下金属氢化物像海绵一样能够吸收氢; 加热后压力缓解时, 氢就释放出来。如图 3.50(a) 所示, 氢分子进入固体的原子之间, 固体能够容纳的氢比等体积的液体多 150%[29]。不幸的是, 到目前为止找到的化合物不是太重就是反应太慢或者需要的温度太高。某些化合物不需要压力容器只能吸收自身质量的 2% 的氢。那么用这种方法储存的燃料行驶 300 英里将需要 0.5 吨重 [29]。氢化镁能储存的氢是它们自身质量的 7.6%, 但需要 300℃高温。最有希望的一种方法是把氢化物和 “去稳定剂” 混合。比如, 硼氢化锂和硼氢化镁 (LiBH$_4$+MgBH$_4$) 可以合成为其他两种氢化物并能在低温释放氢气 [30]。这种情况下吸收的氢是它们质量的 8.4%(框 3.6)。当在充气站压力下充氢时, 产生可逆反应。不幸的是, 即使采用很细的粉末反应材料以便使表面积尽可能大并减少热传导的路径, 反应速率还是太低以致没有实用价值。

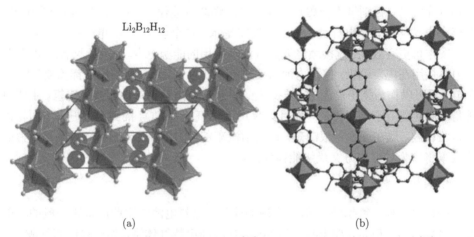

Li$_2$B$_{12}$H$_{12}$

(a)   (b)

图 3.50 俘获和储存氢的不稳定的氢化物 [30] 的示意图 (a) 和有机金属结构 [31](b)

框 3.6 用 "气" 罐携带压缩氢

1 加仑汽油的能量大约和 1kg 氢的能量相同, 即 1gal≈1kg H_2(或 1L≈0.12kg H_2)。如果用 20gal 的汽油可以行驶 300 英里, 由于燃料电池的效率更高, 它不需要 20kg, 或许仅 8kg H_2 就可以行驶 300 英里。记得高中化学告诉我们, 1g 分子气体占有的体积是 22.4L, 因此 2g 的 H_2 占有 22.4L。在标准条件下的密度是 2/22.4=0.089(g/L)。在 10000psi(700atm) 压力下, 在室温压缩氢的密度将增大 700 倍, 即 63g/L。然后 8kg 氢的体积为 8000/63=127(L) 或者大约 34gal。因此, 和一辆通常的车一样行驶同样远的路, 燃料汽车只需要 70% 大的罐, 不包括控制气体压力的部件。

罐的重量仍存在问题。美国能源部设定了一个指标, 罐的重量不能超过燃料重量的 17 倍 (燃料重量要比罐重大于 6%)。到目前为止氢罐比燃料重 25~50 倍。

另一个有前景的新材料是金属有机框架材料 (MOFs), 它已经由 Yaghi[31] 研究出来。这种化学结构极轻、像网一样能够捕集大量的分子, 展示在图 3.50(b) 中。恰如一张网, MOF 有支柱和强键连接在一起形成一个大空间范围的脚手架。这个原子网每单位质量的面积是 $4500m^2/g$, 这是已报道的 MOF 中最大的面积, 意味着一个只有文件夹子重的材料能够覆盖一个足球场。化学研究人员大胆探索, 合成出了上百种用于各种不同目的的 MOFs。为了在汽车中储存氢, 1L 的 MOF-177 化合物能储存 62g H_2, 已超过框 3.6 中 6% 的重量指标, 目前只有在 77K 才能做到。实验室是容易获得这个液氮温度的, 但是在汽车里就难了, 当然比起 20K 的液氢还是要容易得多。有一种 MOF 室温储氢能达到 5% 重量, 但是很难大规模合成。另一种化合物是 COFs, 可以大规模合成, 为了能在室温工作, 正在进一步研究之中。COFs 也能用于燃煤电厂的碳捕获。一个装有 MOFs 的罐子容纳的 CO_2 比没有 MOFs 的罐子多 9 倍 [31]。另一个化合物叫做 ZIFs, 能够选择性捕获大烟囱里升上来的 CO_2。

化学储氢在实验室是一个有活力的研究领域, 但是目前还没有任何好的结果足以进入下一阶段的大规模生产。

3. 燃料电池剖析

氢燃料汽车的核心是燃料电池, 它的结构示在图 3.51。氢被迫进入阳极板中的通道后在扩散层均匀地开开。扩散层如同一块湿布, 它的湿度必须小心控制以保障质子交换膜 (PEM) 不会干也不会滴水。PEM 是如同塑料包装膜一样的塑料层, 由杜邦化学公司生产的叫做 Nafion 的特殊材料制成。它有奇异的功能, 只许氢离子 (H^+) 通过而不让电子通过。还有一个更奇异的功能, 氢气 (H_2) 在 Pt 催化剂的作用下电离出两个氢离子。催化层是把铂纳米粒子薄薄地沉积在碳纸上, 碳纸必须足够粗糙使具有大的表面和多空以便让水透过。被 PEM 挡住的电子, 流入导线形成

电池的输出电流。当 H^+ 到达另一边, 它们遇到另一个铂或者铱的催化层。同时,
空气中的氧 (O_2) 被推进阴极板和扩散层与催化层中的氢离子相遇。氧气分解成氧
原子 (O) 而且从连接到负载的导线中获得电子成为氧负离子 (O^-)。每个氧负离子
(O^-) 和两个氢正离子 H^+ 结合形成水 (H_2O)。氢和氧结合形成水和电。总之, 燃
料电池是一个偶然的发明, 还有不少问题。

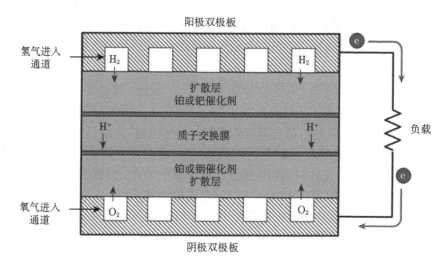

图 3.51   燃料电池示意图。与原电池尺寸不成比例, 催化层和 PEM 仅仅是几十微米厚, 而
扩散层是几百微米厚, 两极板都具有宏观尺寸

每个燃料电池仅产生 0.6～0.7V 电压, 要得到有用的输出电压, 至少要把 100
个这种电池串联起来。珠宝和催化交换器中用的铂是非常贵重的金属。它的昂贵价
格使燃料电池的价格高到大约\$73/kW, 两倍于商业可行的价格 [49]。在循环使用中
PEM 的性能会逐步变坏。启动前, 必须先把电池组的 PEM 至少加热到 60℃, 而
要稳定工作则必须加热到大约 100℃。行驶时电池中的水不能沸腾也不能结冰。双
极板的腐蚀又是一个问题, 它们不能由金属制成, 必须使用碳化合物。除了电马达
外, 汽车还必须要有一个压缩气体的装置。燃料电池必须能行驶 30 万英里。

目前, 所有这一切必需的设备体积大得无法放进小汽车, 但卡车可以用, 也还
没有完成大规模生产线的试验。能得到的好处是, 80% 的燃料电池效率再乘上电
马达的 80% 效率, 即从氢能到机械能的最佳转换效率 64%。和用汽油汽车的 15%
效率相比, 这个效率是很不错的, 但是还没有算入产生氢耗费的能。如果这部分是
40% 的效率, 那么净效率是 64%×40% = 25.6%, 仍然比气体发电机燃烧天然气的
效率高。显然, 当没有用化石燃料或不产生排放温室气体的裂变或者聚变发电厂产
生的氢时, 才是真正受益。

4. 氢的来源

大气中自然产生的氢是极微量的, 但是**蒸汽重整法** (steam reforming) 能够有效产生氢。当天然气的主要成分甲烷 (CH_2) 在水存在的条件下加热到 700~1100℃时, 发生两个反应。第一个反应是, CH_4 和 H_2O 结合形成 H_2 和 CO; 然后 CO 进一步和水反应形成 CO_2 和更多的 H_2。净结果是甲烷和水变成了氢和 CO_2。第二个反应是热反应 (给出热量), 第一个反应需要热驱动, 需要的热部分是回收第二个反应放出的热, 其他的来自 CH_4 的燃烧。CO_2 必须运用第 2 章中提到的方法之一进行封存。

用蒸汽重整法的大工厂在石油工业中早就有了, 因为它们需要用氢把汽油中的硫去掉以及生产氨气和肥料。可以用它们的氢来进行氢燃料车的初步试验。也有产生氢的其他可行方法, 经典的方法是直接电解水。把电解液加到水里就能使它导电。两个平板电极放在电解液中 [45], 再在两个电极之间加上直流电压, 水分子被分离成氢气和氧气, 分别在不同电极以气泡逸出。这个过程的效率取决于电解液和电极的设计, 但是在任何情况下都相当慢。如果计入产电用的能量, 那么得到的氢所产生的总能量也许只有电解出氢所花费能量的 1/3。如果电解用的是裂变或者聚变发电站的不污染的电, 这样做也许还值得。在价格方面, 估计用电解法得到 1kg 氢的成本是\$7~\$9, 用蒸汽重整法是\$4~\$5。核工业计划在 2015 年氢的成本为\$1.50/kg[50]。1kg 氢的能量和 1gal 汽油大约相同, 但是价格就不能直接比较了, 因为汽车使用和携带氢气与使用和携带汽油是两种完全不同的方法。

有几种不排放 CO_2 产氢的新思想。一种是用染料敏化太阳能电池加上催化剂直接从太阳光得到氢气; 另一种是种植海藻进行人工光合作用。最先进的是使氢燃料电池**反向运转**的系统, 即用太阳能电制造氢而不是用氢发电。在法国的 CETH(Compagnie Européenne des Technologies de I'Hydrogène), 一个叫做 GenHy5000 的水电解堆已经成功实现了这个思想[32]。大约冰箱那么大小, 这个水解堆在大气压下以 5000L/h 的速率产生 H_2, 其电效率为 62%可连续工作 5000h, 间歇使用会使效率降低。当用屋顶太阳能电池供电时, 产生的氢气可以在 10 个大气压下储存备用。对汽车加油站, 需要较高压力, 可以使氢在生产出来时具有一定的压力。一个小型水解堆在 30 个大气压下运转了 10000h。其他工作数据为: 电压 1.7V, 电流密度 $1A/cm^2$, 温度 90℃, 氢的能量消耗为 $4kW·h/m^3$。催化剂中贵金属含量为 $1.5~3mg/cm^2$, 氢的纯度为 99.99%。这是反向运转的燃料电池, 多年的研究才得到一些燃料电池的有价值数据: 用什么样的材料, 怎样制造, 寿命有多长, 什么情况会被污染。尤其是发现最好把催化剂层直接沉积在膜片上, 而且发明了一种频率调制电脉冲的沉积方法 [51]。

尽管燃料电池还存在许多问题, 但价值几百万美元的氢燃料轿车的样机已经做出来。比如, 本田 Honda FCX 是一款时髦的普通轿车, 带有重 148 lb(67kg) 和

57L($2ft^3$) 体积的 100kW 燃料堆。4kg 氢储存在压力为 5000psi, 体积为 170L($6ft^3$) 的罐里。一个靠燃料电池充电的锂离子电池组带动与之匹配的 100kW(134HP) 电发动机。千瓦和马力 (HP) 之间的关系参见框 3.7。每千克氢的里程数是 60 英里, 里程范围是 240 英里 (386km)。这种车的租金是每个月 600 美元, 但是 2020 年以前要成批生产是不可能的。

框 3.7　千瓦 (kW) 和马力 (HP)

千瓦和马力, 两者都是电动车的能量单位。1kW 近似于 4/3HP, 而 1HP 大约是 3/4kW。精确数字如下:

$$1kW = 1.341HP \qquad (1千瓦 = 1.341马力)$$
$$1HP = 0.746kW \qquad (1马力 = 0.746千瓦)$$
$$1W \cdot h = 4.8HP \cdot s \qquad (1瓦 \cdot 时 = 4.8马力 \cdot 秒)$$
$$50W \cdot h = 241HP \cdot s \qquad (50瓦 \cdot 时 = 241马力 \cdot 秒)$$

5. 氢能汽车的底线

氢能汽车是以加压的氢为能源的电动汽车。其在技术方面, 特别是在制造价格的合理化方面仍然处于初期阶段。氢气目前是由天然气得到的, 花费很大代价获得的唯一好处是效率比直接燃烧天然气的往复式发电机效率提高 1 倍。产氢过程中仍然排放 CO_2。只有用裂变或者聚变发电厂的能源去电解水制造氢气, 这样获得的氢才是清洁能源。其他不污染的能源如水能、太阳能和风能都没有足够的能力去代替美国每天要消耗的 3.83 亿加仑的汽油 [29]。用于分配氢气的基础设施 [4] 也许要花费 5000 亿美元。

3.5.2　电动汽车和混合动力车

汽油引擎是工程的奇迹。经过几百代模型的磨炼, 现在它 1s 能点燃上千次, 可以平滑推动汽车以致几乎听不到响声。它还有什么不好呢? 那就是它用汽油的效率非常低, 而且它排放碳的速率相当于每 0.25 英里从窗户往外扔一个炭球。

电动汽车更加安静了, 以致有人建议应在车里放一个噪声发生器来警告行人。电动汽车不排放废气, 但是它们所用的电来自排放温室气体的发电站。当然, 发电厂燃烧化石燃料的效率比汽车更高, 因此总的排放是低一些的。这是因为发电厂能够比汽车在更高的温度工作, 卡诺效率 (见第 2 章) 更高。40% 和 15% 这两个效率有很大的差别, 但很多人没有意识到。电动汽车的主要问题是电池。没有任何一种型号的电池能有合适的尺寸和重量, 并能一次充电就行驶 300 英里, 充一次电要花费好几个小时。如果你的电动汽车的 "汽" 用光了, 你必须带着插头住到汽车旅馆里去充电。但是电动汽车确实有很大的好处, 我们将在后面把它和混合动力车一起考虑。

1. 汽和电动汽车的效率

一辆普通用汽油的汽车的能效仅大约 15%，尽管有些人说可以达到 30%。图 3.52 是它的能量消耗分解图。大部分能量损失为热，散热器 30%，排气消声器 30%。引擎以及马达和轮子之间传动装置大约耗费百分之几。17.2%花在车不动时空转，比如红灯时车停下但发动机还在运转，这样才能迅速再启动。其他的附加品，如车灯、收音机仅耗费 2%。剩下 12.6%用于汽车的推进器，其半数是在刹车时以热的形式损失。仅仅剩下的 6.8% 是真正用来推动汽车行驶的。

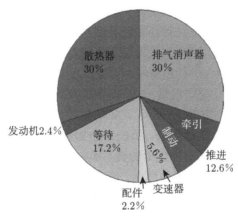

图 3.52　用汽油的汽车的能量消耗分解图

(数据来自 http://www.fueleconomy.gov)

电动汽车用电池组来储存启动马达使轮子转动的能源。电池会有点发热，损失的这点热能比起普通汽车的 60%是微不足道的。当汽车滑行或停车时，发动机关了，因而节省了待机的能量。刹车的能量可以回收到电池中，虽然刹车会有一点发热而损失一点能量。附件，包括灯、无线电和计算机占用几个百分数，传动装置也要占用几个百分数，剩下的所有能量都可以驱动汽车。电动汽车能够把大约 75%储存在电池的能量转换成有用的电能。电池充电用电网的电，充电对环境的影响取决于充电的区域。多数地方，用煤和天然气发电，就有温室气体排放，但还是比在汽车中烧油要好，可以用几个理由来说明。发电厂能有 40%的效率，3 倍于汽车的效率。因此，用的燃料少，排放的 CO_2 也少。再说，发电厂位于离城市有一定距离的地方，因此减少了对城市的污染。电动汽车仅排出水。在水力发电厂或者核电站的所在区域，空气就更干净了，噪声的污染也降低了。

完全用电行驶的汽车已成功用于服务型汽车和高尔夫车，它们不需要长途旅行。特斯拉汽车公司 (Tesla Roadster) 展现了价格极高的具有跑车 (sport-car) 性能的电动车。最大的困扰是可移动的能量。还不知有哪种型号的电池可以使汽车行驶 300 英里和充电只花 5min, 如同通常汽车加油一样的快。用混合动力车能够节省汽油。这将紧接着电池组的前景讨论。

2. 气–电混合车

电马达和汽油马达组合起来就可以解决电动车的路程和充电问题。最成功的混合车是丰田公司的普锐斯 (Toyota Prius), 它的近似于双倍普通汽车的车程使很多人难于想象。用不着带大电池, 普锐斯的电池小到可以藏起来。我们开车的时候, 遇到弯弯曲曲的路, 或上坡下坡或交通堵塞, 都会下意识地立刻改变油门踏板的压力。每当汽车惯性滑行时, 它的动能可以使电池充电, 接着踩油门保持速度时, 这个能量就被用上。交通灯变红时刹车能被储存, 交通灯变绿时用它来启动。通过节省这些小的瞬间的能量, 汽车大大地减少了能耗。汽车每次节省 50W·h 并再用此 50W·h, 仪表板就显示一个红色符号。50W·h 好像是一个微小的能量。一台电视机或者计算机关闭时要用 5W 电量, 50W·h 就意味着家用的 10 个这种设备 1h 而不是一天的用电。然而, 如框 3.7 所示, 50W·h 等价于 241HP·s, 或者 5s 内有近 50HP, 足以让停止的汽车快速启动。那些对小加速或小减速没有瞬时反应的汽车来讲, 50kW·h(67HP·h) 是很寻常的。的确, 那些勇于挑战极限的技术高手们通过加上大的电池已经改善了普锐斯的性能, 使它的里程数从 45mpg (5.2L/100km) 增加到 100mpg(2.4L/100km), 但是付出的代价也相当大。注释 52 给出了普锐斯中的更多硬件。

为了减少燃料消耗, 混合车进行了许多其他的改进。一个连续可变的变速器比 4 速自动或者 5 速手动更有效。某些型号的车里还装有一个用来关闭气马达的开关, 让汽车只靠电行驶直到电池组不够用为止。一辆能够把爬山耗费的能量恢复再用, 储存刹车能量用以重新发动的电汽车在城市交通中是很有效的。塞车时, 普通汽车即使不动也在烧气。气电混合车有惊人的高里程数。高速行驶是另外一回事, 汽车必须排开空气前进。在完美的流线型中, 汽车把前面的空气分开, 分开的空气在车后面互相合在一起推动汽车向前。但是因为有摩擦力, 热量损失在挡风玻璃上; 因为有涡流, 所以车后面的气流是不平滑的, 有起伏和棱角: 窗、门把、轮子, 尤其是后视镜。行驶在高速公路, 当你把手伸到窗外时可以感觉到推动大气将需要多少能量。风阻力占用 60% 的能量, 车轮的摩擦力占 10%, 剩下的是发动机和变速器的损耗。就普锐斯来说, 坚持限速能节省 10% 的汽油, 但是如果轮胎太瘪只能节省 1%。保持电控燃油喷射能节省 10%。阻力系数 C_d 用来衡量流线型的效果, 有关阻力系数的更多信息见注释 53。

不论是气电混合车还是普通车, 车冷时, 汽油的效率很低。额定 30 英里/加

仑 (mpg) 的车刚启动时也许仅达到 12mpg。45mpg 的普锐斯在温度下降时只能达到 30~35mpg，除非使发动机和催化转化器升温。如只用电开车，可以避免这些损失。在气电混合车中，用电池能量加热催化转换器可以更快。混合车的两种马达都依赖稀有的贵金属。一个催化转换器含有大约价值 500 美元的 5 克铂金。另外，电马达的永久磁铁是用钕做成的。它们的电池含有大于 10kg 的镧。这些材料是能够回收的。气电混合车用了很多稀有元素，值得注意的是中国几乎垄断了这些元素的供应。

3. 插电式混合动力汽车

只有当电池问题解决了，电力混合汽车才有可能继续发展。下一步是插电式混合动力汽车，其电池可以整个晚上从电网充电。由于大多数城里人每天开车不超过 30 英里 (50km)，一个稍微大一点的电池的储能就足够了，因此除了周末外不需要启动汽油发动机。这将大大改善城市的空气质量。实际上有两种插电式混合动力汽车。通常的一种和普锐斯类似：电池既可用汽油马达充电也可从电网充电，即用两个马达驱动汽车。在一系列混合动力汽车中，小马达仅用来对电池充电，推进全靠电。在电力研究院 (Electric Power Research Institute，EPRI) 和自然资源保护委员会 (Natural Resources Defense Council，NRDC) 的报告中评估了混合动力汽车对化石燃料消耗和温室气体排放的减少[54]。事实证明了电池的大小对用电开 20 英里、30 英里、40 英里有很重要的关系。

EPRI 和 NRDC 报告考虑了九个场景，全部与插电式混合车 (plug-in hybrid electric vehicles，PHEVs) 是否能分低挡、中挡和高挡渗透到市场以及电力工业是否能在减低排放方面作出抵挡、中挡或者高挡的努力有关。虽然九个结果有 4 倍的差异，但仍然都很好。预期 2050 年温室气体排放量是在 163 百万 ~612 百万公吨 (在美国)。PHEVs 怎样接管汽车市场的想法示于图 3.53 。如果电池技术没有进展 (不太可能)，PHEVs 将接管大于 1/2 汽车市场。

表 3.1 给出普通汽车和各类混合动力汽车的比较[55]。这是 2010 年驾驶 12000 英里的数据。普通混合动力车自己产电，因此用的汽油比插电式混合动力汽车多，然而比单纯用汽油的车少。PHEV 10 是充电一次可以开 10 英里的一种 PHEV。PHEV20 和 40 有较大的电池可行驶 20 英里和 40 英里。所有这些混合动力汽车假定都有平均 38 英里/加仑的气发动机。PHEVs 来自电网的用电较多，用汽油较少，所以它们的碳足迹较小。记住，发电厂产电比汽车产电所用的石油要少。如果发电厂是水力发电和核能源，碳足迹会减少 50% 以上。

插电式混合动力汽车能节约多少钱？当然，这取决于 PHEV 电池的大小和当地的价格。表 3.1 中给出的用电和用汽油的明细数据是和开车的习惯密切相关的。

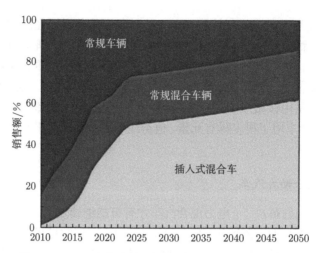

图 3.53   2050 年插电式混合车预期的市场渗透 (注 54)

表 3.1   普通汽车和各类混合动力汽车之间的比较

各种车	普通汽车	普通混合动力汽车	PHEV10	PHEV20	PHEV40
汽油/gal	488	317	277	161	107
电力/(kW·h)	0	0	467	1840	2477
燃料效率/(mi/gal)	25	38	38	38	38
电力价格/$	0	0	55	215	290
加仑价格/$	1464	951	831	483	321
12000 英里总数/$	1464	951	886	698	611

在用电驾驶中，普锐斯混合车每公里用电 150W·h[56]，即 0.24 千瓦时/英里。2009
年，美国居民用电平均价格是 11.7 美分/千瓦时。在表 3.1 中，对 PHEV40 来说，用
2477kW 电的价格就是 2477×$0.117=$290。PHEV40 消耗 107 加仑汽油。假定汽油
的价格是$3.00/加仑，107 加仑汽油就是$321，由表 3.1 的最后一行得到总燃料花
费是$611。其他列也是用同一种方法计算。至于 "普通" 汽车，所有能量来自汽油，
因此不耗电。我们看到，混合车确实节省了燃料费，但是省的钱还补偿不了目前为
混合车买的保险费。对于插电式混合动力汽车，PHEV20 有一个 "最佳点"(sweet
spot)，它的燃料费比 PHEV10 少得多，比 PHEV40 也贵不了多少。大多数人每天
开车不到 40 英里，用大电池花钱多，不值得。当然也有一些人但不是 "多数人"，
他们买插电式混合动力汽车只是根据他们的习惯。

一些人关注到了大量的插电式混合动力汽车可能对电网造成的影响。用家里
的电给 PHEV 充电耗时高达 8h，许多民众要求安装 240V 的服务设施，这样充电
只需要 2~3h。然而，6.6kW 多的电力就以这样的速率被取走了。服务设施中每插

入一辆车,就相当于电网上增加 3 个家庭,每家的灯要亮,空调要运转[57]。如果每家都用插电式,就必须增加地方上的电网。但是,EPRI-NRDC 的研究说明工业专家对此并不担忧。他们给出了一个配置轮廓,从晚上 10 点到早上 4 点之间完成 75% 充电,只有一小部分是在早 10 点到下午 4 点的高峰之间完成。早 8 点半和下午 5 点半左右是上下班时间用电最小。至少目前,电网能够承受这个负载。

4. 电池组

如果电动汽车行驶的路能够很长,就可以缓解我们对汽油的依赖,瓶颈是电池。我们已经习惯于加一次油能行驶 300~400 英里 (500~600km),而且 10min 就能够加满油。电池在过去几十年没有什么开创性的发明。图 3.54 给出几类电池的情况。用长方形表示每种电池单位体积和单位重量所含的能量范围。越轻的电池越靠右,越小的电池越靠上。左下角是备用的老电池:传统汽车用的铅酸电池。与携带的能量相比,它是又重又大,它 50 年来的唯一改善是变成密封的,不再需要检查液体的水平面和每周加水。电动车的第一次实验还是用的铅酸电池。一个电池只够用来发动汽车和保持车头灯亮几个小时,无法行驶很远。小的碳锌和碱性电池用于小设备和玩具,因为它们不能充电所以没有画在图中。镍金属氢化物 (NiMH) 电池已成功用在汽车中,尤其是在普锐斯,因为它们比锂安全可靠。目前最好的是锂离子电池。图 3.54 清楚地显示,对同样的能量,"锂"是又轻又小。它们已用于笔记本电脑、手机、照相机和其他小的电器。但用于汽车,其安全性和可靠性还是令人不安的。然而还是有希望的,因为如果不考虑价格,电动汽车像特斯拉跑车 (Tesla Roadster) 用电池组 (6800-cell Li-I) 可达到 244 英里。使用一个 288 马力 (215kW) 的发动机,每小时可以开 125 英里 (200km),而且只需 3.7s 可以从 0 加速到每小时 60 英里。用 240V 充电只花 3.5h 就可得到 17kW。

除了成本,锂电池还有两个主要问题。由于几年前某些笔记本电脑的锂电池发生过爆炸,安全是最关心的问题。这种电池一旦发生短路,化学物质能够燃烧而引起邻近电池短路,放出更多的热量,引发失控反应。锂不像氢,没有空气中的氧气,氢不会爆炸,而锂电池中有氧。解决的方法是把锂电池分成许多互相隔绝的小单元,然后用导线连接在一起。第二个问题是寿命,它取决于电池是否经常充电。即使不用,锂电池每年也至少会损失 20% 的容量[33],许多笔记本电脑主人为此而沮丧。充电–再充电的数目限制在几千次。对汽车和大多数司机来讲,10 年充电 5000 次是足够了,也接近于当今的技术。然而,要 10 年保持里程数不变是有难度的。给锂电池充电太快或者过充,都会引起电极**镀层**,缩短寿命。随着越来越多的公司进入这个迅速膨胀的市场,相信这些问题会慢慢被解决。美国先进电池联盟 (US Advanced Battery Consortium) 对电动汽车电池的标价是 $300/kW·h(每 1kW·h 为 300 美元)。铅酸电池大约是 $45/kW·h,小的 NiMH 电池是 $350/kW·h,用在汽车的

NiMH 电池是$700/kW·h。现在锂离子电池的价格是$450/kW·h[33]。也许规模经济会在电动汽车超越市场的时候把价格降下来。

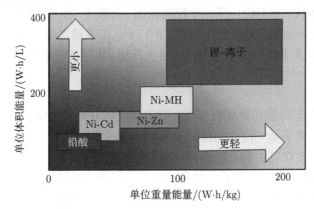

图 3.54   几种类型电池的特性。**横轴**显示单位重量储存的能量，以 W·h/kg 为单位，而**纵轴**显示单位体积的能量储存，以 W·h/L 为单位。引自能量储存的基本需要 (*Basic needs for energy storage*)，2007 年美国能源部基础能源科学办公室基础能源科学研讨会关于电能储存的报告)

5. 电池的工作原理

我们每天用的各种 AA–和 AAA–大小的普通电池，是用三种材料组成的，如图 3.55(a) 所示的长片三明治。薄薄的绝缘片把阳极和阴极隔开，这三片都要尽量薄以把最大的面积紧紧地卷入最小的空间。阳极和阴极材料之间的化学势，使阳极带负电而阴极带正电。它们分别连接到电池底部和顶部的触点。当灯泡与两个触点连接时，就有电流通过，灯泡亮，而且薄片之间形成电荷放电。化学势决定电池电压，典型的 1.5V，薄片面积决定它们能有多少电荷，而这就是电池的"寿命"。多数电池是不能再充电的。

锂–离子电池是可以充电的，它的工作原理用图 3.55(b) 演示。阳极和阴极层表示成放置锂离子的架子。阳极通常是能抓住正锂离子的石墨 (松散堆积的碳)。阴极可以由很多种材料制造，包括对电池性能有关键影响的专利产品。在两个电极接通前，它们之间的化学势把锂离子从阳极牵引到阴极直到化学势被阴极增加的正电荷抵消为止。离子是在电解质中运动的，电解质是和盐水一样的一种导电液体，不过更浓，很黏稠，旧电池里漏出的就是它。一片薄塑料膜作为分离器防止电极相互接触，该分离器要足够薄使离子能通过。如果分离器有洞的话，会发生短路。如果电池和负载连接，阴极上被正电荷吸引过来的电子通过负载形成电流。如图所示，因为电子携带负电荷，电流和电子运动的方向相反。充电时，加负电压到阳极把锂离子拉回来。充电要花费几个小时。一个大电池组能含有 100 个直径为 5cm、长为 20cm(4 英寸 ×8 英寸) 的电池，它们分成许多模板，如果其中有一个模板发生过热，不会影响其他模板。

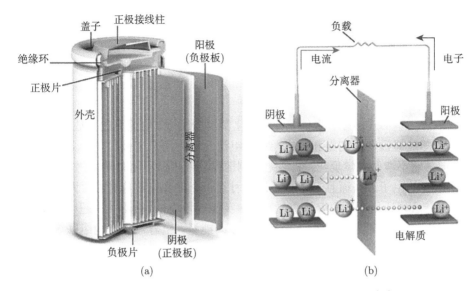

图 3.55 (a) 电池结构；(b) 锂–离子电池的各层展示 [33]

至于阴极材料，含钴化合物 (如二氧化钴) 的能量密度高，通常用在小的锂–碘 (Li-I) 电池，因为有热失控的趋势，不适合用于汽车上。对汽车来讲，目前找到的最好的阴极材料是磷酸铁，它更加稳定而且很少发生过热。但它给出的电压低，因此电池的串联链必须足够长以得到足够高的输出电压。如果阴极用纳米大小的凹陷，可以增加表面积，得到高功率和长寿命 [33]。有关这一点将在下节继续谈。为了制造最好的磷酸铁电池，已经引发了电池公司之间的专利斗争。

塞德 (Ceder) 等用磷酸锂铁 (LiFePO$_4$) 作为阴极已经解决了 Li-I 电池充电时间长的问题 [34]。在波士顿起家的电池公司 A123 Systems 靠经销用这种材料制造的电动工具和清洁器具的电池已把亚洲的业务扩展到了 9100 万美元 [59]。塞德等利用超级电容器 (下一节) 的技术，即在有很大表面积的阴极上刻画很多使锂离子能快速地进出的通道，已观察到小样品的放电时间是秒数量级，比普通情况快 10 倍还多。批评家，包括磷酸锂铁 (LiFePO$_4$) 阴极的发明者古德诺夫 (J.Goodenough)，对充电时间能和放电时间一样短表示怀疑 [60]。然而，塞德宣称充电和放电两者都是这个速率。如果我们接受这个说法，用 10min 给汽车充电，即或是混合车，仍然有问题，因为这需要很大的电能。能耗为 0.24kW·h/mi 的插电式混合动力汽车行驶 40 英里 (64km) 大约花费 10kW·h 的电力。要在 10min 内把这么多的能量充到电池里需要 60kW 的电能，足够一个办公楼的用电了。在家充电必须要预约，免得大家一起上网充电。然而，在家不需要这么快；通宵充电也可以。需要充电快是在路上的充电站。同时有 9 辆车充电将需要 50 万瓦电能，就可能需要在每个充电站铺设高压线建立小分站了。有人建议，这样的加油站要有能缓慢和连续储存能量的大电池堆，以避免一下子需要太多的能量。为节省汽油和清洁环境，在任何情况下，建设基础设施支持电动汽车都是值得的。当最终汽油耗尽时，运输业的大部分能量由裂变和聚变提供，电网将负责给所有汽车供电。

6. 超电容器和赝电容器

电池以化学形式储存许多能量，因为化学反应缓慢，电池充电和放电也缓慢。而电容器却能够极快速充电和放电，它和电池一样用两个电极和一个分离器储存能量，但是它不涉及化学反应，能够无限制地循环使用而不随时间老化。电容器几乎用在所有的电子线路而且有许多不同尺寸。一个计算机芯片有上百万个小电容器，而电能公司所用的大电容器有垃圾桶 (英国式垃圾桶) 那么大。**超**电容器仍然不用化学反应但比原先的电容器能容纳更多的能量。电容器和电池组联合使用能够克服电池组的某些缺点。**赝**电容器是有化学反应的超电容器，兼具电容器和电池的优点。几张图将说明这些可移动能源储存方面的新进展有多大的吸引力。

图 3.56(a) 是普通电容器。正电极和负电极都是金属片，它们被电介质绝缘体隔开。当两电极间加上电压给电容器充电时，电荷移动到电介质的内表面，同时把电解质中与它们相反的电荷吸引到电解质表面，因此在界面形成相反电荷的双电层，当开关打开时它们就处在那里。因为电介质是绝缘的，两种相反的电荷不能移动到一起而相互湮没。能量储存在电解质中，一旦开关闭合，有了负载，电极上的相反电荷通过负载移动并互相结合，储存的电能被释放出来。总电荷为零的电介质必须进行电荷再分配以便与留在金属电极片上的电荷匹配。储能电容器的电容量 (它的名字由此而来) 取决于三个因素：金属片的面积、电介质层有多薄和 "介电常数"。后者从 1(空气或真空) 到 3(塑料) 或 5(玻璃) 可变甚至高达 80(水)。对相同的两电极间电压，介电常数越大，电介质的储能越多。

要让电容器储存更多能量，就要对这三个因素进行研究。电容器已经做得尽可能薄和尽可能大面积了。但超电容器可以有更薄的电介质，并利用纳米技术得到更大面积。下面将对这些一步一步地进行解释。图 3.56(b) 中是串联在一起的两个简单电容器。内电极不再是金属，而是导电溶液 (电解质)。间隙中充的不是电介质而是空气，因此介电常数减小到 1，间隙的厚度更是大大减小。如果现在我们不是用导线而是通过扩展电解质把两个电容器连接成一个，如图 3.56(c) 所示，这时电容器的电容决定于两个间隙的厚度，而不是电解质层的厚度。下一步，就是使内表面粗糙以增加面积，方法是在电极上镀一层有很多细颗粒的 "**活性**" 炭膜，如图 3.57(a) 所示。特殊的处理技术可以把这些颗粒破碎成纳米大小的通道，如

图 3.57(b) 所示。电解质可以进入这些通道，但由于纳米表面张力的作用不能与碳颗粒直接接触，形成了纳米厚度的空气间隙，从而使电容增加数万倍。

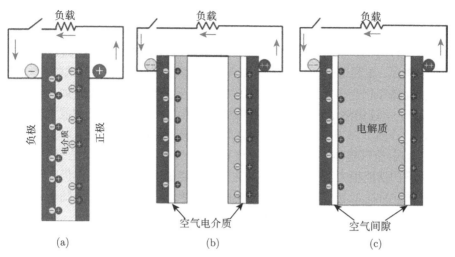

图 3.56 (a) 普通电容器、(b) 具有空气隙的串联的两个电容器，以及 (c) 由电解液加入而串联的两个电容器

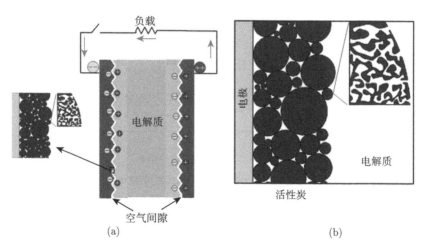

图 3.57 (a) 超电容器的示意图；(b) 图 (a) 中标记部分的放大图。引自 2007 年美国能源部基础能源科学办公室电能储存的基础能源科学研讨会报告：能量储存的基本需要 (Basic needs for energy storage)

电容的单位是**法拉**(以 Michael Faraday 命名)。一个电容器储存的能量正比于它的电容和发生弧光前的电压平方。普通的电容器有微微法拉到微法拉电容，极少有一个法拉的，而超电容器 (也叫超级电容器) 能够有 5000 法拉。它们能储存有同

样尺寸的汽车锂–碘电池能量的 5%[61]。它们能比电池更快地储存和释放刹车能量，因此可作为电动汽车的锂–碘电池的补充。它们的储能足够用于公共汽车和垃圾卡车等车辆的短途行驶。

赝电容器把氧化钼 (MoO₃) 作为像图 3.57 中那样的多空电极结构用到锂–碘电池，其诀窍是找到一种制造化学电池的材料，通过适当的处理使其具有面积大又粗糙的表面。布利奇辛斯基 (Brezesinski) 等在实验室完成了这项试验 [35]。赝电容器有快速储存相当多能量的潜在能力，故可用于平滑间歇性能源 (如风能和太阳能) 的输出 [62]，这仍然是初步设想。电化学电容器的发展将以它们储能大周转又迅速的特性填补图 3.58 中电池和电容器之间的空缺。将来也可能会出现其他类型的电池，如金属–空气电池，特别是锌–空气和锂–空气电池。由于阴极是空气，这些电池单位重量的储能很大。它们仅仅是能达到汽油能量密度的电池，但仍有一些性能缺陷，最严重的是充电不完全。可逆反应的物理学仍然未知 [62]，但是随着研究的强化，对这些新型电池的范例变化进展存在着希望。

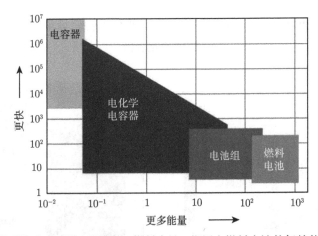

图 3.58　不同类型移动式储能。这里的 "燃料电池" 指用在燃料电池的氢储能。引自能量储存的基本需要 (*Basic needs for energy storage*)，2007 年美国能源部基础能源科学办公室电能储存的基础能源科学研讨会报告

7. 电动汽车的总结

当石油出现短缺的时候，电动汽车将成为必需品。电动汽车的电能来自化石燃料电厂或者无碳排放的能源，如裂变和聚变反应堆。即使用化石燃料，只要燃料是在中央电厂燃烧而不是在汽车上，温室气体排放都将会大大减少。主要的问题是缺少合适的电池。基于对这个问题紧迫性的认识，美国奥巴马政府拨 15 亿美元用于发展先进的电池。这将巨大地促进因资金缺乏而受阻的该领域的研究。

3.5.3 生物燃料

不用电动汽车,把植物转换成酒精,也能降低对国外石油的依赖性。2009 年美国生产了大约 100 亿加仑的酒精,虽然与 1400 亿加仑汽油的消耗需求相比只是一个小数,但比例却在不断增长。燃烧酒精比汽油少排放 22% 还多,因为它含的氧更多,但是每加仑含有的能量仅仅是汽油的 2/3。多数酒精作为 E10 出售,E10 是 10% 酒精和汽油的混合。大部分汽车不用改造就可以用 E10。E85,85% 酒精,则要求汽车改用装备在不少卡车上的 "柔性燃料" 发动机。巴西是生物燃料的引领者,所有汽车都被改造了,因为巴西完全不依赖于外国石油,所以 25 年前他们就用甘蔗生产出生物燃料。

在美国,目前酒精是由玉米产生的,不是玉米秆,是人和牛吃的好的那部分——玉米穗。此举也打乱了玉米和大豆的价格。玉米被磨碎、发酵,然后蒸馏出酒精。这是啤酒工业熟知的过程。最后剩下的仍然是禽畜的好饲料。第一次蒸馏只得到 8% 的酒精,重复蒸馏许多次后总共得到 99.5% 的辛烷燃料。整个过程花费了不少能量,目前主要是化石燃料能。养殖和收获玉米要用很多能量,其中也包括制造肥料和输运玉米、燃料。酒精不能用管道输运,因为酒精溶于水,水将引起管道生锈。汽油不存在这个问题。用化石能源必然有温室气体排放,这有损酒精排气的清洁度。有不少的争论,比如用玉米产酒精所提供的能量是否比制造它所消耗的多,是否真的能减少温室气体的排放。早期的大众文章对酒精是比较消极的 [63,64]。许多悲观情绪来自皮门特 (Pimentel)[36] 的文章,他在文章中指出玉米酒精能量比制造它和运输它所用的能量还少 30%。然而,其他的更近期的一些数据说明玉米酒精还是有净能量增益的,尽管玉米比纤维化合物的小,我们将对此作简单叙述。Wang[37] 的生命周期分析说明,产生一个能量单位的玉米酒精,必须消耗 0.7 能量单位的化石能源。这意味着得到约 40%(=0.3/0.7) 的净能量。当混合汽油时,当然 E85 比 E10 节约更多的能量。在温室气体的排放方面,E85 减排 29%,E10 减排 26%。Wang 在一张图上列举了关于这个课题的所有研究,其中的 12 个研究结果显示能量有增益,9 个研究结果显示能量亏空。盈亏的平衡处于边缘,可取之处是这种类型的油中只有 15% 取决于中东的稀缺商品——化石燃料。美国政府的立场是肯定能量平衡,但是没有给出确切的数字 [65]。

巴西是怎样做的呢?他们有合适的气候和劳动力种植甘蔗,可以直接榨取甘蔗产酒精不必用玉米。每亩甘蔗获得的酒精是每亩玉米的两倍。甘蔗生物燃料的可用能量比生产消耗的多出 370%[63]。甘蔗秆有 20% 的糖,提取糖以后剩下的渣可以燃烧产电。一个私人工厂以此产生的电足够本厂全部生产的用电。这个大设备每年生产 3 亿升酒精和 50 万吨糖。综合生物燃料和电能的产与耗,产能比耗能多 8 倍 [64]。但是有一个大问题:毁坏森林。2007 年,罗得岛州一半大小的面积被夷为平地来种植甘蔗, 在后 10 年里这个英亩数还会增加一倍[66]。全球碳排放量的 20% 归因于毁林, 为此巴西在世界碳排放中位于第四位[66], 还有更多的坏消息。甘蔗必须用手砍下, 在大热天这是项苦力活, 许多工人死在甘蔗地里。为了砍起来方便, 甘蔗秸秆每年必须烧掉, 其实此举大可不必。结果是释放大量的黑烟和强烈的温室气体污染空气, 这来源于制糖业。

美国不能种植这么多的甘蔗, 也不能种植足够的玉米。如果现在所有的玉米和大豆农作物用于生产生物燃料, 也仅仅能提供我们汽油消费的 12% 和柴油消费的 6%[64]。但是为什么仅仅用玉米甜的部分? 玉米秆也可以用呀。秆和其他植物一样是由纤维素组成的。纤维化合物作为生物燃料源是我们最好的希望。纤维素具有刚性分子结构, 这种坚硬的结构使得植物能垂直生长。这就是为什么玉米能长得高至大象的眼睛。纤维的非寻常的结构使得它们很难破碎成酒精。目前, 使纤维变成燃料需要的能量比它能给出的能量还要多 30%[37]。人们尽很大的努力寻找更有效的方法, 包括运用高速计算机模拟化学反应。2009 年奥巴马政府分拨了 8 亿美元给能源部的生物燃料计划, 60 亿美元贷款担保给予 2011 年开始的生物燃料项目[63]。

在玉米秆、木头片和锯末、麦秆、纸张、叶子和专门种植的草类以及其他快速生长的植物等任何地方都能找到纤维化合物。美国能源和农业部估计, 在不影响人类和动物粮食作物的情况下, 每年能收集和种植 13 亿吨纤维化合物。纤维化合物生产酒精、汽油和柴油甚至喷气式飞机燃料都是可能的。每年可能从纤维素获得的能量总数等效于 1000 亿加仑的汽油, 相当于我们能量总需求的一半[38]。当然, 要实现这些是很艰难的。

从纤维化合物生产燃料有三种途径[38]。第一种是, 在 700°C 高温, 蒸汽或者氧气能使生物质转化为一氧化碳和氧气的合成气。在一种特殊催化剂存在的情况下, 这个转化可以在 20~79 个大气压下完成。燃煤电厂已经能生产合成燃气 (见第 2 章), 但是用于纤维化合物的合成燃气反应器是很贵的, 也许 30 年才能收回投资成本。第二种方法是仿照当初化石燃料在地球上形成的条件。在 300~600°C 温度无氧环境下, 生物质转化为生物粗油。这个粗油不能直接用, 因为它是酸性的, 会腐蚀发电机, 必须将它转化为可用燃料。正在研究一种叫做**催化快速热解**(catalytic fast pyrolysis) 的新思路, 它可以在几秒钟内把生物质转化为汽油。快的意思就是在 1s 内把生物质加热到 500°C。随后分子落入催化剂的小孔中, 催化剂把它们转化成汽油。整个过程只需 2~10s。

第三种更有希望的处理纤维化合物的方法是缓慢而又枯燥的, 但是它可以由实验室转入工业。在氨纤维的膨胀过程中, 纤维在 100°C 压力锅的强氨溶液中蒸煮而软化。释放压力时, 捕集和回收蒸发的氨。然后纤维素用酶发酵变成糖, 其产率为 90%。再蒸馏得到酒精。最后留下的是木质素, 可燃性很好, 可以烧水产电。当然, 燃烧时产生 CO_2, 但由于生物质在生长过程中从空气吸收了 CO_2, 所以大气

中的 CO_2 没有因此而增加。是什么破坏了这幅美好的图画呢？是酶。只能在几个地方找到制造酶的细菌，最好的地方是白蚁的肠胃。我们知道白蚁吃木头，它们胃里的酶能够转化木头为可消化的物质。酶是很难复制的，它不像做酸奶的酵母。目前，酒精的价格是 $0.25/gal[67]。无论酶还是白蚁，批量生产是绝不可能的。人们正在寻找关岛的蘑菇或者能制造这种酶的虫子[63]。

想要越过这个障碍，可以考虑风倾草 (switchgrass)，关于它你也许听过。作为一种快速生长的纤维素来源，风倾草不需要肥料，只要一点水。它生长在不适合于其他生物生长的地方。它的根有 8~10 英尺深，可以使土壤稳定也可把 CO_2 拉拽入土[68]。长 5~10 年，然后需要再播种。它的能量潜力是玉米的 4 倍。美国能源部的目标是 2012 年制造出和汽油有成本竞争力的纤维化合物酒精。上面叙述的每年等效于 1000 亿加仑的汽油，也意味着温室气体排放相对于 2002 年也将降低 22%。即使风倾草不占农场的地，它仍然占了不少土地。对美国来讲，要提供每年所需的运输燃料就要有 7800 亿升的酒精[69]。如以每公顷每年生产 4700L 酒精计算，则需要 1.7 亿公顷或者 65 万平方英里土地。只有双倍于得克萨斯州面积的阿拉斯加州才有这么多的土地。

幸运的是，新思想来自有丰富创造力的人们。詹姆斯 · 廖 (James Liao)[39] 已经找到一个方法能制造复杂的酒精，它比通常的酒精含有更多的能量，此外它能溶于汽油，不溶于水。这种酒精叫做异丁醇。这种使糖变成异丁醇的酶比白蚁里的酶普通得多：在**大肠杆菌**中可以找到它们。是啊，与引起食物中毒的细菌相同，但是可以有控制地利用它，而且肯定不难繁殖。问题还没有全部解决，因为在生产异丁醇以前生物质必须先转化成糖。为了避开这个问题，廖 (Liao) 设计了一个蓝绿藻 (cyanobacterium)[40]，它能把 CO_2 和 H_2O 转化为生物燃料！植物通过光合作用一直在做这件事，但是这里的产物是纤维素。设计出一种细菌它能够通过光合作用生成异丁醛，它在低温沸腾，因此能从水中分离出来，然后很容易地化学转化成异丁醇。为了和现在从海藻得到生物柴油的产业竞争，产率必须超过 $3420\mu g/(L\cdot h)$。到目前为止，最好的产率是 $2500\mu g/(L\cdot h)$，有望进一步研究改进[1]。显然，从海藻生成柴油很慢而且消耗空间 —— 每年每公顷仅得到 10 万升 (26000 加仑)。加利福尼亚州的两个公司，即 LS9 和 Amyris，都参与了这项研发工作[70]。这项工作是否经济可行，现在还无从知晓。

制造可移动燃料，裂变和聚变发电厂产的电似乎较简单，而对电动汽车，则要发展小而轻的电池。显然，政府的政策必须考虑到经济刺激。必须让爱荷华州和内布拉斯加州的农场主保持快乐。强大的游说议员团体促成了中西部各州的酒精生产补贴。看来我们的玉米不是储存在筒仓里，而是在议员争取的地方建设经费中。

3.6　核　　电

3.6.1　核电的重要性

　　裂变和聚变都涉及核反应, 但是 "核" 这个词通常用于裂变, 我们在这里用它是因为它的内涵。核能是一种成熟的技术。它只是经受了时间考验的、连续的、可靠的基本负载电源, 不会排放温室气体而且选址方便。它有三个被人熟知的缺点: 核事故的危险、扩散的危险和辐射废物的储存。我们会一个一个地叙说。核能对世界能源需求是重要的, 但实际却常常受到新闻界和环境保护者的贬损、攻击, 原因是这些人没有做好准备工作和学习关于成本与风险的如何抉择 [71,72]。

　　法国树立了一个榜样。它的 75% 产电来自核电站, 15% 来自水力发电, 两者都没有 CO_2 排放 [73], 也没有任何死亡报告。法国引领下一代反应器的研究而且已经开始了建造。在没有煤炭的其他国家中, 高百分比的电来自核电: 比利时 (54%), 乌克兰 (47%), 瑞典 (42%), 韩国 (36%), 德国 (28%) 和日本 (25%)[74]。核能在世界范围占 15%。美国有大规模的核能, 20% 的电力来自核能, 占全世界核能的 1/3。铀的供应比石油和天然气更加持久, 而将来的增殖堆将产生自己的电能。聚变反应堆需要时间去发展, 裂变能提供过渡性 "绿色" 能源。当公众意识到裂变最终将被聚变所代替时, 核废物问题自然会被人们所接受, 因此核废物问题将会在几代人后彻底结束。

3.6.2　核反应堆的工作原理

1. 有关角色的特性

　　一个元素的原子序数是原子核中的质子数。铀, 是原子序数为 92 的元素。所有裂变元素的原子序数等于或高于 92[75]。质量数是核中质子数和中子数之和。铀 235 有 92 个质子和 143(= 235 − 92) 个中子。原子**重量**是一个不太严格的用语, 它本质上是质量数但相差一小部分, 质子和中子重量不完全相同; 它们以不同能量约束在一起; 根据爱因斯坦理论, 能量和质量是可以互相转换的。铀 235 的符号是 $_{92}U^{235}$, 但是我们写成 U^{235}, 因为 92 已经专属于 "铀"。有相同的原子序数, 但是不同的质量数的元素叫做**同位素**。这里列出几个裂变中重要的同位素:

　　U^{238}: 自然界中铀的普通同位素。

　　U^{235}: 能发生裂变的铀的同位素, 在自然界相对丰度只有 0.7%。

　　Pu^{239}: 钚 239(plutonium)(94 号元素), 在反应堆产生而且容易裂变。

　　U^{239}: 衰变时间 23 分钟 [76]。

　　Np^{239}: 镎 239(neptunium)(93 号元素) 衰变时间 2.4 天。

　　Cs^{137}: 铯 137(cesium)(55 号元素) 衰变时间 30 年。

I^{131}：碘 131(iodine)(53 号元素) 衰变时间 8 天。

我们将讨论作为第一组的含有同位素的前三个。其次两个元素是在反应堆中铀到钚转化的中间态。最后两个是事故发生后释放到空气的最危险的反应产物。这里的衰变时间是半衰期。同位素从来没有完全地消失，留下的一半消失在半衰期。注意：仅仅具有奇数质量数的同位素是能裂变的 [77]。这里没有给出核可以放出的巨大的能量总额。AAA 电池大小的一个核燃料丸，能够给出相当于燃烧 6 吨煤产生的电力 [78]。

2. 链式反应

当一个 U^{235} 核和慢中子结合，它能分裂成周期表中原子序数较小的两个核，加上两个或三个中子，如图 3.59 所示。在这种情况下，Ba^{144} 和 Kr^{89} 是碎片。可以从质量数说明在这种情况下有三个中子释放出。仅仅当三个中子中的一个中子又去轰击另一个 U^{235} 将再引起新的裂变，产生更多的中子，如此不断地持续进行下去，就是裂变的链式反应。如果引起进一步裂变的是两个中子，会导致反应失控。图 3.59 显示的是另一种继续链式反应的途径。如我们看到的，在燃料中有比 U^{235} 核多许多的 U^{238} 核，如果一个中子进入 U^{238} 核形成 U^{239}，然后 $U^{239}\beta$ 衰变成可以裂变的 Pu^{239}。一个中子打击 Pu^{239} 将引起裂变而且保持链式反应持续进行。

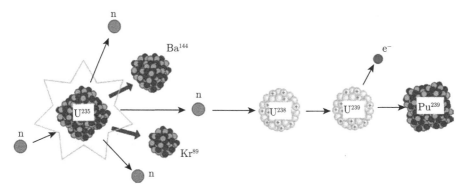

图 3.59　图解 U^{235} 裂变成两个碎片的同时释放三个中子和许多能量。一个中子随后进入一个 U^{238} 核，产生 U^{239}，然后 U^{239} 衰变为可裂变的 Pu^{239}

3. 慢化是关键

当然，事情不是这样简单的。裂变产生的中子有大约 2MeV(大约 200 亿 K) 的能量 (电子伏特的定义将在第 5 章介绍)。必须把它们降低到室温即 0.025eV，才能使核接受进行反应。慢化剂就是用来降温的。慢化剂不是主角，它只是有效地使中子慢下来但不吸收中子。最通常的慢化剂是**轻水** [普通水 H_2O，**重水** (D_2O) 和石墨 (很纯的碳)]。只有轻的元素 (原子质量低的元素) 能作为慢化剂。因为中子很轻，它们和大的核碰撞时不会损失太多能量, 如同一个台球打到大理石上仅仅弹开而已。打击 8 号球的主球可能会完全停止, 因为它和 8 号球的质量相同, 所有的能量都给了 8 号球。因为氢比氘在质量上更接近于中子, 轻水比重水做慢化剂更好, 但是它还不是好了一倍, 因为氢原子抓到中子后会变成氘。一个氘核不太可能俘获另外的中子生成重三倍于氢的氚。碳的质量是 12, 因此石墨比起水是一个较弱的慢化剂, 但是它有一个优点, 在高温时保持固体。慢化剂是如此重要, 以致核反应中关于慢化剂是保密的。

4. 同位素分离

新鲜的铀中多数是 U^{238}, 其中仅有 0.7% 的 U^{235}。除非很谨慎地保护中子, 要不很难在不增加 U^{235} 量的情况下有足够的中子使链式反应持续下去。通常, 把 U^{235} 分离出来后再把它加到普通铀中, 使铀浓缩即 U^{235} 达到 3%~5%。因为两个同位素的质量仅差 1.3%, 分离过程很慢; 燃料发电厂需要大装备。主要用两种方法, 即美国和法国采用的**气体扩散**(gas diffusion), 俄国和其他欧洲国家采用的**气体离心机** (gas centrifuge)[41]。在气体扩散法中, 六氟化铀 (UF$_6$) 多次通过多孔隔板, 因为 U^{235} 比 U^{238} 通过的速度要快 0.43%。通过隔板以后, U^{235} 的含量就会提高。气体离心机是在真空中高速旋转的高圆柱筒。重的同位素被离心力推出去得更快。气体离心分离更有效, 它只用 0.09% 的发电厂能量, 而气体扩散法要用 3.6%。这是一种新技术, 而对美国来讲, 要转换方法需要花费成本。这里最重要的词不是 "转化" 而是 "秘密"。关于离心机将在 "核扩散" 一节中进一步讨论。

先进技术还没有超越这些蛮力 (brute-force) 的方法。加速铀离子束中有不同动量的同位素的实验开始了尝试。第二次世界大战期间, 在美国进行了等离子体放电尝试, 发现有不稳定性。这是玻姆扩散 (见第 6 章) 的源头。在 20 世纪 70 年代, 加利福尼亚州的利弗莫尔实验室发展了激光法, 激光束能够选择性地使 U^{235} 处在激发态, 这样就可以把它提取出来。同时, 新墨西哥州洛斯阿拉莫斯实验室对 UF$_6$ 采用了另一种激光分离方法。约翰·道森 (John Dawson) 在加利福尼亚州雷东多海滩 (Redondo Beach) 的 TRW 公司实现了铀等离子体中双离子混合回旋波的分离方案 [42]。尽管这个方案产出了明显数量的 U^{235}, 但出于政治因素, 为了支持利弗莫尔的项目这个方案被砍掉了。

5. 核反应堆内部 [41]

在普通反应堆中, 燃料棒被小心翼翼地分开放在慢化剂 —— 水中, 也就是说, 由燃料棒产生的经过慢化剂变慢的每个中子, 当它引发另一个燃料棒发生裂变时, 仅产生一个中子。燃料是氧化铀 (UO$_2$), 是从 UF$_6$ 产生的黑色粉末, 然后压成丸, 烧结和研磨成需要的尺寸。丸子被塞进铅笔直径大小大约为 5m 的薄管。为了使内部产生的热传到冷却液，丸子不能做大了。同样，由于大多数铀是 U^{238}，中子必须在被 U^{238} 吸收之前离开丸子进到慢化剂。冷却液通常和慢化剂用同样的水，不过它会变热把能量携带出去。上百个燃料棒组成一个燃料组件，上百个组件成为重 100 吨的燃料负载。燃料大约可用 4 年，每年要对其中的 1/4 进行更新。必须有足够燃料达到一个**临界质量**，保证每个反应产生的中子中总有一个中子能找到另一个 U^{235} 核发生分裂。为此燃料必须适当地分放在慢化剂里面以保证裂变发生。更新燃料组装时要把新添加的燃料和已经用了一半的燃料掺合均衡。由冷却剂带走的热可以被蒸汽涡轮机以 30% 的效率用来产电。1 吨燃料能产生 30MW 功率，40GW 的能量。

6. 反应堆的类型 [41]

沸水反应堆是用水作为慢化剂和冷却剂的轻水反应堆 (**LWR**)。燃料棒放在水中，水在一定压力下沸腾产生蒸汽，直接引入汽轮机。水是暴露于放射性物质中的。一个压水反应堆 (**PWR**) 或者欧洲式称呼 **EWR** 里的水处于 153 个大气压下，因此在 322℃不会沸腾。这里的水进入热交换器把能量转移给外面的水，不接触任何放射物。法国的所有反应堆都是 PWRs。标准化为单一类型减少了事故的风险。

因为加拿大没有铀浓缩设施，发明了一个加拿大铀化氘 (**CANDU**, Canadian deuterium uranium) 反应堆。它燃烧仅含有 0.7% U^{235} 的天然铀。只有少量裂变核，慢化剂必须用重水，D_2O，因为氢吸收太多中子。燃料棒做成双层管型，内管含有燃料丸和冷却水。外管通有气体，防止处于室温的慢化剂和热接触。反应堆不需要装在厚壁的球形容器内。由于 U^{235} 太少，功率输出仅是 LWR 的 20%，因此必须经常补充燃料。一个燃料棒紧接着另一个燃料棒连续作业。没有浓缩燃料的扩散危险，但是钚被产生并与消耗的燃料一起出来。因为是连续产出，没有固定的时间和严格的保卫，所以比较容易被偷 [41]。

英国发展了改进型气冷反应堆 (**AGRs**)，它用石墨作为慢化剂和 600℃ CO_2 作为冷却剂 78，低吸收的镁诺克斯镁合金 (Magnox) 作为燃料包壳，天然铀能在低温使用，但是改进型的堆需要浓缩。另一个是正在芬兰和法国建造的安全型欧洲加压反应堆 (European pressurized reactor，EPR)。由于成本超额和安全问题，这两个项目已经被推迟。

液态金属快中子增殖反应堆(liquid-metal fast breeder reactor，LMFBR) 是完全不同的增殖反应堆。快就是要快，要敏捷，裂变中产生的 2MeV 中子就是快中子。对 LWRs，这些中子必须先通过慢化剂减速才能引发 U^{235} 裂变。在增殖反应堆中，燃料是含有 10% 钚的 U^{238}，不用 U^{235}。12% 的快中子引起 U^{238} 裂变，而其他快中子被 U^{238} 捕获。如图 3.59 所示，U^{238} 吸收中子后变成一个 Pu^{239} 的原子，这是一种好燃料。那些没有被捕获的快中子会急速地变慢最终导致 U^{238} 和 Pu^{239}

发生裂变。使用从 LWR 得到的**贫**铀制成的铀再生区覆盖反应室, 能产出比耗费了的更多的钚。增殖反应堆能够从天然铀增殖燃料, 不需要慢化剂, 也不需要任何材料使 2MeV 中子减速, 然而必须有既不慢化中子也不必捕获中子的冷却剂。在周期表中, 只有两种元素能够使用: 钠 (Na) 和铅 (Pb)。液态的这两种元素不会捕获许多快中子。钠在 98℃ 熔化, 尽管它具有令人厌恶的本性, 但为了方便还是选用它。它和周期表中另一个令人厌恶的元素氯结合成为盐, 是无害的, 但纯钠在接触水后会爆炸。在 LMFBR 中, 钠是液态金属。这种反应堆不能用通常的浓缩铀达到临界。链式反应需要 10%~12% 的浓缩。

法国罗纳 (Rhône) 河旁的超凤凰 (Superphénix) 反应堆已经很成功地测试了这个技术。3000 吨钠冷却剂装在一个封闭回路中, 热量被交换到没有暴露于放射性的二钠回路。蒸汽在第二个热交换中产生。这个反应堆在 1995 年和 1997 年之间运转, 在维修期间, 产电 1.2GW。钠的工作温度为 545℃, 从没有沸腾, 也就没有高压。燃料元件的壁比 LWR 反应堆中的更厚, 而且每吨燃料产生 2 倍能量。钠泄漏已成为主要问题。1996 年日本文殊 (Monju) 的一个小 LMFBR 反应堆在中级冷却环发生泄漏, 虽没有释放放射性, 但是钠的废气使得人们生病。这个反应堆在 2010 年重新运转 [81]。LMFBR 的下一代反应堆已准备就绪。在中级热交换环中气体冷却是唯一需要改进的。

7. 反应堆控制

链式反应堆需要主动控制。中子再生率必须精确地为 1。中子太少, 反应熄灭; 中子太多, 反应失控。反应速率取决于慢化剂的温度 (吸收多少) 和燃料的新鲜度。裂变发生是如此之快, 无法停止链式反应, 除非出现一种幸运情况, 即**一小部分中子能慢下来**。从裂变反应发生后仅仅 10s 后铀发射 0.65% 的中子, 而钚发射 0.21% 的中子, 由于每一个中子都是需要的, 链锁反应不会立即进行, 它有一个时间滞后。反应堆中的慢化剂和冷却剂有高的热容量, 因此反应堆内部的温度变化很慢, 它会是 20min 那么长时间。由碳化硼 (BC) 制成的**控制棒**, 是一个强大的中子吸收体, 在慢化剂中通过把它移入或移出就可以控制中子数。通常这种控制是自动进行的, 反应堆运行好多年也不会出问题。曾经发生的几次事故是由于在处理异常情况时人为的失误。危险的出现不仅可能是链式反应的过快, 而且也可能是温度太高。如果温度太低, 贪婪的中子吸收体如 Xe^{135} 浓度逐渐增加累积, 最终使反应堆中毒停堆。反应堆无法重新启动一直到所有 Xe^{135} 已产生, 而后都以 8h 的半衰期衰变 [41]。

8. 燃料的再处理

法国和日本处理用过的燃料以回收钚和 0.9% 的浓缩铀, 美国不处理。这里是其原因。用过的燃料棒先要放在水里（"游泳池"）冷却一年，然后用遥控器在水下拆开。为了把铀和钚分开，燃料丸溶解在化学物质中送到俄国放在离心机里分离同位素。它们的氧化物可以作为 LWR 的燃料称为 "混合氧化物" 或 MOX。陶瓷MOX 有放射性而且很贵。有关铀燃料再处理的论据是不浪费铀燃料，而且要储存在地下的放射性废物较少。长寿命的放射性废物比没有再处理的储存的废物少至四分之一。反对再处理的论点是钚可能被偷去制造炸弹，再说储存用过的燃料既简单又便宜。

9. 放射性废物储存

从反应堆出来的燃料元件，还在继续发热，如果不冷却，是赤热的。所以要把它们放进 "游泳池" 中，"游泳池" 是钢筋混凝土构造，充有纯净水。燃料棒在极细心监视下要冷却许多年。一年热量下降到 1%，五年下降到 0.2%。在美国，100 多个反应堆使现场的 "游泳池" 使用紧张。一个 1GW 核电厂每年产生的核废物超过20 吨。从水里取出冷却过的燃料棒之前，通过遥控器把它们切片并分拣。放射性材料经干燥处理后封入充有惰性气体的钢管，然后这些钢管放进混凝土桶就地储存。冷却靠一般的空气流。这是一个中级的地面储存。在美国，有 66 个商业场所和 55 个军事场所可以储存这些屏蔽容器[82]。也有 10 个 "失控"(orphan) 场所，这些地方的反应堆不再存在但保留着废物。最后，长寿命的具有半衰期为 30 万年或更长的 "锕系元素"(actinide) 必须储存在地下，但是目前没有明确的计划去做这项工作。迄今临时解决方案就是永久性解决方案。

对于地下储存，高放废物被浇注入玻璃块并封焊在不锈钢罐里。它们必须储存在地质环境稳定的大地下通道内，如盐矿或岩石。这种地方必须避免水的浸润和诸如地震的扰动。废物不能搬到那里，除非已足够冷却不至于加热岩石。你已经看到超过 1 万年、10 万年以致 100 万年的放射性元素衰变图。经过 60 万年，放射性水平降到天然铀的程度。在法国处理燃料废物，估计可以把这个时间缩短到 6 万年。

美国已经花费 90 亿美元 ($9B) 在内华达州的尤卡 (Yucca) 山下建造了一个地下储存点。2009 年奥巴马政府砍掉了这个方案。目前世界上只有两个地下核储存计划。一个是芬兰的奥尔基洛托岛 (Olkiluoto Island)，这是一个符合条件的没有任何人会在这里建住宅的地方。芬兰有四个反应堆生产 25% 全国的电力。这个计划估计要 30 亿欧元 (40 亿美元)[€3B($4B)]。在瑞典，经过长时间竞选后选中了两个地方，在竞选中提出了许多来自政治家和民众的提案并进行了公开辩论。这种辩论因为涉及军事在美国是不会发生的。建设尚未开始，大众反对的意见似乎比其他任何地方都少。

因为正在建设和正计划建设更多的反应堆，核废物问题日益严重。地质结构的长寿是无法求证的。对子孙后代潜在危险的担忧是很正常的。聚变反应堆可以从两方面给予帮助。其一,亚临界聚变反应堆产生的中子能使锕系元素嬗变为稳定元素。其二,如果核能仅仅被考虑作为解决能源问题的临时方案之一,如同风能和太阳能那样,那么一旦聚变实现,放射性废物处理的问题将得到终止,也就不需要地下储存了。

10. 核扩散

用钚造炸弹是很容易的,它不需要浓缩。铀必须高度浓缩才能爆炸,再说气体扩散厂的规模之大让恐怖分子不成为实业家,难于建造它;但偷钚是容易的,增殖反应堆产钚。核废料经后处理也能回收钚和制造 MOX,所以制钚和运输钚都必须有严格的安全保卫。

气体离心分离机的发展出现一个新问题 [43]。这些装置相对比较小却更有效。分离因子是 1.2~1.5,而气体扩散法是 1.004。达到武器级的浓缩铀必须通过 30~40 次离心分离。用气体扩散法需要更多次的循环。存在于 UF_6 中的铀是气态的,必须保存在半真空中,这样它既不会泄漏也不能固化,以致把整个事情弄糟。离心分离机很小,在一个貌不起眼的建筑物里可以安装上百个。可以把许多离心机串联起来让一个离心机的输出气体输送到另一台离心机进一步分离。为了得到各个阶段增强浓缩的最佳数目,已设计出超过 100 个离心机的串联装置。我们不反对为了和平利用发电站建造这样的串联设备生产 5% 的铀,问题是这种串联的离心分离机只需几天的时间就能够改装成可以生产武器级的铀。例如,发电厂通过 2/3 串联的离心机获得 5% 的 U^{235},如果把 5% U^{235} 送到剩下的 1/3 离心机进一步浓缩可以得到 90% 的 U^{235}。离心分离仅仅需要 $160W/m^2$ 的能源而气体扩散反应法则需要 $10000W/m^2$ 的能源,这种能源消耗相当于一座灯光明亮的大楼的耗电,为此凭借能源消耗情况探测生产武器级铀的秘密活动是不可能的。

作为对最近伊朗建造同位素分离设施的回应,印度和巴基斯坦首先采用气体离心分离机。不管核电厂是否为了能源,危险总是存在的。

11. 核事故

民用核电站在初期的时候,不同国家发生过许多小事故,但通常只是有少量的辐射释放。工人暴露在辐射中,有四人死亡,一个在南斯拉夫,一个在阿根廷,两个在日本 83。这里没有包括俄国的死亡人数。两起熟知的大事故发生在三里岛 (Three Mile Island) 和切尔诺贝利 (Chernobyl)。

在美国宾夕法尼亚州的三里岛,1GW 的 2 号反应堆,在 1979 年 3 月由于机械故障和操作失误一个 PWR 出了问题,冷却水泵停止运转,水温不断升高,压力不断增加;卸压阀自动打开,使蒸汽流入安全壳,控制棒落下停止了链式反应。本来卸压阀在设定的压力下应该自动关闭,但它被卡住了。热燃料棒继续产生蒸汽,而冷却水从打开的阀门大量外溢。操作人员把报警信号误解为冷却水**太多**，他们关掉了冷却系统的阀门，使事态更严重。燃料元件只有底下部分有水覆盖，它的上部没有冷却水以致热得使包壳把周围过热的蒸气电解出大量氢气，形成氢泡，水被氢泡阻挡好几天无法进入。燃料熔化了，而带有放射性的 70 万加仑水淹没了大楼的地板 [41]。幸好，仅有小量的放射性材料泄漏，**没有造成人员死亡**。但周围的人们还是怕得纷纷逃离。统计学根据辐射量计算认为，在 20 年内可能导致 3 人死亡，但是至今没有任何死亡报告。

　　三里岛事故使许多美国人反对核电站，其实它的安全系数比其他能源高。就拿 2010 年为例，西维吉尼亚州某煤矿发生甲烷 (沼气) 爆炸，有 25 名矿工死亡；接着墨西哥湾的深水地平线灾难，有 11 名工人死亡。每一次，家属们徒然地等呀等呀，等着亲爱的家人的好消息。这种悲痛在全世界数以百计地重复着。深水钻井平台发生爆炸并引发大火以后的原油泄漏远大于埃克森瓦尔迪兹 (Exxon Valdez) 在阿拉斯加的泄漏，大量原油漂浮在几百平方英里的海面上，使水生和野生动物及迁徙的鸟都受到环境破坏的胁迫。与化石燃料工业对比之下，一个井井有条的核工业是更为安全的获取能源之路。

　　切尔诺贝利核事故是另外一种情况。事故的可怕结果是由苏联的组织造成的 84。谎言掩盖了过失。严厉的保密制度使得工人不能向外吸取经验。命令式的决策不关心实际情况，总工程师也无视协定。工人没有得到很好的训练和没有对危险的意识性，也无视命令。在乌克兰的切尔诺贝利四个反应堆之一为了维修被关闭。总工程师决定测试反应堆是否能继续产能还是应该关闭。他没有征询安全人员和了解有关安全章程。工人关闭了安全装置。在链式反应由于氙中毒而变慢的情况下，为了得到能量他们拔出了控制棒。冷却水的减少使燃料棒热起来，能量输出增加了。这种情况发生时反应堆应该自动关闭，但设计中竟然没有这个功能，因此反应失控和能量的激增导致燃料管破裂。热的燃料和水发生反应导致了一场蒸汽大爆炸，1000 吨重的反应堆顶部移位和受到破坏。所有燃料管被打碎，而后的第二次爆炸把大部分反应堆核心材料送进了空气。

　　爆炸好像 2010 年冰岛的火山爆发，中断了欧洲所有的空中交通。这一次，带有 50 吨核燃料的放射性云升到 1 万米 (3 万英尺) 高空。尽管周围人口稀少，但邻近的村庄处于极大危险中。从莫斯科来的负责人竟然发出命令，人员不能撤离，以免造成恐慌。幸而等离子体物理学家叶夫根尼 · 韦利霍夫 (Evgeny Velikhov) 最终说服了此人，必须把人们撤离出去。然而，一大群人 (第一年 20 万人) 试图清理残局，他们直接行走在放射性物质上，几分钟内就可以接收到致命剂量。风把放射性挥发物带到整个欧洲，它会落在哪里是随机的，取决于雨。大多数挥发物是碘-131和铯-137。幸运的是碘的半寿命只有 8 天，但是铯的寿命可以有 30 年。Cs^{137} 携带比广岛 (Hiroshima) 和长崎 (Nagasaki) 原子弹 500 倍还多的放射性。

　　根据统计计算,健康专家认为这次事故将在 20 年里引起 3 万人死亡。然而,与其他类型的事故相比,这仍然是个小数。它相当于每年每 10 万人中有 0.6 个人死亡的概率。对于井井有条的工业,像三里岛的事故,每年每 10 万人是 0.00007 人死亡的概率。而车辆事故的死亡概率是 16,飞机是 0.41,摔倒坠落是 5.15[41]。在讲太阳能时我们已经谈到摔落。切尔诺贝利事故是管理很差的教训,它将永远不再发生。核能源的危险性比我们做的任何事都小。

12. 将来的反应堆

　　第Ⅲ代反应堆要求燃料的使用效率更高和安全性能更好,但本质上没有新的设计。先进的沸水反应堆,先进的 CANDU 重水反应堆和 EPR,它们都可以首字母缩写列为第Ⅲ代反应堆。第Ⅳ代反应堆主要有两种:增殖反应堆,包括液态金属和气体冷却 (上面讨论过);超高温反应堆 (VHTRs)[44]。其中人们最感兴趣的是球床反应堆 (pebble-bed modular reactor, PBMR),也称卵石床反应堆,如图 3.60 所示。

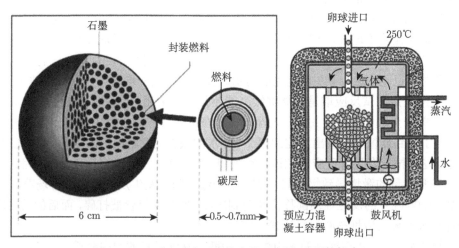

图 3.60　卵球和球床反应堆容器示意图(欧洲核协会)

(European Nuclear Society, http://www.euronuclear.org/info/encyclopedia/p/pebble.htm)

　　这里的 "球" 是含有燃料和慢化剂网球大小的球。燃料小颗粒可以是任何可裂变的材料,如浓缩铀、钚,或者 MOX 和两者的混合氧化物。燃料周围包有一层多孔石墨,它可以吸收反应产生的气体。多孔石墨外是一薄层碳化硅,它是耐受高温的坚固壁垒。燃料颗粒的最外层是稠密和能经受极高温的热解碳。这些燃料小颗粒分散在石墨慢化剂中,形成一个大的球形实体。堆芯中含有 36 万个球,这些球堆放在一起足以达到启动反应必需的临界质量。为了冷却在球与球之间充有循环的氦气，氦气把反应能量带到热交换器。

设计时已经在内部置入安全功能。反应产物处于燃料颗粒和球之间，实际上耗空了的球本身可以被当成废物桶。氦是没有放射性的，即使有泄漏也没关系。反应堆在 1000°C 运转可以提高热效率 50%。如果冷却失效，因为燃料中的 U^{238} 在高温能吸收更多中子，反应堆不能达到临界状态，反应就会慢下来。即使到了 1600°C 的高温，这些球仍然是稳定的，反应堆核芯将保持这种状态，直到冷却恢复。如图 3.60 右图所示，球从反应堆芯的顶端填入从底部移出。这样可以定期检查球而把已经耗尽了的球送到储藏室。

PBMRs 的批评家们引证了这样的可能性：如果石墨在极高温下接触到空气和水，会发生燃烧。德国、美国、荷兰和中国都正在研发 PBMRs。自动安全机制已经在小型反应堆测试过。

13. 裂变–聚变混合型

由于裂变反应堆的放射废物问题，逻辑上把这个课题放在这里比较适当。然而，还没有叙述聚变反应堆，所以先读第 9 章聚变工程再回头读本节能理解得更好。

聚变和裂变结合是对彼此都是有利的。为了裂变反应堆能够在次临界态运转更加安全，其高放废物能转变为燃料而需要封存的量很小。另外，聚变反应堆也能在次临界态运转，不产生能，极大地加速了它们的进展。许多等离子体理论学家支持裂变–聚变结合，值得注意的有 M.I.T 的杰弗里·弗赖德贝格 (Jeffrey Freidberg) 和美国海军研究实验室的华莱士·曼海姆 (Wallace Manheimer)。首次提出这个想法的不是别人而是汉斯·贝特 (Hans Bethe)。然而，他们都没有涉及混合反应堆的设计细节。德州大学的一个小组提出的球形环 (见第 10 章) 为基础的反应堆是一个新的还没有广泛测试的聚变装置。佐治亚理工学院 (Georgia Tech) 斯泰西 (W. M. Stacey) 教授领导的小组完成了最详细的工程设计。这里描述他们的次临界先进燃烧反应堆 [45]，图 3.61 是它的示意图。

用黄色表示的聚变反应堆等离子体处于 D 形环向场线圈里。等离子体的周围是裂变燃料芯，分成四个同心环 (灰色)。围绕等离子体和燃料芯的是一个中子吸收再生区 (blanket)，它从硅酸锂 (Li_4SiO_4) 增殖氚作为氘氚燃料。裂变部分是阿贡国家实验室设计的一个液态金属快增殖反应堆 (LMFBR)。燃料是从 LWRs (轻水反应堆) 获得的 36 吨含有 40% 锆 (Zr)、10% 镅 (Am)、10% 镎 (Np) 和 40% 钚的超铀废物。燃料棒的直径是 7.3mm，271 根棒组成一个燃料组件。燃料棒包括液钠冷却剂的通道。他们详细说明了整个设计和加工制造 [46]。燃料环 (batches) 有 918 个燃料组件。托卡马克部分是一个按比例缩小的以低于产能所需要的最大值的保守参数运转的国际热核实验反应堆 (ITER)。第 9 章会讨论这些所包括的各种因素：格

林沃尔德 (Greenwald) 极限，归一化 β 值，大 Q 以及自举 (bootstrap) 电流分数。

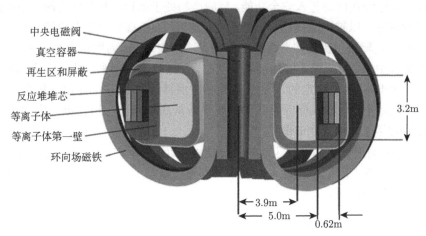

中央电磁阀
真空容器
再生区和屏蔽
反应堆堆芯
等离子体
等离子体第一壁
环向场磁铁

3.2m

3.9m
5.0m
0.62m

图 3.61   裂变–聚变反应堆的概念简图 [45]

已经广泛地计算了这个反应堆的运转特性。裂变部分将产生 $3GW_{th}$(GW 热量)。运行在次临界状态，产生的中子数不足于维持连锁反应。不足的中子由聚变产生。由于没有产能的任务，可以仅按 $250\sim500MW_{th}$ 能量设计。裂变燃料以 750 天为燃烧周期。每个批次都在一定位置上共用一个周期，4 个周期总计 3000 天。用完了将它们移出去储藏，百万年后它们的衰变热减一半，因此对储藏设备的要求也减半。受限于中子轰击下燃料包层的寿命，总的辐照为 200 dpa(每个原子的位移)。

通过再处理可以极大地提高锕系元素的燃耗量。如果混合反应堆的燃料在 4 次燃烧周期后再处理，把它们和从 LWRs 来的 "新鲜" 废物混合，然后再次送到混合反应堆，最终产物的衰变热能够减少 99%。高级储藏设备可以减少到 1/100。如果中子损伤极限能够由 200dpa 放松一点，那么燃料能够燃烧 4 个 3000 天的燃烧周期，总共 12000 天 (25 年)，一次就可以把 91.2% 的超油废物从混合反应堆清除。这样一个裂变–聚变混合堆能够处理来自 4 个 $1000MW_{th}$ 的 LWR 的废物。

使裂变反应堆达到临界状态是可能的。燃料中加锆，产生一个负反馈：当温度升高时，反应堆减缓。如果这个方法不行，出现失控反应，控制燃料棒插进的时间比普通的 LWR 少。很幸运，有一个简单的解决办法。反应堆没有从聚变反应堆来的中子不能运转。通过大量注入气体可以在 1s 左右使等离子体终止中子的产生。

混合反应堆的支持者意识到，他们能使裂变更安全的同时使聚变更快实现。质疑者认为，费用太大，设计和建造这些反应堆极难，而且将有损研发纯聚变的主要目标。总之，与第III代裂变反应堆和托卡马克聚变反应堆相比，这个方案仍然处于初级阶段。

3.7 其他再生能源

3.7.1 水力发电

水力发电是最简单的、最直接的产电方法。造一个水坝，放水去转动大发电机。没有热，没有复杂的设备，不需要运输燃料，而且没有污染，任何时候都可以获得可控量的电力。当然，这是一个理想情况，没有任何能源能竞争过它，但不是任何地方都是可行的。在 2006 年全世界的总能量消耗中，水电仅占 2.2%，核电为6.2%[85]。一些国家，如不丹王国，完全依赖于水力发电，而且还输出电力。在冰岛，水力电能占能源的 73%。世界各地，水力发电所起的作用在图 3.62 中以蓝色棒表示。在美国，水电占总电力的 7%，占再生能源总电力的 36%[86]。2007 年，美国再生能源提供了 7%的总能源消费。中国是世界上水力发电最多的国家。2008 年建成的三峡大坝具有 26.7GW 的发电能力，相当于 25 个燃煤电厂的输出功率。

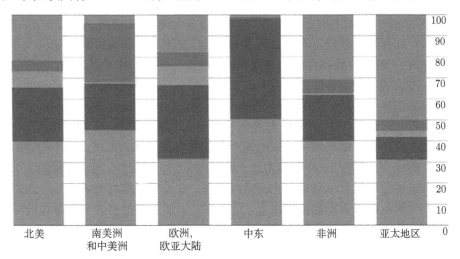

图 3.62　世界各地区的燃料源，以百分数为单位。从下往上依次为：石油、天然气、核能、水电、煤炭 (2008 年 BP 世界能源统计评估)

大坝的建造既改变了景观也赶走了野生动物，特别是鱼类，但是相对于无偿能源的获得这个代价是很小的。溃坝对下游居民有危险。气候变化影响雨和雪的分布，使一些河流速增长，一些河流速减少。然而，这些缺点是次要的，即使多数最好的水力能源已经被利用了，水力发电仍将继续是能源组合中的一个重要部分。

3.7.2 地热能源

地热能源来自地球深处的热岩石，它形成用于温泉和泥浆浴的喷泉和暖池，大部分集中分布在构造板块的交界一带。在全世界范围内, 24 个国家利用地热产生 10.7GW 的电力, 还有 28GW 用于加热。美国地热产电最多, 为 3GW, 77 个地热电厂多数在加利福尼亚州。菲律宾是第二位, 为 1.9GW, 和冰岛一样大于 25% 的能源来自地热。这些数字对全世界来讲是很少的, 因此关于这个能源, 我们不需要说太多。

地热电厂的投资主要用于勘探和钻井, 相对来讲是比较高的。没有燃料费, 但是需要用电启动各种泵。一旦发现热岩石床, 钻成生产井提取蒸汽。如果是温度在 180℃(360°F) 以上以蒸汽形式存在的高温地热井, 可以直接用于蒸汽涡轮机发电; 如果温度较低 [低于 150℃(300°F)], 则用于空间或水加热。用过的冷却后的水注入回到灌水井的岩石。蒸汽中也有温室气体: CO_2、甲烷、氨气和难闻的硫化氢。排放量是否比化石燃料厂的要少则取决于区域。水也含有令人讨厌的化学物质: 汞、砷、锑、硼和盐。归根结底, 地热能量是解决不了世界能源问题的。

3.7.3　波浪能和潮汐能

潮汐的运动、海流和海浪都能用于发电。有几个地方, 如加拿大的芬迪湾 (Bay of Fundy) 具有高的潮汐, 强劲的浪涛每天 4 次冲过狭窄的海湾。速度大于 5 knots(2.6m/s) 的海流能够启动一个发电机, 当然这种地方并不多。一个叫做维瓦斯 (Vivace)[87] 的新方法宣称可以用低于 2 knots(1m/s) 的海流发电。灵活的管柱被锚定在海底的板上, 来来去去的海流使管柱不停地伸缩和摆动, 这种运动可以用来发电。他们没有透露具体的做法, 包括管柱由什么制成的等细节。潮汐和波涛也会使海平面起伏不定。运用这种效应的几个系统是根据同样的原理。一个刚硬的管子锚定在海底, 管子里的一个隔膜由顶上的浮标驱动上下运动。随着浮标的上下运动, 隔膜迫使空气从管子顶端的孔流进或流出。这个空气流可以带动一个涡轮发动机, 产生的电由水下电缆传到岸上。这个方法需要一个能够看到和碰撞的浮动对象。

最引人注意的捕集海波能量的设计是伯莱密斯, 希腊的 "海蛇"(Polamis, "sea snake" in Greek)[88]。它看起来像漂浮在海面的一串大海蛇, 由铁路车辆大小的金属圆柱组成, 圆柱之间用铰链互相连接在一起, 每条蛇与海波方向一致, 垂直于波峰线, 随着波涛可以灵活地运动。圆筒之间的活塞随着海浪来回推动空气, 空气启动发动机产电。几个国家都建造了伯莱密斯, 葡萄牙是其中之一。

对这些方案都做了成本和能源计算, 但是没有考虑对环境、野生动物和轮船交通的影响。有 30 年寿命的海上工程做起来是很困难的。材料抗盐水损坏问题也没有提及, 这对海上风力涡轮机也是非常重要的。再说, 这种能源也是不稳定的, 也需要有储能系统使它变得平稳。很清楚, 还不能认真对待这些风险投资。

3.7.4　生物质能

人类活动的有机废物或自然沼泽都含有能量。许多社团已经用牛粪和人类的排泄物生成了甲烷。从深炸油、喝剩的啤酒甚至葱获得生物燃料的低技术含量企业如雨后春笋般地出现。几乎所有这些努力都是为了生产在本章所叙述的运输燃料。在一般能源生产中仅有一个应用，把生物质和化石燃料厂的燃料混合，以此可以少用煤 [89] 而获得相同量的电。仅燃烧生物质的小发电厂是很低效的。

人工光合作用是一个值得注意的发展方向，但它不产电。利用叶绿素，植物把水、二氧化碳和太阳光转化为碳水化合物和氧。麻省理工学院 (Massachusetts Institute of Technology，MIT) 的丹尼尔·诺西拉 (Daniel Nocera) 在实验室里利用特殊催化剂和太阳能电池 (或电网) 的电已经能够分离水分子。两个电极，一个是铟锡氧化物 (indium-tin oxide)，另一个是铂，浸入含有钴 (cobalt) 和磷酸钾 [90] 的溶液中。加上电压，在一个电极出来氧气泡，另一个电极出来氢。催化剂自我重新形成。这个过程不产生能量产生氢，它可以用于晚间储存太阳能。

3.7.5　冒险的计划

人类思维的创造性催生了大量疯狂的想法来产电和减缓全球变暖。一些想法在太阳能源和地球工程学部分已经描述过了。比如，有一个计划把 1 平方英里的硅太阳能面板放进围绕地球的同步轨道，把太阳能转变为微波，再把微波束送回地球。另外一个想法是，在太阳引力和地球重力对消处放一个大的金属线网，金属线网散射太阳光，减少入射到地球的阳光，以减缓全球变暖 (也许触发下一个冰河期)。还有风洗涤器捕捉风中的 CO_2，把大量的铁倾入海洋繁殖大量能吸收 CO_2 的浮游生物。这些想法经常出现在大众文章中 [91,92,93]。聪明的读者对诸如此类的荒谬的想法唯有**开怀大笑**。

<h2 style="text-align:center">注　释</h2>

1. This is the same as energy return on energy invested (EROEI). Until renewables are well established, however, all that energy will come from fossil fuels, hence casting a fossil footprint.

2. Nature Conservancy Magazine, Autumn 2009.

3. Boston Globe, September 11, 2009. Original source: *Science.*

4. Audubon Magazine, September–October 2006.

5. *California Guidelines for Reducing Impacts to Birds and Bats from Wind Energy Development*, California Energy Commission CEC-700-2007-008-CMF (October 2007).

6. For instance, http://www.nationalwind.org/workgroups/wildlife/.

7. http://www.wind-watch.org/.

8. National Geographic, August 2005.

9. IEEE Spectrum, July 2009.

10. All these data are from a Wikipedia article.

11. E.ON Netz Wind Report, 2005.

12. http://www.eia.doe.gov/emeu/reps/enduse/er01_us_tab1.html.

13. http://www.spectrum.ieee.org/green-tech/wind, January 2009.

14. Wall Street Journal, September 14, 2009.

15. *Wind Turbine Blade Flow Fields and Prospects for Active Aerodynamic Control*, NREL/CP 500-41606, August 2007.

16. National Wildlife Magazine, December/January 2009.

17. H. Kudsk, Vestas, private communication.

18. Adapted from a presentation by Chris Varrone, Chief Strategist, Technology R&D, Vestas Wind Systems.

19. *Breakthrough in Power Electronics from SiC*, NREL/SR-500-38515 (March 2006).

20. Wind Power Note, No. 16 (December 1997), Danish Wind Turbine Manufacturers Association.

21. Life-cycle assessment of offshore-and onshore-sited wind power plants based on Vestas V90-3.0 MW turbines (June 2006), Vestas Wind Systems A/S, Denmark.

22. Vestas Wind, No. 16, April 2009.

23. Business Week, October 8, 2007.

24. IEEE Spectrum, February 2008.

25. IEEE Spectrum, March 2008.

26. http://www.spectrum.ieee,org/energy/renewables/, June 2008.

27. Physics Today, July 2008.

28. http:/www.cdc.gov/HomeandRecreationalSafety/Falls/adultfalls.html. From personal experience, sense of balance gets worse by the age of 80. My wife warns against going on the roof to check the swimming pool solar panels, but not everyone will listen.

29. http://www.cdc.gov/nchs/data/dvs/LCWK10_2006.pdf.

30. http://www.allcountries.org/uscensus/135_deaths_and_death_rates_ from_accidents.html.

31. http://www.msha.gov/stats/charts/coalbystate.asp.

32. http://nextbigfuture.com/2009/11/climategate-coal-mine-deaths-air.html.

33. Vacuum Technology and Coating, June 2008.

34. US Energy Information Administration.

35. http://www.azocleantech.com.

36. Washington Times, December 11, 2009.

37. Physics Today, June, 2009.

38. http://www.emcore.com and http://www.spectrolabs.com.

39. Microns are micrometers denoted by μm, where the μ is a Greek mu. We have avoided this symbol for the sake of Grecophobes. A micrometer is an instrument for measuring small thicknesses.

40. Source: Wikipedia.

41. IEEE Spectrum, August 2008.

42. X. Wu et al., National Renewable Energy Laboratory report NREL/CP-520-31025 (2001).

43. Scientific American web article, April 25, 2008.

44. National Geographic TV program *Five Years on Mars* (2008).

45. An electrode is a piece of metal or other conducting material used to collect or transmit electric current. They usually come in pairs, a positive one (an *anode*) and a negative one (a *cathode*). Electrons go to the anode and ions go to the cathode.

46. Y. Yang, University of California, Los Angeles, private communication.

47. This phrase is an Americanism. It really means "... *couldn't* care less..."

48. V. Manousiouthakis, University of California, Los Angeles, private communication.

49. http://www.howstuffworks.com.

50. IEEE Spectrum, March 2005.

51. C. Etievant and P. Millet, private communication.

52. The NiMH battery in the 2009 Prius consists of 168 1.2-V cells giving 201.6-V total. Weighing 44 kg (97 lbs), its capacity is 1.3 kW·h. The gasoline engine is 98 HP (73 kW). It works in an efficient "Atkinson cycle." There are two electric motors which start and drive the car and can run in reverse to charge the battery. Together the motors provide 100 kW(134 HP). These numbers (from Wikipedia) have been increased in the 2010 model. A computer controls the gas and electric motors so that they can work individually or together at each instant. To ensure the longevity of the battery, it is kept between 40 and 60% of full charge normally, and is not permitted to exceed the range 20%∼80%.

53. The drag coefficient C_d is the ratio of the wind force on a car to that on a flat sheet with the same frontal area. A truck or a Hummer has a C_d of about 0.6. A station wagon has a C_d of about 0.38, the same as for the original Volkswagen Beetle. Large modern cars have trouble getting C_d below 0.3, but small sedans can get below that. The latest hybrids can get down to 0.25. Note that C_d depends on streamlining, but the total force can be reduced also by a smaller frontal cross-section.

54. Environmental assessment of plug-in hybrid electric vehicles, EPRI = NRDC, July 2007.

55. The data are from Wikipedia except for the dollar figures, which were added by the author.

56. IEEE Spectrum, March 2009.

57. IEEE Spectrum, January 2010.

58. http://www.powergeneration.siemens.com/press/press-pictures/.

59. L.A. Times, May 9, 2010.

60. http://spectrum.ieee.org/energy/the-smarter-grid/fastcharging-lithium-bat-teries-disputed (June 2009).

61. IEEE Spectrum, November 2007.

62. B. Dunn, University of California, Los Angeles, private communication.

63. Scientific American, January 2007.

64. National Geographic, October 2007.

65. US Department of Energy, Energy Efficiency and Renewable Energy site.

66. Time Magazine, April 7, 2008.

67. Consumer Reports, October 2006.

68. Audubon Magazine, October 2007.

69. IEEE Spectrum online, January 2010.

70. Los Angeles Times, August 5, 2010.

71. Sierra Club, in http://www.sierraclub.org/policy/conservation/nuc-power.aspx. Admittedly, this policy was formed before global warming was well known.

72. Los Angeles Times, in editorial *No to Nukes*, July 23, 2007.

73. World Nuclear Association, in http://www.world-nuclear.org/info.

74. Wikipedia: Nuclear Power by Country.

75. The terms *fissile* and *fissionable* have slightly different meanings. This does not concern us here.

76. Decay here means beta-decay, which is an emission of an electron and a neutrino from the nucleus, changing a neutron into a proton. Free neutrons will

decay into protons in 16 min, but neutrons bound inside a nucleus do not normally decay. However, unstable nuclei can beta-decay into a more stable isotope.

77. I have not seen an explanation of this, but here is a thought. The nucleons in a nucleus are arranged in shells, like the electron shells in the Bohr atom. The shells have even numbers of nucleons. With an odd number, one nucleon has no place to go and sticks out. When another neutron comes along, the nucleus tries to rearrange itself to accommodate it but finds that it is easier to break up into two pieces. It is like adding one more card to a house of cards.

78. Physics World, July 2007.

79. http://www.instablogsimages.com/images/2007/09/21/ausra-solar-farm_5810.jpg.

80. http://thoughtsonglobalwarming.blogspot.com/2008/03/solar-thermal-comp-any-says-itcould.html.

81. Physics World, June 2010.

82. Scientific American, August 2009.

83. Wikipedia: Civilian Nuclear Accidents.

84. This information came from *The Truth About Chernobyl*, by Grigori Medvedev, as told by Garwin and Charpak [41].

85. International Energy Agency, *Key World Energy Statistics* (2008).

86. US Energy Information Agency.

87. http://www.vortexhydroenergy.com.

88. http://www.pelamiswave.com.

89. Energy Efficiency and Renewable Energy Biomass Program, US Department of Energy; http://www.eere.energy.gov/biomass.

90. M.I.T. Technology Review, July 2008.

91. Popular Science, August 2005.

92. Scientific American, September 2006.

93. Physics World, September 2009.

参 考 文 献

[1] F. Ardente, G. Beccali, M. Cellura, V. Lo Brano, Renewable Energy **30**, 109 (2005)

[2] Y. Lech¨Ⓡn, C. de la R¨²a, R. S¨Ⱬez, J. Sol. Energy Eng. **130**, 021012 (2008)

[3] C.W. Gellings, K.E. Yeager, Transforming the electric infrastructure, Physics Today, December 2004

[4] P.M. Grant, C. Starr, T.J. Overbye, *A Power Grid for the Hydrogen economy* (Scientific American, July 2006); P.M. Grant, *Extreme Energy Makeover* (Physics World, Oct 2009). Chauncey Starr, the founding director of EPRI, wrote one of the first detailed articles on the energy problem (Scientific American, Sept 1971)

[5] M.Z. Jacobson, M.A. Delucchi, A path to sustainable energy, Scientific American, New York, Nov 2009

[6] K. Zweibel, J. Mason, V. Fthenakis, A solar grand plan, Scientific American, New York, 2008

[7] J.A. Mazer, Photovoltaic technology and recent developments, Vacuum Technology and Coating, April 2008

[8] M. Powalla, D. Bonnet, *Advances in OptoElectronics* (Hindawi Publishing Corporation, Cairo, 2007), 97545

[9] A. Gupta et al., Mat. Res. Soc. Symp. Proc. **668** (2001)

[10] M. Raugei, S. Bargigli, S. Ulgiati, Energy **32**, 1310 (2007)

[11] V.M. Fthenakis, Energy Policy **28**, 1051 (2000)

[12] V.M. Fthenakis et al., Environ. Sci. Technol. **42**, 2168 (2008)

[13] V.M. Fthenakis, Renewable Sustainable Energy Rev. **8**, 303 (2004)

[14] V.M. Fthenakis, H.C. Kim, Renewable Sustainable Energy Rev. **13**, 1465 (2009)

[15] J. Mason et al., Prog. Photovolt. Res. Appl. **16**, 649 (2008)

[16] G.W. Crabtree, N.S. Lewis, Physics Today, March 2007

[17] E.S. Aydil, Nanotechnol. Law Bus. **4**, 275 (2007)

[18] G. Li et al., Nat. Mater. **4**, 864 (2005)

[19] H.Y. Chen et al., Nat. Photonics **3**, 649 (2009)

[20] J.B. Baxter, E.S. Aydil, Appl. Phys. Lett. **86**, 053114 (2005)

[21] P.M. Margin, Vacuum Technology and Coating, March 2008

[22] A.J. Nozik, Physica E **14**, 115 (2002)

[23] J.B. Baxter et al., Nanotechnology **17**, S304 (2006)

[24] K.S. Leschkies et al., Nano Lett. **7**, 1793 (2007) and supporting info

[25] D.T. Morelli et al., Phys. Rev. Lett. **101**, 035901 (2008)

[26] J.P. Heremans et al., Phys. Rev. Lett. **88**, 216801 (2002) and **91**, 076804 (2003)

[27] L.D. Hicks et al., Phys. Rev. B **53**, 10493 (1996)

[28] E.M. Choi et al., J. Phys. Conf. Ser. **25**, 1 (2005)

[29] S. Satyapal, J. Petrovic, G. Thomas, Scientific American, April 2007

[30] V. Ozolins, E.H. Majzoub, C. Wolverton, J. Am. Chem. Soc. **131**, 230 (2009)

[31] O.M. Yaghi, Q. Li, Mater. Res. Soc. Bull. **34**, 682 (2009)

[32] P. Millet, D. Dragoe, S. Grigoriev, V. Fateev, C. Etievant, Int. J. Hydrogen Energy **34**, 4974 (2009)

[33] J. Voelcker, IEEE Spectrum, Sept. 2007, p. 27

[34] B. Kang, G. Ceder, Nature **458**, 190 (2009)

[35] T. Brezesinski, J. Wang, S.H. Tolbert, B. Dunn, Nat. Mater., Advance Online Publication (2010)

[36] D. Pimentel, T.W. Patzek, Nat. Resour. Res. **14**, 65 (2005)

[37] M. Wang, in *15th International Symposium on Alcohol Fuels*, Sept. 2005

[38] G.W. Huber, B.E. Dale, Scientific American, July 2009

[39] S. Atsumi, T. Hanai, J.C. Liao, Nature **45**, 186 (2008)

[40] S. Atsumi, W. Higashide, J.C. Liao, Nat. Biotechnol. **27**, 1177 (2009)

[41] R.L. Garwin, G. Charpak, *Megawatts and Megatons* (University of Chicago Press, Chicago, IL, 2001). This book contains complete information on nuclear power and weapons, all explained in a readable way

[42] F.F. Chen, Double helix: the Dawson separation process, in *"From Fusion to Light Surfing," Lectures on Plasma Physics Honoring John M. Dawson*, ed. by T. Katsouleas (Addison-Wesley, New York, 1991)

[43] H.G. Wood, A. Glaser, R.S. Kemp, The gas centrifuge and nuclear weapons proliferation, Physics Today, Sept 2008

[44] David Petti (Idaho National Laboratory), *The Next Generation Nuclear Plant: Mission, Design Status and Directions in Technology Development*, Seminar, UCLA, Feb 2008

[45] W.M. Stacey, J. Fusion Energy **38**, 328 (2009)

[46] W.M. Stacey et al., *Georgia Tech SABR Studies of a Fusion-Fission Hybrid Fast Burner Reactor*, American Nuclear Society Annual Meeting, San Diego, CA, June 2010

第 二 篇　聚变工作原理
　　　　　和用途

第4章　聚变——来自海水的能源*

4.1　裂变和聚变: 差别万岁!

核能可通过两种核反应释放: 大核的原子分裂成较小的核 (裂变) 或者小核的原子聚合成较大的核 (聚变)。前者就是我们熟知的具有危险性和储存问题的原子能或核裂变能。后者是聚变能, 是太阳能的来源, 因为太阳和其他恒星就是靠核聚变反应产生能量。聚变比裂变安全得多, 而且只需要水 (重水 D_2O 而不是 H_2O) 作为燃料。尽管裂变技术已经发展得不错了, 但聚变才是一种完美的能源。**本书的目的是告诉读者, 聚变研究已经进展到哪里, 还要走多远, 最终我们将得到什么。**

4.1.1　结合能

在通常情况下, 我们必须分裂原子核来获取能量, 那么如何通过聚合两个原子核来获取能量呢? 为了理解这个问题, 我们必须记住, 原子核是由质子和中子组成, 它们的重量大致相等 [1] 而带的电荷不同: 质子的电荷为 +1, 中子是 0。这些**核子**(质子和中子的总称) 经相互作用捆绑在一起组成原子核, 这个相互作用称为核力, 可以用**结合能**来度量。在周期表中的不同元素有不同的结合能, 如图 4.1 所示。

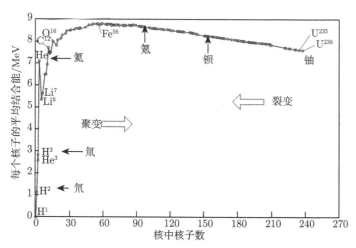

图 4.1　从氢到铀的所有元素的结合能和原子序数的关系 (改绘自 Wikipedia.com), 能量单位将在后面解释

我们从图中可以看出周期表中间的元素比两端的元素结合得更紧。铁具有最高结合能，位于曲线的峰值，标记为 Fe^{56}。56 是它的原子序数，意思是在它的核中有 56 个核子。当元素转化成有更高结合能的其他元素时，会释放出能量。从重元素如铀开始，人们必须分裂它才能得到具有较低原子序数的原子；从轻元素如氢开始，必须把两个原子核聚合在一起变为原子序数较高的原子；通过这两种途径都可使结合能向曲线峰值移动。图中已标出，裂变从右向左，而聚变从左向右。

　　你也许会感到奇怪，为什么裂变和聚变都使结合能**增加**。这难道不需要一个输入能量就会产生一个能量的输出吗？这确实令人困惑；为了不影响讨论的继续，框 4.1 给出了解释。如果把图 4.1 上下颠倒，同时把纵轴结合能方向转为向下，如图 4.2 所示，我们会发现结果更有意思了 —— 裂变和聚变都是在下坡的过程中产生能量。

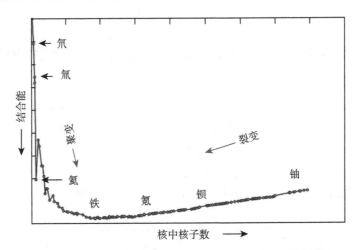

图 4.2　结合能的反向图，以此表示从两边下坡都释放能量

4.1.2　裂变和聚变反应

　　铀 (U^{235}) 不能裂变成两个铁原子，因为铁有 56 个核子，而铀有 235 个核子，比铁的核子数 56 多两倍以上。原子核要分裂成 3 片或 4 片也是很不可能的。所以铀会分裂成两个比铁大的原子：通常是分裂成氪 (Kr^{89}) 和钡 (Ba^{144})，两者原子序数加在一起是 233。剩下两个中子，它们把反应释放的能量带出来并保持链式反应的进行。铀的这个裂变仅仅沿着右边斜坡向下滑了大约一半的高度，释放的能量不是最大。

　　现在看看图 4.2 最左边的聚变。重氢氘 (H^2) 和氚 (H^3) 可以聚合形成氦 (He^4) 并剩余一个中子，这时结合能有巨大的变化。曲线如此之陡显示释放的能量比裂变多得多。当然这只考虑了**每个核子**的能量，铀比氢有更多的核子，因此，**每个反应**获得的总能量，裂变比聚变要多。这并不重要，最后的结果是相同的，即这两种过程都在形成周期表中间的元素的同时产生大量的能量。

框 4.1　什么是结合能

　　假定我们有两个水罐，一个高 30cm(1 英尺)，一个高 60cm(2 英尺)。然后我们把一个熟透的西红柿投到矮罐里，听到一声嘭！这个声音就是西红柿释放的能量。西红柿被困在水罐里，要把它提上来必须消耗一定的能量。现在我们把另一个熟透的西红柿放入高罐里，这时你听到更大的声音，**啪哒**！因此它释放出更多的能量。高罐里的西红柿被困得更紧，要花费两倍的能量才能把它提上来。西红柿落到罐里，损失重力势能而得到结合能。因此一个系统的重力结合能等于这个系统的重力势能的负数。这就是为什么图 4.2 比图 4.1 更有意义。由于势能和动能的总和是保持不变的，当势能减少，动能增加；或者等价于结合能增加。核反应中，动能增加主要体现在反应产生的最轻粒子上，通常就是中子。不论是裂变或氘–氚聚变，中子被捕获而把它们的动能转变为热。

　　当然，我们无法在把一个核子从一个原子核中分裂出来的同时去测量它被捆绑得有多紧。结合能实际是从质量差推出的。爱因斯坦方程 $E = mc^2$ 预言能量和质量能够相互转换。测量说明铀原子的质量大于裂变产物的质量总和。因此，铀在分裂中损失了质量。这损失的质量转变成裂变反应中飞出的产物的能量。由于光速 c 很大，c^2 更大，所以一个小的**质量亏损**也会有大的能量输出。同样地，在氘和氚结合过程中，产生的氦和中子的质量之和要小于聚变的氢原子核，因此质量亏损获得能量。

　　然而，裂变和聚变涉及的材料是非常不同的。对裂变来说，首先要开采铀矿，然后输运到大的同位素分离厂。天然铀中多数是 U^{238}，仅仅 0.7% 是能够裂变的 U^{235}。分离同位素的工厂必须浓缩两者的混合物，使其中 U^{235} 的百分比例变大。裂变产物具有高放射性，生存时间有些长达千年或者百万年。这是众所周知的裂变问题。

　　相反，聚变仅用氢，而氢有三种形态。通常的氢，在图 4.1 用 H^1 标示，仅含有一个质子。氘 (H^2) 含有一个质子和一个中子；是 "重氢"。氚 (H^3) 更重，含有一个质子和两个中子，无法实现这个过程。太阳通过一系列不能在地球上复制的反应将 H^1 转换成氦并产生能量。我们做不了这个实验，只能用重氢 H^2 或 H^3 转换成氦，但是获得的能量仍然很多。聚变的反应产物是氦，它的原子核，也称作 α(alpha) 粒子，含有两个质子和两个中子，彼此非常紧密地结合在一起，所以氦气很稳定。这个稳定性使它成为无害的可以为生日宴会气球充气的气体。氘，我们称它为 D，存在于自然水中。在重水中，D 代替 H_2O 中的 H。自然水中 D_2O 和 H_2O 的比例为 1/6400，而且很容易把它们分开，不用开矿和大的分离工厂。然而，氚 (H^3 或简化为 T) 在自然界并不存在。它具有放射性，衰变时间为 12.3 年。它必须在聚变反应堆中由锂增殖形成。你们也许已经关注到，氘含有一个质子和一个中子，而氦有两个质子和两个中子。为什么不把两个氘聚合成氦呢？这是因为反应非常难于实现，第二代聚变反应堆也许可能做到。目前，正在尝试 D 和 T 聚合形成氦和一个多余的中子。这个中子携带聚变产生的大部分能量，也有一定的放射性，但是比裂变要少很多。在后面 (第 10 章) 会提到改进了的反应堆，它包含氦 -3(He^3)，锂或者硼，这些是完全没有放射性的。注意，锂和硼是地球上丰富且安全的元素。

4.1.3 聚变和裂变的差别

结合能曲线的峰值出现在中间正是裂变和聚变能够产能的原因，但是开发这些资源的方式导致需要完全不同类型的反应堆。在裂变反应堆中，当一个裂变所产生的中子去分裂邻近的其他原子时，链式反应就会持续发生。铀或钚等材料必须放在可移动的管子中，以此控制 "邻近" 原子数，否则，反应可能失控而发生事故。在聚变中燃料氢被加热成电离化的气体状态，称作**等离子体**。这个等离子体比太阳内部还热，必须用磁场来约束它而不能用有壁的容器。聚变面临的问题是**磁瓶**的泄漏和等离子体的点火及持续燃烧。反应失控是绝对不可能发生的。然而，解决泄漏成为聚变研究人员长期和艰难的旅程，我们即将叙述有关这些的故事。

人们常常把天文学与占星术混淆在一起。由于哈勃 (Hubble) 望远镜的巨大成功，在公众意识中科学和算命之间的差别现在是很清楚了。一旦聚变成功，人们也将清楚地认识到裂变和聚变之间的差别。

4.2 能 量 大 小

大量的能量可以等价于上百万桶石油或上千吨 TNT。大家比较熟悉的家用电单位是电费单上的千瓦时 (1000W·h)。一个 100W 灯泡每小时用电 100W·h。由于 1h 有 3600s，1W·s(也叫**焦耳**) 是 1/3600W·h，或者是 1W 的手机 1s 所用的能量。这些是我们日常使用的单位。当我们谈论原子时，因为原子**很小**，必须使用更小的单位。一茶勺的水含有 100 000 000 000 000 000 000 000 个原子，因此一个原子的能量比我们生活中遇到的能量单位如 W·s 小得多。

首先，让我们找到避免写那么多的零的方法。科学记数法是一种简便的速记法。像上面有 23 个零的大数可以写成 10^{23}，上标是指数 (幂)，表示在 1 后面有多少个零。1000 写成 10^3，而且读成 10 的 3 次方。3000 是 1000 乘 3，写成 3×10^3。3600 写成 3.6×10^3，如此等等。同样分数可以用负指数表示。1/1000 写成 10^{-3}，2/100 写成 2×10^{-2}。唯一要注意的是，如果写成小数点，1/1000 就是 0.001，而 0 的数目比指数要少一个。但是你不必担心这些，只要记住 10^{-3} 是千分之一，10^{-6} 是百万分之一，10^{-9} 是十亿分之一，如此等等。

两个氢原子的聚变会释放多少能量？近似于 3×10^{-18}J。对原子来说，焦耳这个单位太大，合理的能量单位会更方便。对原子使用的单位就是电子伏，即 eV，它更适合于描述原子粒子能量的大小。1eV 是 1.6×10^{-19}J。现在用了电子伏我们就不必忙于数零了。在下面几章谈论原子时，我们都将用 eV，直到考虑反应器设计以前都不必顾及那些更熟悉的单位。

1eV 究竟是多少能量，让我们有一个概念。比如 CO_2 分子大约以 1eV 的能量结合在一起。原子是由原子核和围绕着原子核的与质子数相等的电子组成。原子最外层电子被原子核用大约 10eV 的能量束缚住。一个聚变反应所产生的能量大约为 1000万eV (10MeV)。一个裂变反应得到的能量大约为 100MeV。核能相对于化学反应的优越之处是很清楚的。化学反应涉及分子和原子，如汽油的燃烧，需要大量的分子 (满油箱汽油) 参与反应才能得到正常使用所需要的能量。化学能已经很有效了。帝王蝶从加拿大到墨西哥要飞行 2000 英里，蓑羽鹤从俄国飞过喜马拉雅山到印度，如此不吃不停的长途飞行是最好的见证。但是化学能和核能相比还是极小的。每个核反应可以得到几十到上百 MeV 的能量，因此大型核电站需要的燃料只占有相当小的体积。一些人把氢聚变当做 "燃烧" 水。从化学角度来看，这意味着首先要从水里分离出氢而后点燃它。获得的能量相对较少，因为它是**化学**反应。在任何情况下，氢所能提供的能量都不会比一开始从水中把氢和氧分开所消耗的能量多。但是在核的概念上的 "燃烧" 氢可以得到比化学燃烧氢多**百万**倍的能量。

4.3 聚变工作原理

我们已经说过氢转化成氦会放出大量能量。下面更具体地描述一下。第一步运用如下最简单的可能反应

$$D + T \rightarrow \alpha + n + 17.6\text{MeV}$$

记住 D 表示氘，是含有一个质子和一个中子的氢同位素，而 T 表示氚，它含有一个质子和两个中子。α 表示氦原子核 (He⁴)，含有两个质子和两个中子。剩下一个中子携带聚变产生的 17.6MeV 能量中的大部分飞出。这个反应被描绘在图 4.3 中。图中有五个核子的过渡态是很不稳定的，它会急速分裂成一个 α 粒子和一个中子。α粒子就是非常稳定的普通氦核，而且它的能量将用于保持反应继续进行。

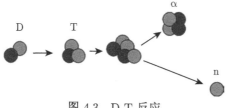

图 4.3 D-T 反应

中子携带了 80%聚变所释放的能量 (大约 14MeV)，必须捕获它并将它的能量转化为热，以代替现在发电厂从燃烧化石燃料中得到的热。尽管所有反应产物本身

都不带放射性，但是中子能够诱发反应器壁产生放射性，所以这种壁材料必须被埋掉。在第 9 章我们将看到，长寿命放射性废物的总量比裂变反应堆大约少 1000 倍。就这方面来说这种 D-T 反应是聚变反应中最不好的，但也是最容易启动的。第 10 章将叙述只有少量或者没有放射性的先进的聚变反应。

如前所述，氘气很容易从水中分离出，但氚必须在核反应中产生。在聚变反应堆中，氚是由含有锂的"再生区"产生。我们暂时不讲这个属于第 9 章的课题，继续讲反应怎样进行，因为它并不容易。由于 D 和 T 各有一个质子，各个质子带一个正电荷。与同性电荷相排斥一个道理，如果我们把一束氘气打到氚靶上，氘在还没有与氚足够靠近时，在进行聚合前就很有可能从氚靶反弹出来，唯有能量大于 280 keV 的正面碰撞能克服电排斥 (称为库仑势垒)。一旦进入这势垒，核力将起作用，排斥力变成了吸引力。大多数情况，氘没有穿透势垒而被弹回，这就损失了用来加速它们的能量。用大约 60keV 的氘束才有可能得到净能量，但是这不足以证明用大量这样的加速器就可使电网有所改观。有一个比较好的办法，即根本不用粒子束而是加热一半氘核和一半氚核 (triton) 的氢气使其足以产生高能碰撞而导致聚变。在此无效的碰撞把能量用于加热气体，因此没有能量损失。这种热气体叫做等离子体，这是一种稳妥的方法，释放出的聚变能除了发电外还可以满足自身加热需要以维持反应进行。事实上这和太阳内部所发生的一样，产生的聚变能作为太阳辐射释放出来，其中一小部分被地球所接收。

人们很难了解为什么需要一个热等离子体，从粒子加速器发射一束具有足够能量的氘打击固体氚靶穿透电势垒使 D 和 T 发生聚变似乎更简单。或者可以用圆形加速器使一束氘核在一个方向运行，另一束氚核在相反方向运行，只要偶尔有一个正面碰撞就可产生聚变。但是要知道，如此得到的能量经常不足以支持加速粒子束所用的能量! 相信我，许多用粒子束的聚变方案都已经尝试过而失败了。这里用一个比喻来解释**等离子体**聚变原理。设想一个边沿没有口袋而桌子中间有许多口袋的无摩擦的台球桌。每个口袋被一座小土堆包围着，好像火山中心的深坑。这个小土堆表示库仑排斥势。一个台球手漫不经心、不那么准地打球，因为速度不够以致这些球很难爬过小土堆掉到洞里。由于没有摩擦力，很多个球在桌上任意弹跳，偶尔有一个球跳出桌子丢失了，就再加一个。这些球互相碰撞，偶尔有一个球接连经受了几个有利的反弹最终使其能量大于平均值。如果这个有足够能量的球又正好对准一个坑，它将有可能越过小土堆而进入口袋，以此模拟聚变反应如何得到 17.6MeV 的能量。为此你也许要等很长时间，好处是除了初始打击台球的能量以及替补那些在边缘丢失的球之外不再需要耗费任何能量。这就是等离子体诱发聚变的思想。用一个小能量把台球打进去，然后长时间的等待直到有一个球偶尔爬过小土堆进入口袋。即使它必须经过多次碰撞才发生一次聚变，回报的能量是如此巨大以致完全能获得一个大的能量增益。

4.4 等离子体，发光的气体

在这里，我们要对"热"作一个定义。有一定温度的气体如空气或蒸汽，意味着其分子的速度具有一个特殊的分布，这个常常被教师用在等级考试中的钟形高斯曲线，即为熟知的麦克斯韦分布。高斯分布和麦克斯韦分布是一个意思，数学家比较喜欢用高斯，而物理学家倾向用麦克斯韦。图 4.4 表示温度大约为 10000K 的气体中具有不同速度的氢离子相对数目的分布曲线[2]。任何一种处于热平衡的材料，都有一定的"麦克斯韦"分布。温度正比于曲线的宽度，因此，温度越高速度越大。通过升温，我们可以保证在分布曲线"尾巴"处有足够多携带足够能量的 D 和 T 离子发生聚变。"尾巴"是指远离中心的高斯曲线的两端，那里的粒子有很高的速度。经过碰撞但没有发生聚变的粒子又回到分布的总体中，就好比那些爬小土堆但没有进入口袋又掉了下来的台球。多次碰撞自动地维持系统的最可几分布，那就意味着在尾巴处的高能量粒子虽然在聚变反应中失去了，但通过连续的有利碰撞又补充了新的高能量粒子。碰撞是无序的，粒子或得到能量或损失能量。只有能量增加的连续碰撞可以使粒子变成高能粒子，所以在尾巴上的粒子数很少。聚变反应堆需要气体温度超过 1 亿 K！

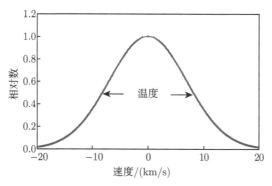

图 4.4 速度的麦克斯韦分布

在这么高的温度下，甚至如荧光灯管里的电子温度 2 万 K，气体不再是我们熟悉的普通气体，如空气、氦气或 CO_2。高温气体中的分子是解离的，原子也是电离的。比如，氧分子 O_2，首先解离成两个原子，然后各个氧原子又电离成离子 O^+ 和一个电子 (e^-)。通常，一个带有 +8 电荷的氧原子核由 8 个电子环绕，因此原子整体是中性的。但这些核外电子中的某一个可能在与自由电子碰撞时脱离核的束缚成为自由电子，留下的原子核因为失去了一个电子而带有 +1 电荷。这样，气体成为离子气体和电子气体的混合气体，如同盐溶液是 NaCI 分子和 H_2O 分子的混合物，但有一个巨大的区别：这个气体混合物中的粒子带电。离子流带正电，电子流带负电,因此这种混合物中存在电场。这种形式的带电流体叫做**等离子体**。整体上等离子体是中性的,它有相同数目的正电荷和负电荷。但它不是**真正的**中性,因为等离子体中存在电场。这些电场是由百万分之一量级的微小的电荷不平衡引起的。没有这些电场,核聚变将不存在任何问题,因此我们称这种气体是"准中性"等离子体。图 4.5 给出这种新型气体的图像,灰色小点是离子,给它们加上了尾巴以表示它们在任何方向的运动是无规的;大的模糊的圆代表电子,它们带负电荷使等离子体成为准中性。为什么把它们画成模糊的? 因为你永远无法精确地测量某一给定电子究竟在哪里。这些粒子按照麦克斯韦分布的热速度在周围不停地运动并且互相碰撞。在此处涉及的温度下,电子和离子运动太快以致不能互相黏在一起结合成原子。

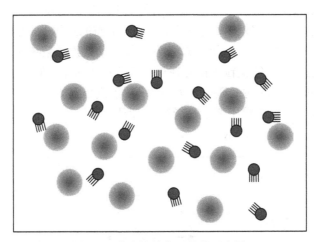

图 4.5　准中性等离子体的示意图

当你加热固体变成液体,又变成气体,最终变成离子化了的气体时,你就得到了等离子体,通常称为物质第四态。电子和原子碰撞,把某一轨道上的一个电子踢到较高的轨道,当这个被踢进了较高轨道的电子又回到它原来的轨道时会发出光,这就是等离子体发光。虽然人们相信宇宙中 85% 的物质是暗物质,那些我们看到的之所以能够被看到,是因为它处于等离子体态,包括恒星、星系和星云。地球上稠密的大气层阻碍了等离子体的广泛存在,但是我们能在北极光和荧光管中看到它们。你也许遇到了等离子体但不知道这就是等离子体。电火花是大气压下的等离子体。在高电压下,电子能跃迁出来形成瞬时等离子体。冬天当你的手接触门把或者笔记本电脑的电源接头插入模块时都会放电产生等离子体。闪电就是云和云或地球和云之间的巨大的电火花。这些电击穿是无法控制的,但是我们有目的地建立大量稳定的等离子体的行为是可控的。因为它们已经完全击穿,所以不再会有电火花!

等离子体的行为是极其复杂的,为了得到聚变能源,一个全新的学科 ——**等离**

子体物理学，已经发展形成并渗透到其他领域。计算机的芯片没有等离子体不能制造。等离子体电视是常见的商品。等离子体研究催生了混沌理论和超级计算机。我们为什么要讨论这个主题呢？因为我们发现粒子束不能产生有净能量输出的聚变，必须把气体加热到一个极高温，使气体处于具有高斯速度分布的热平衡，在分布曲线尾巴处的具有足够能量的离子才有可能发生聚变。这就是热产生的核反应，即**热核**反应，由于这个词带有不好的内涵，聚变研究者不再使用它。无论如何，这个聪明的方法是氢弹的基础。

很明显，没有任何固体材料能经受百万度的温度，为此我们不能用实体壁来约束等离子体，而把希望寄托在看不见的力上，如重力、电力和磁力。太阳通过巨大的重力场把等离子体约束在它的中心产生聚变能量。地球上的重力太弱不能做到这一点，剩下的是电力和磁力。我们能制造强电场，但它担当不了这个任务。其实际证明是很精巧的，但原则上可以看到，电场把离子推向一边，把电子推向另一边，最终的结果是电场不能约束等离子体而只能把它推开。最后只剩下了磁场 —— 游戏的名称就是制造装等离子体的**磁瓶**—— 这也是本书的主题。所有的磁瓶都会漏，就好像用橡皮筋束住果冻 (Jello$^{(R)}$)。等离子体像是有头脑的东西，你封了一个漏洞，它又露出另一个你以前没有看到的漏洞。通晓希腊语的诺贝尔奖得主欧文·朗缪尔 (Irving Langmuir) 率先研究了热离子并命名了 "**等离子体**"(plasma) 这一概念，这是一个早已被医务人员称为 "血浆" 的名字。它意味着能够变形或塑形的东西，但事实远非如此。幸好，已有解决问题的办法，胜利已经在望。

4.5 磁 瓶 设 计

4.5.1 磁场是什么？

我们已经发现聚变反应能持续进行的最好方法是产生很热的等离子体。问题是等离子体的温度太高以致任何材料制成的容器都无法约束它。我们也明白了所有能构成无壁容器的力中磁力是唯一可行的。那么磁瓶是什么？实际上，磁瓶看起来就像百吉饼 (bagel)。在进一步讨论磁瓶以前复习一下我们所了解的磁场。大多数人都知道，地球有磁场，如图 4.6 所示，箭头表明磁场的方向。指南针可以依据地球表面的磁力线调节自己使磁针指向地磁极，地磁极与地理极相近但不重合。地磁场已经是一个磁瓶，但不是一个完美的磁瓶。太阳风中来自太阳的质子和电子 [3] 被地磁场俘获，因为带电粒子倾向于沿着磁力线运动但不能穿越磁力线。但是这个磁瓶在北极和南极有大漏洞，南北极处的磁力线带着带电粒子进入电离层。电子在大气层和氧原子碰撞时，发射可见光，我们称为北极光。由于等离子体粒子在两个方向都能够运动，所以南半球会发生同样的情况。南极光被人了解得比较少，这是因为在南极洲的冬夜很少有人外出，而企鹅也有它们自己的议事日程。

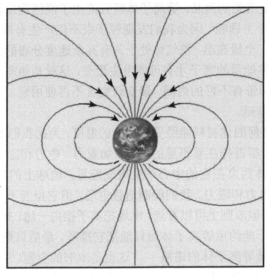

图 4.6　地磁场

磁力线是一种人为假设的数学曲线。电场或者磁场的存在仅可通过它们的作用力来探测。伟大的苏格兰物理学家詹姆斯 C. 麦克斯韦 (James C. Maxwell)[4] 创造了 "场" 的概念来描述超距作用。如果已知某一给定位置的场，就可以计算出这个场施加在那里的物体上的力。可以用任意数目的线来描述场的形状，在教材中通常会用铁屑在马蹄形磁铁周围的排列来演示磁力线，如图 4.7 所示。

图 4.7　通过铁屑演示马蹄形磁铁的磁场

磁力线有时叫做 "力线"，但是这是一个误称。磁力实际上**垂直**于线！指南针南北指向是因为它若不是南北取向，地磁场会把针的北极向一个方向推，而把南极向另一个方向推，直到针调节到南北取向为止。相似地，在马蹄形磁铁演示中，各个被拉长的铁屑就像一个微型指南针指向它所在处的磁场方向。明白磁力线代表什么是很重要的，因为磁瓶的工作原理严格地依赖于这些磁力线的形状。

永久磁铁的问题在于其最强磁场是在磁体中**铁的内部**，那里不可能放等离子体。幸运的是，我们能用电磁铁产生磁场。在图 4.8(a) 中，我们看到围绕圆柱形磁铁的磁场，它的形状和地磁场基本相同。在图 4.8(b) 中，我们用相同长度和相同直径的玻璃管代替圆柱形磁铁，在玻璃管外缠绕许多圈的导线。当导线和蓄电池那样的直流电源接通时，导线中的电流产生了一个磁场，其形状和圆柱形磁铁的磁场**相同**！现在我们可以把等离子体放进玻璃管**里面**，因为磁力线互相紧靠在一起，所以这里的磁场更加强大。

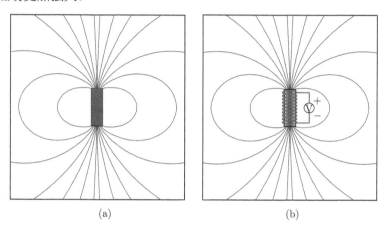

(a)　　　　　　　　　　(b)

图 4.8　环绕圆柱形磁铁的磁场 (a) 和环绕与磁铁同样大小电磁铁的磁场 (b)

现在我们可以继续来讲如何使用形状巧妙的线圈产生的磁场制造出所有的漏洞都堵住了的等离子体防漏磁瓶。

4.5.2　磁场能够约束等离子体吗？

当我们把一个告示贴用磁铁放在冰箱门上时，会感受到沿磁场方向有一个吸引力，另外，我们又说磁力是垂直于场线的。在解决这个明显的矛盾之前，先看看作用在粒子 (一个离子或者一个电子) 上的磁力应该是什么样的。这个力叫做洛伦兹力 [5]，它有五个主要特点：①它仅仅作用于带电的粒子；②它正比于磁场强度；③它对静止或者沿着磁力线运动的粒子没有影响，仅仅对垂直于磁力线运动 —— 即从一个磁力线到邻近的磁力线的运动 —— 的粒子有影响；④它既垂直于粒子运动方向也垂直于磁力线；⑤它的大小和粒子的电荷有关，并且对正电荷和负电荷的力的方向相反。事实确实是这样的，对一个静止的质子，它感受不到这个力。如果质子严格地沿着磁力线运动，它也感受不到这个力。如果质子穿越磁力线运动，磁场将会给它一个推力，不是往回推而是在垂直磁力线方向推开。一个离子和一个电子有相同数量但是符号相反的电荷, 那么作用于它们的洛伦兹力的方向也相反。我们将看到这将使质子和电子围绕磁力线做小圆圈的旋转运动。冰箱上的磁铁的拉力似乎是**沿着**磁场方向, 这是因为它们是永久磁铁, 情况更加复杂 [6]。

一个离子和一个电子在磁场中的轨道如图 4.9 所示。图中央的 × 表示磁场, 用 B 标记, 指向页面。箭头表明洛伦兹力, 无论何处它都垂直于粒子的运动方向和磁场方向。如果速度是常数, 这个力在任何地方以同样强度向内, 因此轨道是圆的。注意, 因为离子和电子携带的电荷相反, 它们是向相反方向运动。这好比玩**悠悠球**, 把球猛然抛开, 使它在头顶上做匀速圆周运动。绳子始终用同样的力向内拉悠悠球, 所以, 悠悠球做圆周运动。磁场的作用力就相当于那条绳子。这个旋转轨道称为**回旋轨道**, 因为第一个回旋加速器就是用这个原理把质子约束在圆形反应室内。它也叫做拉莫尔轨道, 在科学界将某个东西以某人的名字命名是不用付出巨大资金的。圆的半径叫做拉莫尔半径。

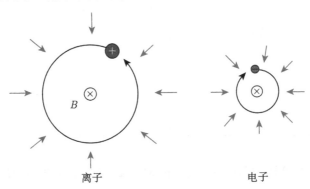

离子　　　　　　　　　　　　　　　　电子

图 4.9　一个离子和一个电子在指向页面的磁场 B 中的旋转轨道 (为了清楚起见电子轨道被极大地放大了)

由于磁力总是垂直于场的方向, 与磁力线平行方向运动的粒子不会受到磁场的影响。一个**磁化的**等离子体不像图 4.5 中所示的离子和电子可以在任何方向运动, 而是像图 4.10 所示, 带电粒子沿着它们的拉莫尔轨道旋转, 而在**磁场 B** 方向的运动是畅通无阻的。磁力线如同看不见的铁轨引导带电粒子运动。

拉莫尔轨道有多大? 在回旋加速器中, 因为质子的能量很大, 轨道尺寸就像大实验室那么大。在聚变反应堆中, 对半径 1m 的等离子体, 氘核的拉莫尔半径只有1cm。具有相同能量的电子的拉莫尔轨道远小于氘核的。你可能以为既然具有相同能量, 电子质量远小于氘核, 它的运动更加快, 因此它的轨道应大于氘核。然而, 速度较高则使轨道弯曲的洛伦兹力也较强。两个效应的结果是电子的轨道比氘核的小, 两者轨道之比是质量比的平方根, 在这种情况下大约是 1:60。为了看得清楚, 在图 4.10 中的电子轨道被极大地放大了。

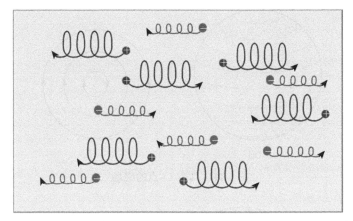

图 4.10 磁场中的等离子体示意图, 离子用 "+" 表示, 电子用 "−" 表示

由于这些回旋轨道与它们所处的等离子体尺寸相比太小了, 我们可以不必详细地追踪粒子的运动轨迹, 只需要关注拉莫尔圆的圆心即**导向中心**的运动。**在将来, 当我们谈到等离子体粒子的运动时, 也就是说讨论导向中心的运动。**

现在我们回到这个问题: "磁场如何约束等离子体?" 我们已经看到磁场不能施加任何力于粒子使它停止沿着磁力线的运动, 为此在某边缘处结束的磁力线不能防止等离子体撞击器壁[7]。另外, 因为磁力只是简单地使带电粒子围绕磁力线在小拉莫尔轨道旋转, 等离子体不能穿越磁力线。显而易见的答案就是制造具有相互靠得很近却没有终结的磁力线的磁场 —— 这就是磁瓶最原始的设计思想!

4.5.3 甜甜圈的孔

看看地球仪上那些没有起点, 也没有终点的圆。纬线围绕地球成一圆 (图 4.11)。经线南北延伸直到极点, 然后继续通向地球的另一面 (图 4.12)。为什么我们不能制造一个具有由北到南或者由东到西磁力线的球状磁瓶呢? 下面就讲为什么。如果我们在图 4.11 中往北极看, 磁力线的圆是越来越小。由于圆圈两边的磁场方向是相反的, 有相互抵消的倾向, 越靠近极点, 磁场越弱。精确地说, 在极点的磁场必须是零, 因为它不能同时具有两个方向, 这叫做 O-型空值 (null)。在极点由于没有磁场约束, 等离子体会逸出。现在我们来看另一种位形, 即磁力线与经线相似, 图 4.12 显示磁力线在两个极点是彼此相向 (或背向), 或以一定角度互相交叉。再说一遍, 在极点由于磁场不能同时朝两个方向, 它必须是零值, 这叫做 X-型空值。一个简单的拓扑等价球体是不能用作磁瓶的。极点是大漏洞, 因为那里没有磁场约束等离子体。

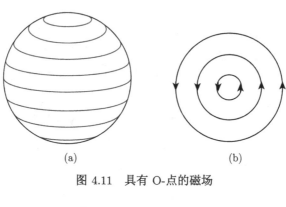

图 4.11 具有 O-点的磁场

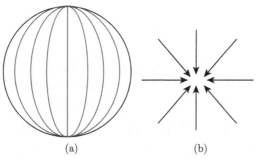

图 4.12 具有 X-点的磁场

能约束等离子体的最简单的磁场位形是如图 4.13 所示的三维的像轮胎或者甜甜圈的有圆孔的圆环, 数学家称它为双连接空间。无头无尾的闭合磁力线分布在反应室中, 使离子和电子无法通过沿着磁力线的运动逸出反应室。这种闭合磁力线具有两种形式: 其一是**环向**磁力线如图 4.13(a) 所示, 它们穿行在环绕着孔的大环面; 其二是**极向**磁力线如图 4.13(b) 所示, 它们是一些不环绕孔的小圆环。记住, 磁力线只是表示磁场方向的图示法, 有无数条的磁力线。环面充满了磁场, 因此原则上环内的等离子体是不能逃逸的。只要磁力线不漫游出环面, 离子和电子的导向中心只能简单地沿着磁力线运动而永远不会碰到器壁。

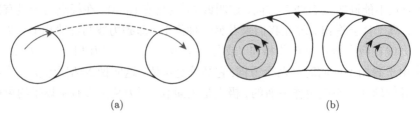

图 4.13 环向 (a) 和极向 (b) 位形中环面的闭合磁力线

现在想象在同一个环面既有环向场又有极向场。走长线的环向磁力线同时也环绕小圆环转, 如同老式理发店的招牌或者棒棒糖上红白相间的条纹。磁力线看起来像围绕灯柱旋转伸缩的弯曲 (Slinky®) 玩具, 它螺旋线弯曲成一个圆。一般的环向磁场和极向磁场都不能约束等离子体。把它们组合成螺旋形是制造磁瓶艺术的开始, 因为磁场不能停止粒子的纵向运动, 为了避免它们与器壁相撞而终止运动就必须这么做。

4.5.4 为什么磁力线必须扭曲

直圆柱形的磁力线弯曲成环, 这样磁力线就不会和器壁相碰了, 但是几种环形效应的第一个效应发生了。在图 4.8(b) 中, 我们已经看到电磁体的线圈通电流时可以产生磁场, 在线圈内部也有磁力线。如图 4.13(a) 所示, 当我们把圆柱弯成环, 线圈也必须弯成环状产生图 4.14 所示的位形。每一个线圈的电流沿着箭头方向运动, 产生一个纯粹环向的磁场, 图中画出了两条磁力线。注意, 线圈在近环孔的内侧会挤在一起。电流的聚束使 A 点的磁场比离甜甜圈孔较远的 B 点更大。环内侧的磁场总是比环外侧的大, 这是一个直圆柱形磁场不会发生的环向效应。这个环向效应的结果是带电粒子不再以完美的圆圈做旋转运动。让我们来看图 4.15 环横截面右边一个离子的轨道。通常, 它是在圆形轨道上顺时针回转, 但是现在它的轨道已经畸变成螺旋状。记住, 它是洛伦兹力使粒子回转, 这个力和磁场强度成正比。这个离子在轨道左侧感受到比在右边更强的力, 右边的场较弱, 因此在内侧它将更紧地旋转, 结果是如图中所示离子的导向中心向下漂移。电子有负电荷, 所以电子是向上漂移, 和离子的回转产生相反的结果。

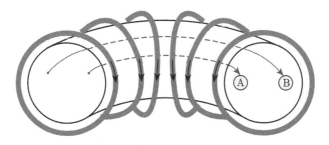

图 4.14　产生环向场的线圈

这里把这个漂移大大地夸张了, 不过它确实在等离子体中有巨大的影响, 如图 4.15 所示, 正电荷集合在下面, 而负电荷集合在上面。电荷的这种聚束将产生一个电场, 其方向是从下面的正电束到上面的负电束。我们将看到, 这一个垂直电场将把整个等离子体推向壁外。这种简单的磁瓶不能用!

这个问题很早就被意识到了。著名的天文学家莱曼·斯必泽 (Lyman Spitzer, Jr.) 在加米施–帕滕基兴 (Garmisch-Partenkirchen) 穿着长长的滑雪板滑雪时想到了问题的答案。斯必泽是斯必泽空间望远镜的提出者, 原名为空间红外望远镜设备, 在他死后, 为了纪念他, 命名为斯必泽望远镜, 并最终进入太空轨道。斯必泽的答案就是把圆环扭曲成 8 字形饼干的形状, 如图 4.16 所示, 这是磁约束聚变的先驱。

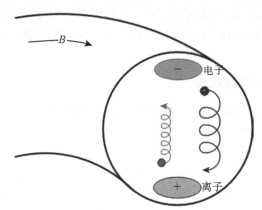

图 4.15　在环向装置中的粒子漂移

　　一个沿着图中所画的磁力线 B 点开始运动的粒子, 感受到左边的磁场比右边的更强。当它到达 A 点时, 右边的磁场比左边强。这和图 4.14 的圆环有区别, 那里强磁场永远在同一边。让我们仔细地看看图 4.16 的两个截面。

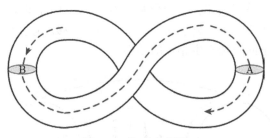

图 4.16　扭曲的圆环

　　图 4.17 是图 4.16 中两个截面的放大图。截面 A 和图 4.15 中的那个截面相同, 磁场与页面垂直向外, 离子向下漂移。截面 B 在扭曲的圆环的另一边, 图中用空心箭头示出的磁场**也是垂直页面向外的**, 而不是像在圆形环面中那样垂直页面向内。因为磁场方向相同, 离子在 B 截面和 A 截面中都是沿顺时针方向回旋。然而, 在 B 截面强磁场是在轨道的右侧, 因此离子向上漂移而不是向下漂移。这样, 当离子沿着 8 字形的磁力线运动时, 垂直漂移相互抵消, 使电荷分离的悲剧原则上不会发生。

　　斯必泽把这种磁瓶叫做**仿星器**(stellarator), 意为模拟星球中聚变产能的条件。在 20 世纪 50 年代, 普林斯顿大学的等离子体物理实验室建立了一组 6 个 8 字形仿星器用于测试这种约束理论。1958 年在日内瓦的和平利用原子能会议上展出了一个 8 字形仿星器的模型 (图 4.18)。在这次会议上热核聚变被解密，不同国家展示了他们的发明。从这个模型中可以清楚地看到一个个携带电流产生磁场的线圈。反应室中还有一个电子枪，其发射的电子跟踪磁力线的行为明显可见。除了这个模型以外，一个完全真实运转的仿星器也被运到日内瓦在美国展厅安装展览。俄国人骄傲地展示了他们的第一个人造卫星 (Sputnik satellite)，但是他们的聚变展览却是一大块平淡的、难以理解的黑色铁块，叫做**托卡马克**。很多年以后世界才认识到，这个托卡马克才是日内瓦真正的明星。

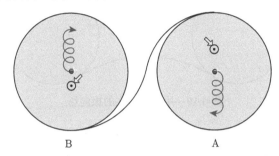

图 4.17 在 8 字位形圆环中粒子漂移的相互抵消

图 4.18 一个 8 字形仿星器的演示模型

4.6 映射，混沌和磁面

制造 8 字形仿星器是艰难的，特别是线圈必须足够精确才能使磁力线不偏移出壁[8]。然而，研究人员很快认识到不用扭曲整个圆环就能够产生所需的磁力线扭曲。前面我们说了环形磁瓶的磁力线被扭曲成像拐杖糖的条纹。如果我们把它们分解成为图 4.13(a) 的**环向磁力线**和图 4.13(b) 的**极向磁力线**，就更容易直观地理解这种螺旋磁力线是如何产生的，即把两种形式的场加在一起就得到螺旋形的磁场。我们能够用如图 4.14 那样的线圈产生环向磁场。图 4.19 显示怎么产生极向磁场。围绕环面放置若干环箍, 图 4.19 展示了其中两个环箍。如果每个环箍通有水平箭头表示的环向电流, 就会产生一个环绕它本身的磁场, 磁场方向由绕着箍的小圆圈上的箭头所示。这个场扩展到等离子体内部就近似极向。想象有无数个这样的环箍覆盖在环的表面。它们在等离子体内部的磁场叠加在一起给出一个完全的极向场, 如图中虚箭头所示。

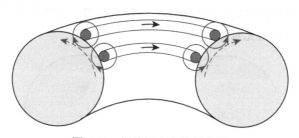

图 4.19　用线圈产生的极向场

无疑你会注意到这里的互补性: 极向缠绕的线圈产生环向磁场 (图 4.14), 而环向缠绕的线圈产生极向磁场 (图 4.19)。在环面的环向磁场和极向磁场加在一起形成螺旋形磁力线, 同样, 极向缠绕和环向缠绕组合成螺旋缠绕! 一个这样的缠绕圈示于图 4.20。点线表示螺旋磁力线。因为它含有环向和极向两个成分, 最初它靠近上部而后到了另一个截面它在下部了。现在来看一个离子的行为 [9]。在右边, 一个离子开始向上漂移——不是如图 4.17 所示的向下漂移——因为这里画出的磁场是向着页面**内**而不是由页面向**外**。当离子到达左边时, 它仍然向上漂移——不是如在 8 字形仿星器中的向下漂移——这正好, 因为离子在靠近底部, 向上漂移可以把它从器壁带回。因此现在有两种方法, 不论 8 字形仿星器或是由螺旋形线圈产生螺旋形磁力线的仿星器都能够抵消由把圆柱弯成环形引起的离子和电子的可怕的垂直漂移。

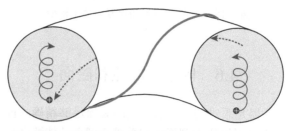

图 4.20　螺旋缠绕 (线圈) 和在螺旋场中粒子的漂移

我们是从这样的概念开始的, 即磁力线必须是连续的, 所以粒子永远沿着它们运动不能离开磁阱。当然, 磁力线不必正确无误地头尾相接, 重要的是磁力线不能碰到器壁。一般来说, 磁力线自己不会头尾相接的。磁力线环绕环面大回路一圈后与截面相交于不同的点。用一个虚拟的玻璃片切割环面，我们观察磁力线和这个截面的相交情况如图 4.21 所示。假定磁力线和截面相交在点 1。在环面绕行一次后，它和截面可能相交在点 2。连续不断地绕行，和截面连续相交于点 3，4，5，6 等。第 7 次相交可能几乎和点 1 重合，但并不是说一定要和点 1 重合。定义一个映射函数来描述通过截面上任何一点的磁力线下一次和这个截面再相交的位置，也就是说，通过点 2 的磁力线下一次必定落在点 3 附近。磁力线无规则地穿越整个截面无须一定要回到原处。只要磁力线不碰到器壁，等离子体就一直被约束着。

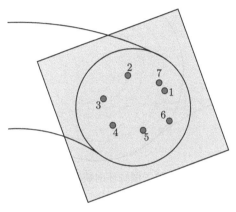

图 4.21 磁力线的映射

在这一点上，我们要定义一个对理解扭曲磁场很有用的量：**旋转变换**。它描述磁力线在横截面小回路绕一圈所对应的围绕环面大回路绕行的平均次数。在图 4.21，假定点 7 和点 1 刚好重合，那就是说，磁力线要绕着大回路绕行 6 次才在横截面上转 1 圈，则旋转变换大约为 1/6。磁力线在横截面上的轨迹不必是完美的圆形，而且相交点也不必是均匀分布的。旋转变换是磁场扭曲了多少的平均量度。

无疑你曾经听过快速计算机发明以后发展出来的分形和混沌理论，是磁瓶中磁力线的映射促进了这些概念的发展。理论上，设计和制作都非常好的仿星器线圈所产生的磁力线每次以不同角度返回到横截面上，它们的交叉点的轨迹应该是完美的圆形。由于螺旋线圈的圈数是有限的而不是无限的，这个圆发生了畸变，比如说变成三角形，每条磁力线每次返回必在这一个三角形中通过。实际生活中，磁线圈不是完美的，总有小的瑕疵。这些瑕疵能引起映射中很大的混乱，导致奇怪的吸引子，许多点会向这个特别的地方聚集，或者是我们将在后面讨论的磁岛，又或者点的分布完全混沌。在仿星器中，这个游戏的名字是形成**嵌套磁面**，在这个磁面中，磁力线总是在同一个表面而且和每个横截面相交在同一个曲线上，磁力线相互之间不能相交。一个理想情况如图 4.22 所示。一旦一个离子或者电子出现在磁面，不管它围绕环面运行千次万次，它都会一直处于那个磁面不能离开。这些表面不必是圆的，但是它们永远不会互相接触或者重叠，因此等离子体能够保持被磁场俘获。(各个螺旋磁力线在托卡马克中形成一个个嵌套的闭合拓扑环面，这些环面被称为磁面。)

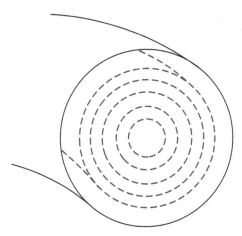

图 4.22　嵌套磁面 (当粒子围绕环向装置时，粒子处在磁面上)

　　一个仿星器需要这样精密的建造以致在早期它们不能保持等离子体很久。在第 5 章我们将介绍托卡马克。当然，它是一个双连接的环型装置，包括环向场磁体及极向场磁体，但是它的极向场不是由外部线圈产生而是由等离子体本身的电流产生，这就允许它具有自我修复功能去克服结构上小的不完美。

注　　释

　　1. The difference between "weight" and "mass" is purposely ignored at this point.

　　2. 1 K is the same size as 1℃(also called Celsius) and about twice (actually 9/5) as large as 1°F. The only difference between kelvin and degree centigrade is that kelvin is measured from absolute zero (−273℃), while degree centigrade is measured from the freezing point of water. Fahrenheit is measured from an archaic point such that water freezes at 32°F. At −40℃, the temperature is the same in both ℃ and °F. When we are dealing with millions of degrees, the 273℃ difference between K and ℃ is totally insignificant, and even the factor of 2 difference between K and °F can be ignored unless you are a scientist. The average person couldn't care less whether the sun is at 1 million degrees or 2 million degrees; it is just hot beyond comprehension.

　　3. These are the particles of the Van Allen belt.

4. "Clerk" is pronounced "Clark."

5. For those who prefer a formula, the Lorentz force is $\boldsymbol{F}_{\mathrm{L}} = q(\boldsymbol{v} \times \boldsymbol{B})$, where q is the charge and $\boldsymbol{v} \times \boldsymbol{B}$ is the cross-product between the vectors for the particle velocity and magnetic field, respectively.

6. Refrigerator magnets seem to have a force in the direction of the magnetic field coming out of them. The reason permanent magnets do not move sideways like a charged particle is that they are macroscopic objects which feel the sum of the forces on all the individual atoms in them. If we cut the magnet in Fig. 4.8(a) horizontally, we get two bar magnets which attract each other directly. But permanent magnets are made up of small current loops like the large one in Fig. 4.8(b). Suppose we divide that large coil into two coils, one on top of the other, with a gap in between, each coil represents one permanent magnet. Now consider the force between the loops just above or below the gap. The electrons inside the wire carry the current in the circular (azimuthal) direction. The magnetic field of the upper loop flares out so that, *at the position of the lower loop*, it is partly in the radial direction. The Lorentz force on the electrons in the lower loop is then perpendicular to both the azimuthal and the radial directions, and it is therefore in the vertical direction. The two coils will then attract each other. Thus, the force *appears* to be in the direction of the field of the entire system.

7. Magnetic mirrors are an exception. They will be described in Chap. 10.

8. Modern stellarators are still a major option being developed. These will be described in Chap. 10.

9. For those who want to follow this more closely, the direction an ion gyrates in its cyclotron orbit is given by the right-hand rule. If the thumb of the right-hand points along the magnetic field, curled fingers will point in the direction an ion gyrates. Electrons will gyrate in the opposite direction, to the delight of lefties. Similarly, if the thumb points in the direction of a current, the magnetic field it generates will point in the direction of the fingers.

第 5 章 磁瓶的完美化[*]

5.1 一些很大的数

第 4 章讲述了许多信息, 在这里扼要重述一下。如果想要像太阳和其他恒星那样通过氢聚变生成氦的方式获得能源, 则必须生成由氢离子和电子组成的等离子体, 并把它约束在磁瓶中。这是因为等离子体温度太高, 因此不能用任何固体材料来限制。用磁场约束等离子体粒子的方法是让粒子只能沿着叫做拉莫尔轨道的封闭圆圈转动, 而不能横越磁力线。由于离子和电子在沿着磁力线方向的热运动是不受磁场限制的, 因此磁容器的形状设计成环形, 就像中空的甜甜圈那样, 以便于磁力线形成一圈一圈的圆圈不会碰到器壁。同时, 磁力线还必须扭曲成螺旋形以避免粒子的垂直漂移, 这种漂移只发生在环形磁场结构中, 而在长圆柱形中不会发生。在理想的情况下, 每条磁力线多次连续地沿环面绕行而不会回到原处, 最后编织成 "磁力线面", 简称 "磁面"。等离子体则被约束在这些嵌套的磁面中永远不会与器壁相碰。但通过本章和后几章的阅读后, 当读者对这些看不见的非物质容器的本质有更多了解的时候, 这种理想情况的图像就会被逐步修正。

我们已经有了有关磁瓶的基本的概念, 那么它有多大, 有多强, 它必须有多精确呢? 太阳有巨大的引力可以把等离子体约束在一起, 但在地球上可以利用的资源是非常有限的。要使聚变能成为主体能源需要非常大的聚变反应堆: 环面本身的直径也许是 10m, 再加上所有必要的组件, 整个反应堆将大到像一个四层楼高的建筑物。

本书稍后的工程部分将给出一张比较清晰的图片。然而, 目前研究等离子体约束的实验一般采用更小的装置。比如, 8 字形仿星器仅仅大约 3m 长。现代环向实验装置的尺寸大约是反应堆实际尺寸的一半或者四分之一。

在太阳内部的等离子体温度大约是 0.15 亿 (1.5×10^7) 度, 聚变反应堆的温度需要比它高大约 10 倍——1.5 亿 (1.5×10^8) 度。用电子伏 (eV) 作为单位处理这些数更容易。记住 1eV 代表的能量大小大约是一个分子的束缚能。我们知道气体温度和气体中分子平均能量有关。已经证实 1eV 相当于温度为 11 600K 或近似等于 10 000K 的气体中粒子的平均能量。因此可以把 150 000 000K 的温度用 15 000eV 或者 15keV 来表示。其含义是气体粒子具有 15keV 量级的能量。通常说起温度, 我们马上会想到这是华氏温度 F, 摄氏温度 ℃ 或开氏 K(绝对) 温度。但在此处只是

---

[*] 上标表示列在本章尾的注的编码, [ ] 表示在本章尾的参考文献编码。

一个对粒子能量的概述。我们不是真的要知道太阳究竟是 1000 万度或者 2000 万度! 华氏和摄氏温度差别小于两倍, 摄氏和开氏温度差别也仅是 273 度, 其差别之小在此并不重要了。

为什么我们要求等离子体温度高于 10keV 呢? 因为参加反应的原子核都带正电, 彼此之间互相排斥。粒子必须具有极高的动能, 才能克服这种排斥作用穿越所谓的库仑势垒, 使彼此接近到足以发生聚变反应。为了使粒子达到如此大的动能, 必须将它们的温度上升到上亿摄氏度。在第 3 章, 我们说了热等离子体比快离子束是一个更好的解决方案。这里给出更多的细节。图 5.1 是氘氚聚变反应概率和以 keV 为单位的离子温度的关系曲线 [1]。注意, 几率峰值出现在 60keV 附近, 但并不意味着离子温度必须那么高, 因为离子按高斯能量分布。当离子在 10keV 时, 图 4.4 中分布曲线的尾巴, 对应 40keV 左右, 就有足够的离子数可以迅速地发生聚变。值得注意的是太阳的温度是 2keV, 因此反应率很低, 导致离子要经历百万年左右才有聚变的机会。但是地球上的我们可没有那么长时间保持等离子体的存在!

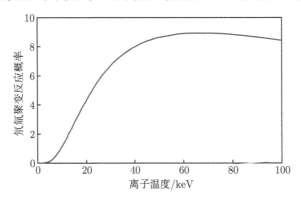

图 5.1 氘氚聚变反应概率对离子温度作图

到底我们可以保持等离子体多长时间? 因为等离子体总是寻找机会逃逸, 磁瓶不能永远约束等离子体。图 5.1 显示, 温度越低, 聚变概率越低, 那么需要的等离子体约束时间也必须越长。等离子体密度 (n)、离子温度 (T_i) 和约束时间 t 的关系由劳森 (J. D. Lawson) 得出, 被称为**劳森判据**。图 5.2 是劳森判据的一种表示形式。劳森判据要求密度和约束时间的乘积 $(n \times t)$ 必须大于一个随 T_i 变化的值。图中有两条曲线, 下面一条, 标有得失相当 (BREAKEVEN), 代表**科学的**得失相当, 即聚变能量和产生等离子体所需的能量刚好平衡。真实的得失相当还应该包括反应堆运转中所有消耗的能量, 因此其 nt 值会更高。上面一条标有点火 (IGNITION) 的曲线, 是维持等离子体自加热状态所需要的 nt 值, 在这种情况下, 等离子体不用再从外界获取能量就可自加热。这是因为氘氚反应产物之一 (图 4.3) 是一个带电的 α 粒子 (氦核), 它被磁场俘获, 而且留在等离子体中通过碰撞把聚变反应产生的能量传递给氘氚, 从而保持加热状态。很清楚, 研究聚变的目的就是达到点火, 而且当前的计划是建立一个能够产生足够 α 粒子的实验装置以观察自加热情况。

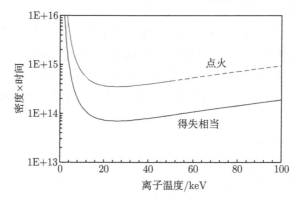

图 5.2 氘氚聚变的劳森判据 (熟悉聚变者知道, 纵坐标是 $n\tau_{E}$, 能量约束时间以 s/cm³ 为单位。曲线根据 Bosch 和 Hale[1] 的近代数据和假定热转换率为 30% 重新计算过。时间 τ_E 考虑了电磁场辐射的损失, 比这里作为粒子约束时间 t 更真实, 因为它包括电磁辐射形式的损耗)

到此我们能够回答关于等离子体必须约束多久的问题了。图 5.2 中的得失相当曲线说明 nt 必须**不小于** 10^{14}s/cm³(图中用 1E+14 标识)。合理的等离子体密度 n 的值是 10^{14}cm⁻³(每立方厘米有 100 万亿的离子–电子对), 因此 t 在 1s 量级。这就是说必须把等离子体约束在磁瓶中不少于 1s, 而不是像太阳那样百万年。在密度没有这么高的情况下, 我们已经能实现 1s 的约束了。回忆当初 8 字形仿星器得到的约束时间大约是 1μs, 我们确实要感谢聚变的进展。我们的工作得到了 100 万倍的回报。

使等离子体约束在仿星器中, 磁场必须非常仔细地构建。图 5.3 示出一个离子在它发生聚变碰撞以前走的平均距离, 即平均自由程, 以公里为单位 ²。曲线的最低点在离子能量大约 60keV 之处, 因为图 5.1 中聚变反应概率的峰值是在这个位置。如上面所解释的, 离子在更为普遍的 40keV 能量时, 绕着环面一圈一圈转动, 几乎走了整个地球的周长! 人们也许认为磁瓶不可能做得如此精确, 但是事实证明约束**单粒子**是不成问题的。毕竟, 原子加速器的储存环能够约束质子几小时甚至几天。环向聚变实验没有如在粒子加速器中那样用聚焦磁铁, 但是即使在原始仿星器 [3] 中已经证明电子能被约束旋转上百万圈。因为离子和电子能够相互合作形成它们逃逸的路径, 约束**等离子体**确实更难, 但是磁场的精度并不是问题的所在。

到目前为止, 我们只考虑了磁场的形状, 但没有考虑磁场的强度。等离子体作为一种热气体会产生很大的压力, 那么磁瓶必须足够强才能经受这个压力。如何用我们日常的经验来描述这个压力呢? 压力是密度乘上温度。首先让我们先谈谈温度。室温大约 300K, 用电子伏表示是 300/11600=0.026(eV)。一个典型的聚变等离子体的温度是 15keV, 比室温高大约 60 万倍。幸好, 密度比较低。大气密度是 3×10^{19} 分子/cm³, 而聚变等离子体大约为 2×10^{14} 粒子/cm³, 大约是大气密度的十五万分之一。净结果是 60 万/15 万, 也就是说磁场必须承受 4 个大气压的压力。这个压力相当于水龙头的出水压力或者潜水员在 40m 深处感受的水压。众所周知, 1 个大气压大约 1kg/cm² 或者 15lb/in²。4 个大气压不算大, 但是它必须由无质量的磁场来施加的! 磁场的强度是用特斯拉 [Teslas(T)] 来量度的, 一个特斯拉是 1 万高斯 (G), 高斯是过去比较熟悉的单位。磁场能够施加的压力大约为 4atm/T。因此, 约束聚变等离子体需要的磁场强度是 1T(1 万高斯)。这是一个保守的数字, 实际装置的磁场强度高达 3T。作为对比, 地磁强度大约是 0.5G 或者冰箱备忘录的磁贴强度是 4G, 而磁共振成像仪 (magnetic resonance imaging, MRI) 大约是 1T。在 MRI 实验期间你能听到磁场因为振荡而引起仪器部件的格格声和嗡嗡声。产生 1T 磁场需要巨大的, 由铜线缠绕组成的重 "线圈" 或者嵌在固体材料中的超导体。对聚变实验来说这些都是不成问题的常规工作。尽管是磁场施加压力到等离子体, 但维持磁场的是通电流的线圈, 最终承受压力的也是这个线圈。这些也都没有问题, 因为在任何情况下制造的线圈都必须是相当坚固的。

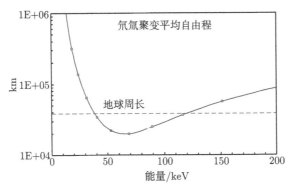

图 5.3 在密度 10^{14}cm⁻³ 时, 聚变离子平均自由程和能量的关系

5.2 不稳定性: 美中不足

到此为止, 我们还没有遇到无法克服的问题。我们能建一个螺旋形磁场的环面和嵌套磁面约束等离子体。我们知道怎样制造产生 1T 磁场的线圈用以承受等离子体压力。因为磁场产生的磁压随磁场强度的**平方**增加的, 即使等离子体压力高达 3~4 大气压, 场强只需要翻一番即变为 2T 就足以对付**4 倍**多的等离子体压力。非常早期的实验 [3] 已经说明环向场可以约束单粒子绕环面转百万次。我们将看到, 如果等离子体的行为像普通气体, 劳森判据 nt 乘积是容易达到的。问题是等离子

体不是普通气体而是一种特殊的脾气很坏的气体。

我们以前说过 "等离子体" 是一个使用不当的名字, 因为等离子体实际上不容易成型和定型。大自然讨厌真空。磁场是一种真空。等离子体试图穿越磁场扩展到容器的所有角落。虽然磁场把离子和电子限制在拉莫尔轨道旋转, 使得各个粒子**自己**不能穿越磁力线, 但是粒子的集合能形成逃逸的途径。这是因为粒子是带电的而且能成团聚集在一起产生电场, 这些电场能使等离子体穿越磁力线。等离子体的行为不像粒子集合那样每个粒子只管自己活动, 它更像流体 (如空气或水)。由于粒子带电, 等离子体能玩魔术师胡迪尼 (Huudini) 的脱身把戏, 而空气或水不能。像一个蚁群, 它可以完成单个蚁做不到的事。言归正传, 这些逃逸称为**不稳定性**, 就是这些不稳定性使聚变至今发展很慢。多年来, 不稳定性的研究一直是等离子体物理学技术文献的主题。在描述不稳定性以前, 我们必须讲述更多有关等离子体的特性。

5.3 作为超导体的热等离子体

离子和电子的相互碰撞, 和台球不同, 因为它们有电荷。同种电荷会互相排斥, 因此一个离子在向另一个离子靠近时, 在它们还没有真正碰到一起前就会因相互排斥而偏离。当然偶然的也会有迎头聚变碰撞, 但很少。大量长程碰撞的结果是速度的最可几分布, 也就是图 4.4 所示的麦克斯韦分布。电子也是一样, 只是因为电子比较轻, 因此在同样的能量下速度比离子更快。电子速度也遵循麦克斯韦分布。电子的温度并不一定要和离子的温度相同。我们加热等离子体通常是选择性地加热其中一种粒子, 比如使电流通过等离子体是加热电子, 所以电子温度 T_e 比离子温度 T_i 更高。一个等离子体同时有两种温度 T_e 和 T_i, 如果在等离子体中同时还有其他种类的粒子的话, 可以有更多不同的温度。一个等离子体同时有两个温度, 这种情况看起来似乎不寻常, 但是想象在冷的房间里打开加热器的情况。当家具还冷时, 空气却已经热了。所有东西达到同样温度需要经历一段时间。尽管等离子体中离子和电子是混在一起的, 但因为它们碰撞机会很小而且质量差别很大, 它们之间的热交换相当慢。通常在它们和其他粒子达到热平衡之前就离开了容器, 然后容器中出现再生的等离子体。一般情况下, T_i 不同于 T_e。

当一个电子和一个离子碰撞时, 因它们电荷不同而相互吸引, 电子将围绕着离子做轨道运行, 就像彗星绕着太阳转那样。这些碰撞将使 T_e 和 T_i 趋向平衡, 但是需要很长的时间, 其原因是电子比离子轻很多, 所以每次碰撞交换的能量很少。一般来讲, 粒子在等离子体中不可能停留足够长的时间, 使得 T_e 和 T_i 达到平衡, 所以温度通常是不同的。

粒子没有真正接触的碰撞是什么意思呢? 这种碰撞可以用粒子路径被偏转了多

少和它们的能量改变了多少来量化。在这种有距离的碰撞下，各个粒子在它们互相靠近的时间里感受到其他粒子的电场。当粒子运动很快时，这个时间是很短的。比如，一个具有 10keV 能量的电子是如此之快地经过一个离子，使得离子电场来不及让电子转向或者改变它的能量。对热等离子体来说，这是合理的，因为粒子的速度太大很难发生任何碰撞；换句话说，热等离子体就是超导体。即使只有 100eV 温度的等离子体其行为也像超导体。我们称它为**无碰撞等离子体** (collisionless plasma)。碰撞可以忽略使得理论变得更简单，早期的许多工作都是讨论无碰撞等离子体的。在很多情况下，这是很好的近似，因为一个电子在进行有效碰撞以前能够绕着环面转很多次。一直到发展了磁约束以后，人们最终意识到这些弱碰撞完全不能被忽略。

5.4 等离子体怎样在电场中运动

在第 4 章中，我们看到环向场中的离子和电子回转的导向中心由于磁场的不均匀会产生垂直漂移，即磁场在水平方向变化。原因是粒子在拉莫尔轨道两边感受到不同强度的磁场。在存在**电场**时会发生一个类似的效应，如图 5.4 所示。在图中，磁场 (B 场) 方向由纸面向外，而电场 (E 场) 方向从左到右。首先考虑正离子。它本想沿着正常的圆形路径运动，但是 E 场把它推向右边。正离子具有较高能量，它的轨道也就较大。当它向左转回时，它的运动方向与 E 场相反，因此运动变慢，它左边的轨道变小。很明显会引起轨道中心 —— 导向中心向下漂移。现在考虑左边的电子。由于它具有相反的电荷，它是沿反时针方向而不是顺时针方向旋转，E 场把它推向左边而不是右边，所以它也向下漂移。此外，由于电子较离子轻，所以运动比较快，在同样时间内它环行的圈数更多，最终它的向下漂移是和离子相同的! 这个结果说明粒子有一个 $E \times B$ 漂移，这个漂移**既垂直于 B 场也垂直于 E 场，对离子和电子来讲都以相同的速度和相同的方向漂移，和它们的能量无关。**

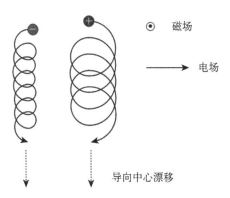

图 5.4 电子 (左) 和离子 (右) 穿越电场和磁场的漂移图解

　　这似乎很奇特，当你向一个方向推粒子，而粒子却往垂直方向运动，其实和玩具陀螺是一样的道理。重力垂直往下拉陀螺，但是陀螺在水平进动。如果跟随旋转环上的一点，你将发现在重力的拉动下整个环向旁边移动，正如图 5.4 中的轨道运动。滚铁环可以走很远而不摔倒也是相同的效应。如果这个环开始向左倾斜，重力往下拉环，而陀螺效应将让环转向右，使它一直往前走。自行车的前轮也利用了这个效应，但这仅是一个方面，自行车整体有较强稳定的力。

5.5　瑞利–泰勒不稳定性

　　把一个矿泉水瓶瓶口往下翻转，水马上就流出来了。为什么？不是有 $15lb/in^2$ 的大气压存在吗？原因就是瑞利–泰勒不稳定性，如图 5.5 所示。如果水的下表面是完美的平面，大气压或许能托住水不落下。相反，如果表面存在小小的涟漪，涟漪的顶部比其他地方的水压稍微小一点，那么涟漪上的水重和大气压之间的平衡就被打破了。涟漪越大，不平衡就越大，而涟漪很快长大，最后形成一个大气泡升到顶上，水就从涟漪下面流出。如果你把一根充满水的管子的一端捏住，水不会流出来，因为表面张力防止了界面的变形。我们很快就会看到，一个类似的不稳定性在**磁压力约束**的等离子体中发生。

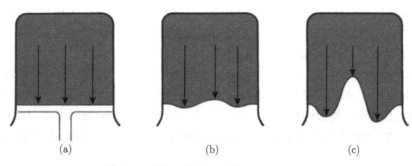

图 5.5　瑞利–泰勒不稳定性的形成和发展

　　不稳定性经常由正反馈激发。在实际生活中有许多例子。例如，麦克风尖叫声的发生是因为扬声器发出的音调馈送到麦克风，而它对音调非常敏感。经音响系统放大后，从扬声器播出的音调大了一点，然后扬声器再驱动麦克风使其更强，导致发出了尖叫声。林火的产生也是不稳定性的一个典型例子。小火烘干了周围的木头使这些木头更容易着火。较大的火烘干了附近更多的木材，一旦开始燃烧，就越烧越猛。不稳定性的扩展如同野火蔓延。股票市场不稳定性有两种方式，市值上升或者下降导致更多的人买或者卖。当雪地的雪融化或者升华时，常见一种更细微的不稳定性产生的雪杯，如图 5.6 所示。

　　如果太阳均匀地照在一个具有理想平面的雪地上，雪将均匀融化，保持平滑的表面。但实际上从来不是这样的，因为雪中有涟漪。雪中的低洼将使太阳光散射到它的壁上，使它们加热。洼越深，光能量沉积越多，加速了融化。一个雪杯可以由一个小枝或者小卵石开始，它们是黑色的，能够吸收更多的热量。因为系统中经常有缺陷或者噪声，不稳定性也将经常发生和发展。如果系统一开始是比较完美的话，不稳定性将在更长的时间后才会发生。

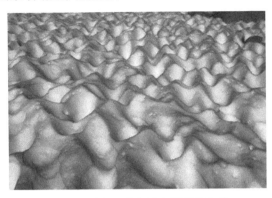

图 5.6 雪杯：融化雪中的不稳定性

使磁瓶不漏的主要障碍是不稳定性。等离子体中存在许多的不稳定性，首先就是要弄清楚这些敌人。人们最先了解的第一种不稳定性就是类似于流体动力学中的瑞利–泰勒不稳定性。等离子体几乎没有重量，因此这种不稳定性不是重力而是压力驱动的。为了弄明白它的原理，我们必须把 $E \times B$ 漂移的概念扩展到其他力引起的漂移。你也可以跳过下面两张图继续阅读这种不稳定性是怎样被稳定住的。

图 5.7(a) 和图 5.4 是相同的，但省略了回旋运动轨迹，仅显示由电场引起的导向中心漂移。在图 5.7(b) 和 (c) 中，E 场转向不同方向，相应的漂移也随之转向了。在图 5.7(c)，向下的 E 场施加于离子。如果我们施加另外一种向下的力，比如加一个压力到离子上，离子也将向左漂移，如图 5.7(d) 所示。注意，现在在电子和离子以相反方向漂移。电场漂移的方向对两种粒子是相同的，原因是电场力和磁场的洛伦兹力两者都取决于电荷的符号，它们彼此相互抵消了。然而，压力的作用与电荷无关，对电子和离子都是同一个方向，而洛伦兹力则依赖于电荷，因此相互抵消不会发生，因此压力漂移取决于电荷的符号。

图 5.8(a) 显示的是等离子体边界的一部分，当界面是完全平滑，如图 5.5 中最左边的例子，上面是等离子体，下面是仅有磁场的真空。磁压力挡住了等离子体的压力如图 5.5 中水被大气压力托住一样。在这种情况下试图将高密度的流体推入不太致密的流体的力不再是重力而是等离子体压力。按照图 5.7，等离子体压力会引起离子向左漂移而电子向右漂移。只要等离子体表面光滑平坦，这些漂移完全无害，磁场仍能堵住等离子体使它不漏。假定表面出现了一个小小的涟漪，像水中的

瑞利–泰勒不稳定性一样，图 5.8(b) 告诉我们将会发生什么。可以看到，向左漂移的离子堆积在涟漪右边，而向右的电子堆积在左边。堆积的电荷产生一个指向左边的 E 场，如图 5.8(b) 所示。从图 5.7(b)，我们看到 E 场引起离子和电子向上漂移，因此使涟漪增强。这些涟漪或者泡泡在指向进入等离子体的 E 场力的推动下更不稳定，结果是往外逐出等离子体，如同图 5.5 的情况。原来被磁场约束的等离子体通过它自身产生的电场的推动逃逸出去！经过更长时间运行可以使磁场和等离子体互换位置，变成了磁场在里面，等离子体在外面，这个不稳定性故而叫做**交换不稳定性**。

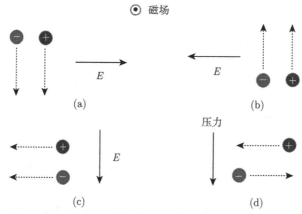

图 5.7 由电场引起的导向中心漂移 ((a) 和 (c)) 和由压力引起的导向中心漂移 (d)。对所有情况，磁场由页面向外

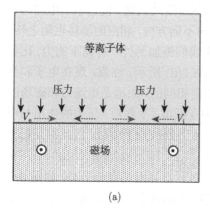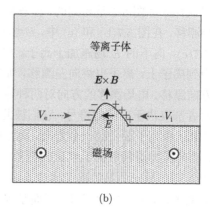

图 5.8 等离子体中瑞利–泰勒不稳定性的发展

5.6 剪切场的稳定作用

普林斯顿枪支俱乐部是一个简陋的小屋, 位于普林斯顿机场跑道旁边, 据称曾一度用于双向飞碟射击。它是 1955 年舍伍德计划 (Project Sherwood) 机密会议的理想场所。参与者中有洛斯阿拉莫斯 (Los Alamos) 的詹姆斯·塔克 (Jams Tuck, 也叫 Friar Tuck), 歌剧罗宾汉 (Robin Hood) 中一个重要角色是 Friar Tuck。小小的房间接纳来自四个国家实验室 [利弗莫尔 (Livermore), 橡树岭 (Oak Ridge), 洛斯阿拉莫斯 (Los Alamos) 和普林斯顿 (Princeton)] 聚变研究的代表刚好合适。爱德华·特勒 (Edward Teller) 也在那里。听到我们尝试用磁场约束等离子体, 他大叫起来: "这就像是以橡皮筋束住果冻!" 确实, 果冻会被橡皮筋挤出, 橡皮筋和相同体积的果冻交换位置, 变成橡皮筋在里面而果冻在外面。

交换不稳定性的基本解决方案阐述如下: 将橡皮筋编织成网。在环向磁场中, 磁剪切可以做这件事。图 5.9 显示环装置中的几个磁面, 各个磁面上的磁力线都是扭曲的, 但具有不同的扭曲角 (twist angle), 因此如果在一个磁面上产生的涟漪一开始是和磁力线方向一致, 如图 5.8 中那样, 到了下一个磁面它发现自己和这里的磁力线不一致了。从一个磁面到另一个磁面螺旋角 (pitch angle) 的差异在这里被大大夸大了。实际上这么做并不能把磁力线编织成很好的网去终止交换不稳定性; 随后我们还会看到磁场扭曲的程度受到其他不稳定性的限制。

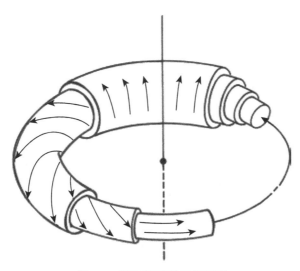

图 5.9 剪切螺旋磁场的环面

莫谢 (Mosher) 和陈 (Chen)[4] 的实验提供了剪切致稳效应的物理图像。图 5.10 的等离子体是在一个直圆柱形的容器中, 磁场方向由纸面垂直向外。中心的阴影圈表示一个放在等离子体中央的粗棒，其中通有垂直于纸面的向内流动的电流而产生一个"极向"磁场，它和环向磁场一起形成的磁力线是螺旋形扭曲的。最左边的图中磁面上的鼓包表示一个即将开始的不稳定性 [3]。从左到右的四幅图代表了棒中的电流逐步增加后得到的实验结果，磁力线越来越扭曲。最后，在最右边，测量显示最初的鼓包已经被扭曲发展成一个薄螺旋，它非常薄以致在瑞利–泰勒不稳定性 (图 5.8) 中产生电场的电荷可以穿透螺旋磁力线泄漏出去，造成电场短路从而终止不稳定性。此外，在环向方向的电子运动 (垂直页面) 也会发生短路，而事实上这是剪切对交换不稳定性的主要稳定效应。

这是诸多不稳定性中的第一个，现作一小结。因为等离子体实际上是没有重量的，因此它不会像水从瓶子里流出来那样从磁容器里溢出来。但是它具有的气体压力经常把它推向和磁场相反的方向。等离子体中微小的扰动可以使它自组织产生一个电场，这个电场推动舌状等离子体漏出去而让电场泡泡漏进来。凭借等离子体的这种聪明把戏，我们能够用磁剪切短路它的自组电场以阻止等离子体的运动。

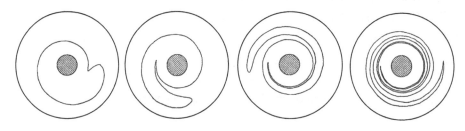

图 5.10   等离子体中的剪切效应对鼓包的影响

5.7   等离子体加热和"经典"泄漏率

或许你很想知道怎么能把等离子体加热到 1 亿摄氏度 (10keV)。因为等离子体根本不是无碰撞超导体，所以这是可以的！虽然很多不稳定性理论是建立在无碰撞近似基础上的，实际上电子和离子偶尔有碰撞，现在我们必须考虑电子和离子的碰撞。首先，因为空气会传热，等离子体只能在真空室里产生。利用真空泵在环装置中产生高真空。然后通入氢气、氘气或者氦气使压力近似为大气压的百万分之三 (3×10^{-6}) 那么高。我们将很快说明这些原子将在电场作用下电离成离子和电子。虽然等离子体被加热到几百万摄氏度，但是它极其稀薄以致加热到百万摄氏度 (100eV) 或者 1 亿摄氏度 (10keV) 并不花费很多能量。这正如荧光管内电子有 2 万摄氏度但还是凉得我们可以触摸它。这就是因为荧光管内的电子密度是大大地低于空气的密度的。

一旦环装置的气体压力达到要求，即通过变压器 (这将在后面解释) 在环向施加一个电场。由于有宇宙射线, 经常存在一些自由电子, 它们被电场 (E 场) 加速后与气体原子碰撞, 使气体原子中的电子剥离成为自由电子。这些电子又去离解更多的原子, 如此连续进行直到发生雪崩, 像闪电雷击, 顷刻离解足够多的原子形成等离子体。以上一连串事件的发生只需要 1 毫秒左右。E 场在环向加速电子, 环绕环面形成电流。离子朝着相反方向运动, 它们比电子重, 因此运动与电子相比非常慢, 使得在此讨论中我们能够假定它们是静止不动的。如果等离子体无碰撞的假设成立, 电子可以获得越来越多的能量而离子仍然是冷的。然而事实上是有碰撞存在的, 而且这恰恰是整个等离子体加热的机制。

有电流通过的导线会发热, 是因为导线中电子和离子的碰撞将外加电场的能量转移给了导线。根据欧姆定律, 热量正比于导线的电阻率和电流的平方。在烤面包机里, 通过一个高电阻线圈产生大量的热。等离子体几乎是超导体, 很难得到高电阻。和电子碰撞的离子数比固体导线中的也许少 10 个量级 (10^{10})。然而, 按照欧姆定律 (欧姆加热) 仍可以得到有效的加热, 这是因为在等离子体中能够驱动很大的电流, 10 万安培 (100kA), 甚至几百万安培 (MA)。这是环装置加热等离子体最便捷的方法, 但是在接近聚变温度时电阻真的很低, 就要利用其他方法了。

因为等离子体碰撞不是桌球的碰撞, 等离子体的电阻的计算是很不容易的。当在电场作用下电子和离子处于一定距离相互排斥时, 电子和离子之间的能量转移通过许多偶然碰撞进行。斯必兹 (Spitzer) 和哈姆 (Härm) 首先解决了这个问题 [5], 他们的等离子体电阻率公式 ("斯必兹电阻率") 让我们可以精确计算如何通过欧姆加热使等离子体温度升高。

用这个电阻率公式还可以计算一些更有意思的东西, 如使等离子体能够穿越磁力线所必需的等离子体碰撞率。电子和离子每次的碰撞, 使它们的导向中心或多或少有同一方向的移动, 一起穿越磁力线。然后像墨水滴入一杯水中不断扩散直到杯壁那样, 等离子体横穿磁场后也不断扩散。这个扩散过程很缓慢, 但是它决定了磁瓶能够约束等离子体多长时间。当然, 普通扩散和在磁场中等离子体扩散有很大的差别。在普通扩散中, 碰撞会减慢墨水分子随机游走的扩散率, 碰撞越多扩散越慢。恰恰相反, 一个磁场约束的等离子体是靠碰撞才会扩散。没有碰撞, 粒子将处于相同磁力线, 如图 5.4 所示。碰撞才能使它们有穿越 B 场随机游走的机会, 碰撞率实际上会加速扩散。由于热等离子体几乎是超导体, 很少碰撞, "经典" 扩散率很低。称它为 "经典" 扩散, 是因为它是由标准的、完善的理论, 并且基于 "默默" 的普通气体所预测得到的。然而, 等离子体会通过自组织产生的电场迅速扩散, 导致其泄漏速率远比经典速率快。

图 5.11 是热等离子体的经典约束时间和磁场的关系。在此假定类聚变的电子和离子温度是 10keV, 等离子体的直径是 1m—— 这是一个很大的装置 —— 当然远小于整个反应堆。约束时间定义为等离子体密度下降到初始值的 1/3 所需要的

时间, 与很多人熟悉的医学放射性同位素 "半衰期" 的概念相类似。

在等离子体压力达到平衡所必需的 1T(1 万高斯) 的磁场下, 这个时间大约是 90s——1 分半。我们记得劳森判据是大约 1s, 因此它大大长于劳森判据的时间。这是在非常好的约束情况下的估测, 它使早期聚变研究人员乐观地认为: 聚变反应控制只是小事一桩, 易如反掌的事。当然事实并非如此。许多意料之外的不稳定性使约束时间比经典约束时间小几千倍, 过去的 50 年里人们一直在了解和控制这些不稳定性。

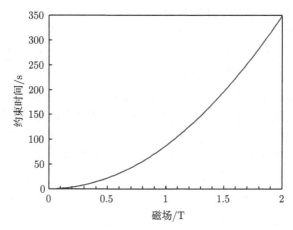

图 5.11　聚变等离子体的 "经典" 约束时间

注　释

1. The data are from Bosch and Hale[1]. The vertical axis is actually reactivity in units of 10^{16} reactions/cm^3/sec.

2. Such data were originally given by Post[2] and have been recomputed using more current data.

3. What is actually shown here is an equipotential of the electric field, which is the path followed by the guiding centers in an $E \times B$ drift. The short-circuiting occurs when the spacing becomes smaller than the ion Larmor radius, so that the ions can move across the field lines to go from the positive to the negative regions on either side of the equipotential. The curves are measured, not computed.

参 考 文 献

[1]　H.S. Bosch, G.M. Hale, Nucl. Fusion **32**, 611 (1992)

[2] R.F. Post, Rev. Mod. Phys. **28**, 338 (1956)

[3] F.F. Chen, *Observations of X-rays from the Stellarator* (USAEC, Washington, D.C., 1955) Tech Rept. 289, pp. 297–302

[4] D. Mosher, F.F. Chen, *Convective losses in a thermionic plasma with shear.* Phys. Fluids **13**, 1328 (1970)

[5] L. Spitzer, R. Härm, Phys. Rev. **89**, 977 (1953), summarized in *Physics of Fully Ionized Gases*, 2nd edn, by L. Spitzer, Jr. (Wiley-Interscience, New York, 1962)

第 6 章　引人注目的托卡马克*

6.1　特殊的环

托卡马克的名字来自俄语，*toroidalnaya kamera magnitnaya katusshka*，意思是"环形真空磁线圈"(toroidal chamber magnetic coils)，俄语 *tok* 是电流的意思，所以这样命名很合适。第 4 章提到，这个装置首次亮相是在 1958 年的日内瓦会议上。那时，俄国人已经在太空卫星领域领先，但是他们的聚变研究因设备简陋而被认为是原始的。相反，美国人和英国人骄傲地展示他们崭新、昂贵、精心设计的仪器。后来的事实证明托卡马克是运转最好、引领当今世界等离子体磁约束的装置。它是由科学院院士阿齐莫维奇 (Lev Artsimovich) 领导的小组根据安德烈·萨哈罗夫 (Andrei Sakharov) 和伊戈尔·塔姆 (Igor Tamm) 的想法研发出来的，如今已被所有从事磁聚变能量研究的国家所采用。

在第 5 章，我们说明了为了补偿因环状引起的粒子垂直漂移，磁瓶必须具有螺旋扭曲磁力线的拓扑环面。为了稳定瑞利–泰勒交换不稳定性，磁力线还必须是剪切的。在仿星器中，合适的磁场位形由带电流的外螺旋线圈产生。在托卡马克中，磁场位形由等离子体本身的大电流提供。环向 (沿着环面的长回路) 电流产生一个极向磁场 (环绕横截面的短回路)。当这个极向磁场叠加到由外面大线圈产生的主环向场时，等离子体内部的磁力线扭曲成螺旋形。此外，由于每个磁面的极向场都不同，螺旋场也有剪切，如图 6.1 中所示。环向的强磁场由外线圈产生，为了清

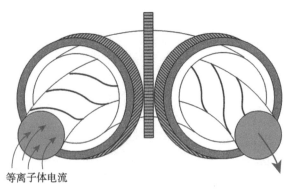

等离子体电流

图 6.1　由外线圈和等离子体电流产生的螺旋磁力线

---

*上标是本章末的注释编码，而方括号 [ ] 是本章末的参考文献编码。

楚起见, 图中只显示其中三个线圈, 同时显示了等离子体内部的一个磁面。环向电流通过磁面中的等离子体并产生极向场, 它和环向磁场的叠加形成扭曲螺旋场。扭曲的程度取决于各个磁面中电流的大小, 各个磁面互不相同, 所以磁场是剪切的, 可以防止不稳定性。

用等离子体本身作为携带电流的线圈产生扭曲场似乎可以极大地简化装置, 但是我们还没有显示为了产生这个电流所需的硬件。托卡马克的优点是更微妙的。极向场的电流可以由等离子体自身的变化而不是由外线圈改变, 等离子体的这种自调节功能使电流以最有利的形式分布。这些将在后面细谈。

6.2 扭曲不稳定性和克鲁斯卡极限

环向等离子体电流有两个作用: 产生所需的磁场扭曲和通过欧姆加热使等离子体温度升高。当然多少电流能够被驱动存在一个极限, 因为还有另一个不稳定性: 扭曲不稳定性。图 6.2 说明等离子体中的电流由平直变成弯曲。圆圈表示电流产生的极向场磁力线 (环向场从左到右)。注意, 磁力线在扭曲内部比外部更密集, 说明内部的磁场更强。因此, 在此图中底部的磁压力比上部的更强, 这个压差进一步把扭曲推向外。扭曲越大, 压差越大, 不稳定性迅速增长最终干扰并破坏电流。记住, 这里所示的是使磁力线扭曲的极向场, 不是支持等离子体压力的主磁场 (环向场); 极向场相对于环向场很小。环向场可以对抗等离子体电流的推力起到稳定的作用。因此对于某一给定的电流不稳定性何时开始取决于环向场有多强, 反之对于某一给定的环向场不稳定性何时开始取决于电流有多大。

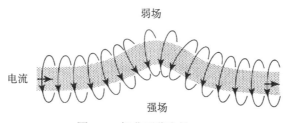

图 6.2 扭曲不稳定性

稳定运转的电流极限称为克鲁斯卡–沙弗拉诺夫极限, 它通常用旋转变换表达, **旋转变换**是一条磁力线在环截面小回路绕一周期间在大回路绕的平均圈数 (第 4 章)。临界旋转变换刚好是 1! 临界电流是这样的电流, 在给定的主环向场强度下, 它产生的极向场引起的磁力线扭曲刚好满足旋转变换等于 1。旋转变换大于 1 则扭曲不稳定; 旋转变换小于 1 是稳定的。实际上, 由于扭曲稳定性和等离子体中电流的变化有关, 它的判据是相当复杂的, 我们仅能给出一个粗略的图像来说明为什么旋转变换有一个幻数 "1"。

　　图 6.2 中的扭曲是发生在平直的等离子体中，实际上电流是围绕环面的回路。图 6.3 显示一个最大的扭曲不稳定，实际上它是一个中心偏移的等离子体。为了有足够空间显示这个效应，等离子体被画得不切实际得薄。顶视图 (a) 中的虚线对应于图 (b) 的剖面。让我们假定旋转变换刚好是 1. 两个图的右边，都显示等离子体已经移向外壁。在左边，磁力线已经在长回路转了半圈，在截面短回路上也转了半圈，现在等离子体是靠近内壁。如果旋转变换精确是 1，当磁力线再回到右边时，应该回到与出发点相同的点，因此电流在闭合回路流动。记住，等离子体近似超导体；如果没有碰撞，携带电流的电子只能沿相同的磁力线运动。现在让我们假定旋转变换小于 1，这时电流回到右边截面带有断面线的小圆圈位置，和初始位置不匹配了。由于电流必须在回路才能持续流动，这种失配使电流不可能通过，就不能形成扭曲，所以转动变换小于 1 的等离子体是稳定的。在这个简单图像中，只要旋转变换不是 1，即使大于 1，等离子体也是稳定的。但是在这种情况下，电流太强会引起其他形态的扭曲，使等离子体仍处于扭曲不稳定状态，这种情况太复杂，解释起来不太容易。

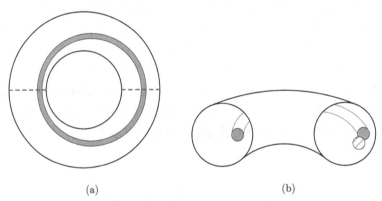

(a)   (b)

图 6.3　环面中等离子体的大扭曲畸变：(a) 顶视图和 (b) 剖面图

　　由于小的旋转变换要比大的旋转变换好，在托卡马克中，采用旋转变换的**倒数**。品质因数 q，q 大，等离子体处于稳定扭曲，q 小，等离子体处于不稳定扭曲。如果旋转变换大于 1，即 q 小于 1，等离子体是扭曲不稳定；如果旋转变换小于 1，q 大于 1，等离子体是扭曲稳定。如果 q 是有理数，使得电流能够在环装置绕行几圈后回到自身会怎样呢？接着还会发生很多有趣的事情，我们将继续讨论。

6.3　磁镜，香蕉形轨道和新经典理论

　　一天我路过哈罗德·弗思 (Harold Furth) 的办公室，看见天花板上悬挂着一个巨大的奇基塔香蕉形气球。我问："怎么回事？""欢迎来到香蕉形理论"，他回答，

又说"聚变的**卓有成效方法**！"这是重新了解粒子怎样在环面运动的开始。我们已经知道圆柱弯曲成环向将导致垂直漂移，我们也知道了磁力线扭曲成螺旋形可以消除这些问题。但是在最初的 15 年我们并不知道还有更多微妙的环向效应。为了解释香蕉形轨道，我们首先要讲磁镜。

如果磁场不均匀——也就是说，在沿着磁力线运动的时候，磁场强度在不断地变化——它能反射带电粒子使它往回走。这和两个极性不匹配的永久磁铁相互排斥是同样的效应。有一种玩具就是利用排斥效应使磁性物体悬在半空中。在第 4 章的图 4.8(b) 中，展示了一个携带电流的线圈的电磁铁能够产生磁场。离子和电子在磁场中围绕圆形轨道的旋转就好比只有一匝线圈的通有电流的电磁铁，不过电流集中在一个带电粒子上。图 6.4 显示处于一个普通电磁铁的非均匀磁场中的一个旋转离子磁场。离子磁场总是和它所处的磁场的方向相反。为什么？因为一个物理体系总是力图使自己降到最低能态。在抵消部分背景磁场后，离子的总磁场能量就减少了。电子虽然带负电荷，但情况是相同的。在相反方向旋转的带着负电的电子，结果是和离子相同的。

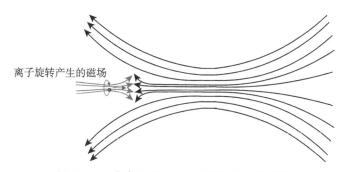

图 6.4　一个离子进入一个强磁场发生的反射

在图 6.4 中，离子带着自身产生的磁场向右边运动。右边的磁力线是等离子体外面的大线圈产生的背景磁场。回旋离子的电流产生的磁力线在图中用灰色显示。反向的磁场把离子往后推，就像两个极性相反的永久磁铁，离子向右的运动变慢了。离子进入黑线密集的强磁场区，因为外磁场太强，离子再不能往前而被反射回来。离子能够行进多远取决于它从左到右运动有多快。因为背景磁场强度有最大值，不是所有离子都被反射回来。如果离子具有足够的能量，那么它就能穿越磁场的最强处继续往前到达另一边并加速。一个收敛的磁场就是一个磁镜，能够反射除了最快的离子以外的全部离子。磁镜的机制被费米 (Enrico Fermi) 用来解释宇宙射线的起源。在那里，星际磁场的运动非常快，它们可以把离子推到很高的能量。为什么我们不能用磁镜来捕集和约束等离子体呢？确实，我们能够，但是磁镜系统不像托卡马克那样出众。在第 10 章将讲述磁镜。

现在我们可以谈香蕉形了。托卡马克也有磁镜，但它们是破坏而不是帮助约束。回忆一下第 4 章中图 4.14，环装置的磁场总是在环内侧靠近孔处比环外侧强，因为线圈在孔侧更密集，在此一个线圈的磁场同时包含临近线圈的贡献。这意味着对一个非均匀磁场，从弱场到强场运动的粒子有可能被反射。粒子在磁面沿着螺旋磁力线行走而从不离开的这种理想情况被磁镜破坏了，如图 6.5 所示。

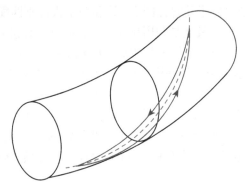

图 6.5　托卡马克中的香蕉轨道 (在现实中，这个轨道围绕环面漂移)

在这个图中，虚线是螺旋形磁力线。除非拉莫尔半径为 0，一个离子实际上不可能精确沿着这条磁力线运动。如果磁场强度在拉莫尔轨道[1] 上不是处处相同，当它在有限大小的圆圈旋转时，它将从一根线缓慢漂移到另一根线，如图 4.10 所示。平均而言，螺旋扭曲会抵消垂直漂移，但是这个平均被磁镜效应所破坏。实际的离子轨道就像图 6.5 中实线所示。离子从磁场弱的环面的外侧出发，向着磁场强的内侧绕圈。如果它不够快，因磁镜效应它就会被反射到稍微不同的路径。仅仅那些有足够能量平行于磁力线的离子才能绕到环的内侧，而且经历磁面所有部位如我们展现的早期磁瓶简图一样。如果把图 6.5 中离子的路径投影到环面的横截面，则如图 6.6 所示的情况。

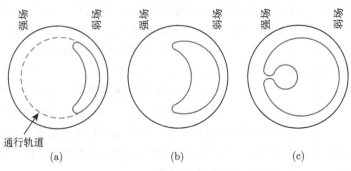

图 6.6　随着粒子平行速度增加香蕉轨道的变化

　　这些就是所谓的香蕉形轨道。在各截面子图中，右边是环的外侧，左边是靠近甜甜圈孔的强磁场处。在图 (a) 的小香蕉轨道是粒子在平行于磁场的速度较小的情况，它离环内侧还很远就被反射回来。**虚线**是没有被反射，越过磁镜的通行粒子的路径。在图 (b) 中，粒子有较大的平行于磁场的速度，所以能向左运动得更远一点，结果像一个大香蕉。图 (c) 是极端情况，几乎所有粒子都能通过磁镜。汤姆·史蒂斯 (Tom Stix) 风趣地称它为**世界最胖的香蕉**(World's Fattest Banana，WFB)。

　　香蕉形轨道仅只在理论上被发现了，但从来没有在实验中观察到，因为跟踪每 $1cm^3$ 具有一万亿个粒子的等离子体中的单独一个离子或电子的路径实在太难了。然而，理论预言的香蕉形轨道不利影响的结果却通过实验被证实了。为什么这些香蕉成了苦果是容易理解的。当一个离子通过碰撞，从一个香蕉轨道跳到另一个香蕉轨道而不是从一个拉莫尔轨道跳到邻近的拉莫尔轨道，香蕉轨道更宽[2]。与我们在第 5 章描述过的很慢的"经典"扩散率不同，环面中等离子体穿越磁场的传输速度比直圆柱的更快。香蕉**扩散**率能够很容易计算出来，被称为**新经典扩散**。它是环状磁约束的特性，但不是当初所设想的。好在于它仍然是经典结果，能够运用已知的理论计算。图 6.7 说明香蕉扩散和经典扩散有怎样的差别。在左边，离子和电子之间的碰撞率很小，以致在发生碰撞以前离子能够穿越一个或多个香蕉形轨道。在中间，曲线的平坦部分，被俘获的离子 (形成香蕉形轨道的离子) 在香蕉轨道期间发生碰撞，但是较快的通行粒子没有发生碰撞。在右边，碰撞率足够高使所有粒子在环面运行中发生碰撞。在聚变条件下，等离子体太热而几乎无碰撞发生，即在图最左边的香蕉区域。很清楚，香蕉扩散率比下面直线显示的经典扩散率要高得多。

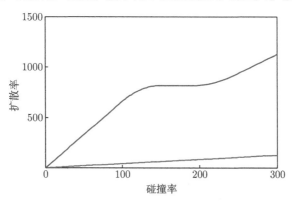

图 6.7　离子的新经典 (上曲线) 和经典 (下曲线) 扩散速度作为碰撞频率[3] 的函数

　　人们也许会想环装置越接近圆柱体，香蕉效应会越小。环的纵横比 A 是大半径 R 除以小半径 a，如图 6.8 所示。一个胖的环装置的 A 值小而一个瘦的环装置的 A 值大。人们又会想，A 值大的环装置的香蕉扩散会较小，但这不总是正确的，它取决于许多相互可以抵消的细微影响。克鲁斯卡–沙弗拉诺夫极限规定 q(旋转变换的倒数) 必须大于 1. 实际上对给定的 q 值，A 值越大，香蕉扩散越大。这主要是因为离子在反转前必须绕环面大回路转圈，自始至终都有垂直漂移。

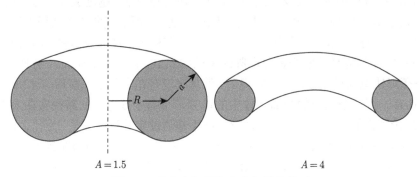

$A = 1.5$　　　　　　　　　　　　　　　$A = 4$

图 6.8　具有小纵横比和大纵横比的环

一个更奇怪的反直觉效应是关于香蕉轨道的宽度。已经证明，这个宽度仅仅取决于极向场 B_p 的强度而和环向场 B_t 无关。记住 B_p 仅仅是由等离子体电流产生的使磁力线产生小扭曲的小磁场。香蕉宽度和用离子的 B_p 计算出的拉莫尔半径相似，而比用 B_t 计算出的真正的拉莫尔半径大得多。由于香蕉扩散的步长是香蕉宽度，而香蕉宽度仅仅取决于相对弱的 B_p，这是否意味着强的环向磁场没有用呢？不是! 这个环向场是形成真实的小拉莫尔半径所必须的，在小拉莫尔半径情况下我们才可以只考虑导向中心，而不是粒子自身的运动轨迹。如果没有环向磁场 [4]，回旋轨道将是如此之大使得磁约束一点都不起作用，更没有任何东西能维持等离子体压力 [5]。

6.3.1　湍流和玻姆扩散

戴维·玻姆 (David Bohm) 的一张照片贴在鲍勃·莫特利 (Bob Motley) 办公室墙上，普林斯顿等离子体物理实验室的一群实验人员轮流往照片上扔飞镖。他们的沮丧是因为一个叫做 "玻姆扩散" 的不能解释的现象，它引起了圆环中等离子体的逃逸比经典和新经典理论预期的要快得多 [6]。尽管为了抑制已知的不稳定性已经做出了最大的努力，等离子体还是不稳定、振动、荡漾和像碎浪泡沫那样喷出来。在第 5 章叙述了经典扩散。在经典扩散中，离子和电子的碰撞使它们从一个磁力线跳到另一个磁力线的距离大约是一个拉莫尔半径。经典约束时间较长约在 1min 量级。本章我们讲了新经典扩散。在新经典扩散中，粒子从一个香蕉轨道跳到邻近一个香蕉轨道。新经典约束时间仍然是几秒的量级，比我们期望的长。玻姆扩散则使等离子体在毫秒时间中消失。主要的不稳定性，如瑞利–泰勒不稳定性或者扭曲不稳定性已不复存在，否则约束时间将会有微秒级。明显存在有理论家们还没有预料到的其他不稳定性。

玻姆扩散是由物理学家大卫·玻姆在参与曼哈顿计划时首先报道的，那时他正在研究一个分离铀同位素的等离子体装置。通过测量等离子体逃逸速度，他为这种新型扩散制定了标度律。其内容如下：由系数 $D_\perp$（读为 D-perp）给出的垂直于磁场方向的扩散率正比于电子温度除以磁场的 1/16：

$$D_\perp \propto \frac{1}{16}\frac{T_e}{B}$$

1/16 在这里没有意义，因为我还没有说明 T_e 和 B 的单位，但这个数字却具有历史意义。每当观察到玻姆扩散时，等离子体中总是存在电场的随机波动。不管是什么原因引起了这些波动，等离子体粒子都会因为 $E \times B$ 漂移（第 5 章）做出反应。由于噪声大小与为它提供的能量 T_e 有关，而漂移速度与 B 成反比，不难说明综合效果与 T_e/B 有关[1]。玻姆是怎样得出 1/16 这个数的呢？在玻姆因反美活动被流放到巴西以后，他就从人们的视线中消失了。直到 20 世纪 60 年代，莱曼·斯必策（Lyman Spitzer）找到了他，问他 1/16 是怎么来的。得到的回答是"不记得了"！因此我们也永远无法知道。现已证明玻姆系数取决于湍流的大小和形状，而且可以有不同的值，但总是在一个相同的范围。

在这里**等离子体湍流**是关键词。任何有不明原因的噪声，通称为"湍流"。有点类似于医生常用的"综合征"或者"皮肤炎"。图 6.9 是湍流的一个例子，它只是海滩上破碎的波浪。当波接近海滩时，它有规律地、可预测地上下运动。一旦到达浅滩，波破碎了形成泡沫。水的运动不再可以预测了，情况是各不相同的。那是湍流部分。普通部分属于**线性**范围，它与决定物理系统行为的方程有关，即可用线性方程解出，线性行为是可预测的。湍流部分属于**非线性**范围，情况各不相同，必须用统计的概念处理。非线性通常意味着输出和输入不成比例。例如，税金不和收入成正比，因为税率是随着收入变化的。即使利率不改变，复利和最初投资也不成正比，因此价值呈非线性增加。和复利极其类似的是在出生率是常数的情况下，人口增长是非线性的。波，在它们很小时是线性的，大小正比于驱动它们的力。但是它们不能无限增长，当驱动力非常大时，它们会达到饱和并有多种不同的形态。用计算机能预测波饱和后的形态，若条件有微小差别，形态细节将随时间变化。这就是湍流。香烟的烟在静止空气中开始上升时总是相同的，但在几英尺后就各不相同了。

每一个聚变装置在早期的实验中湍流就已经充分发展；我们永远看不到它的线性部分，因此无法知道最初的涨落是怎样引起和从哪里开始的。图 6.10 是仿星器中等离子体湍流的一个例子。这所谓的等离子体"泡沫"是等离子体内部电场的波动（涨落）。噪声场使粒子随机游走，比经典扩散更快地到达器壁。

图 6.9　海滩的湍流

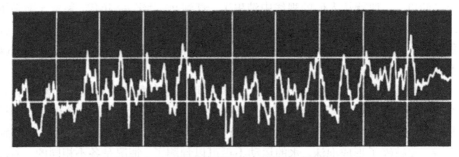

图 6.10　环形等离子体中的波动 (涨落)

　　流体动力学很好解释了湍流。如果你尝试使管道里的水流得非常快，流场中就会出现很多漩涡，流速变慢。流体动力学家柯尔莫哥洛夫 (A. N. Kolmogoroff) 仅仅用量纲分析就给出了一个无隙可乘的证据，漩涡的大小通常遵守一定的规律，即给定尺寸的漩涡的数目与它的尺寸的 5/3 次方成正比 [7]。应用到等离子体，几个实验已经观察到只需把 5/3 次方改为 5 次方 [1]。然而，等离子体太复杂 (因为它们带电) 以致不能将这样简单的关系推广到任何情况。

　　湍流和玻姆扩散的重要性不仅是因为比经典扩散快很多，而且它和 $1/B$ 而不是 $1/B^2$ 有关。在经典扩散中，磁场 B 加倍可以使扩散以因子 2^2 或者 4 减慢。在玻姆扩散情况下，为了减少同样的损失率，磁场 B 需要大 4 倍。正是这种不可预测的 "反常扩散" 使聚变发展至少慢了二十年，最终在致力于等离子体研究的物理学家们的坚持努力下理解和控制了反常扩散。现代托卡马克的约束时间已经接近氘–氚反应堆所需要的时间。

6.3.2　罪魁祸首：微观不稳定性

　　如果环装置中的等离子体总是在猛烈地摆动，那么必定存在着一个驱动猛烈摆动的能源。一个明显的源是启动欧姆加热的电流电场。在 20 世纪 60 年代，发明了一个不用大直流 (DC) 电加热等离子体的新方法。这就是离子回旋共振加热 (ICRH)。一个射频 (RF) 功率发生器与围绕等离子体的天线连接，正如调频 (FM) 台和塔上的天线相连一样。把频率调到离子在回旋轨道上的回旋频率。当离子绕圆圈运动时，RF 场将一直推着它们改变方向，如在真正的回旋加速器中那样。这样不必用直流电就可以加热等离子体了 8。这样能否消除湍流使等离子体既好又安静又没有玻姆扩散呢？拿一箱香槟酒来打赌。它失败了。猛烈的摆动像以前一样。飞镖还留在玻姆的照片上。

磁流体动力学 (MHD) 是无法解释这种现象的。MHD 把等离子体作为电阻率为 0 的纯超导体处理，也忽略了粒子的回旋轨道，把它们处理为一个以导向中心速度运动的点。虽然这种简化的理论在环形约束装置的设计和重力与扭曲不稳定性的抑制方面是有用的，但它不足以用来处理等离子体的许多细节。首先，在聚变等离子体中必须要有**一些**碰撞，要不然就不会有任何聚变! 这些偶尔发生的碰撞使等离子体的电阻率不可能刚好为 0，并对稳定性产生可怕的后果。事实上离子的拉莫尔轨道不是数学上的点，存在有限拉莫尔半径 (FLR) 效应。在某些情况下，即使很小的电子惯性也必须考虑到。最后，粒子速度分布偏离麦克斯韦分布也能引起不稳定性，如朗道阻尼效应。事实证明这些与理想磁流体动力学的小小的偏离是非常重要的，也使理论研究变得更加困难。弗思 (Furth)、基林 (Killeen) 和罗森布鲁斯 (Rosenbluth) 在他们关于撕裂模的经典著作 [2] 中最早指出了可能发生的事情。如果电流沿着电阻率不为 0 的等离子体中的磁力线流动，电流将被撕裂成丝状；而初始平滑的等离子体也将被撕裂成一片片。虽然撕裂的英文 "tearing" 和 "bearing"（忍受）押韵，和 "fearing"（可怕）不押韵，但用 "可怕" 来描述更贴切。撕裂模太复杂了，在这里无法给出简单的解释，但是我们可讲一些甚至让人们流出更多眼泪的其他不稳定性。

理想磁流体动力学的基本原则之一是等离子体被 "冻结" 在磁力线上，如图 4.10 所示。没有碰撞和上述的任何其他微观效应，离子和电子总是围绕着一条磁力线回旋，即使在磁力线是流动的情况下也是如此。比尔·纽康曾经论证了一个简洁的定理 [3]，即**只要平行于磁力线的电场分量 $E_{\parallel}$ 等于 0，等离子体就不能从一条磁力线移动到另一条磁力线**。在超导体中 $E_{\parallel}$ 必须是 0，由于没有电阻，一个极微小的电压就能驱动无穷大的电流。但是，如果存在碰撞，电阻率不是 0，$E_{\parallel}$ 不为零，等离子体得以摆脱约束获得自由。

所以，只能重新再来。新的挑战对理论家来说是为他们的就业找到一个新的理由而高兴，实验工作者却又必须琢磨该怎么做了。在前面几章中，我们已经说明了 ①磁瓶必须是环状的；② 把圆柱弯成环引起离子和电子的垂直漂移；③ 把磁力线拧成螺旋形可以消除这些漂移；④ 驱动等离子体电流可以产生扭曲；⑤ 即使在理想的磁流体动力学中，这种等离子体电流会引起其他不稳定性，但它们可以通过克鲁斯卡–沙弗拉诺夫极限来控制。尽管采取了这些措施，甚至用仿星器代替托卡马克消除了等离子体电流，等离子体仍然有湍流。我们怎样能够得到一个如此平滑和静止的等离子体，以致我们能观察一个波如何变得越来越大，直到破碎成湍流，正如图 6.9 所示的那样呢？显然，如果我们把环拉直回到圆柱形，所有引起问题的根源就消除了。但是又怎样才能约束等离子体足够长的时间以便做实验呢？等离子体将简单地沿着笔直的磁力线流到圆柱体两端的真空密封板。内森·莱恩 (Nathan Rynn)[4] 和莫特利 (Motley)[5] 发明的 Q-装置 (Q 源于 Quiescent 一词，意为创建一个静态的等离子体) 使问题得到了解决，即在具有直磁场的笔直圆柱中产生等离子体。圆柱真空室的两个封闭端面是加热到炽热的圆形钨板。用一束铯、钾或者锂原子射向钨板。结果是，这些原子的最外面结合得比较松散的电子被吸进钨板。失去了电子的原子变成带正电荷的离子。当然，一个等离子体必须是准中性的，因此钨的温度必须足够高以产生热电子发射，如灯泡中的灯丝似的。所以，离子和从钨板发射的电子形成中性等离子体。**不必用电场**！只是用了钨或者钼和上面三种元素 (铯，钾，锂) 就能够形成热离子。在这个聪明的装置中，消除了所有驱动不稳定性的根源，或者是我们如此地认为。图 6.11 是一个典型的 Q-装置，带有许多能产生稳定、平直的和均匀磁场的线圈。

图 6.11   Q-装置的范例

Q-装置中的等离子体**必须是静态的**，不是吗？出乎所有人的意料，它仍然有湍流！图 6.10 所示的踪迹实际上来自 Q-装置。幸运的是，可以用图 5.9 所示的剪切场或者施加一个小电压到等离子体径向边界来稳定等离子体，最终获得一个磁场中静态的等离子体。然后调节电压，我们能看到一个小的正弦波在等离子体中开始出现；随着进一步调节电压，这个波变得越来越大直到破碎成湍流，如图 6.10 中所见。像开阔水域上有规则、重复的波那样，我们能测量它的频率、速度、方向和随着磁场强度的变化。这为我们提供了足够的线索去判断它属于哪一类波，什么原因使它不稳定，最终给了它一个名字：**电阻漂移波**。

顾名思义，这种波和等离子体的有限电阻率有关，也和微观效应即离子拉莫尔轨道的有限尺寸有关。在说明一个漂移不稳定性怎样成长以前，我们先找出驱动它的能量来源。在 Q-装置中，我们已经消除了所有的环向效应和通常用于电离以及加热等离子体的必须用的电场。事实上，Q-装置中产生的等离子体是相当冷的。它和热钨板的温度相同，大约 2300K，所以等离子体温度仅仅是大约 0.2eV。你能加热一个窑炉到这个温度，而且让它处于完全平静的状态。然而磁约束等离子体有一个微妙的能量来源：它的压力梯度。当一切均处于同样的温度和没有电流、电压或者漂移等能量来源时，被**约束**的等离子体仍然有一个能量来源。最重要的是约束。因为离子和电子在撞击器壁时，复合成中性原子，在器壁附近的等离子体就消失了。这样中心的等离子体比外边的较稠密，产生一个推磁场的压力。根据纽康（Newcomb）定理，等离子体将保持在磁力线附近，不会发生任何情况；但是一旦存在电阻率，原来的预测都不算数了。等离子体可以自建电场使它能够在压力推的方向穿越磁场。即使不存在碰撞，其他微观效应如电子惯性或朗道阻尼也能够引起漂移不稳定性。因为这个原因，电阻漂移不稳定性和其他同类的不稳定性被称为**普遍不稳定性**。因为它们的能量来源很弱，幸运的是属于弱不稳定性，可以用适当的预防措施稳定化。

6.3.3　漂移不稳定性的机制

存在许多微观不稳定性，但是它们都属于同类的等离子体运动。我们将举例解释电阻漂移波是怎样趋向不稳定的。当其他理论预测的不稳定性出现了又消失了，这个不稳定性却经受了时间的考验始终存在。一般来讲，从数学上推导一个不稳定性比真正描绘等离子体的行为要容易得多。如果你觉得这部分有点难，可以跳到下一节，不会损失基本信息。让我们从直磁场中的直圆柱形等离子体开始，如图 6.12 所示。中央的等离子体比外面稠密。白色箭头表示密度的起伏像波一样在方位角方向传播。我们将注意力放在下面小矩形中等离子体的行为。图 6.13 是这个矩形的放大。在左边，我们看到离子的拉莫尔轨道，离子的导向中心也许在矩形的外面。如图所示，磁场方向垂直页面向外，离子沿顺时针方向旋转。记住，因为顶上更靠近等离子体中心，顶上的等离子体密度高于下面的，为此，我们在顶上画了两个轨道而下面只画了一个。很明显向左运动的离子比向右的离子多，因此在这小体积中有一个向左的平均离子流。这个效应称为**离子抗磁漂移**，其漂移速度为 v_{Di}。注意，这个漂移是既垂直于磁场又垂直于密度变化的方向。图 6.13 右边是电子的类似情形。由于电子携带负电荷，电子是反时针方向旋转。它们的抗磁漂移速度 v_{De} 因此是在相反的方向，即向右。在此即使导向中心不运动，离子和电子的运动被认为是占有相同空间的流体考虑。由于抗磁漂移源于密度梯度的存在，如果密度处处都是均匀的，抗磁漂移将是 0。如果你对两个流体占有相同空间这一点有疑义，可以想想马提尼酒中的味美思酒和伏特加酒。

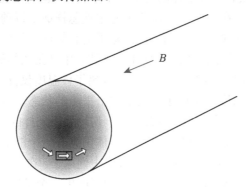

图 6.12　在非均匀等离子体中的一个漂移波

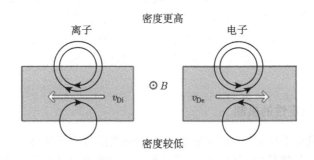

图 6.13　抗磁漂移的定义 (电子轨道实际上远小于离子轨道)

　　现在我们继续讲波。这样的小矩形在图 6.14 中显示 3 个。在图 6.14(a) 的下面表示一个密度涟波。矩形靠近波峰的那一片的密度较高，用深色表示。背景密度是上面高下面低，如图 6.14 所示。在背景密度梯度中离子的抗磁漂移是向左，电子的抗磁漂移是向右，如图 6.13 所示。因为波密度靠近峰值高，抗磁漂移将过量的正电荷带到小片的左边，过量的负电荷带到小片右边。相反电荷的累积产生电场 E，示于图 6.14 (b)。回顾第 5 章的图 5.4，那里的电场引起 $E \times B$ 漂移 v_E，它垂直于 E 和 B。在这种情况下，漂移向下，如图 6.14(c) 所示。由于**背景密度**是上面高，v_E 带了更多密度进入小片，而此处**波密度**本来就已经高了，因此得到更多密度使波长大；它成为不稳定。图 6.15 说明波谷发生的情况。在波谷，密度小于平均值，因此抗磁漂移携带小的密度到小片的边缘，引起相反符号的电荷积累。结果示于图 6.15(b)，所形成的电场方向和图 6.14(b) 的方向相反。这引起图 6.15(c) 中的

$E \times B$ 漂移是向上而不是向下。但是一个向上的运动带着较少的**背景**密度进入小片，而那里的**波**密度原本已经少了。相加的结果是使波增长。现在我们可以给它一个合理的名字：**漂移波**。如果我们对漂移波的各个周期进行平均，在波峰处向下移动的密度比波谷处的更多，结果是波使等离子体从中心到器壁向外运动。这是等离子体从磁俘获中悄然逃逸的另一种形式。

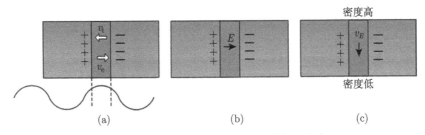

图 6.14 在漂移波峰处的电荷、电场和速度

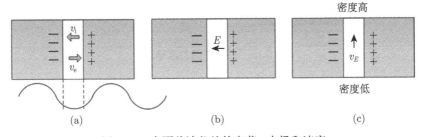

图 6.15 在漂移波谷处的电荷、电场和速度

至此我们还没有讨论完，即要考虑三维的情况，如图 6.16 所示。前面两张图的波峰和波谷矩形片一起放在环面上的两个截面中。有 4 个小片：峰、谷、峰、谷。小片之间是图 6.14 和图 6.15 所表示的电荷。我们回忆一下，环向约束需要一个极向场去扭曲磁场。这个扭曲使在正电荷中穿越的磁力线和接下去截面中的负电荷连接起来。电子很轻，很活泼，可以很快地沿着磁力线去抵消电荷。漂移波的电场消除了，波就再也不能长大了。但是如果有碰撞，电子就会变慢，它们不能足够快地抵消电荷。这是纽康定理的另一个例子：如果 $E_{\parallel}$ 不是 0，情况就绝然不同了。漂移不稳定性的增长取决于电阻率的存在，我们的微观效应之一。即使没有碰撞，电子惯性或者朗道阻尼也会使电子减慢从而允许不稳定性增长。由此，这是一个普遍不稳定性，只要磁约束等离子体有密度梯度，任何时候都有普遍不稳定性。

一个明显的问题是 "如果等离子体密度是均匀的话，为什么还总要一直离开器壁呢？" 由于在冷器壁处的密度基本是 0，等离子体密度要达到均匀是不可能的。如果在靠近器壁的一个薄层中有密度梯度，陡峭的梯度使不稳定性增长得更快。它吃掉等离子体，导致梯度层的厚度变得越来越厚。如果缩短图 6.16 中两个截面之间的**连接长度**, 使电子在两个截面之间运动足够快, 则漂移不稳定性能够稳定住。为此需要一个较大的磁场螺旋扭曲。幸运地, 在不违反克鲁斯卡-沙弗拉诺夫极限情况下就能够做到这一点。

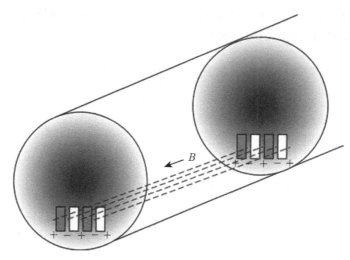

图 6.16　三维空间的漂移波

还有许多其他可能的微观不稳定性。离子-温度-梯度不稳定性是另一个令人担忧的不稳定性。电阻漂移不稳定性的这个例子提供了等离子体复杂行为以及怎样解决玻姆扩散的一个概念。当一个不稳定波破碎和变成湍流时, 会发生什么? 我们不可能断定究竟是哪一种不稳定性导致湍流, 但是可以应用已知的稳定方法去尝试抑制波动。已有的湍流理论力图预测湍流的形貌和它导致的反常扩散。计算机模拟是一个强有力的现代方法。计算机并不在乎方程是否是线性的, 甚至它不需要去解方程; 它唯一要做的是跟踪粒子看它们去哪里。这听起来好像是一件简单的事, 然而马上给出的一些例子会说明实际上不然。或者, 我们可以凭物理直觉去猜想一下。图 6.17 表示当电阻漂移不稳定性成为非线性时会变成什么样的一个猜想。当波破碎成密度糊团 (blobs), 这些糊团会在内部电场的驱动下漂移出边界, 因此等离子体成束地损失。这个猜想是在 1967 年提出的, 当时的诊断技术还无法探测这些糊团。然而, 在 2003 年麻省理工学院 (MIT) 的物理学家发明了一种特殊的技术, 能够把密度糊团携带等离子体径向逸出的情景拍照。图 6.18 是同时拍摄到的两个密度糊团 [6]。这种现象绝非偶然, 因为在其他几种托卡马克装置中也观察到了。然而, 这仅仅是一个不稳定性是怎样从一个简单的波开始逐步增长和带着等离子体逃逸的例子。已经发现还有其他一些不稳定性导致等离子体逃逸但是具有不同的形状。

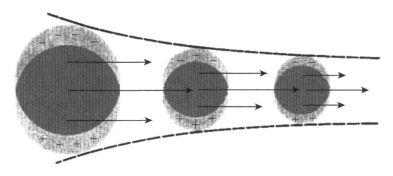

图 6.17　等离子体密度糊团的反常输运 (引自陈[7])，它们不是球形而是长管形的随磁力线弯曲的等离子体

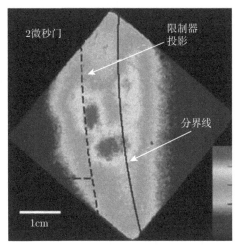

图 6.18　正在离开托卡马克的密度斑团照片，快门速度是百万分之二秒，左边是环面的外侧[6]

在第 4 章中，我们说明了为什么选择环面作为磁瓶的可能形状之一来用以约束足够热的等离子体去产生聚变能源。在第 5 章中，我们讨论了为了约束等离子体必须建造环装置的一般特征。本章中，我们描述了托卡马克遇到的意想不到的困难和怎样去克服这些困难。这些概念引导了我们早期的聚变工作。自那开始的 40 年中，世界各地几十个甚至几百个托卡马克、仿星器和其他磁装置取得了实验设计的改良和理论的进展。托卡马克不再是简单的圆形环装置。为什么？第 7 章将告诉大家。

6.3.4　垂直场

在离开有关托卡马克的基本描述之前，还要谈一个更需要描述的实质部分：垂直场。一个热等离子体的圆环会膨胀。它的内部压力将把等离子体向外推，以致截面更胖，而我们用强环向磁场来抵消这个力。然而，等离子体压力也力图使整个圆环半径扩大，如图 6.19 所示。因为环向场在环外部比内部要弱，它的抑制效果不是很好。此外，托卡马克中的环向电流产生的箍缩力也有扩大圆环主半径的倾向。这个力由等离子体电流产生的磁场引起。这个场也是在环孔内比环外侧要强得多，因此磁压力是向外的。幸好，这些箍缩力可以很容易通过垂直方向施加一个小磁场来平衡。记住在托卡马克中总是有使磁力线扭曲的环向电流。这个电流主要由电子携带。第 4 章讲了作用在运动电荷上的洛伦兹力既垂直于粒子速度方向也垂直于磁场方向。通过在垂直方向叠加一个磁场，它是向上或向下取决于电流方向，托卡马克电流产生的洛伦兹力，把等离子体圆环向内推，即向环中心方向推。注意，这个效应不同于我们以前讨论过的所有等离子体漂移。那些只与单独粒子的运动有关，与有多少粒子无关。这里考虑的是热气体的巨大的压力。因此，在托卡马克存在三种主要类型的场：由极向线圈产生的环向磁场；由等离子体电流产生的极向磁场；以及位于环装置上下的大环型线圈产生的垂直磁场。第 7 章将讲到，这些垂直线圈和驱动等离子体电流的线圈能结合在一起，而不是作为分开的线圈组出现。

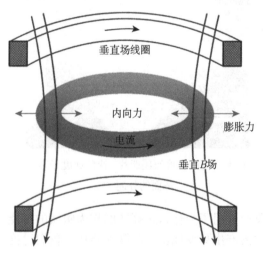

图 6.19   用于防止等离子体圆环膨胀的垂直 B 场

注   释

1. In addition to the vertical drift due to the gradient of the toroidal field, there is also a smaller vertical drift due to the centrifugal force of particles whizzing around the torus the long way.

2. More likely, a collision takes a particle from a banana orbit to a passing orbit, and a second collision takes it from the passing orbit into another banana orbit.

3. What is plotted here is perpendicular diffusion coefficient in m^2/s against Spitzer collision frequency in kHz. We have assumed 10 keV ions, 1 T magnetic field, aspect ratio $A=2.5$, quality factor $q=2$, and major radius $R=1$ m. The densities required to trace this whole curve would be unreasonably high. Fusion conditions have the very low diffusion rates in the extreme lower left corner.

4. There are other devices, called reversed-field pinches, that have a very large toroidal current and only a small toroidal B-field. These depend on other stabilization mechanisms such as wall currents. But we are concentrating on tokamaks here because their development is further along.

5. The fact that banana diffusion does not depend on B_t comes from a cancelation between the vertical drift velocity, which varies as $1/B_t$, and the time a particle spends drifting in one direction, which varies as B_t. This is because increasing B_t for fixed B_p decreases the twist of the field lines.

6. For historical accuracy, neoclassical diffusion was discovered *after* Bohm diffusion was.

7. This holds only for an intermediate range of sizes.

8. This was not in a tokamak but in a stellarator. In tokamaks, a DC current is needed to create the rotational transform; in stellarators external coils are used to do this.

参 考 文 献

[1] F.F. Chen, *Spectrum of low-b plasma turbulence.* Phys. Rev. Lett. **15**, 381 (1965)

[2] H.P. Furth, J. Kileen, M.N. Rosenbluth, Phys. Fluids **6**, 459 (1963)

[3] W.A. Newcomb, Ann. Phys. **3**, 347 (1958)

[4] N. Rynn, N. D'Angelo, Rev. Sci. Instrum. **31**, 1326 (1960)

[5] R.W. Motley, *Q-Machines* (Academic, New York, 1975)

[6] S.J. Zweben et al., Phys. Plasmas **9**, 1981 (2002)

[7] F.F. Chen, *The leakage problem in fusion reactors.* Sci. Am. **217**, 76 (1967)

第7章　托卡马克的演变和物理学*

在空间探索领域中，**人造地球卫星"斯普特尼克"** 的发射证明了发送物体进入地球轨道的可能性。航天器的进一步发展使人类得以乘坐阿波罗II登陆月亮，并建立了装备有航天飞机的空间站，可以通过航天飞机往返穿梭大气层进行维修。在聚变反应堆的发展中，早期托卡马克实验的成功可以和斯普特尼克的成功相比拟。在前几章给出的简单的托卡马克图与现代的托卡马克的相似性最多也不超过斯普特尼克和阿波罗II的相似。托卡马克已经得到很大发展，人们也学到了很多。令人欣喜和令人沮丧都有。这两种计划是有很大差别的。在空间科学方面，基本物理学，即牛顿运动定律——早已众所周知；但关于聚变，等离子体和环向约束物理学必须首先被解决。航天器在最初的成功之后，也还有许多需要研究了解的，比如它们和等离子体、太阳风和太阳系磁场的相互作用。本章将叙述托卡马克启动和运行以后，我们学到了什么。

7.1　磁　　岛

第 6 章的图 6.1 说明环绕托卡马克运行的等离子体电流产生极向磁场使磁力线扭曲。为了平均环向装置中粒子的垂直漂移，这种扭曲或螺旋形是必要的。这些漂移是在直圆柱体被弯成圆环时发生的。然后我们定义了一个量 q，即**品质因素**，它告诉我们实际上扭曲发生了多少。大的 q 值意味着微弱扭曲，小的 q 值意味着扭曲得厉害。它被叫做品质因素，因为如果 q 大于 1，等离子体稳定，q 小于 1，等离子体不稳定，而较大的 q 值有较好的稳定性。你也许回忆起以前讲过的扭曲不稳定性是罪魁祸首，而且在 $q=1$ 的边界被称为克鲁斯卡–沙弗拉诺夫极限。如果 $q=1$，磁力线在大回路 (环向) 绕一圈也刚好在小回路 (极向) 绕了一圈。这样头尾相接了；如果 $q=2$，扭曲较小，磁力线必须在大回路 (环向) 绕 2 圈才能头尾相接；以此类推。

通常，q 不是如 1,2,3,3/2,4/3 等这样的有理数。除非在这种情况，磁力线永远接不上自己；绕行数圈之后，逃离出磁面。因为磁场必须是剪切的，临近磁面的磁力线不能相互平行。剪切几乎对所有不稳定性有稳定作用。它意味着 q 必须随着环的横截面半径变化，为此各个磁面的扭曲量是不同的。以科学的语言，q 是小半径 r 的函数，即 $q(r)$。现在你也许已经猜到当 q 是有理数时，比如 2，会发生一些

---

*上标的数字表明在文章结束后的注释编码，而方括号 [ ] 表明文章结束后所示的参考文献编码。

奇特的现象。若在某个半径处的 $q(r) = 2$，磁力线在大回路 (环向) 绕两圈后，回到自身。记住托卡马克电流 (产生螺旋性的电流) 是由电场 (E 场) 产生的。如何产生将在本章后面叙述。如果磁力线是闭合的，电子能够一圈一圈地沿着同一个磁力线流动，E 场产生电流是顺理成章的。电流能分裂成细丝，每条细丝的行为如同具有自己的磁面的小托卡马克，而 $q = 2$ 的磁面分成两个磁岛，在 $q = 3$ 磁面能够形成其他系列的磁岛，等等。在两个有理数之间的磁面，不能形成细丝，也没有磁岛。图 7.1 说明在 $q = 3/2$ 表面 [1] 磁岛的计算机图像。由于旋转变换是 $1/q$，在此它的值是 $2/3$ 。那意味着上部磁岛内的磁力线在绕环面一圈后，将终结在右下角的磁岛，也就是说，绕横截面 2/3 路程之处。在下一个周期，它将绕另一个 2/3 的路程，在左下角的磁岛终结。在第三次绕行之后，它将回到上部磁岛，但不是准确地回到初始处。回到磁岛内的同一个小磁面，但不在同一点上。只有在绕行许多许多圈之后，才能勾画出这个磁岛的轮廓。我们以前的嵌套磁面的理想图像 (图 4.22) 体现其不可思议性!

图 7.1　托卡马克在 $q = 3/2$ 表面处的磁岛

离子和电子在碰撞之间能够穿过一个磁岛，由于磁岛宽度远大于拉莫尔直径，逃逸速度就像香蕉扩散一样比经典的要快。幸好，不是所有的磁岛链都是大的，而且较高的分数如 5/6 都不会产生明显的磁岛。

这些磁岛链确切地处在哪里取决于在每个半径处的电流有多少。总的电流量不仅取决于 E 场强度，还取决于电子温度。温度越高，电阻率越低，电流越高。由于等离子体中心更热，等离子体电流一般在中心出现峰值。图 7.2 给出一个磁岛链原则上会在哪里发生的例子。曲线代表性地说明了 q 值随着等离子体截面中心距离的变化。在这种情况下，有理数面 $q = 1.2$ 和 3 分别发生在半径大约为 3cm、7cm

和 9cm 处，没有地方会有 q 等于 4 或者更高的情况发生。有一个特别的区域，那里的 q 小于 1。

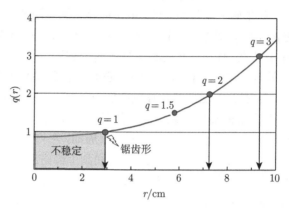

图 7.2　以 $q(r)$ 曲线为例说明产生磁岛的半径值

曲线 $q(r)$ 的形状由等离子体电流的分布来决定。图 7.3 给出不同的电流 $J(r)$ 和它们产生的 $q(r)$ 曲线。最上部的曲线对应于峰值电流，会有更多 q 为有理数的面。由于等离子体加热有不同方法，托卡马克操作人员可以控制 $J(r)$。如果电子温度改变，显然 $J(r)$ 将改变，而因此磁拓扑也将改变。q 曲线上 $q = 1$ 的地方具有最重要的意义，我们将在下面解释它。

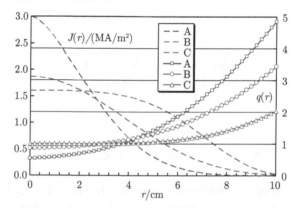

图 7.3　等离子体电流产生的三条不同电流密度的曲线轮廓 $J(r)$ (虚线) 和 $q(r)$ 轮廓 (带点曲线)。每种情况 (A,B 或 C) 有相同颜色。$J(r)$ 的坐标在左边，单位是 (MA/m^2)。$q(r)$ 的坐标在右边，$q(r)$ 曲线越过水平线处发生磁岛，而且取决于托卡马克电流是怎样分布的 (扫描封底二维码可看彩图)

索托夫 (Sauthoff) 等 [1] 在有名的 "宽边帽帽子" 实验中，首先观察到磁岛。当电子和离子碰撞时，电子发射出一个弱 X 射线信号。用环绕等离子体的探测器收集这些信号，可以用计算机重构等离子体的密度分布，如同医学上的 CAT 扫描一样。图 7.4 显示某一瞬间的一个典型结果。图 7.4(a) 中的等密度分布线说明 $q = 2$ 的磁岛结构。图 7.4(b) 展示这个磁岛的 3D 图像如一顶宽边帽。

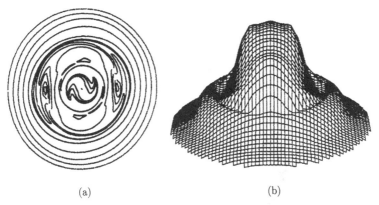

(a)   (b)

图 7.4 (a) 磁岛修正的托卡马克截面上的密度分布；
(b) 测量得到的密度分布线显示磁岛结构 [1]

7.2 锯齿形振荡

在每次托卡马克放电中，都存在 $q = 1$ 的磁面。根据克鲁斯卡–沙弗拉诺夫极限，在磁面内，若 q 小于 1，等离子体处于扭曲不稳定状态。因此，它是湍流的和一团杂乱的振荡，不存在磁约束。唯有当等离子体离开 $q = 1$ 磁面进入嵌套磁面和磁岛结构时，它被磁场抑制而缓慢扩散到器壁。

在很早期的托卡马克研究中，用同步加速器–辐射方法探测电子温度变化的实验观察到在靠近 $q = 1$ 磁面有规则的振荡。在所有托卡马克中观察到这些现象，而且总是锯齿形，缓慢上升后陡降，如图 7.5 所示。由于电流在 $q = 1$ 磁面内最大，靠近中心，等离子体较热。较高温度意味着小的电阻率，导致电流更大，峰值更高。当电流分布形状改变时，整个磁岛结构也会改变，如图 7.3 所见。最终，磁结构稳定态被干扰得再也不能维持，以至于等离子体就变了。托卡马克所做的是在向外爆发中抛出过热等离子体，使中心冷却回到正常状态。这个解释在很长一段时间内仅仅是一个猜想，但是当今仪器设备的改进已经能够实际上记录这些真实的锯齿形的爆发。这些记录显示，实际上当热等离子体被抛出而冷等离子体取而代之时，其温度在大暴跌前还振荡了多次。普林斯顿等离子体物理实验室 H. K. 帕克 (H. K. Park) 纪录片的画面示于图 7.6 中，但是它们对实际产物没有做出验证性的判断[3]。

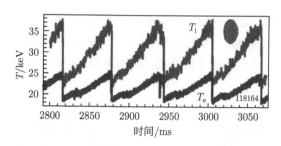

图 7.5　托卡马克 $q=1$ 的磁面处离子和电子温度的锯齿形振荡 [2]

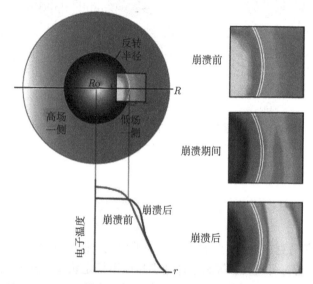

图 7.6　锯齿崩溃前、崩溃期间和崩溃后的温度分布 **(上右和带色方块)**。**黄色和浅色代表热，蓝色或深色代表冷**。**左图是托卡马克截面 $q=1$ 磁面区域的照片**；其下的**小图表示崩溃前和崩溃后的温度分布，说明热等离子体已经逃离 $q=1$ 磁面** [3] (扫描封底二维码可看彩图)

7.3　诊　　断

　　显示锯齿形崩溃的图是用现代测量技术得到的，但引出一个问题：人们是如何在聚变等离子体内部进行所有的测量呢？在温度超过百万摄氏度时，没有任何东西可以存在于等离子体内。等离子体诊断本身是一个完整的领域，这里仅给出一个概述。必须有足够的窗口或者"端口"让光束或者其他束进入或离开等离子体。激光束的散射能给出有关电子温度和等离子体密度的信息。交叉的激光束可用于测量离子温度。微波、X 射线或者红外区电磁辐射的透射和发射能显示等离子体内部的振荡。锯齿形首先是从两倍于回旋频率的电子发射的软 X 射线辐射涨落被观察到的。由于频率和磁场有关，而磁场随位置而变化，这也告诉了我们辐射来自何处。由于中性原子或者重离子诊断束能够穿透磁场，因此可以将它们注入等离子体。在束发射光谱 (BES) 中，中性氢原子束被注入到达等离子体内部。在那里它和离子碰撞而且通过电子被电离。在此过程中，它发射光，其光谱能用计算机来分析。它的发射光携带了关于离子密度和速度以及局部磁场强度和方向的信息。重离子束探针 (HIBPs) 更好，甚至能测量内部电场。这些是经过多年发展而成的，用来探测聚变等离子体和得到我们现在拥有的有关磁化等离子体行为方面的知识的主要方法。

7.4 自 组 织

锯齿形振荡是托卡马克放电的一个基本的而且很重要的特性，因为它们显示托卡马克是**自愈** (self-healing) 的。如仿星器这样的环装置没有这种特性，因为磁结构是被等离子体外面的磁线圈固定了。仿星器等离子体不能用锯齿形打嗝 (hiccups) 调节它本身的磁场拓扑。这就带来自组织的一般课题。已经发现了许多自组织的物理系统。这似乎是不可思议的事，一个无生命的物体怎么可以自行组织，但是在现实生活中就有许多这样的例子。雪花是自组织的。从来没有人用计算机编程来设计这些美丽对称的艺术作品 (图 7.7)。

图 7.7 雪花是自组织物体

我们自己的身体也是自组织。器官很复杂，如眼睛，有它的角膜、虹膜、晶状体、视网膜和黄斑；而耳朵，有它的小骨、耳蜗、毛细胞和静纤毛，都是自组织的，虽然必须作适当的 DNA 编程。在纳米技术新领域，物体小得很难制造，人们期望自组织能帮忙。在磁聚变，托卡马克领先的部分原因是它有自愈能力。在此要强调的是磁瓶比标准的托卡马克更依赖于自组织 (第 10 章)。

7.5　磁阱和匀称曲线

到现在，我们已经通过使用磁剪切编制磁力线网抑制等离子体不稳定性，使等离子体不容易穿透。还有一个更好的方法来消除不稳定性，那就是产生磁阱。这是一个等离子体四周有强磁场包围的磁瓶。其中的等离子体没有足够能量爬出去。没有可能制造这样不会漏的容器，这就是为什么托卡马克不像其他一些约束概念一样依赖于这个效应。然而了解磁阱效应将有助于设计更好的托卡马克的形状。

一个简单磁阱由 4 根无限长的杆组成，并且相邻杆中有不同方向的电流，如图 7.8 所示。磁力线是圆形，磁力线的间距说明越接近杆的磁场越强。捕集在中央的等离子体四周每一个方向的磁场在不断增加从而被稳定地约束。然后在磁力线相遇的四个尖端是漏的。离子或者电子沿着磁力线运动到这四个磁场最强的尖角之一，将因为如第 6 章所叙述的磁镜效应被反射回来。不幸的是，这个效应取决于离子的横向动量——粒子在拉莫尔轨道回旋的动量。具有速度几乎与磁力线平行的那些粒子不会被反射而直接在尖端离开。当有足够的粒子离开时，等离子体阱的约束时间就会小于聚变反应堆需要的秒数 [2]。想入非非的磁桶之一 "尖桩篱栅" 曾在聚变的早期提出过，简直是一个真实的中国长城，示于图 7.9。但是如果人们做了仔细研究的话，即使他发现许多尖端之一有泄漏，也会难于忍受。

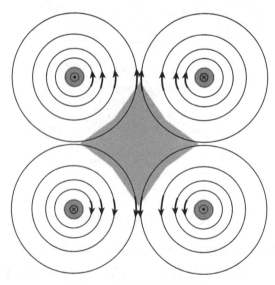

图 7.8　磁阱中的等离子体

图 7.9 "尖桩篱栅" 的约束图

为什么尖端几何形状的磁场如此不同于托卡马克磁场呢？这是因为磁力线**向着**等离子体凸起而不是远离等离子体。在磁阱中，等离子体看到的磁力线是凸的，不是凹的。意味着外面的磁场比里面的强，这种磁力线被说成是有**好曲率**。相反地，向外凸的磁力线有**坏曲率**。这个概念在磁约束方面是普遍使用的。在图 7.10 中，我们看到向上弯曲的木板比平行的和向下弯曲的可以支撑更多的重量。罗马凯旋门和日本花园的那些高拱木桥都有好曲率。

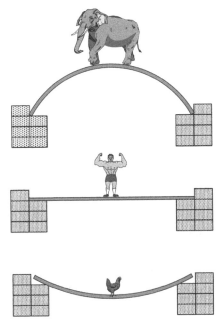

图 7.10 好曲率的结构比坏曲率的结构可以承受更重的物体

托卡马克的曲率最坏，我们将看到，可以通过设计减少它们的坏效应。真正的磁阱被称为**最小-B** 装置，等离子体处于最小磁场中。在环装置中的扭曲磁力线能通过的区域既有好曲率也有坏曲率。在这种情况下，重要的是好坏各有多少。如果一个电子在磁面采样的所有区域遇到的大都是好曲率，这就是一个**平均-最小-B** 装置。在托卡马克中这是很难做到的，但是在这里没有描述能够被设计成平均-最小-B 的其他环向系统。该想法是让一个粒子停留在磁力线急剧地弯向坏方向区域的时间最少。当一个不稳定性集中在坏曲率区域时，被称为**气球模**。等离子体逃逸是在这样的区域，在那里它把磁力线和它拉在一起，进而削弱磁场。可以把它叫做等离子体疝 (hernia)，但是气球模的称呼是更庄严的术语。

7.6   D-形的演变

环形磁瓶必须有扭曲磁力线的原因是离子和电子在相反方向的垂直漂移，如第 4 章解释过的。引发这种漂移是因为环面外部磁场必须比靠近甜甜圈孔的内部磁场要弱。不改变漂移而能得到较大体积的等离子体的一个明显的想法，就是简单地制造半径不变但较高的托卡马克，这示于图 7.11(a)。尖锐角有坏曲率，所以必须把它们修圆。在圣地亚哥通用原子公司建造一个 Doublet 装置，如图 7.11(b) 所示。它看起来像两个合在一起的托卡马克，一个在另一个的上部，连接区域具有好的曲率。普林斯顿大学研究的豆形截面在环装置内有好曲率，如图 7.11(c) 所示 [4]。它证明内部表面是不需要弯曲的；保持它平直几乎一样好，当等离子体试图向甜甜圈内部逃逸时，磁场自然地变成更强。在图 7.11(d) 示出 D-形。D 的外面仍然是坏曲率，但是，伸长它的弯曲比圆形托卡马克更加和缓。图 7.12 是德国 ASDEX 托卡马克结构中的 D-形环向-场线圈。当年 (大约 1980 年) 它是最大的托卡马克，但是比现在运转的托卡马克要小。

D-形不是什么都好的：在 D 装置的角落的坏曲率是很陡的，但至少它仅在总面积中占很小一部分。实际上，D 装置的这部分能够实现一个必需的功能——等离子体的排出。氘-氚 (D-T) 的聚变产物是氦气 (α 粒子)。必须清除这个 "灰尘"，否则将耗尽为氘-氚保留的磁约束能力。此外，虽然通常氘-氚等离子体的逃逸比较慢，但仍然会带出比器壁能经受的还要高的热。把逃逸等离子体通道导向 D 装置角落的专门装置叫做**偏滤器**，它可以用来控制热的过负荷。图 7.13 是具有偏滤器的 D-形托卡马克的截面图。最后的封闭磁面会随着放置在那里的线圈而变，因此磁力线离开磁面被外引到偏滤器。扩散到表面的等离子体然后进入偏滤器，在那里等离子体被高温又能迅速冷却的材料所俘获。

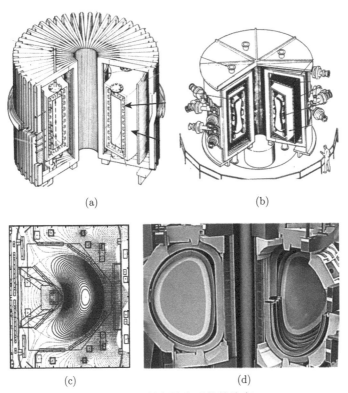

(a)　　　　　　　　　　　　　　(b)

(c)　　　　　　　　　　　　　　(d)

图 7.11　托卡马克形状的演变

图 7.12　D-形 ASDEX 线圈

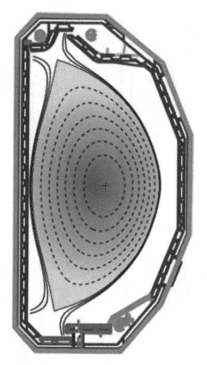

图 7.13   具有偏滤器的 D-形托卡马克的截面图 [泰勒 (Tony Taylor) 绘制的加利福尼亚圣地
亚哥通用原子公司 DIII-D 托卡马克位形]

7.6.1   如何把等离子体加热到理想温度

我们在第 5 章已经知道，聚变反应堆的等离子体必须至少有 10keV(大约 1 亿
摄氏度) 的温度，但是我们深思熟虑的大多数问题是如何防止等离子体从磁容器泄
露。加热到太阳温度的 50 倍是不是一个大问题呢？这个问题是不寻常的，但是和
我们所说微观不稳定性相比较的话，并不存在意想不到的结果。加热等离子体的最
简单的方法是驱动电流通过等离子体。总之，托卡马克中需要电流产生极向场。这
是**欧姆加热**，它的发生是要有携带电流的导线电阻，如烤面包机。托卡马克中的等
离子体即使是一种气体也能够考虑成一圈的导线圆环。由于电子-离子碰撞，它有
电阻率。当电压被加到环绕着的圆环时，电子携带电流；当它们和离子碰撞时，它
们的速度随机地陷入钟形分布，升高了温度。要把电场加到导线圆环的一般方法是
使用变压器，一种常见家庭器具。这是一块重的铁心，在荧光灯和电子设备如手机
充电器的移动电源 (power brick) 能找到它。人们用很大的变压器转化电路上的高
压 (多至 10000V)，使得转化到美国家用的交流电 115V 或者欧洲的 230V。我们知
道某些时候因爆炸而引起停电。

运用变压器作为欧姆加热的第一个托卡马克, 在图 7.14 示出。在初级绕组 (外腿上的三圈) 中的脉冲电流在等离子体中启动较大电流, 形成一圈的次级绕组。这个方法对小的研究装置还可以, 但若对大装置变压器就太大。可以用空心变压器替代, 它不用铁心, 示于图 7.15。图中显示了环向线圈, 是我们所熟知的欧姆加热 (ohmic heating, OH) 线圈, 它环绕着环面的大回路。OH 线圈中的一个脉冲电流在等离子体中感应一个反方向的电流。效率比铁心变压器低得多, 但是它驱动 OH 线圈中的大电流比给铁心变压器创造空间要容易得多。图中的 "平衡场线圈" 产生在第 6 章末尾所叙述的垂直场。要注意的是图 7.15 仅仅显示原理; 真实的 "极向–场线圈" 是很多的环向线圈, 它们大部分是在环的外部, 而且把平衡欧姆加热和等离子体的形成所需要的电流联合在一起。

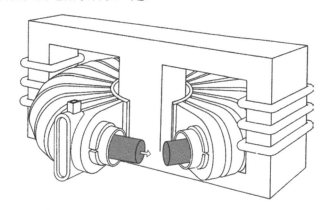

图 7.14　用一个铁心变压器驱动欧姆加热电流

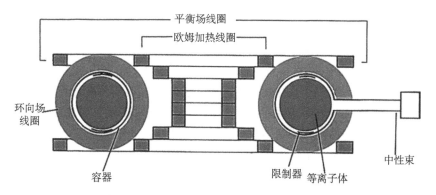

图 7.15　运用空心变压器产生欧姆加热电流 (扫描封底二维码可看彩图)

在此, 我们经常用到**极向**和**环向**这两个词, 对它们的确切含义必须认真回顾以避免任何混淆。**环向**磁力线是沿着甜甜圈或者椒盐卷饼的长的大回路走, 在甜甜圈的情况画出一个圆而在椒盐卷饼的情况画出 8 字。**极向**磁力线是环绕甜甜圈的截面走短的小回路，环绕的是甜圈截面而不是孔。还会混淆的是电流在线圈中流动产生磁场还是电场。对磁场来说，环向场是由通过孔和包围等离子体的极向线圈产生。因此，托卡马克的主要环向磁场是由**极向**线圈 (被称为**环向-场**线圈) 所产生。它们是在图 7.15 中看到的蓝色线圈。环向**线圈**产生的磁场穿过线圈。因此，图 7.15 中最大的红色线圈产生一个或大或小的垂直磁场，它是**极向**的，即使它实际上不环绕等离子体小回路。电场的情况刚好相反：环向线圈将产生环向电流。因此，图 7.15 中较小的环向红色线圈用来感应等离子体中环向电流。它们是欧姆加热线圈。不必一定要去理解这些。产生我们所需的场就是电气工程，而且不存在意想不到的等离子体不稳定性！

欧姆加热不能成为聚变反应堆的主要加热方法的原因有两个。第一，欧姆加热不能使等离子体温度升高到足以发生聚变，正如第 5 章所解释的，在那个温度等离子体几乎是超导体。碰撞极少，等离子体的电阻几乎是 0，致使电阻加热变成很慢。第二，变压器仅仅在交流工作，而聚变反应堆必须在直流方式运转。在次级绕组线圈的感应电流取决于初级绕组电流的增加，而那个电流是不能永远增加的。这就是为什么直到现在托卡马克还是脉冲式的，虽然现在可达几分钟量级的长脉冲。正在使用其他一些可以在稳态运转的加热方法。不过记住，暂不谈欧姆加热，托卡马克需要电流去产生旋转变换——磁力线的扭曲。很幸运的是，有其他产生直流 (DC) 电的方法来实现此目的。一种方法是在等离子体中发射一个能推动电子沿着磁场的波。另一种方法是 "自举电流"(bootstrap current)，一种自然发生的现象，我们将在 "大自然的援手" 中叙述。仿星器是环向装置，它不需要电流，其旋转变换由外部线圈的扭曲产生。因此，仿星器避免了电流驱动的问题。也许最终它们是聚变反应堆建造的方式，但是到现在为止我们已有的大量经验是从托卡马克实验得到的。

另一个将聚变等离子体加热到几百万摄氏度的方法是**中性束注入**或者对喜欢首字母缩写的人来讲用 NBI。这是目前优先采用的方法，它的工作原理如下。具有高能量 (在 100~1000keV) 的中性氘原子注入等离子体。因为是中性，这些原子能穿越磁场。一旦进入等离子体中，这些原子迅速电离变成离子和电子，产生带能量的氘离子束。中性原子的速度可以调节，因此它们可以在被电离之前深入等离子体。一旦被电离，中性束变成快氘离子束，而这些氘离子束通过 "电子拽动" 把能量传给电子，通过与等离子体离子的碰撞把能量传给等离子体离子，升高等离子体温度。中性原子因为不带电荷，不能被电场加速，为此人们必须开始用带电粒子制造中性束。能够用一个正离子并加速它，然后加一个电子使它变成中性；或者一开始用负离子，然后剥掉它的多余电子使它变成中性。后者更容易做到。氢对电子有一个亲和力，所以制造负氘离子 (D^-) 不难。然后在一个相对简单的加速器中加速它们。D^- 中的多余电子的束缚很松散，因此当 D^- 束稍微和一点气体碰撞，就很容易把电子剥离，形成快中性束。中性束注入器很大，占用的空间有可能比托卡马克本身更大。图 7.16 显示由中性束加速器环绕的托卡马克。这些中性束能从不同方向给等离子体动量。通常来说，使用同向注入 (co-injection) 最好，也就是说，和托卡马克电流在相同方向注入。这种加热方法是强大的并且必然会改变从简单等离子体理论所预测的等离子体的情况。另外，可调节的中性束又提供了一种控制等离子体的方法。

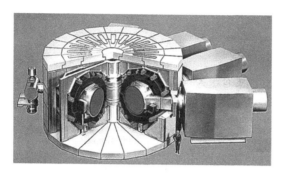

图 7.16 托卡马克上的中性束注入器

还有三种值得注意的主要加热方法：离子回旋共振加热 (ICRH)，电子回旋共振加热 (ECRH) 和下杂化波加热 (LHH)。在回旋加热中，一个高频电场被发射进入等离子体，它的频率可以调节成和粒子在磁场中的回转频率匹配。图 4.9 显示了这些圆形拉莫尔轨道。在回旋频率下电场方向会不断改变，以致粒子做圆周运动时电场总是跟随着它改变方向，去推动粒子。不同相的粒子开始被电场减速而后经相位调整进入加速的状态。粒子间的相互碰撞，使得整个气体热化温度升高。这种加热对离子和电子都可以，但技术上是完全不同的。

ICRH 需要频率在几十兆 (MHz，每秒百万周) 的功率发生器。这属于射频区域，即在无线电收音机的 AM 和 FM 之间。为此，发生器与无线电广播台的发生器类似，只是功率更大。天线也不是安装在高塔上。它是一系列在托卡马克真空室内但是在等离子体外面的线圈，所以不会被毁坏。

ECRH 需要更高的电子回旋频率的发生器，大约 50GHz(每秒 10 亿周)。这是微波区域。微波炉和一些电话机运转在 2.4GHz 的标准频率，另一些电话机的频率则比 2.4GHz 低 20 倍。用在微波炉的磁控管使用大约 1kW 功率。已经研发出用于聚变的专门的回旋管，它能够连续产生几十兆瓦 (MW) 功率。和微波炉一样，ECRH 不需要天线，波是从一个小孔通过的。回旋加热的一个很有用的特性就是它的局域性。回旋加速器能加热是因为频率不随粒子能量改变 (除非它超越 MeV)，但频率**是随磁场变化**的。由于托卡马克中磁场不是各处相同 (均匀) 的，这意味着只有某些处于合适的磁场位置的等离子体才被加热，而这个位置是随着频率改变而变的。我们已经看到托卡马克的电流分布能够改变磁拓扑和旋转变换的 q 值。局部加热能够改变所有这些，并提供了控制托卡马克稳定性的方法。

　　加热也能通过不同频率和不同类型的天线发射波进入等离子体来实现。这些波各有其名，如下杂化波或快速阿尔文波和大批能够在磁化等离子体中存在的波。相反，我们呼吸的没有磁化、没有电离化的空气仅仅能够支持两类波：光波和声波。留下的问题是，波的加热对真实的聚变反应堆是否有实用价值。

7.7　大自然的援手

　　许多失意的物理学家抱怨大自然是一个"泼妇"。我们在前几章描述了不稳定问题之后，聚变物理学家已经同意存在的问题不是那么的具有挑战性，而是可解决的。当一些在聚变反应堆最初设想时没有预料到的好处出现时更令人惊喜。其中一些效应现在有详细记载成为文献；其他的一些效应仍然不能解释。这些惊喜中最突出的是 H 模 (H-mode) 的实验发现，它是一个高约束模式，现在的聚变反应堆设计都依赖它。正因为它是这样重要，值得作为专门的一个章节随后来叙述。

7.7.1　自举电流

　　由于托卡马克取决于内部等离子体电流产生所需的磁力线扭曲，即使不需要欧姆加热，这个电流也是必须的。有幸的是，等离子体会自动产生这个电流，形象地说"用自生电流举着自己"。这么说的原因如下，由于等离子体没有被完全约束而逐渐扩散到器壁，所以将产生密度**梯度**，中央密度高而靠近器壁处密度低，等离子体在靠近器壁处能够迅速离开。想象在拥挤的橄榄球或足球体育馆里，当比赛一结束，尽管有保安，人群不顾一切像风暴一样往场外涌。在体育馆顶上的人群密度高，在场地上人群分散了密度低，形成密度梯度。在托卡马克中正是这个密度梯度产生**自举**电流。严格说来，它是**压力梯度**，压力是密度乘上温度。考虑如图 7.17 中有螺旋形磁力线的托卡马克，磁力线的扭曲是由环向电流 J 产生的，J 产生磁场的极向分量 B_p。在此很重要的就是这个磁场的极向部分。

　　图 7.18 是图 7.17 中小等离子体截面上托卡马克电流 J 的近视图。黑色箭头代表等离子体压力施加于电子的往外推的力。我们可以忽略离子，因为它们运动太慢不能携带很多电流。电子在小圆圈上回旋，因此我们仅仅需要考虑它们的导向中心漂移。在第 5 章，我们说明了回旋对导向中心的影响，它产生一个力使导向中心在和力垂直的方向运动。图 7.18(a) 是图 5.7(d) 的重现，显示 B 场、压力和电子速度是相互垂直的。注意，由于电子是负电荷，**电流和电子速度方向是相反的**。在图 7.18(b) 中，力是在径向往外推，而极向场 B_p 是在方位角方向绕圆。电子是在垂直于两者的方向漂移，即在环向方向，和 J 同向。这个环向电子漂移形成"自举电流"。事实证明：**这个电流总是和 J 是同一方向的，因此它是叠加到总电流。一**

且在环向感应起**种子电流**,就有足够的磁力线扭曲去约束等离子体,自举电流然后能接管大部分的工作。当然,也存在压力引起的漂移,它和 B 场主**环形**分量垂直,但是这个漂移是沿着极向圆,对托卡马克的主电流 J 没有贡献。

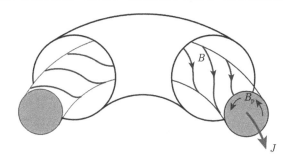

图 7.17 有环向电流 J 的托卡马克,它产生一个极向场 B_p,给出扭曲磁场

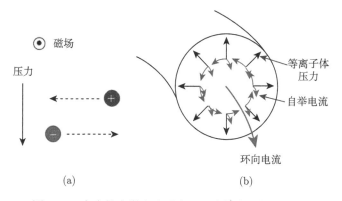

图 7.18 产生的自举电流垂直于压力梯度和极向场

大自然在环形等离子体需要用螺旋形磁力线约束方面给我们制造了困难,但是她又提供了有益的自举电流使得这个螺旋形主要是自发形成的。不管环向场是在哪个方向,或者环向电流是在哪个方向,总有自举电流加入环向电流。现在的实验观察发现,自举电流的贡献占总电流的一半以上。在计划的实验中,自举电流部分将高于 70%,而在聚变反应堆中更高于 90%。

用第 6 章叙述的新经典香蕉形理论可以详细计算自举电流。虽然自举电流的主要部分是香蕉形轨道上运动粒子之间的碰撞引起的,但最终的答案并不一定要知道碰撞速度。碰撞引起压力梯度,而仅仅只是造成压力梯度而已。回到充满球迷的体育场,不管球迷是否相互碰撞和推挤或者是否他们根本不相互接触,球迷密度梯度总是会出现。在设计托卡马克时,自举电流的形状取决于磁场的形状,而磁场本身又取决于自举电流,因此必须采取一个微妙的最佳化解决方案。具有高自举电流的先进托卡马克设计中的电流呈现边界比中心大的中空的电流分布。

7.7.2　同位素效应

这是一个至今仍然不能解释的令人困惑而有益的效果。在已经详细记录[5]的关于用氢、氘、氚的托卡马克放电约束时间对比中,约束时间随着离子质量的增加而增加,这和所有的新经典理论和不稳定性理论结果相反。较重的离子有较大的拉莫尔半径,因此它们穿越磁场的扩散步长也较大,导致约束时间更短而不是更长。如果离子穿越磁场不是通过碰撞而是由不稳定性引起的,大多数理论预测与两个标定之一的原子序数 A 有关 (此处 A 不是以前曾用过的纵横比,而是化学中常见的 A。A 对氢是 1,对氘是 2,对氚是 3,对氦是 4)。粗略估计是在第 6 章讨论过的玻姆扩散。扩散速度与原子序数无关。考虑了离子拉莫尔半径的更精细的理论预测回旋–玻姆标定,随 A 的平方根 ($A^{1/2}$) 变化,导致约束时间随 $1/A^{1/2}$ 变化,对较重离子,约束时间更短。实际观察到的约束时间更像随 $A^{1/2}$ 变化,这样以氘代氢约束时间就提高了 1.4 和 2 倍。也意味着用氚约束会更好,但因为氚有放射性通常不能用在小实验。

同位素效应似乎是普遍的,它在许多不同类型的托卡马克放电中发生。它首先被提出是气体中的杂质引起的,但是很清洁的放电也显示出这个效应。已经有几种关于与 A 这种方式相关的非线性特殊不稳定性行为的理论,但是到目前为止还没有被托卡马克实验证实。1.5 或者 2 的倍数在实验中也许是微不足道的,但是对发电厂将有巨大的商业利益。

7.7.3　维尔箍缩装置

聚变的第一次试验用的是一个简单的叫做 “箍缩” 的装置,我们首先讲讲它。它是一个充满低压气体的管子,电压加在管子两端的电极从而驱动一个大的脉冲电流。如图 7.19 所示,电流首先将气体电离成等离子体,然后产生环绕等离子体的磁场。如果圆柱体弯成环,电流将在**环向方向**,而磁场在极向方向。这有点像托卡马克中的电流,不过在箍缩装置中没有外线圈产生的环向场。图 7.19 中 “极向” 场的磁压力把等离子体压缩到一个很小的直径,于是磁场变得更强,进而更强地压缩等离子体。压缩会加热等离子体,曾经希望通过这个加热能达到聚变温度。当然,第 6 章说了系统会有扭曲不稳定性,这个扭曲会把等离子体赶向器壁。

这个维尔 (Ware) 箍缩[6]在托卡马克的效应更加微妙,而且对在香蕉形轨道运动的大多数粒子都有影响。其机制在图 7.20 说明。在托卡马克中,环向电流 J 由环向电场产生,在图中指明了 J 形成的极向场 B_p 的方向。正是这个磁场给予磁力线所需的扭曲。交叉的电场和磁场导致垂直于 $\boldsymbol{E} \times \boldsymbol{B}$ 的导向中心漂移,如图 5.4 所示。不管粒子是在香蕉形轨道的哪个地方,这个漂移总是向着截面的中心,对离子和它们的方向而言,漂移有相同的方向和大小。注意到极向 B_p 比环向 B_t 要小,但是 B_t 平行于 E,和 E 不交叉,所以不能给出 $\boldsymbol{E} \times \boldsymbol{B}$ 漂移。因此在托卡马克中主要场产生的漂移抵消了等离子体往外扩散,至少对俘获在香蕉形轨道上的离子是如此。维尔箍缩效应被开创性地用来解释所观察到的箍缩振荡,即当箍缩达到极限时,又重复进行。这个效应在其他托卡马克也已经观察到并不是新经典理论的作品,它是大自然的另一个恩赐。

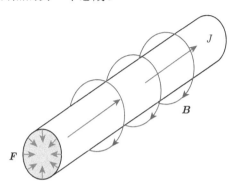

图 7.19 一个带大电流 J 的线性箍缩,它产生一个外磁场 B。这个场产生一个力 F 把等离子体向内推,即箍缩它

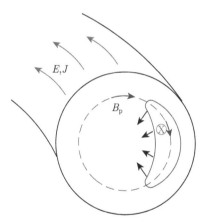

图 7.20 在维尔箍缩中,处于香蕉形轨道的粒子被环向电场和极向磁场的 $E \times B$ 力推向内部

7.7.4 带状流

在早期环向约束研究中遭遇的主要不稳定性已经可以被控制。遗留的微观不稳定性具有漂移波型,其某些细节已在第 6 章描述过。唯一不同的是它们的能量来源和使导向中心从磁力线分离的碰撞过程。这些不稳定性对等离子体会保持捕获多久的影响取决于波生长成湍流的类型,如物理学家会说的它们的非线性特性。在像水或空气的流体中,湍流是漩涡状的。比如说,在图 7.21(a) 木星表面的照片,可见到云雾中由风引起的湍流,包括最大的漩涡,著名的木星大红斑。在水或者空

气中，流动是由压力差引起的。在磁化等离子体中，穿越磁场的流动除了由电场产生的 (前面提到 $E \times B$ 漂移) 外，还有湍流漩涡的发生。在托卡马克中，大自然又显现了她另一个乐于助人的技巧：这些漩涡的大小有**自限**的功能。这意味着就像大红斑一样的大漩涡不可能发生——不然的话，漩涡能够带着等离子体跨越它们的直径迅速到达器壁。

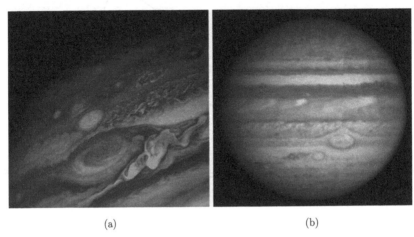

(a)   (b)

图 7.21　(a) 木星云雾中的湍流漩涡；(b) 木星大气层中的带状流层

　　回顾图 6.17，我们看到漂移波通过交替的正负电荷聚束产生极向电场。这些 E 场引起等离子体在径向向内或向外流动，因为 E 场是相位可控的，密度高处漂移总是往外，而密度低处漂移总是向内，因此产生等离子体的净损失。图 7.22 更好地显示了这些漩涡。如图 6.17 所示的 "＋" 和 "－" 电荷的分布是产生的交变电场，在此用短的灰色箭头表示。和环向磁场一起，E 场引起一个在闭合圆圈或者也叫**对流元**的漩涡中的 $E \times B$ 漂移。漂移波的密度花样以这种方式置换有关的这些漩涡，密度较高 (黑色)，漂移是往外，而密度较低 (灰色)，漂移是向内。因此，等离子体净流是向外。危险是这些对流元能够是如画在这里的径向的长 "彩带"，因而等离子体在各个波周期中能向着器壁长途移动。

　　很幸运，因为湍流发生在它成长时的不同形式，所以这种问题没有发生。在各个径向层的交变漂移自动产生，如图 7.23 所示，这些是带状流。流动是由在各个带的边界 "＋" 和 "－" 电荷造成的 $E \times B$ 漂移。它们分裂大的对流元成小的对流元，仅仅为 1cm 宽，离子拉莫尔半径的大小，因此在各流元的迅速对流能移动等离子体仅仅一个短距离。流动本身不能迁移等离子体，由于它们平行于器壁。用哈勃空间望远镜拍摄的示于图 7.21(b) 的木星图中，人们能够从画面的上半部分清楚地看到带状流。在那些条纹中，风在交变方向吹着。在带边界风速的剪切引起湍流，在画面的下半部分看得更加清楚。环向等离子体中带状流显然从根本上是不同的。

在等离子体中，带状流不产生湍流，**而是湍流产生带状流！** 换句话说，带状流是一个由其他不稳定性导致的不稳定性！由于带状流在环装置各处不管是极向还是环向都相同，用很少的能量就可以使它动起来。不需要加角动量去使它在极向旋转，由于相邻层的带状流是在相反方向运动，因此净角动量是 0。环装置的微观不稳定发展成湍流态，再加上带状流，形成漩涡大小自限的一类湍流。原则上，它引起的反常扩散会比理论期望值低，但尚未在实验上观察到。

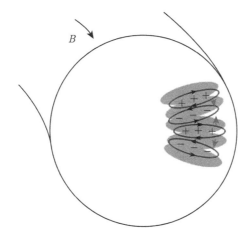

图 7.22　在环面外侧由微观不稳定性引起的漩涡截面图。电荷、场和引起的漂移，以及密度的涨落都标出了

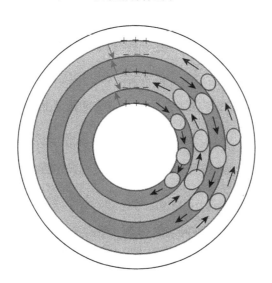

图 7.23　极向方向的湍流使漩涡粉碎成较小的漩涡。其模式随时间振荡也包含有稳态组分。用 + 和 − 电荷显示的电场漂移流 $E \times B$ (灰色箭头)

在非线性微观不稳定性的许多计算机模拟中都有带状流, 因而受到理论学者的广泛研究 [7]。在过去 10 年中计算机模拟有了巨大的进展, 这里仅作简短的叙述。已经提出了很多理论来解释带状流的许多有关细节, 包括漂移波不稳定性是怎样驱动带状流的, 即所谓**调制**不稳定性。这个细节还没有被实验所证实, 但是实验已经证实了等离子体流既不在极向变化也不在环向变化 [8]。为此目的, 重离子束探针的先进诊断技术已被用于日本的两个实验室, 一个是托卡马克, 另一个是紧凑型的螺旋形系统 (仿星器类)。一束离子, 通常是铯离子 (Cs^+) 被加速到这样高的能量使得它的拉莫尔半径大于等离子体半径, 而因此它能对准等离子体的任何部分。当它电离化到双电荷态 (Cs^{2+}), 不仅拉莫尔半径变小, 轨道也变了。利用俘获周边某一特定处的 Cs^{2+}, 可以获悉该处等离子体内二次电离的确切情况。即使在高频波动的情况下, 根据 Cs^{2+} 的数目和能量能够给出该处的电子密度和电场。凭借这个工具, 已经探测到波动是和带状流相匹配的。然而, 预测带状流的存在和约束时间的改进之间的关系还需要在实验室量化。

7.8　时间标度

在这一点上, 你也许奇怪复杂的香蕉形轨道和磁岛怎样会与看似毫无关系的对流元和湍流中的带状流相匹配呢? 这些现象有不同的时间标度。热电子几乎以光速运动, 光速是 1 英尺/纳秒 (ft/ns)。环绕一个大托卡马克一圈也许 20ft, 则花费 20ns。如果热电子要环绕 100 个大圈才能画出一个香蕉形轨道, 总的时间是 2000ns 或者 2μs。这些单个粒子运动的发生是在微秒时间尺度。另外, 微观不稳定性特有的频率是 10kHz, 对应于一个周期为 100μs 的波。需要几个周期的时间发展成湍流, 所以时间标度具有 1ms 的量级。在这时间标度上, 等离子体能够被描述成流体, 但是这流体不像在水和空气中其粒子可以自由运动。**在托卡马克中参与微观不稳定性和湍流的流体是由在环向装置中的非常特定轨道上运动的粒子组成的。**

有两种较长的时间标度。在湍流的稳定态, 等离子体处于稳定状态, 环向电流的分布给出可能带有磁岛的稳定的 q 分布。离子和电子的密度及温度的径向分布使一切处于自洽状态。一旦这些分布变得无法维持, 则偶尔会有锯齿形的崩溃而使它们重新自我安排。所有这些发生在毫秒量级。与此同时, 等离子体和它的能量以粒子和能量**约束时间**所描述的速度缓慢地泄漏。第 5 章提到了, 这个时间是秒的量级, 在反应堆大小的装置中时间也许会长一些。

为保持反应堆放电, 要注入丸状的 DT 燃料, 用偏滤器移除氦 "灰"。在移除之前, 氦用积存在等离子体中的能量使自己保持热。由于变压器不能用直流模式运转, 现在的托卡马克的脉冲长度是由驱动环向电流的变压器决定的。1h 量级的脉冲长度已经是可能了。反应堆必须连续运转, 因此它们的部分电流比如必须由波 "无感应地"驱动而不是由"自举"产生,否则,反应堆将成为不需要电流产生磁力线弯曲的仿星器。一个实用的发电厂必须设计成在维修与关闭之前能连续运转几个月或者几年。那是最长的时间标度。

7.9 高约束模

7.9.1 H-模

1982 年德国加尔兴市 (Garching, Germany) 的 ASDEX 托卡马克上安装了中性束加热装置并开始运行,大自然给出了一个没有人能够预测到的意外惊喜。当加热电源从 1.6MW 缓慢增加到 1.9MW 时,等离子体突然出现了新的模式。它的温度上升,密度增加;当测量到的逃逸离子通量戏剧性地出现大幅下降时,等离子体能量和等离子体密度的约束时间同时加长了。它仿佛形成了叫做输运垒的一堵墙或者坝,如图 7.24(a) 所示。当等离子体扩散到这个位垒时被挡住了,而后在小爆发中缓慢流出。这个高约束模叫做 H-模,来自两个创新:使用中性束加热功率的增加和使用图 7.13 所示的单个偏滤器。当中性束在小于 1.6MW 运转时,因为束干扰了由欧姆加热建立的等离子体平衡分布,约束时间实际上有一点变坏。这个被称为低 - 约束 L-模。一旦功率增加超过 H-模阈值,就发生从 L-到 H-的转换而且形成压力台基(pedestal)。

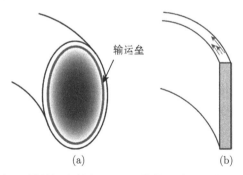

图 7.24 (a) 托卡马克中 H-模输运垒的位置; (b) 薄薄的输运垒内 $E \times B$ 剪切漂移的示意图

图 7.25 显示台基的含义。这是等离子体压力从托卡马克截面中心到外部随半径变化的图。等离子体在正常扩散中的密度和温度 (它们的乘积即压力) 从极大值缓慢下降直到台基但不能降到零。它们停在一个相对的高值 (台基),因此内部的平均压力高于在 L-模的情况。到了台基,随着等离子体被排放到偏滤器而后结合成气体被泵出,压力迅速下降到接近于零。图 7.24(b) 中阐明了位垒内发生的事。在小半径方向产生了一个大电场,因而引起在环向方向如图 5.6 所示的 $E \times B$ 垂直漂移。这些漂移是不均匀的但是高度剪切的。显然,这个剪切运动稳定了微观不稳

定性而且减慢了内部不稳定性–控制的扩散。需要注意的是这里是**电**剪切稳定，而不是环向约束装置中的**磁**剪切稳定。

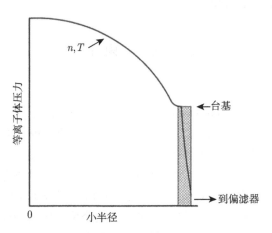

图 7.25　当等离子体压力碰到 H-模台基时的行为

　　H-模位垒层是很薄的，在具有 1m 截面的大托卡马克中 1~2cm 厚。它并不是托卡马克仅有的特性，在仿星器和其他环向装置也已经观察到，它也不是中性束加热的现象。它的出现似乎只需要两个要求：① 足够高的输入功率，② 不允许等离子体撞击器壁而是由偏滤器引出到外室。后一个要求鉴于这个事实，即杂质原子或者中性原子是阻止台基形成的。H-模的约束时间大约改善了 2 倍 (看图 7.26(b))，而等离子体压力大约改善了 60%。从聚变研究开始以来约束时间已增加了百万倍，2 倍似乎不是一个大数；但是我们现在谈论的装置是准备设计成反应堆的。2 倍意味着能够使 1GW 反应堆变成 2GW 的反应堆，能够为百万个家庭而不是 50 万个家庭服务。现在所有聚变反应堆的设计都假定以 H-模运转。反应堆产生的功率主要取决于台基的密度和温度。

　　我们怎样理解这个偶然发现的大自然奇事呢？20 多年来一直萦绕在聚变物理学家脑海中的两个主要问题是：① 输运垒层的剪切场是怎样减少扩散速度的？② 为什么会形成这个输运垒层和我们怎样能够控制它？为此课题召开的年会也已经超过了 20 年。剪切流的影响有好也有坏。一方面，它能够**引起**流体动力学中众所周知的开尔文-亥姆霍兹 (Kelvin-Helmholtz) 不稳定性。它是风引起水面涟波的不稳定性。另一方面，剪切能够抑制不稳定性或者至少限制不稳定性的增长。在流体动力学，有一种简单法则可以判断什么形状的剪切是稳定的，什么形状的剪切是不稳定的。在等离子体物理学中，在磁等离子体中因为有太多种类的波，这样简单的法则是用不上的。在如此薄层中进行测量也是困难的。输运垒的物理学——"边缘物理学"——是一项正在进行的研究。自 1988 年开始每年都举行一次输运垒任务组专题会议。显然，更重要的是知道怎样去启动 H-模。阈值功率与磁场、等离子体密度和装置大小有关。由于 H-模阈值已经在许多装置观察到，就有可能给出一个标度律来描述阈值与这些不同参数的关系，如图 7.26(b) 所示。

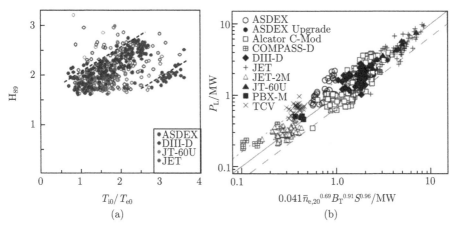

(a)   (b)

图 7.26   (a) 4 个大的托卡马克装置中测量到的 H-模约束增强因子与离子–电子温度比值的
关系 (引自 2004 年在葡萄牙维拉摩拉召开的第 20 届 IAEA 聚变能会议上 IT/P3-36
A.C.C.Sips 的文章)；(b)H-模阈值功率与等离子体密度，环向磁场和等离子体
表面积的标度律[10] (扫描封底二维码可看彩图)

　　H-模不仅使我们有能力去约束等离子体，而且增进了我们对等离子体物理学的认识。已经确认等离子体能量从输运垒逃逸是一个相当大的问题。等离子体还借助另一个叫做 ELM 的不稳定性逃逸，第 8 章将叙述它。

7.9.2　反向剪切

　　托卡马克放电的 $q(r)$ 分布也许是它的最重要的特性。它控制等离子体的稳定性，形成磁岛以及其他基本特性。品质因素 q 随着小半径变化的情况在图 7.2 中示出。它通常是从核心处的 1 逐步增加到边缘为 3 和 9 之间的某个数。记住 q 是旋转变换的**倒数**，因此磁力线扭曲从等离子体截面的中心到边缘是逐步减少的。改变扭曲程度可以提供不稳定性的剪切稳定。为了增加剪切量，需要 $q(r)$ 能在比 1~9 更宽的范围变化。然而，q 不能太大，因为那样扭曲将太弱不足以抵消粒子的垂直漂移；q 不能小于克鲁斯卡–沙弗拉诺夫极限 1，因为正如我们在第 6 章看到的，q 太小会发生扭曲不稳定性。解决这个困境的一个显而易见的方案是使扭曲改变它的角度多次，这样既可增加剪切又不使 q 超越界限。这个思想在早期没有得到认真对待，因为当时没有方法产生随半径以螺旋式变化的托卡马克电流。现在，所有大的托卡马克都已经可能产生 "中空" 电流分布，其峰值不在中心，而在偏离半径的一半多处，如图 7.27 所示。由图可知，中央的 $q(r)$ 大，在内部某处降到最小，而然

后又上升到边缘的正常值。实际上，接近中心磁力线的扭曲很小，离开一半处变得
紧密了，靠近边缘处又缓解下来。扭曲角随着半径的变化更快，为此增加了剪切。
观察到一个较低的湍流水平的同时约束时间相应地增加了。

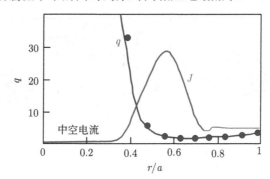

图 7.27   中空的电流分布 J，产生反向–剪切 q 分布。这是来自日本 JT-60 托卡马克上的实
验 (改编自藤田 (T. Fujita) 和 JT-60 小组, Nucl. Fusion 43, 1527(2003))

　　最初, 中空电流分布是在斜向中性束加热 (以预定的方法逐步增加功率) 和辅
助加热组合瞬间产生的。这对反应堆来说是不行的, 反应堆必须稳定运转; 但是在
一个偶然的情况下, 自举电流能够产生中空电流分布。这是大自然的另一个礼物。
理论上, 具有大自举电流的反应堆级装置, 就有可能设计出 "先进托卡马克" 方案,
其中, 压力分布导致产生反向剪切的自举电流分布, 最终扩散速度的减少和压力分
布一致! 这听起来像白日梦, 但是我们将看到, 其大部分已经得到实验证实。

7.9.3   内部输运垒

　　反向剪切的研究引出了一个更重要的发现: 内部输运垒或者 ITBs (我要避免
的另一个缩写词)。它们有点像 H-模台基, 但产生在远离器壁的等离子体内部。它
们有效抑制了不稳定性和湍流引起的等离子体向器壁的快速输运。在 q 为最小值
的半径处, 极向磁场和极向 $E \times B$ 漂移两者的剪切都足够强到使大多数不稳定性
终止, 反常扩散停止, 似乎在等离子体中间有堵墙。这是另一个没有想到的大自然
的恩惠, 仅仅在大的托卡马克上通过艰苦的实验发现的。图 7.28 说明内部输运垒
应怎样设计。如果它靠近轴 (虚线) 处, 稠密的热等离子体将被限制在垒内一个很
小的体积。如果输运垒往外出去一点, 如图中实线所示, 那么它和自举电流引起的
电流分布一致。输运垒的宽度也产生差异, 它必须和被压制的湍流漩涡大小相匹
配。由于大的漩涡更加危险, 输运垒将不能太窄。
　　要形成一个好的内部输运垒, 必须控制电流分布, 使得它的峰值如它的倾向一
样不在中心。这可以通过调节欧姆加热线圈的电流和运用波去驱动辅助电流 (非感
应电流驱动) 来实现。所用的波主要是下杂化波, 也用电子回旋波。由波驱动的电

流的径向位置能够通过改变它们的频率来调节。至今，在产生强放电中，自举电流的贡献是非常显著的。内部输运垒在所有最大的四个运转的托卡马克中都产生了：包括德国升级的 ASDEX；加利福尼亚州圣地亚哥通用原子公司的 DIII-D；日本的 JT-60U；英国的欧洲托卡马克 JET。由于美国国会预算的削减，新泽西普林斯顿的第五大装置 TFTR 已经停止运转并报废。作为例子显示在这里的是 DIII-D [11]。

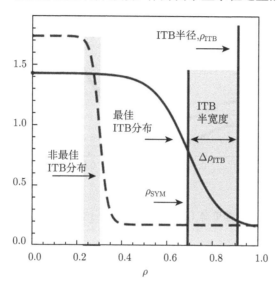

图 7.28　内部输运垒分布图。横坐标 ρ 是小半径的分数 r/a，**曲线**通常代表密度或者离子和电子温度，**虚线曲线**表示又窄又接近轴的位垒结果，**实线曲线**是最佳分布结果，以 ρ_{sym} 为中心左右各宽 $\Delta\rho_{ITB}$ [11]

　　在下面的例子中，实际上得到的是双垒，除了内部垒还含有 H-模边缘垒。q 分布示于图 7.29，一个只有内部单垒，而另一个具有双垒。在两种情况下，q 值都没有降到克鲁斯卡-沙弗拉诺夫极限 1 以下。

　　等离子体的输运垒效应示在图 7.30。虚线表示内部垒里高温度和密度，而实线说明当加上边缘垒时温度的增高。

　　图 7.31 显示在托卡马克中的输运垒显著地减少了能量损失，从而增加了约束能量。图中示出了离子和电子的热扩散系数 χ 的径向变化，也就是在放电时它们的能量在不同半径处往外传输的速度。低值是好的，高值是坏的。点线说明在没有输运垒时的 χ 值。和以前一样，虚线显示单垒的情况，而实线显示双垒的情况。在垒内这些曲线都下落在无垒曲线下面。在 χ_i 图下部的细线是根据新经典理论计算的 χ_i 值，也就是假设不稳定性不存在的情况。通常来自微观不稳定性的湍流程度使 χ_i 远大于理想的理论值。在这里，我们第一次看到至少是在等离子体内部，内

垒使 χ_i 下降到理想水平。

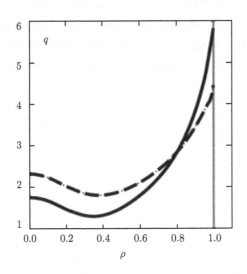

图 7.29　具有内部单垒 (虚线) 和具有双垒 (实线) 放电的 q 分布 [11]

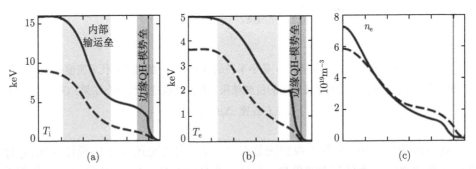

图 7.30　单内部垒 (虚线) 和双垒 (实线) 放电中, 离子温度 (a)、电子温度 (b) 和等离子体密度 (c) 的径向分布轮廓 [11]

这些结果是在强大的托卡马克得到的, 它具有 1.3MA 环向电流, 2T(20000G) 环向磁场和 45% 的自举电流分数。已经发现为了形成最好的垒, 加热等离子体的中性束最好采用与托卡马克电流方向相反的注入而不是像通常那样沿着电流方向注入。做到这点不难, 不用搬动大的粒子束注入器, 仅需简单地变换欧姆加热线圈中电流的极性。在较大的 JET 托卡马克中, 用氘氚代替纯氘运转, 依靠内部输运垒可使离子温度高达 40keV, 并几乎保持了 1s。在那里磁场是 3.8T, 等离子体是 3.4MA [12]。综合这些来自大托卡马克的数据, 特别是具有大自举电流分数的那些数据, 相信先进的托卡马克有希望能够作为实际反应堆的设计依据。

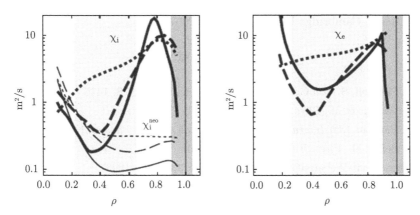

图 7.31　DIII-D 装置双垒 (**实线**) 和单垒 (**虚线**) 以及无垒 (**点线**) 放电情况下离子 (**左**) 和电子 (**右**) 的径向热扩散系数与理论值 (**细线，左**) 的比较 [11]

　　虽然反向剪切和内部输运垒对等离子体损失率减少的可能性已被理论所预测 [13,14]，但要变成现实，还取决于装置能否足够大以产生这个效应和控制这些装置达到所需条件的能力。量化等离子体内部详细测量这些结果的诊断也需要重大设备和先进技术。比如，为了得到 $q(r)$ 分布，需要运用一个复杂精密的斯塔克效应方法测量磁力线在每个半径的箍缩。

　　由于不断地承诺在 25 年内可以实现聚变，聚变的名声受到了影响。这是因为许多困难不是一开始就能知悉的，其中有很多已经克服了，但是也花费了不少的时间和资金去建立必需的大研究装置和培养一代等离子体物理学家，以及发展诊断技术以使我们能够知道在做什么。现在已掌握了足够的基础物理知识可以估计如何使磁聚变能够更精确地进行，成千上万名物理学家和工程师努力了几十年才让我们看到聚变的希望。仍然有一些物理问题要解决，这些将在第 8 章描述。工程技术又是另一个问题。第 9 章的主题是该怎么做才能使聚变反应堆实用化。

注　释

1. Courtesy of Roscoe White.

2. An acute reader would ask, "Why don't we just let those non-gyrating particles go and confine the rest?" The reason is that those particles which have leaked out would be quickly regenerated by the plasma in what is called a velocity-space instability. It is another of a plasma's tricks to bring itself to thermal equilibrium without waiting for collisions to do so.

3. A nice treatment of this is given by Jeff Freidberg, in *Plasma Physics and*

Fusion Energy, Cambridge University Press, 2007.

参 考 文 献

[1] N.R. Sauthoff, S. Von Goeler, W. Stodiek, Nucl. Fusion **18**, 1445 (1978)

[2] E.A. Lazarus et al., Phys. Plasmas **14**, 055701 (2007)

[3] H.K. Park, in *13th International Conference on Plasma Physics*, Kiev, Ukraine, 2006

[4] R.E. Bell et al., Phys. Fluids B **2**, 1271 (1990)

[5] M. Bessenrodt-Weberpals et al., Nucl. Fusion **33**, 1205 (1993)

[6] A.A. Ware, Phys. Rev. Lett. **25**, 15 (1970)

[7] P.H. Diamond et al., Plasma Phys. Control. Fusion **47**, R35 (2005)

[8] A. Fujisawa et al., Phys. Rev. Lett. **98**, 165001 (2007)

[9] F. Wagner et al., Phys. Rev. Lett. **49**, 1408 (1982)

[10] ITER Physics Basis, Nucl. Fusion **39**, 2196 (1999). Chap. 2

[11] E.J. Doyle et al., Nucl. Fusion **42**, 333 (2002)

[12] C. Gormezano et al., Phys. Rev. Lett. **80**, 5544 (1998)

[13] C. Kessel et al., Phys. Rev. Lett. **72**, 1212 (1994)

[14] J.F. Drake et al., Phys. Rev. Lett. **77**, 494 (1996)

第8章 半世纪以来的进展*

8.1 我们完成了什么？

受控聚变反应堆需要约束足够热足够稠密的等离子体足够长的时间。这些临界条件能够用三个数乘积 $Tn\tau$ 来量化，这就是在第 5 章解释过的劳森判据的修正。T 是起反应的离子温度；由于等离子体是准中性的，n 可以是离子或者电子的密度；而 τ 是能量约束时间，它必须是保持温度 T 不变的输入能量快慢的测量值。许多年以来，已经建立了超过 200 台托卡马克，而且在各个装置达到的 $Tn\tau$ 值已经被计算出来。对其中部分数据作为时间函数作图，示于图 8.1。$Tn\tau$ 值在 40 多年中已经增长 10 多万倍，近来每两年加倍。

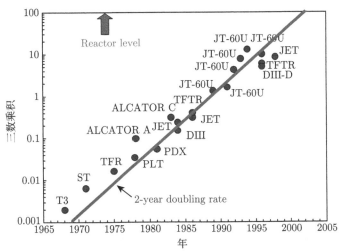

图 8.1 三个数乘积 $Tn\tau$ 随年变化，标着的圆点是托卡马克装置的名字

(数据来源于http://www.efda.org_fusion_energy/fusion_research_today.htm，$Tn\tau$ 的单位是 $10^{20}\mathrm{keV\cdot s/m^3}$)

对 $Tn\tau$ 值增长的贡献大多数来自约束时间。第一个实验装置经历了磁流体不稳定性，如瑞利–泰勒不稳定性和第 5 章叙述的扭曲不稳定性。这些不稳定性能使等离子体以被称作 "阿尔文波" 的磁力线摆动的速度碰壁，它把约束时间 τ 限制到微秒。一旦这些被控制，τ 增加千倍到几毫秒，在这一点上，微观不稳定性成了限

---

*上标的数字表明在文章结束后的注释编码，而方括号 [ ] 表明文章结束后所示的参考文献编码。

制因素。经过多年对香蕉形轨道、磁岛、气球模和连接长度的了解，这些不稳定性
被减到最小；τ 又增大 1000 倍到现在的几秒。

聚变的进步速度比得上计算机芯片发展的有名的摩尔定律。摩尔 (Golden Moore)
预言芯片上晶体管数目每两年会加倍，一个不可思议的速度，事实上几乎如此。
图 8.2 显示了这种增长和加倍时间区域的对比。图 8.1 显示的聚变成就也追随摩尔
定律每两年加倍。这二者超越了粒子加速器的利文斯顿的定律；后者每三年出现能
量加倍。

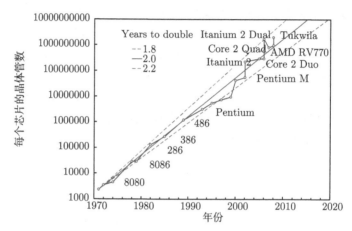

图 8.2 半导体的摩尔定律和双倍率的比较

以下是四个大托卡马克的照片，这些装置 (图 8.3 ~ 图 8.6) [1] 在图 8.1 的上部
被标志为几个点。

图 8.3 TFTR：在新泽西普林斯顿的托卡马克聚变测试反应堆

正如你能看到的，或者看不到的，托卡马克本身躲藏在一大堆设备背后，这些
设备包括中性束输入器、给线圈供电的电源、支撑结构和诊断仪器。为了显示这些
装置的尺寸，图 8.7 是当暴露在空气时的 DIII-D 真空室的内部视图。

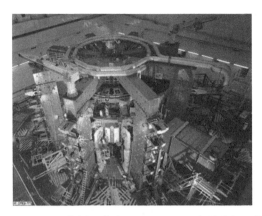

图 8.4 JET：英国阿宾登 (Abingdon) 欧洲联合环装置

图 8.5 DIII-D：加利福尼亚州拉霍亚 (LaJolla) 通用原子能公司的双III装置

图 8.6 JT-60U：日本茨城，环装置

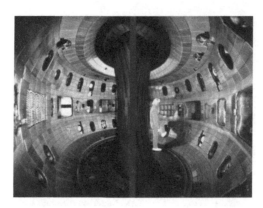

图 8.7   当 DIII-D 暴露在大气时的真空室内部视图

8.2   设备，启动和里程碑

我们是怎样取得这些成就的呢？图 8.1 中散布的点告诉我们发生的故事。在短时期内，由于设备和启动的问题，进步是断断续续的，原因不仅仅是物理学问题而且是资金和政治的问题。在物理学家比夏普 (Amasa Bishop)[1]，威廉松 (Hans Wilhelmsson)[2]，麦克拉肯 (McCracken) 和斯托特 (Stott)[3] 的科普书中能够一睹聚变研究的历史。在记者布朗伯格 (Joan Lisa Bromberg)[5] 和赫曼 (Robin Herman)[6] 的书中以及在魏塞尔 (Gary Weisel)[7] 的文章中较少从技术的角度报道人物和政治。下面是扼要的介绍。

在美国，在 1951~1952 年有三个小组开始受控聚变研究，一个在加利福尼亚州利弗莫尔，由波斯特 (Richard F. Post) 领导；一个在新墨西哥州洛斯阿拉莫斯，由塔克 (James Tuck) 领导；一个在新泽西州普林斯顿，由斯皮策 (Lyman Spitzer Jr.) 领导。很明显氢弹爆炸反应是一个巨大能量的来源，只要能量能够被控制和能够缓慢释放出来。怎样才能做到是不清楚的。大家同意，捕获和约束热等离子体将是需要的。波斯特提出用磁镜，我们将在第 10 章叙述它。塔克提出用箍缩 (第 7 章)，由等离子体电流产生全部磁场。这些装置当然要经受扭曲不稳定性的影响，但这在那时是不知道的。塔克有远见地为他的装置取名为或许器 (perhapsatron)。在普林斯顿，斯皮策，一位天文学家设计了 8 字形环向装置，很自然，他给取名为仿星器。稍微晚一点，在田纳西州橡树岭 (Oak Ridge)，在另一个磁镜的基础上，启动了第四个方案 DCX。这个组强调要连续运转 (因此用直流电源) 而不用脉冲电源，最终他们给它起了一个奇妙的名字——艾摩颠簸 (ELMO Bumpy) 环装置。在英国，最初的努力集中在箍缩，特别是环向箍缩，它是一个像托卡马克的环装置，但它具有大的环向电流产生的极向约束场。在俄国，在莫斯科的库尔恰托

夫研究所 (Kurchatov Institute) 人们开始研究一个小的环装置，并将其命名为托卡马克，它是由伊戈尔·塔姆 (Igor Tamm) 和安德烈·萨哈罗夫 (Andrei Sakharov) 发明的。一直到第一个里程碑——1958 年的日内瓦会议，这些秘密方案被解密和披露之前，其他国家还没有参与。

在这之前几年，由于原子能委员会主席刘易斯·施特劳斯 (Lewis L. Strauss) 的热情支持，美国方案迅速成长。这个方案在詹姆斯·塔克命名之后，叫做舍伍德项目，让人联想到舍伍德森林的弗莱尔·塔克。出于要在实现聚变上击败英国和苏联的目的，施特劳斯保持方案的保密性并给出充足的资金。舍伍德会议每年召开，而且留下一些令人难忘的时刻。在 1956 年，由橡树岭主持在田纳西的加特林堡召开年会，多数参加者第一次领悟到 "禁酒市" 的意思。即使没有酒的润滑，为表示纪念，斯皮策演唱了吉伯特 (Gilbert) 和苏立文的歌曲来款待这些人。在 1957 年，会议在加利福尼亚州的伯克利召开，而他们必须在白天占用电影院而且为这次机密会议采取了保安措施。纯属巧合，那个星期在那个电影院演的电影恰好是《最高机密》(Top Secret)。从 1952 年到 1954 年，发现了有名辐射带的范艾伦 (James Van Allen)，在普林斯顿建立 B-1 仿星器，1954 年招聘新的年轻的实验者继承这个装置。

同时，斯皮策组建立了一个强大的理论组，他们的**代表作**是第一流的文章，1958 年出版 [8] 的**磁流体稳定问题的能量原理**。这篇出自伯恩斯坦 (Bernstein)、弗利曼 (Frieman)、克鲁斯卡 (Kruskal)、库尔斯鲁德 (Kulsrud) 的文章的最大贡献是以全部物理学家的角度建立一个有价值的全新领域——等离子体物理学。它根据能量最小化原理给出一个计算方法，即使对具有复杂的磁场几何形状的环装置，它能预言稳定 MHD 运转的边界。这个工具允许实验者建立能克服瑞利–泰勒不稳定性和扭曲不稳定性的稳定装置，在第 5 章和第 6 章已讨论过这些不稳定性。

联合国在 1957 年建立的国际原子能机构 IAEA 在 1958 年组织和平利用原子能会议。基地在奥地利维也纳，自那以后由 IAEA 赞助每两年召开一次等离子体物理学和受控聚变会议。舍伍德项目的一大队人马被派遣到日内瓦，用螺旋桨飞机横越大西洋。在大队伍之前是橡树岭专家安排的成吨的要展示的设备。那里不仅仅有如图 4.8 中的 8 字形仿星器的模型，而且还运来能实际运转的装置，包括使装置能够运转的电源设备和控制系统，不惜耗费巨资。英国也放置一个巨大的出色的展品，这是他们有特色的环向 Z(Zeta) 箍缩装置。同时，苏联展出他们刚刚发射的开创了太空世纪的出色的人造卫星。他们的聚变装置，托卡马克是第二位。展出的托卡马克是看似不成形的、暗淡的、难于辨认的铁块，而且没有使它运转。这是托卡马克世纪的开端。但是，美国、英国和苏联所引发的挑战和竞争却在继续。

在日内瓦会议上，英国组宣告在 Zeta 装置已经观察到标志聚变反应的中子。这将是首次证明热等离子体产生聚变。不幸的是，人们发现这些中子来自高能离子撞击器壁而不是来自等离子体本身的热离子。如第 3 章所解释，离子束不能产生净能量增益；后者需要有**热核反应**。英国人不够小心而跌倒了。这对他们的领导彼得·托尼曼 (Peter Thonemann) 和皮斯 (Sebastian "Bas" Pease) 是一个尴尬的时刻，他们两个是好得不能再好的朋友。环向 Z- 箍缩 (英国人叫 zed- 箍缩) 设想能存活下来，并且有可能改进到能替换托卡马克，这要归功于泰勒 (Bryan Taylor) 的一个伟大理论。

20 世纪 60 年代在许多方面取得进展，最重要的是 1968 年由俄国人的先驱者阿齐莫维奇 (Lev Artsimovich) 宣告，在他们的 T-3 托卡马克上，约束时间比玻姆时间长 30 倍，电子温度破了纪录。回顾起微观不稳定性引起的玻姆扩散把约束时间限制到毫秒状态，如果它能可信的话，这是重要的进展。科学界对此持怀疑态度，由于俄国人的仪器是比较原始的。在 1969 年，由德里克·鲁滨逊 (Derek Robinson) 领导的英国队带着激光诊断工具飞到库尔恰托夫 (Kurchatov)，那时俄国还没有激光诊断工具。他们测量在 T-3 的等离子体，而且发现俄国人宣称的是正确的。托卡马克必须要认真去对待。之后不久，对托卡马克的研究开始出现在美国的通用原子公司和几所大学，以及在西欧和日本的许多地方。在 1970 年即使普林斯顿有名的模型 C 仿星器也改成托卡马克。回顾起来，托卡马克的发明是一个幸运的突破。人们没有预料到它的锯齿形振荡自愈特性，它也不是第 7 章列出的大自然母亲的礼物。靠艰苦的努力，在多个磁瓶中的任一个也许能找到克服玻姆扩散的办法，其中一些磁瓶也许会比托卡马克更适合作为反应堆。它集中在第一个有前途的单个概念，它驱使托卡马克发展到目前的状况。

用了 60 年代的 10 年时间，普林斯顿小组减少了玻姆扩散问题，弄清了造成损失率增大的微观不稳定性的影响。多数这种工作是在线性装置中完成的基本实验，这种线性装置不受仿星器和托卡马克中复杂磁力线的影响。在苏联，约飞 (Mikhail Ioffe) 在他的圣彼得堡研究所发明了 "约飞棒"。在磁镜装置中，约飞棒是携带电流的四根棒，它们形成磁阱 ("最小-B") 结构，因此消除了大多数烦人的不稳定性，使那些约束装置达到了稳定。虽然在这里磁镜约束是在我们范围之外，最小-B 概念也用在了托卡马克的结构中。这些结果，以及 T-3 托卡马克的结果在 1968 年的令人难忘的 IAEA 会议上被报告。在莫斯科的正式技术会议后，阿齐莫维奇带领整个会议人马到新西伯利亚市大聚会，新西伯利亚市是西伯利亚深处的科学城。这个聚会在一个很大的由砍去了的树木并用水淹没的树墩而形成的人工湖旁边举行。长的野餐桌立在湖边，由俄罗斯人提供食物来款待大家。它好像 60 秒棋游戏的桌子绵延 100m。在这里，来自许多国家的等离子体物理学家之间得以相互认识。它是国际合作和竞赛的开始。

另一个里程碑是在新西伯利亚市会议上通用原子公司小组展示的图 8.8 的照片，这令俄国人大吃一惊。美国人真能运用资源建立起大到人能站起来的环装置来压倒俄国人吗? 实际上，它不是托卡马克或者仿星器，而是一个 "八极" 的装置，拼写是 "octupole" (八极装置)，它是由威斯康星大学的克尔斯特 (Don Kerst) 建立的另一个装置。它有四个携带电流的环，由薄导线悬浮在等离子体中产生磁阱。在这种磁场下等离子体绝对是稳定的，而且首次观察到仅仅由碰撞引起的经典扩散率 [9]。作为一个纯物理实验，八极不需要大的、昂贵的磁场，它不是俄国人会担心的那种先进的聚变装置。在真实的反应堆中内部导体并不实用。

20 世纪 70 年代是一个愉快的时期，阿齐莫维奇预言到 1978 年科学上要达到得失相当，然后原子能委员会赫希 (Bob Hirsch) 领导的聚变研究把日期推得更早。一个对无限能源的展望诱发这种抒情绰号为 "释放的普罗米修斯"(Prometheus Unbound)! 由于认识到磁约束的困难，受控聚变的重要性比得上火的发明。

图 8.8　通用原子能公司环向八极装置的内部

(承蒙奥卡瓦 (Tihiro Ohkawa) 允许本书使用 [10])

当詹姆斯 R. 施莱辛格 (James R. Schlesinger) 成为 AEC 主席后资金开始增加，他后来去到中央情报局和国防部。1973 年的石油危机，当全美国执行 55 英里时速限止时，聚变研究的资金支持进一步升级。聚变的财政预算方面的急剧增加示于图 8.9，2008 年达到的峰值为一年大约 9 亿美金 ($900M)。华盛顿州共和党 (D-WA) 众议员麦科马克 (Mike McCormack) 倡议，国会通过 1980 年磁聚变工程法案，法案制定了计划和所需的财政预算，要在 2000 年建立一个演示装置 (DEMO)。法案通过了而资金从未投入。对不断答复的可在 25 年中实现聚变的承诺感到厌倦的国会开始削减聚变的资金。金特内 (Ed Kintner) 在 1976 年从赫希那里接手聚变办公室，而且必须重组适合于获得资金的优先项目。许多可选择的磁约束聚变方案在那时 2 仍然存在，在以托卡马克作为旗舰以及进行关键的工程试验的同时，也应该要探索这些方案。但是，几个大的项目最终必须砍掉，包括聚变材料测试设施和

MFTF-B, 为磁镜聚变建造的世界上最大的超导磁铁。由于减少资金, "聚变总是会在将来的 25 年中实现" 变成一个自我陶醉的预言。

十分奇怪的是, 图 8.9 的资金峰值跟当时的石油价格图很类似 [3]。不幸的是在 2008 年的石油危机中没有发生这种事, 因为其他像太阳能和风能的替代能源已经可以使用, 而且美国在伊拉克打仗。1991 年苏联解体后对美国国会的主要影响是愿意支持聚变。被俄罗斯人超越的威胁不再存在了, 而国会的态度是让更加依赖石油的友好国家支付主要费用。结果是, 相对于英国和日本, 在聚变发展中曾经的世界领袖的美国逐渐地失去卓越地位。

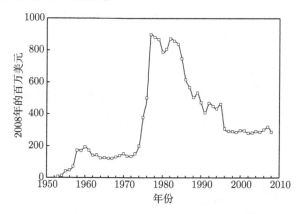

图 8.9   在 2008 年美国聚变研究财政预算, 以美元为单位 (改编自马利兰, 盖瑟斯堡, 聚变动力协会的数据)

尽管如此, 20 世纪 70 年代资金的峰值水平能够启动 10 亿美元的装置, 并在 20 年后成为里程碑。在普林斯顿 [4] 的 TFTR 在 1976 年开始建造, 从 1982 年运转到 1997 年。这是前进了一大步, 因为它是第一个装置用氘氚 (DT) 运转而不是氢或者氘。一旦氚被引进, 氘氚 (DT) 反应能产生 14MeV 的中子, 它会激活不锈钢壁。大量的屏蔽是必需的, 而维修保养只能通过遥控来进行。到 1986 年, TFTR 以离子温度 (50keV 或 5.1 亿摄氏度), 等离子体密度 ($10^{14}cm^3$), 而约束时间 (0.21s) 创了纪录, 当然这不是同时达到的。在 1994 年, 一个 50%-50% 氘氚 (DT) 混合物被加热产生 10.7MW 的聚变功率。这仅仅大约是发电厂提供的输入功率的 1%, 而且仅仅是脉冲, 但是这是第一次证明触手可及的输出功率。在它退役以前, TFTR 也演示了自举电流和反向剪切, 这是在第 7 章描述过的效应。

紧跟着 TFTR 之后, 西欧建立了一个更大的装置——联合欧洲环装置 (JET), 也能够用氘氚 (DT) 燃料。在 1973~1975 年设计而在 1979 年建造, JET 从 1983 年运转至今。它的资金来自欧洲原子能共同体的国家, 现在在欧洲聚变发展协议下运转, 有超过 20 个国家 [5] 参加。现在, 世界最大的托卡马克主半径 3m, 令人难忘的强大的磁场达到 3.45T(34.5kG)，总的加热功率 46MW，而环向电流 7MA。它创造的纪录是 2MA 脉冲，维持 60s。在 1997 年，JET 宣告一个使用氘氚燃料的新世界纪录，它产生了 16MW 聚变功率，而且在 4s 中保持功率 4MW。JET 为了支持 ITER 实验而被改造过，在本章末尾会介绍这个大的国际项目。

这个时代的第三大托卡马克是日本的 JT-60, 1985 年开始运转。它在研究托卡马克科学最前沿的效应中起了领导作用，如反剪切、H-模和自举电流等。对这本书来讲，大多数太技术性，但是 JT-60 创造了一些世界纪录，它们是容易理解的。1996 年，它达到最高的聚变三个乘积。回忆这三个乘积，更精确的是

$$三乘积 = nT_i\tau_E$$

其中，τ_E 是**能量**约束时间。这个值达到 1.5×10^{21}keV·s/m^3，接近于能量得失相当所需的值，仅仅是反应堆所需值的 1/7。当然这是脉冲式的而不在稳定状态。在 1998 年，JT-60 创造了聚变能量对等离子体加热能量的比值 Q 的纪录，Q =1.25。然而，由于 JT-60 设计时不用氚，实验用氘，而结果被外推到氘氚 (DT)。最高离子温度 49keV 也在 JT-60 上获得。该装置擅长于长脉冲，能稳定地运转长达 15s 之久，或当自举电流分数为 75% 时，稳定到 7.4s 之久。也许最引人注目的是在 2000 年超过 40% 的小半径上产生零电流的等离子体。在外壳的电流约束住等离子体，尽管在电流孔没有约束住。这确实适合于具有大自举电流分数运转的情况。

由于聚焦在这三个装置上，我们忽略了其他大装置像 DIII-D 和 ASDEX 以及为了研究特殊效应的数以百计小托卡马克的巨大贡献。尽管有的不是托卡马克，仍然有仿星器型的大装置，如德国的文德尔施泰因 (Wendelstein)[7] 和日本大螺旋形装置。在世纪 (2000 年) 前没有建造大的托卡马克，一直到 2007 年两个亚洲装置建成：韩国大田市的 KSTAR 和中国合肥先进超导托卡马克实验装置 EAST(Experimental Advanced Superconducting Tokamak)。你可以猜测 KSTAR 代表什么。这两个装置都用上了液氦冷却的超导线圈，需要第二个真空室来保持线圈冷却。发展大的超导体是走向聚变反应堆的重要一步。

如在图 8.9 能看到的，美国聚变经费在 80 年代和 90 年代不断减少。大装置的建设已经完成，不存在石油危机和苏联的竞争；而人们对于达到聚变的前景大失所望。特别是国会成员不情愿支持在他们任期内不能够完成的项目。资金的主要来源迁移到其他国家，那些具有很有限的化石燃料储存的国家，而美国慢慢在聚变研究第一线失去领导地位。1995 年，约翰·霍尔德伦 (John P. Holdren) 和罗伯特·康恩 (Robert W. Conn) 领导的聚变审查小组给克林顿总统科学和技术顾问委员会提交了一个报告 [6]，要求对聚变研究进行评价。小组估计在 2025 年要进展到演示反应堆的话，需要的每年经费平均水平在 1995~2005 年间为 6.45 亿美元 ($645M)，在 2002 年经费峰值是 8.6 亿美金 ($860M)。如该预算限制不允许达到这个水平，也

要给出替代方案。最好的实事求是的水平是每年 3.2 亿美元 ($320M), 能做的是维持等离子体科学和聚变技术专家社团, 并扩大国际参与。由于经费缩减, 磁聚变**能源**计划被改成聚变能源**科学**计划。1996 年 [13] 由康恩当主席的聚变能源咨询委员会把重组计划介绍给能源部能源研究办公室。如图 8.9 所示, 从那个时候开始, 财政资助保持 3 亿美元 ($300M), 这是由于布什总统下的科学副部长雷蒙·奥贝奇 (Raymond Orbach) 的努力。依靠在美国最大的尚存的托卡马克 DIII-D、在大学的很多中型装置以及计算理论的进展, 聚变科学和创造的水平向前跃进了一大步。

在这段周期中, **燃烧等离子体**成为口号, 为了达到这个目标开始了一个大的国际托卡马克的计划 ITER。成功的谈判故事值得有它们自己的一节。这是目前在制造我们的太阳中往前走的最好的机会。同时, 我们需要其他科学的穿插 (interlude) 去澄清聚变科学中仍然存在的不确定性。

8.3　计算机模拟

在描述某些还没有了解的效应之前, 我们应该提到人们相信这些问题不是不可解决的基础。那是重要的计算机模拟的课题。在 70 年代和 80 年代, 当不稳定性的发现导致意外的困难时, 计算机仍然处在初期阶段。由于聚变科学家和国会丧失信心, 第一个演示反应堆一直被推后了几十年。自 20 世纪 80 年代以来, 图 8.1 看到的巨大的进步, 很大程度得益于计算机的进展, 如在图 8.2 看到的情况。在某种意义上, 聚变科学的进展必须等待计算机科学的发展, 然后两个领域一起显著地进展。现在, 300 美元的个人计算机比 50 年前制定磁约束聚变的第一性原理时的房子般大的计算机有更大容量 (能力)。

计算机模拟由已故的道森 (John Dawson) 带头进行, 他计算出第一性原理和训练出一批学生骨干, 而这些学生已经使科学发展到目前的先进水平。一个计算机能用编写的程序解一个方程, 但是描述像环装置中等离子体那样复杂的事件, 通常甚至连方程都写不出来。比如, 波浪破碎的意义是什么呢? 在图 8.10 葛饰北斋 (Hokusai) 的有名的画中, 我们看到破碎波浪在自身上翻倍。在数学术语中, 波的振幅是双值。忽略葛饰北斋也放入画里的碎片 (fractals), 我们看到波的高度在波破碎后有两个值, 一个波在底部, 一个波在上部。方程不能处理这种情况, 道森第一篇文章说明怎样用计算机处理这个问题。

因此, 这个思想是要求计算机在不用方程时跟踪等离子体粒子的轨迹。对各个粒子, 计算机必须记住粒子在 x, y, z 坐标的位置以及它的三个速度分量。对所有粒子的求和将给出在各个位置的电荷, 而导出粒子产生的电场。对所有粒子速度求和给出产生的电流, 而这些详细说明等离子体运动产生的磁场。问题正在于此。在等离子体中每立方厘米有 10^{14} 个离子和电子, 那是 200 000 000 000 000 个粒子。

在可以预见的未来, 没有计算机能够处理所有这些数据。道森决定将互相靠近的粒子放在一起处理, 鉴于在那个位置粒子将感受同一个电场和磁场。他把粒子分成几束, 因此也就是说, 仅仅只需跟随 40 000 超粒子。这就要一个时间段一个时间段去完成。取决于问题的性质, 这些时间段能短到纳秒。在各个时间段, 超粒子位置和速度用来决定在各点的 E 场和 B 场。然后这些场能够告诉我们各个粒子怎样运动和在下一个时间段开始时它们又将在那里。这样的过程重复一遍又一遍直到粒子行为变得清楚 (或者项目资金耗尽)。主要问题是怎样处理超粒子之间的碰撞, 由于它们有大的电荷, 碰撞比实际情况将更加激烈。怎样克服这些是道森制订的原则之一。

图 8.10 葛饰北斋画出的大波浪

在有计算机之前, 令科学家困扰的是非线性。这是不成比例的, 就像所得税一样, 它的增长比你的收入还快。线性方程会有解, 但是非线性方程除了特别的情况外是无解的。而计算机不在乎系统行为是否线性, 它只是随着时间一步步不断前进。一个典型结果示于图 8.11。它显示由不稳定性引起的电场的花样, 不稳定性始于相干波, 然后变成非线性而成为不规则的形式。显然这个湍流态的结构如果没有计算是不可预测的, 即有长 "指形" (fingers) 或 "飘带"(streamers) 在径向方向伸展 (左到右)。这是危险的扰动, 它是由第 7 章中叙述的带状流破碎而引起的。

在聚变研究中发展的模拟技术在其他学科也是有用的, 比如预测气候变化。当然在 2D 和 3D 之间的计算方法存在巨大的差别。一个圆柱体是一个 2D 物体, 它有径向和方位方向而忽略轴向方向, 沿着这些方向处于相同状态。当你把圆柱体弯成环形, 它变成 3D 物体, 计算机要大得多才能处理它。许多年过去了, 在做了实验以后, 理论能够解释数据, 但是它仍然不能预测等离子体行为。当具备 2D 计算能力的计算机出来后, 人们能研究等离子体的非线性行为。计算机现在足够快能进行托卡马克 3D 计算, 大大地扩展了理论家的预测能力。这是 3D 计算的一个例子 (图 8.12)。许多线跟随一个叫做离子–温度–梯度模的不稳定扰动的电场。这些线很好地跟随磁力线。在两个横截面上, 你显然能看到这些线随时间的移动。与以前的那些例证不同, 交界面跟踪小涟波。具有预测等离子体在复杂几何形态的复合力作用下将怎样运动的能力, 它让人们确信依靠推测来设计磁瓶的日子过去了。

图 8.11 在湍流等离子体中电场的花样 (来自 2007 年 ITER 物理基础 [26], 应用自文献 [14]), 环装置中电子–温度–梯度湍流的电势等值线图

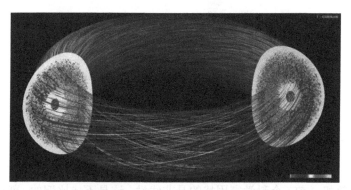

图 8.12 在 D-形托卡马克中的湍流的一个 3D 计算机模拟 (改编于 W. W. Lee, 普林斯顿等离子体实验室) (扫描封底二维码可看彩图)

计算机模拟的科学已经成熟, 像格林沃尔德 (Martin Greenwald)[15] 所解释的一样, 使它有自己的哲学和术语。在阿里斯多德 (Aristotle) 时期, 物理模型根据无可争辩的定理, 运用纯逻辑, 不受人类感觉的影响。在现代社会, 根据经验而来的模型必须和观察一致。然而, 不管模型或是观察都不是精确的。测量经常有误差, 模型仅仅能保留必要的因素。对于等离子体, 这是特别正确的, 人们不能对等离子体中的每个单粒子保持跟踪。问题是要知道什么因素是根本性的, 而哪些因素不是。计算在理论 (模型) 和实验之间引进一个重要的中间环节。计算机只能对不精确方程给出精确的解, 或者对更精确的 (和复杂的) 方程给出近似的解。因此, 必须引进计算机模型 (代码)。比如, 等离子体能描述成在分成几个单元的空间中运动的粒子或者描述成没有单粒子的连续流体。为了解决同样的问题, **基准检查程序**

(benchmarking) 是检查不同代码之间的协议。**验证**(verification) 是检查计算结果和物理模型的一致性，也就是说，代码正确地解了方程。**核实**(validation) 是检查计算结果和实验结果的一致性，也就是说，方程是正确的才会有解。我们说等离子体物理学比仅需要每次处理几个粒子的加速器物理学要更加复杂。因为描述等离子体的模型 (方程) 不可能是精确的，所以在计算机模拟科学发展之前，聚变的发展不能继续进行。

8.4 没完成的物理学

8.4.1 边缘-局域模

在聚变，ELMs 不是榆树而是边缘–局域模。这个名字本身就暗示它们是难以理解的，就像医学术语——肠易激综合征一样。这个名字甚至已经催生了一个形容词艾尔米 (ELMy) 和一个让语言学家歇斯底里的分词艾尔明 (ELMing)。ELMs 发生在 H-模等离子体 (第 7 章) 的台基。我们回忆一下，在这个高约束模中，第 7 章的图 7.25 显示的输运垒是在等离子体边缘形成的。因为这个薄层靠强电场剪切消除了所有不稳定性，它约束了等离子体。但是它做不到永远。如果等离子体由于本身的碰撞以经典扩散速度逃逸，等离子体内部压力上升到如此之高以致输运垒破裂。该破裂发生在短暂的爆发中，叫做 ELMs，因此，出现稳定等离子体向外释放。实际上，这是好事，因为 DT 反应的 "灰尘" 必须清除。这个灰尘是从没有过的最干净的灰尘——纯氦——但是必须要清除出去，否则昂贵的磁场要被用去约束灰尘而不是去约束燃料。

H-模仅仅当加热功率超过一定的阈值时才会发生。当加热功率刚刚在阈值之上时发生 ELMS，并且它真正地在接近等离子体边缘处发生。回忆一下从偏滤器定义的等离子体 "边缘"，就像在图 8.13 下部所示的一种。等离子体边缘由最后的闭合磁面定义，它是在偏滤器上面由磁力线组成的 X 形中的一个。冲过这一关的等离子体到达偏滤器，在那里它们冲击具有强力冷却的高温材料而散去热量。在图中也可以看到存在 H-模势垒层，在这层内部是等离子体的核心。ELMs 的问题是来自短暂爆发的加热——短于 1ms——1s 中发生几次，而偏滤器不能处理不稳定的热流。单个的 ELM，而它持续能够携带 20GW 能量，这个功率能比得上中国三峡大坝 [17] 的能流。因此人们有三个任务，即测量 ELMs 的后果，解释引起 ELMs 的原因和设计一种抑制它们的方法。

爆发发生的时间是不可预知的，要在这期间测量薄势垒层内部的情形是很困难的，但是根据不同的 ELMs 类型以及它们形成前后的条件 [18] 已有一个大的数据库。已经观察到三种类型的 ELMs。当增加加热功率超过 H-模的阈值时，首先发

生第三类 ELMs：它们迅速发生，每个释放小的能量；它们是在探测到一个磁前兆
信号后出现的；当加热功率增加时，ELM 频率减小直到完全没有 ELMs。然后叫做
"草地式"的第二类 ELMs 发生：它们很小，迅速爆发；它们的时间轨迹就像草地。
进一步增加加热功率就产生第一类 ELMs：它们在大多数 H-模的托卡马克中发生，
而且在相当有规律的爆发中释放能量。每个脉冲发生在平板上面密度和温度达到
临界值的时候，当 ELM 发生时，密度和温度下降，然后密度和温度缓慢恢复直到
下一个爆发被触发。虽然无-ELM 放电能够发生，它们能达到的台基顶部的温度和
密度将是相当低的，而这些因素取决于主要体积中聚变等离子体的质量。人们已发
现最佳聚变条件可在 ELMy H-模等离子体中产生，在这种条件下，等离子体被允
许在有规律的第一类 ELMs 中逃逸。

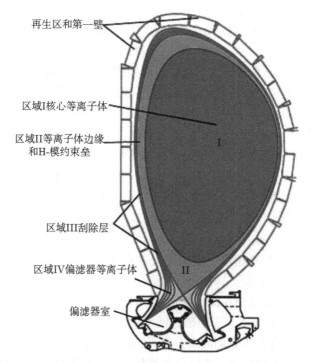

再生区和第一壁

区域I核心等离子体

区域II等离子体边缘
和H-模约束垒

区域III刮除层

区域IV偏滤器等离子体

偏滤器室

I

II

图 8.13　具有一个单零偏滤器的托卡马克横截面，显示刮除层[16]

　　许多理论家[19] 已经对有关 ELM 问题进行了工作，一致的看法认为 ELMs 是
叫做 "剥离–气球"（peeling-ballooning）不稳定性的一个磁不稳定性。计算能够预测
会触发 ELM 的台基上的温度和密度值，但是它们还远远不能够解释已经观察到的
所有特性。而且像通常一样，不能保证没有另一个理论也能解释 ELM 阈值。当然
有好消息。通用原子能公司的 DIII-D 团队想出一个抑制 ELMs**而不减少**等离子体
核心质量的方法[20]。他们利用恰好处于等离子体边缘外部的一组小线圈排列施加

"共振磁场扰动"。它们在边缘区域产生小磁岛，就像玩魔术一样。实验结果前景很好，正在考虑和设计把这些线圈加到 ITER[5] 上。

8.4.2 鱼骨模

等离子体物理学丰富多彩的语言不能和高能理论的极具魅力和色彩的夸克相比，但是到目前为止我们已有香蕉形、锯齿形和 ELMs 模。现在我们有鱼骨模。这些是从示波器的轨迹发现的，不是由于渴望有更多的资金。鱼骨模从普林斯顿 PDX 托卡马克在中性束注入期间首次看到[21]。回忆起那时加热等离子体的最强大的方法是注入高能氘原子束，由于原子不带电，它们能够穿透磁场而进入等离子体。一旦到达那里，它们被电子迅速电离而成为带有 50keV 能量的氘离子束。用几个不同的诊断方法能够看到等离子体中的振荡，而他们看到如图 8.14 所示的振荡。鱼骨模经常发生在 $q=1$ 的磁面上，在那里发生锯齿形振荡 (第 7 章)，而有时它们能够激发锯齿波而和它们同时出现。坏消息是，在离子转移能量到等离子体以前，鱼骨模导致注入离子损失。这个损失能够大到 20%～40% 的能量，极大地降低了这个主要加热方法的效率。

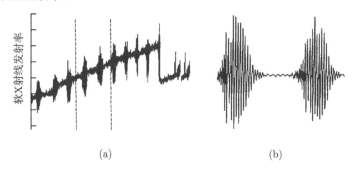

图 8.14 (a) 在锯齿形波上的鱼骨模振荡；(b) 一个扩大视图揭露鱼骨模这个名字的来源

中性束在激发等离子体不稳定性方面是众所周知的。像通常一样，等离子体找到一条路——通过产生一个不稳定性来迅速达到热平衡。理论家不难为此找出一个合适的不稳定性。最初，有两个有点不同的理论[22,23]，每个都和一个内部的扭曲不稳定性有关。在第 6 章，我们描述过当极大电流流过等离子体时，在整个等离子体发生的扭曲不稳定性。一个局部化的电流也能在等离子体内驱动扭曲不稳定性，而这发生在有一个快速注入氘离子电流的锯齿形区域。

理论能够预言振荡的频率和振荡发生的条件。非线性行为的计算给出的痕迹很像图 8.14(b) 中的实验结果。随后的工作已经搞清了鱼骨模不稳定性的许多细节。

快离子经过不稳定性会损失的事实是令人担忧的，这不仅因为加热功率的损失，而且更多是因为聚变产生的快氦离子 ("灰尘")。氦要在等离子体中逗留足够长以便给出它们的能量来保持等离子体 "燃烧"。很幸运，理论家能够告诉我们不用担忧。怀特 (White) 等 [24] 已经找到在聚变级的等离子体中有一个区间，在那里，不管锯齿形还是鱼骨模都不会发生，而这个参数区间实际上是在较高温度时则更大，而且快粒子则更多。这一点还有待测试，但是不失为另一个缓解因素。在下一代托卡马克中，从 ITER 开始，等离子体将比香蕉轨道宽度大得多。由于快离子以香蕉形轨道宽度大小的步长遭受损失，它们将要经历许多步长才到达器壁。鱼骨模不稳定性的物理学研究尽管没有结束，但是它的长久发展已经能够告诉我们这不会是一个大的问题。

8.4.3　破裂

这里没有优美的名字，因为它确实有严重的问题。托卡马克放电已经证实自身会破裂 (disruptions)，突然停止并释放它们的所有能量进入容器。除非我们能够阻止破裂的发生，托卡马克的全部结构，特别是偏滤器，将必须加强来吸收所有的能量。这不是在裂变中会发生的那种意外事故，因为在聚变中，能量还没有输入，没有能量释放；我们只不过是不希望所有能量立刻释放而熔化或损坏托卡马克结构。问题这样严重以至于大的实验数据库已经积累了许多托卡马克的数据，甚至包括在两个 ITER 计划文件之间的临时协议中，1999 年 [25] 和 2007 年 [26] 的 ITER 物理学基础。

要得到 DT 等离子体聚变，我们需要加热它到温度 5 亿摄氏度的量级。在大的实验装置如 ITER 中加热的总量大约为 400MJ，相当于 100 磅 TNT 的能量。托卡马克电流产生的极向磁场将具有另一个 400MJ 能量。幸运的是，更大的**环向磁场能量**在破裂时不会释放能量，除非环向场线圈坏了。通常，等离子体能量缓慢转移到被设计成能承受热负荷的偏滤器；而当等离子体处于关闭时，电流缓慢衰减，极向场能量会返回驱动电流的线圈。破裂中的所有能量仅在 10ms 的瞬间喷射出去而且是很难控制的。破裂的等离子体中发生的情况已经被 M.I.T.[7] 工作小组在中等型号 Alcator-C 托卡马克找到。在典型拉长的 D-形托卡马克，等离子体必须通过特殊形状的线圈抑制向上或向下的漂移。当一个不稳定性引发破裂时，等离子体垂直运动，如图 8.15 所示，当它损失能量和电流时发生收缩。在这种情况下，它向下运动直到偏滤器，但是它也可以向上运动。时间标度说明整个事件只用了不到 4ms。

由破裂引起的破坏能够分成三个部分：热猝灭 (quench)、电流猝灭和电子逃逸。在热猝灭方面，等离子体热沉积在器壁上，它们在此处蒸发，由此产生的杂质气体的注入增加了等离子体的电阻率，托卡马克电流衰减。即使多数等离子体流出进入偏滤器，也没有时间把热传导出去，偏滤器的耐火材料——钨和碳——也将会蒸发。在电流猝灭方面，环向电流的快速减少通过变压器的作用将在约束容器的导电部件驱动一个逆向电流。由于逆向电流处于强直流 (DC) 环向磁场里面，它将在容器上施加一个巨大的力, 使它移动或变形, 除非容器足够牢固。当等离子体被压缩到偏滤器, 它将引起图 8.15 中粗黑箭头所示的 "晕电流"(halo current), 而流过那个结构的导电部分。晕电流能够有原来托卡马克电流的 25% 之多, 而且由于电流沿着螺旋形磁力线流动, 晕电流将尝试通过偏滤器周围的导电部分找到螺旋形路径。

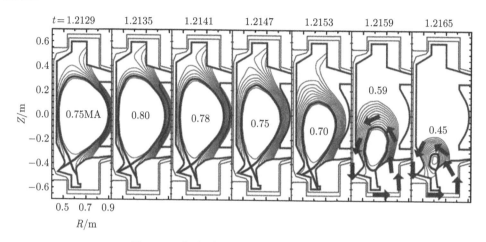

图 8.15　在破裂时等离子体的垂直运动 [27]

　　第三个破裂的有害效果是造成电子逃逸。在第 5 章中我们说明, 因为快电子不能发生许多碰撞, 热等离子体几乎是超导体。在电子和离子碰撞之前, 电子越快速, 将走得更远。这个距离就是它的自由程。如果有大电场推着电子的话, 它的自由程比它的路程增加得更快, 就永远不能发生碰撞! 它在逃逸而且在失去约束前能得到几个 MeV 的能量。当然这取决于散射中心的数目, 也就是说, 取决于等离子体密度。通常来说, 逃逸电子发生在等离子体启动期间。如果电场在密度升高以前增加得太高, 就会发生电子逃逸。装置操作员知道怎样避免这种逃逸发生, 但在破裂中显然无法控制。如果密度降到临界值以下, 强环向电场仍然存在, 将产生一大群逃逸电子, 总量是原来托卡马克电流的 50%~70%。当这些逃逸电流撞击器壁时, 将使器壁损坏。在 ITER 装置上, 托卡马克电流将是 15MA(15 000 000A)。相比较的话, 普通家庭的电路电流仅有 15~20A。

　　明显的问题是引起破裂的原因是什么? 它们是经常发生吗? 能够消除它们吗? 事实证明, 破裂多数发生在我们企图挑战极限时。对托卡马克能约束的等离子体的极限是知道的。密度的极限叫做格林沃尔德 (Greenwald) 密度, 我们将简短地叙述它。压力的极限叫做特洛容 (Troyon) 极限, 而且必须有足够的剪切稳定, 用品质因素 q 来定义, 它在边缘的值要在 2 以上。当等离子体被推得太接近于这些极限时, 破裂可能发生。破裂究竟怎样发生不是完全清楚的。有时候具有不同磁岛数目的两个岛链能够互相锁定和合并。如果有探测到前兆，通过设置等离子体旋转，可以避免此锁定。某些时候磁场几何形态的改变从外面带来冷气体的泡沫，能使整个等离子体破裂。当密度或压力极限接近时，会发生已知的不稳定性。这些是理想的磁流体力学 (MHD) 不稳定性，在第 5 章中叫做瑞利–泰勒不稳定性，是新经典撕裂模，如第 6 章所述的，它由有限电阻率触发。这里 "理想" 意味着对稳定性的发生不用考虑电阻率，而 "新经典" 意味着在计算中要考虑香蕉形轨道。图 8.16 示出计算机模拟的一个不稳定性，它怎样从边缘带进冷等离子体而后来冷却核心。

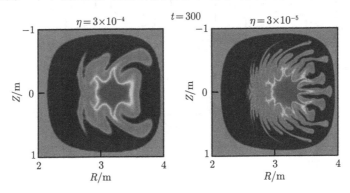

图 8.16　破裂时的计算机模拟 [26] (扫描封底二维码可看彩图)

　　到目前为止，在托卡马克中放电是脉冲的而不像最终的反应堆那样连续运转。一个对所有托卡马克的平均显示有 13% 的脉冲遭受破裂。这将是不可接受的数字，但是这些实验旨在探讨等离子体的不稳定性。在大的托卡马克 (如 TFTR 和 JET) 的能持续许多秒的长脉冲中，因为装置保守地运转，破裂发生率小于 1%。在实验阶段，更多地取决于装置操作员的经验。操作员学习各种设置的不同操控技术使得能产生稳定放电。比如，在各种磁线圈的电流必须在正确的时间接通，而且以正确的速度增加，各种不同来源的加热功率必须在正确时间内开始。任何一个装置的操作员的经验都是宝贵的，如雪犁、起重机和普通汽车。即使用在一台烤面包机，人们可直观地根据面包的干燥程度设置焦黄水平。然而，在反应堆中即使一个破裂也将是灾难性的，必须找到方法消除它。

　　这个任务从三个方面来解决：回避、预测和改进。正如实验已经显示的那样，如果等离子体参数没有推近到不稳定极限，就能够避免破裂。如图 8.17 所示，这些限制已经广泛测试过，而由此导致的破裂发生是可以预测的。β_N 的大小是等离子体压力的衡量，而稳定放电全是低于理论极限的，当超过极限时，发生破裂。从许多传感器能得到即将发生破裂的预测，如磁前兆信号；神经网络 (neural networks) 已经成功用来汇总这些信号并给出破裂即将发生的警告。经过许多试验，这些网络能被训练成可以抑制假阳性。要停止破裂发生，自动控制能够改变参数，如等离子体密度、环向电流或者等离子体拉长率;但这种响应可能过于缓慢。一种快速方法是启动具有电子回旋波的电子电流来改变电流分布,而因此改变 q 的分布到更稳定的形状。一旦一个不可避免的破裂开始,仍然有方法减少损害。比如,大量注入氖气和氩气等气体能够减少晕电流 50% 和电磁力 75%[26]。提高等离子体密度两个数量级也将能抑制逃逸电子。当托卡马克变得更大,来自破裂的破坏预期会更糟糕,因为能量释放随体积变化,而能量必须由表面积吸收,它随半径的平方变化。另外,破裂演变得更加缓慢,从而会留出更多时间去控制它们。

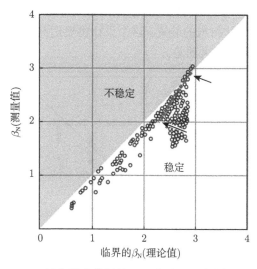

图 8.17 从 TFTR 托卡马克数据显示理论预测不稳定性和破裂的精确度

对于托卡马克,破裂的问题因为它的重要性受到极大的关注。显然,托卡马克也许不是聚变反应堆的最终选择。仿星器不需要大电流、不用经受破裂的破坏。托卡马克现在流行的原因是它能够给出最佳的初始结果,而且没有足够的钱去研究其他环向装置,以达到和托卡马克同样的程度。下一代托卡马克——ITER——将允许研究燃烧等离子体,在这种装置中产物氦可用来保持等离子体是热的。在这以后,我们仍然有选择;如果破裂继续是托卡马克的问题,我们不能困在托卡马克上。

8.5 托卡马克的极限

8.5.1 格林沃尔德极限

自从托卡马克早期的研究以来,人们注意到,等离子体密度永远都不能升高到一个确定的极限以上。这个极限有时是归咎于一个没有特别提到的不稳定性而造成约束的损失，有时是由于辐射的额外能量损失，有时是等离子体遭受破裂。1988
年格林沃尔德 (Greenwald) 等 [28] 从各个装置把数据放在一起看看密度极限取决
于什么因素。他们得出令人惊奇的简单的答案: 粗略地说，密度极限仅仅取决于单
位面积的托卡马克电流! 人们宁愿有一个公式表达它，在注释 8 给出的格林沃尔德
密度的公式是 n_G^2。已经发现所有托卡马克都遵循这个极限，不管是什么机制引起
的在高密度时的问题。没有人能找到理论来解释它; 格林沃尔德极限纯粹是凭经验
的。图 8.18 示出在两个大托卡马克中很好地遵循格林沃尔德极限。在几乎所有测
量的密度数据点都不能高于格林沃尔德极限的直线。这个无法解释的定律是如此
普遍适用以致被用于设计将来的装置。这个设计将要达到，比如，n_G 的 85% 或者
95%，这取决于人们想冒多大的险。

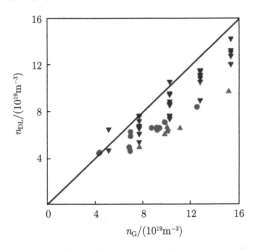

图 8.18   测量的密度极限 n_{DL} 对从格林沃尔德公式计算的密度 n_G 作图 (由 2007 年 ITER
物理学基础第二章改编)

8.5.2   特洛容极限

这是托卡马克磁场能约束等离子体的压力极限。不像格林沃尔德极限，这个判
据是从理想的磁流体动力学理论 (MHD) 严密地计算出来的。测量压力和磁力之间
的平衡量叫做 β。由于 β 用在许多科学科目上，特别在医学上，我一直忍着不去定
义它直到它是必要的。现在是必要了。β 是等离子体压力和磁压力的比值:

$$\beta = \frac{等离子体压力}{磁压力}$$

等离子体压力是它的密度和温度的乘积，而磁压力正比于磁场强度 B 的平方。这
些量在整个等离子体截面上不是常数，因此一个合理的定义是取对压力的平均，然

后除以等离子体产生前的平均磁场。最后条件是需要的，因为等离子体是**抗磁性**的，所以它的存在本身减少了等离子体里面的 B 场。由于 B 场是最贵的部件，β 是托卡马克成本效益的量度。它的数值小于 10%，通常为 4%～5%。

已经说明 β 值取决于环向电流 I 除以等离子体半径和磁场强度 B。如果取 β 对 I/aB 作图，图 8.19 显示从不同托卡马克的所有数据如何落到同一条线上。为了方便，我们引进**归一化**的 β，记作 β_N，它将用在所有的托卡马克，不论 I, a 和 B:

$$\beta_N \equiv \frac{\beta \times a \times B}{I}$$

这个特洛容极限 (特洛容等 [30])9 是当 β_N 大约为 3.5 时的值。数值公式在注释 10 给出。图 8.17 显示在不同托卡马克中的实验极好地遵循特洛容极限，在特洛容极限以上破裂很可能发生。

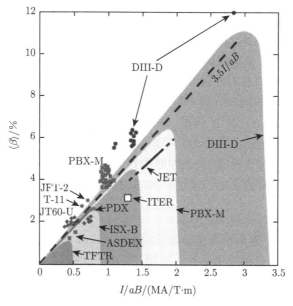

图 8.19　在各种不同托卡马克 [25] 中 β 和 I/aB 的依赖性

8.5.3　大 Q 和小 q

当我们现在把注意力从聚变物理转到聚变能量时，我们必须引进有别于小 q 的大 Q。你可能记得，小 q 是环装置如托卡马克和仿星器中的 "品质" 因素。它是旋转变换的倒数，而旋转变换是螺旋形磁力线绕着整个环装置一圈时它绕小轴的次数。q 随着半径 r 变化，或称 $q(r)$，它也许在设计环磁瓶中是最重要的参数。另外，大 Q 和聚变反应堆将与产生多少能量有关。它是聚变产生的能量和产生等离

子体需要的能量的比值:

$$Q = \frac{聚变能量}{输入能量}$$

在第 3 章,我们显示 DT 反应的方程:

$$D + T \rightarrow \alpha + n + 17.6\text{MeV}$$

其中,α 是 α 粒子 (氦原子核),n 是中子。被释放的能量 17.6MeV 的大多数由中子携带,即 14.1MeV,而其余的 3.5MeV 由 α 粒子 [11] 携带。中子携带的那部分能量用于电厂产生电力输出,而 α 粒子携带的能量用在保持等离子体的温度。由于 α 粒子带电,它们被磁场约束,人们希望约束它们足够长以便它们能够把能量转移到 DT 等离子体,使 DT 等离子体保持在稳定的温度。但是由于 α 粒子仅仅携带聚变能量的 1/5,Q 必须至少是 5 才行。这就叫做**点火**。等离子体自己燃烧。这个反应不能像裂变一样持续下去,因为一旦超过运转极限,一些不稳定性将猝灭等离子体。

第一个里程碑是达到 $Q=1$,被称为**科学上的得失相当**,它假定所有 17.6MeV 相当于输入能量。第二个里程碑是 $Q=5$,达到点火。要产生净能量,你必须考虑磁场和等离子体电流所需要的能量,以及使发电厂运转 (包括灯) 的所有电力和用于把功率输送到需要用的地方所需要的能量。这意味着 Q 必须至少为 10。图 8.20 是劳森图 (第 5 章),是 $n\tau_E$ 对 T_i 作图,而且显示不同的托卡马克在 DD 和 DT 等离子体取得的成果。很粗的曲线是 DT 等离子体对应 $Q=1$,而我们看到在 JET 装置上已经达到。黄色区域是在 Q 大于 5 时的点火区。对角的虚线是三个数乘积的常数值。很明显下一个有意义的一步是点火,而那是 ITER 的故事了。

8.5.4 约束定标律

图 8.20 中的三个数乘积图包含能量约束时间 τ_E,在它必须更新前,它是用在加热等离子体的总能量能停留多长的时间。等离子体能量通过三个主要渠道损失:多数以 X 射线形式辐射,还有携带本身热量的离子和电子逃逸碰壁。前两种,辐射和离子损失,它们遵循理论,能够预测,而电子逃逸比我们能解释的还要快。电子能量损失能够测量,但是不能预言它。如果不知道 τ_E 会是多长,将不可能精确设计新装置,但是幸运的是在已经建造的超过 200 个托卡马克中已经找到遵循的经验定标律。借助于托卡马克的大小和形状、磁场、等离子体电流和其他因素,有公式 [12] 给出 τ_E 值。图 8.21 显示了这个结果。

经验定标律是设计新托卡马克的基础。它不是理论推导的,但是从各种托卡马克得到的大量数据都遵循它。这个 "律" 是以注释 12 中的数学形式给定的。多数的依赖关系和我们理解的物理学一致。比如,τ_E 随装置大小的平方增加。环向磁场的强度与它关系不大,因为香蕉形轨道的大小依赖于极向场。极向场的确和等离子体电流有线性关系。奇怪的是只需要 8 个参数就能使托卡马克落入线上。如图 8.21 所示，τ_E 的数据覆盖了上百倍。为设计 ITER，定标律还必须再外推 4 倍。

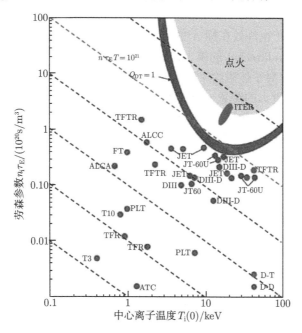

图 8.20　显示得失相当和点火 [31] 发展的劳森图

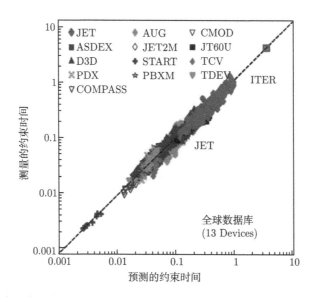

图 8.21　从 13 个托卡马克的数据显示测量的能量约束时间随一个经验定标律的变化 [12](扫描封底二维码可看彩图)

8.6　ITER：7 个国家开拓的装置

隧道尽头的光芒也许处在标 A 的点上——图 8.22 地图上的法国南部。它在一个叫做卡达拉舍 (Cadarache) 的镇上，靠近艾克斯-普罗旺斯 (Aix-en-Provence)，那里正在建 ITER。等离子体磁约束随着装置增大变得更好，人们早就明白，要达到点火必须建立一个更大的装置，装置太大以致没有单独一个国家能够承担所有费用，因此就诞生了国际热核聚变实验堆，现在仅用它的缩写 ITER。巧合的是 ITER 在拉丁语意思是旅行之路。它的确可能是到达那里最好的方法。

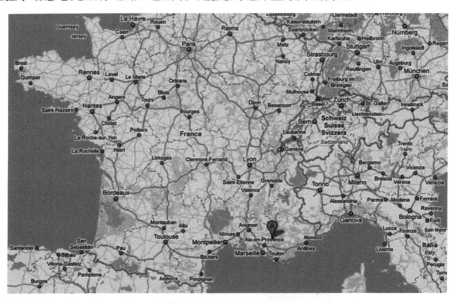

图 8.22　法国地图，显示卡达拉舍的位置

　　加大尺寸的原因是产生的能量正比于等离子体的体积，它随着半径的 3 次方增加，而与等离子体表面积成正比的损失仅仅随着半径的平方增加。上面所提到的四个装置的下一步发展是需要更大的装置，而更大的装置导致它的成本更多，必须由许多国家来承担。要达到聚变的国际项目的思想诞生在 1985 年的日内瓦超级大国首脑会议，苏联总统戈尔巴乔夫 (Mikhail Gorbachev)，美国总统里根 (Ronald Reagan) 法国总统密特朗 (Francois Mitterand)，同意启动一个项目包括苏联、美国和欧洲联盟及日本。[这可能受益于戈尔巴乔夫的顾问叶夫根尼·维利克夫 (Evgeniy Velikov) 和萨格捷夫 (Roald Sagdeev)，两者都是等离子体物理学家] 后来发生的更多事将在后面谈及，首先让我们看看 ITER 是怎样的装置。

　　图 8.23 是正在建造的装置图。它的大小由图 8.24 的右图中一个标准 2m 高的

人来说明。等离子体真空室有标准的 D-形, 它的高度是它的宽度的 1.7 倍。在最宽部分的宽度是 4m, 而主半径 (室中心和整个装置的轴之间的距离) 是 6.2m。能够看到产生主要磁场的 D-形线圈, 但是所有的其他装置只是简单地显示出来; 否则真空室将完全看不到! 它包括为了使等离子体定型的所有其他线圈, 为加热用的中性束注入器, 中子吸收再生区, 俘获等离子体的偏滤器, 燃料丸注入器和一个测量设备的主机。ITER 与当前的冠军 JET 进行比较, 大多少可从图 8.24 看出。围绕真实装置的一堆东西能够在图 8.3 ~ 图 8.6 的照片中看到。

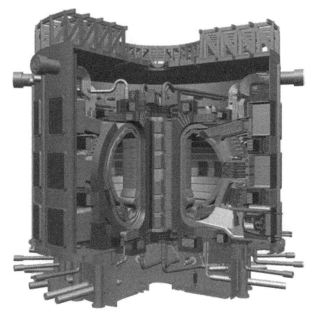

图 8.23   ITER 图 (http://www.iter.org)

设计的 ITER 用来做什么呢? 主要目标是产生第一次 "燃烧" 的等离子体。也就是说, 一旦等离子体加热到几百万摄氏度, 它将保持本身的热量。记住 80% 的 DT 反应的聚变能量是中子携带的, 而 20% 是 α 粒子 (氦离子) 携带的, 后者是受磁约束的, 它们能给等离子体能量。因此为了燃烧和点火, Q 值至少是 5。为了得到安全保险, ITER 设计成 Q 为 10, Q 是等离子体的输出能量和从外部能源输入等离子体的能量的比值。$Q=1$ 是科学的得失相当 (输入能量等于输出能量), 但是多数能量是由产生的中子携带的, 这要变成发电厂的能量, 不能加热等离子体。JET 最好的结果是 $Q=0.65$, 低于科学的得失相当。从 $Q=0.65$ 到 $Q=10$ 这样大的一步, 是 ITER 必须做得如此之大的缘由。这一步从科学的观点来看也不是小事。3.5MeV 的 α 粒子也许会引起一个不稳定性, 驱使它们离开等离子体。虽然稳定条件已经计算, 但是它们从未被测试过。如果在设定的这些条件下有足够自加热发生, 可以考

虑实验是成功的，即使 Q=10 没有达到。在地球上，除了炸弹外还从来没有见过给
太阳供热的自加热机制，等离子体专家热切期待这个关键的测试。术语 "点火" 之
所以会令人胆战心惊，是担心反应会失控而引起爆炸。这在聚变反应堆不会发生，
因为如果密度和温度太高，等离子体会破裂和消失。这也许会引起托卡马克的部件
熔化，但是它不会比把煮干了水的开水壶留在炉火上坏很多。虽然这里的 "壶" 将
是很贵的一种！

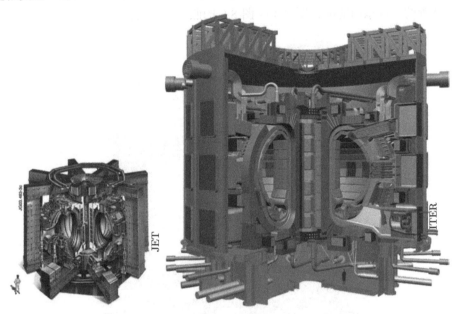

图 8.24   ITER 和 JET 的比较 (http://www.iter.org)

　　除了达到 Q=10 外，ITER 还有其他的目标。它将要产生 500MW 的电能，大
约是满容量反应堆的 1/6。聚变反应堆的许多大的关键构件必须在运转时被设计、
被制造和被测试。这包括超导磁线圈、器壁材料和偏滤器，偏滤器要能够承受热量
和中子轰击，要处理氚，在器壁变成放射性以后要进行远程控制和维护，而人们不
能接近它。运用大量的自举电流并产生 500MeV 功率，必须控制不稳定性以保持等
离子体稳定地约束达 8min 之久。这将是第一次测试能增殖氚的中子-吸收 "再生
区"。氚不能自然产生。大多数时间，ITER 将使用来自裂变的氚，它是副产品；但
是在聚变发电厂，氚必须在内部产生。这将是在再生区中产生，再生区从反应堆捕
获 14MeV 的中子，使它们变慢，产生热去运行蒸汽装置。再生区的一部分能用锂
来增殖氚，锂是地球上丰富的元素。

　　ITER 是走向聚变能源的合乎逻辑的下一步，但是它仍然主要是物理实验。它
将导致一个 DEMO，演示的发电厂，在没有破裂的条件下运行而且产生可用能量。

然而许多人相信在 ITER 和 DEMO 之间的中间一步是需要的, 它将发展在真实反应堆运转的工程概念。一些困难的问题是, 比如, ① 用在面向等离子体的组件 (第一壁) 的材料, ② 氚的处理和增殖, ③ 长周期运转, ④ 维修程序和⑤ 等离子体排放和废物处理。ITER 仅能提供这些主题的第一次尝试。工程将是第 9 章的主题, 这里只是一个引言。作为一个例子, 必须承受一亿摄氏度等离子体热的第一壁材料, 它必须允许大通量的中子通过而不受损坏, 因此必须经常替换。它也不能让高原子序数杂质污染等离子体, 这会冷却等离子体。适用的壁材料的测试可以不在托卡马克中进行, 一个裂变中子源装置就可进行。事实上, 多数这些工程测试能够在比 ITER 更小的、更便宜的装置中进行, 而且这样的装置能够和 ITER 同时建造和运转, 以便节省时间。大多数大的实验室已经提议建造这样的装置。比如, 通用原子能公司提议的聚变发展装置是一个运用普通导体线圈和仅能产生 100~250MW 功率, Q 小于 5 的托卡马克装置。但是它被设计成一次只能连续运转几个星期, 每年 30% 时间运转, 而且每年增殖氚 1.3kg。这种装置和 DEMO 装置仍然处于讨论阶段, 但是 ITER 项目已经启动和进行。

正如所想象的一样, 7 个国家的合作项目是一个行政上的噩梦。它用了超过 20 年的时间才走到今天的一步。在戈尔巴乔夫–里根协议后, 1988 年四个合作国家设法同意去开始概念设计活动, 1990 年结束设计。由此导致的托卡马克设计远远大于现在的设计。1992 年达成了一个协议, 开始更加认真的工程设计工作。每个国家要有自己的团队, 联合中心团队安置在加利福尼亚州的拉霍亚 (La Jolla)。为了这项研究对 ITER 进行的指导者, 第一个是里巴特 (Paul-Henri Rebut), 而后来是伊玛拉 (Robert Aymar), 两者都是法国人。在工作 6 年后, 会议决定, 因托卡马克太大和太贵, 研究延至 2001 年。在 2001 年完成了最终的设计, 虽然只用了一半的资金但几乎达到同样的目标。我们在第 7 章讨论过的 ITER 的物理基础就在这个期间得出的, 而且对新设计的效率做出了贡献。设计 ITER 大约花费 6.5 亿美元 ($650M), 根据原来的协议, 欧盟和日本将分别承担 1/3, 苏联和美国承担另一个 1/3。令大家懊恼的是美国在 1999 年退出该项目, 直到 2003 年才又回来。在没有美国国会的资金支持下, 这个项目继续进行着。

与此同时, 在 1991 年, 苏联崩溃而由俄国政府代替。在 2003 年, 中国和韩国加入 ITER。在 2005 年, 印度参加, 合作国数目增加到 7 国。加拿大一度参与, 当它提议的地点被拒绝后就退出了。尽管事实上面积大于西欧的哈萨克斯坦有大的化石燃料储存, 但它已经考虑参加。现在支持 ITER 的 7 国在图 8.25 示出。这些国家代表多于一半的世界人口。没有公众的支持, 美国在这个开创企业中保持不冷不热的态度, 在 2008 年, 再次没有贡献自己的那一部分资金。

到 2003 年, ITER 的设计已经就绪, 项目已准备好向前推进。通过计算估计要用 10 年时间以及成本费用为 50 亿欧元 (70 亿美元) 来进行建设, 而另外 50 亿欧元将是 20 年的运转费用 [13]。然而出现了一个完全令人意外的推迟，在 ITER 地点上出现僵局。这个地点必须对这么大的装置有足够容纳能力和容易出入。最后的地点一个选定在日本，一个选定在欧洲，首先在西班牙，但是最终选定在法国。欧洲、中国和俄国选了法国，而日本、韩国和美国选了日本。印度那时还没有参加。这个僵局持续了两年。最后在 2005 年打破了僵局，选定在法国。作为补偿，日本派遣 20% 的工作人员并有权力选择主管人选。此外，欧洲需要从日本购买 20% 的 ITER 材料。作为东道主，欧洲必须负担 5/11 ITER 的成本，而其他 6 个国家各分担 1/11。池田要 (Kaname Ikeda) 被选为主管。欧洲的 45% 的贡献会刺激它的经济。

图 8.25　ITER 组织的 7 个国家

一旦 7 个缔约国家在 2006 年 11 月签署联合执行协议，ITER 组织就跃进到行动上。上百个科学家、工程师和行政人员移居到卡达拉舍，安置在临时办公室。推土机开始移动 200 万立方米的土壤以便给 ITER 准备平地，图 8.26 显示了为 ITER 准备的场地。移除的土将填满胡夫金字塔 (Cheops pyramid)，这个面积相当于 57 个足球场大。路必须拓宽到能够容纳 9m 宽的卡车车队，即使像图 8.26 左上的那一个交通圈 (环形交叉口) 也必须加宽，他们将把托卡马克的主要部件运来。欧洲以外加工的部件要用船运至地中海港口滨海福斯 (Fos-sur-Mer)，然后用驳船和卡车运到卡达拉舍。三层楼办公室在 2008 年在卡达拉舍建成并提供给 300 名雇员，显然这仍然是临时的和场外的住处。为了容纳家属，在马诺斯克建成多所语言学校；2009 年迎来 21 个国家的 212 名学生和 80 名教师。在 2010 年，这所学校将有它自己的大楼，会有幼儿园和初中。第一个 ITER 婴儿在 2008 年出生。每周简报不仅涵盖技术和人员的消息，而且包括文化活动和向整个国际社区介绍法国南部这个区域的历史和传统。

ITER 是一个真实的国际项目。比如，真空室将由欧洲和韩国制造，其他部件由俄国和印度制造。最大的部件磁线圈重 8700 吨，由 Nb_3Sn 和 NbTi 超导体组成。需要许多不同类型的磁线圈和接入口，超导材料的研制以及把它们制成线圈的工作由 ITER 的多数合作国家共同准备。美国提供 40 吨贵重的 Nb_3Sn 导体作为环向场材料，而极向场的材料将会在中国、俄国和欧洲共同准备。超导的绕线是非常复杂的，要用许多股线缠绕并在液氦中冷却。这些大线圈的实际工作已经在日本的 LHD 仿星器中测试，而且将在中国、韩国和日本的新的超导托卡马克中进一步测试。

图 8.26　2008 年为 ITER 准备的土地

各国的国内机构已经建立起来并组织本地工业制造 ITER 的部件，以实物作为对 ITER 的贡献。通过这些机构让各个国家制定和签署采购协议。截止到 2010 年，已经签署了 28 项采购协议。图 8.26 所示的土地已经平整好，而 38 座大楼的建设已经开始。其中之一是六层楼高、253m 长的建筑，是为了缠绕极向场线圈用的，它太大不能用船运，而所有超导电缆都是要连成一个整体。新的办公大楼将代替临时的大楼。在马诺斯克的现场外，将为社区建立一个新的学校。

很清楚，ITER 项目要进行很长时间。图 8.27 是最初 ITER 的建造和运转的时间表。这个现场的准备工作将在 2012 年完成，但部件的设计、制造和测试已在各个国家进行。它将花费 4 年时间得到所有部件和安装好托卡马克。计划在 2016 年年底产生第一次的等离子体。首先，实验将使用氢气，它没有放射性。然后将落实远程处理，因此将使用氘气；D-D 反应会产生一些中子，但是没有 DT 反应产生的中子多。在 2020 年，将开始用 DT 反应，先用脉冲 (低功率) 运转，达到设计的 Q 值。在后来的阶段，重点将用准稳态运转 (高功率) 去测试是否自举电流和无感电流 (没有变压器) 驱动可以维持等离子体。在 2026 年底将做出决定是否停止使用装置或者改进后继续运转。停止运转，终止工作和处理这个装置就要花费另外 11 年。ITER 装置会有 3 万个部件，含有 1000 万个零件。要按时得到这些零部件而且组装起来需要许多小组和监督委员会。它们的首字母缩写的名单长得不得了，但是这是人们为组织效率要付出的代价。

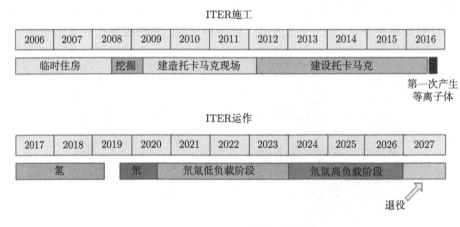

图 8.27　最初的 ITER 的时间表

　　现在，离 2016 年第一次得到等离子体的目标似乎还有很长的路要走，但是世界经济在 2008~2009 年的危机使它变得更糟。财政和时间表在 2010 年必须修正。项目因为经济困难必须推迟两年或更长。新的建造时间表似乎如图 8.28 所见。DT 反应产生等离子体在 2027 年以前不会有希望尝试。

　　尽管有这些预计，但是在新主管本岛修 (Osamu Motojima) 的指导下，项目进展很好。ITER 现场的挖掘和平整已经完成而显示在图 8.29 中。装置的部件从各个国家正在运来。图 8.30 显示为 ITER 准备的大楼。这些大楼都将是抗地震的，一些大楼将能防止放射性。为前述的长缠绕线圈用的大楼能在上部看到它的规模。看到国际团队运行这样好是令人兴奋的。

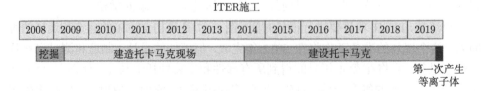

图 8.28　修改后的 ITER 时间表

图 8.29　2010 年 6 月的 ITER 现场

图 8.30　ITER 现场计划的大楼 [32]

　　与大众看法不同，聚变不再是处于猜测阶段。它发展的时间表已经制订。每个国家有自己的 ITER 组织机构并用自己的专业制造能力为这个项目做贡献。以现在筹集的资金水平，它将在 2026 年得到实验信息的数据。同时，能够建设并运行材料测试的设施来支援演示装置 (DEMO)。DEMO 装置的设计、建造和运行要到 2050 年才能完成；如果它能够成功，紧接着商业用反应堆会很快出现。现在计划在 2050 年达到聚变，那时将是这一代人的子孙来享受。然而，随着国际关切度的增加，也许时间会缩短。

　　也许在公众意识中会混淆 ITER 和另一个大的实验装置——大型强子对撞机 (Large Hadron Collider, LHC)，它在靠近日内瓦的欧洲核子研究中心 (CERN)。在图 8.22 中能看到日内瓦，它在卡达拉舍北边。真是相当巧合，世界上两个最大的物理实验基地相差只有几百千米。LHC 是一个粒子加速器，周长 27km(17 英里)，埋在法国和瑞士地下的圆形隧道中。它和 ITER 一样是国际合作项目，成本 63 亿欧元，广泛地使用超导体；但是在技术和目的方面完全不同于 ITER。LHC 是基础物理实验，它探讨物质的原子内部结构和能量：夸克、希格斯玻色子 (Higgs boson) 和暗物质等。质子和反质子被加速到几万亿电子伏能量，它们相互冲撞并一次一个打得粉碎。而另一方面，ITER 涉及带有几千电子伏 (keV) 能量的几十亿个粒子的气体。在 LHC 中，大磁场用来弯曲质子使它们进入圆形轨道，它们的拉莫尔半径被测定是千米量级。在 ITER 中，大磁场用来约束等离子体，它能产生很大压力，这不是因为等离子体粒子能量大而是它们的数量很大。

　　LHC 和它的前身都是因为人类渴望理解所处的宇宙，并非出于任何实际需要。而建立 ITER 是为了挽救人类而发展能源，而如果能完成足够快，也许能挽救现在的气候变化的问题，以及化石燃料耗尽的问题。我们生活在文明已经高度发展的黄金时代，我们已有能力达到这一崇高目标，但愿我们的目标不会超过我们所掌握的知识。

注　释

1. http://www.toodlepip.com/tokamak/gallery-ext.htm.

2. Alternate concepts have been described by Bishop [1] and Chen [11,12].

3. Dale Meade, Astronomy 225 seminar notes, Princeton University, 2005.

4. http://www.pppl.gov/projects/pages/tftr.html.

5. http://www.jet.efda.org/pages/multimedia/brochures.html.

6. PCAST report, 1995: http://www.ostp.gov/pdf/fusion1995.pdf.

7. Massachusetts Institute of Technology.

8. $n_G(10^{20}\mathrm{m}^{-3}) = I_\mathrm{p}/\pi a^2$, where I_p is the toroidal current and a is the minor radius. There are recent attempts to explain the limit theoretically [29].

9. This original reference does not give the formula that is now used.

10. $\beta_\mathrm{N} = \beta\,(\%)\,\dfrac{(a\,(\mathrm{m})\,B\,(\mathrm{T}))}{I\,(\mathrm{MA})} = 3.5$, where the units are meters, Tesla, and megamps, and $\beta = \dfrac{[n\,(KT_\mathrm{i} + KT_\mathrm{e})]}{B_0^2/2\mu_0}$. This will give the value of β (in percent) for each machine when its I, a, and β values are inserted.

11. This is just a 20%~80% division of the energy because the alpha weighs four times more than the neutron, and they both have the same momentum.

12. The scaling law is $\tau_\mathrm{E} = 0.0562 \times I^{0.93}B^{0.15}P_\mathrm{loss}^{-0.69}n_\mathrm{e,19}^{0.41}M^{0.19}R^{1.97}\varepsilon^{0.58}\kappa^{0.78}$, where τ_E is energy confinement time (s), I is the plasma current (MA), B is the

toroidal magnetic field (T), P_{loss} is the power to divertor (MW), $n_{e,19}$ is the electron density (10^{19} m^{-3}), M is the average atomic number, R is the major radius (m), ε is the inverse aspect ratio, and κ is the elongation.

13. The latest increases are given in Chap. 11.

14. http://www.iter.org/newsline.

参 考 文 献

[1] A.S. Bishop, *Project Sherwood* (Addison-Wesley, Reading, 1958)

[2] H. Wilhelmsson, *Fusion, a Voyage Through the Plasma Universe* (Institute of Physics Publishing, Bristol, 2000)

[3] G. McCracken, P. Stott, *Fusion, the Energy of the Universe* (Elsevier, Amsterdam, 2005)

[4] T.K. Fowler, *The Fusion Quest* (Johns Hopkins Univ. Press, Baltimore, 1997)

[5] J.L. Bromberg, *Fusion: Science, Politics, and the Invention of a New Energy Source* (MIT Press, Cambridge, 1982)

[6] R. Herman, *Fusion, the Search for Endless Energy* (Cambridge Univ. Press, Cambridge, 1990)

[7] G.J. Weisel, *Properties and phenomena: basic plasma physics and fusion research in postwar America.* Phys. Perspect. **10**, 1 (2008)

[8] I.B. Bernstein, E.A. Frieman, M.D. Kruskal, R.M. Kulsrud, Proc. Roy. Soc. **A244**, 17 (1958)

[9] T. Ohkawa et al., Phys. Fluids **11**, 2265 (1968)

[10] F.F. Chen, *Intro. to Plasma Physics*, 1st edn. (Plenum, New York, 1974)

[11] F.F. Chen, *Alternate concepts in magnetic fusion.* Phys. Today **32**(5), 36 (1979)

[12] F.F. Chen, *Alternate Concepts in Controlled Fusion: Summaries of Four Workshops*, Electric Power Research Institute Rept. ER-429-SR (1977)

[13] M.A. Krebs et al., *A restructured fusion energy sciences program: advisory report*, J. Fusion Energy **15**, 183 (1996)

[14] F. Jenko et al., Phys. Plasmas **7**, 1904 (2000)

[15] M. Greenwald, *Verification and Validation for Magnetic Fusion: Moving Toward Predictive Capability*, Annual Meeting, Div. of Plasma Physics, Amer. Phys. Soc., Atlanta, GA, November 2009

[16] ITER physics basis 1999, chap. 1. Nuclear Fusion **39**, 2137 (1999)

[17] http://en.wikipedia.org/wiki/Three_Gorges_Dam Nature, **452** (March 6, 2008)

[18] H. Zohm, Plasma Phys. Control. Fusion **38**, 105 (1996)

[19] P.B. Snyder et al., Nuclear Fusion **44**, 320 (2004)

[20] T.E. Evans et al., Nuclear Fusion **45**, 595 (2005)

[21] K. McGuire et al., Phys. Rev. Lett. **50**, 891 (1983)

[22] L. Chen, R.B. White, Phys. Rev. Lett. **52**, 1122 (1984)

[23] B. Coppi, F. Porcelli, Phys. Rev. Lett. **57**, 2272 (1986)

[24] R.B. White, M.N. Bussac, F. Romanelli, Phys. Rev. Lett. **62**, 539 (1989)

[25] ITER physics basis 1999, chap. 3. Nuclear Fusion **39**, 2321 (1999)

[26] ITER physics basis 2007, chap. 3. Nuclear Fusion **47**, S161 (2007)

[27] R.S. Granetz et al., Nuclear Fusion **36**, 545 (1996) References 309

[28] M. Greenwald et al., Nuclear Fusion **28**, 2199 (1988)

[29] M.Z. Tokar, Phys. Plasmas **16**, 020704 (2009)

[30] F. Troyon et al., Plasma Phys. Control. Fusion **26**, 209 (1984)

[31] J.M. Noterdaeme, 12th International Conference on Emerging Nuclear Energy Systems (ICENES), Brussels, Belgium (2005)

[32] G. Janeschitz, *The Physics and Technology Basis of ITER and Its Mission on the Path to DEMO*, Symposium on Fusion Engineering, San Diego, CA, June 2009

第9章 工程学：大挑战*

9.1 引　言

从公共媒体得到信息而听到过聚变的人，大多数认为聚变能量是一个白日梦。他们的信息是过时的。正如我们在前两章已经看到，聚变物理已经取得巨大进展，而我们从环向磁瓶中得到的有关等离子体特性的知识足够使我们把工作推向下一步。然而，这并不意味着聚变**不**是白日梦。在物理学的理解和反应堆工程的工作之间存在鸿沟。聚变技术存在的问题是如此严重，以致我们不知道它们是否能够得到解决。但是 (聚变能量的) 回报是巨大的，我们必须去尝试。

聚变的情况可以和将人类送上月球的阿波罗计划相比较或者相对比。在阿波罗计划中，物理学是已知的：牛顿运动定律覆盖所有所需要的物理学。在聚变的情况中，人们花费了五十多年建立等离子体物理学这一门科学，发展快速计算机，而且了解磁约束的物理学；这些我们已经做到了。在阿波罗的情况下，存在工程问题，它的解还没有完全测试过。整流罩材料能否经受飞船再入大气层的高温？人类能够经得起长时间失重，然后能经受再入的压力吗？微流星体能穿透宇航员的宇航服吗？这是一个危险的实验，但在肯尼迪总统的推动下，取得了惊人的成功。在聚变的情况下，我们还不知道怎样建立反应堆的各个部分，但是要想得到理想能源的唯一途径是把它向前推进。这笔资金会和阿波罗相当，但至少没有人类的生命会受到威胁。

在过去的 10 年里，已经认真地研究了商业聚变反应堆的途径。有三个或四个步骤：①现在正在建造的 ITER；②为解决工程问题建立一个或多个大装置；③DEMO(演示装置)，建造一个原型反应堆，它像真反应堆一样运转而不产生功率输出；④聚变发电站 (fusion power plant，FPP)，建造和运转一个工业用的全尺寸 (full-size) 反应堆。步骤②正在激烈辩论中。一些人认为 ITER 实验足够给出信息去设计 DEMO。其他提出的中间装置旨在解决具体问题，如托卡马克壁的材料和氚的增殖。这些问题将在本章的主要部分叙述。要达到 FPP 的终极目标将需要的时间也许像图 9.1 所示。在设计 DEMO 之前，任何一个辅助的工程测试装置显示在图 9.1 中，尽管它们也许是不需要的。虽然这个时间表被称为聚变的 "快车道"，在聚变能源变成现实以前，它仍然要一直等到 2050 年。

21 世纪初的经济衰退已经推迟了 ITER 的建设，唯有大幅地增加资金才能缩短时间表。在此期间，第 3 章列出的其他再生能源的花费仍然是必要的。

---

* 上标的数字表明在文章结束后的注释编码，而方括号 [ ] 表明文章结束后所示的参考文献编码。

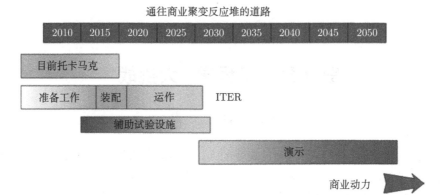

图 9.1　发展聚变能的可能时间表 (数据来自简施奇兹 (G. Janeschitz)2009 年 6 月加利福尼亚州圣地亚哥的聚变能量研讨会, ITER 的物理和技术基础和通往演示装置 DEMO 道路上的任务)

　　两个最棘手的问题是聚变装置的 "第一壁" 材料和增殖氚。将对这些进行详细讨论, 也将涉及一些还没有完全解决的物理问题。一个担心是 "破裂", 它摧毁等离子体因而在反应堆是必须避免的。避免它们发生的已知的最好方法是安全地运转在低于托卡马克极限下, 而这意味着得到较少的输出功率。显然, 注入大量膨胀气体能够停止早期的破裂, 但这是一个粗糙的解决方法。第二个问题是担心 "边缘–局域" 模 (ELMs), 不稳定性会把等离子体能量甩到没有设计吸收能量的地方。目前, 内部校正线圈被插入等离子体真空室内去抑制 ELMs 模以及电阻壁模 (resistive wall modes, RWMs)。这是另一个粗糙的解决方法, 在反应堆中是不合适的。第三个问题是担心 α 粒子 (氦核), 它是 D-T 聚变反应的产物。从理论上讲, 这些快离子能激发阿尔文波, 而这些电磁波能够扰乱等离子体约束。直到等离子体点火产生这些 α 粒子后, 人们才能研究这个不稳定性。

　　虽然这些似乎是难于克服的问题, 当 ITER 和 DEMO 建立后, 会有一个曲折的学习过程。一旦工业界对聚变很认真, 发展将会很迅速。我们将从 T 型福特变到梅赛德斯 - 奔驰 (Mercedes-Benzes) 车。我们将从 DC-3s 变到空客 A380s。我们甚至可以幸运地从大自然 (母亲) 那里得到更多帮助而发现快速 α 粒子是稳定的。有志者, 事竟成! 以积极的态度, 聚变界能继续推进而不辜负过去 50 年所走过的历史。在更远的将来, 在下半个世纪, 第二代聚变反应堆看起来会和在这里描述的托卡马克相当不同。有其他的比托卡马克更简单的磁结构, 由于缺乏经费还没有全部研发。这将在第 10 章来介绍。更好的是, 它有燃料循环, 不需要氚, 因此避免了第一代反应堆的几乎所有的燃料增殖和放射性问题。这些先进的燃料循环只能用比我们现在能产生的较热和较稠密等离子体来运转, 但这只有在我们学会怎样能更好地控制等离子体后才有可能。在第 10 章也会讨论先进材料。这里叙述的工程问题不是故事的结尾。

9.2 第一壁和其他材料

9.2.1 第一壁

图 9.2 是比第 8 章更现实的 ITER 装置图。等离子体将占据用瓷砖环绕的 D-形真空空间。这些瓷砖是面向等离子体的组件 (plasma facing components，PFCs)，通常称为 "第一壁"。它们必须承受来自等离子体的巨大热量，而且还必须不会污染等离子体，要与冲击它们的聚变产物相兼容。早期托卡马克用不锈钢，很清楚它不是高温材料。现在托卡马克用碳纤维复合材料 (carbon fiber composites，CFCs)，一种轻的、强度强的高温材料，这些材料通常用在自行车、赛车和航天飞机上。正如使用钢筋加固水泥，碳纤维增强石墨。然而碳不能用在反应堆，因为它吸收氚，它不但消耗这种稀有材料而且也减弱 CFC 的作用。毕竟，碳氢化合物像甲烷和丙烷是很普通的、稳定的化合物；而氚是氢的另一种形式，而能被碳捕集生成碳氢化合物。

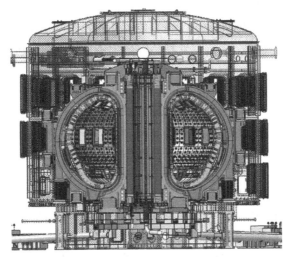

图 9.2　ITER 示意图，显示 "第一壁" 和开口 (端口)，这里能插入实验模块以便测试

钨是一种难熔的金属，但是它是高 Z 的，即它有高原子序数，因此它有许多不能完全电离化的电子。剩下的电子把能量辐射出去，冷却等离子体。关于氢和它的同位素的好处是它们只有一个电子，电子因电离被剥离后离开自由核，原子不再发光。铍是一种适宜的低原子序数材料，但它有低的熔化温度，因此必须实行强力冷却。在为 ITER 做准备时，欧洲的托卡马克 JET 已经更新用铍作为第一壁。总之，

第一壁材料不能吸收氚而且必须有低原子序数, 能经受高温, 耐侵蚀, 抵抗溅射和中子的损伤。

ITER 当然只是第一步。大的步骤发生在 ITER 和 DEMO 之间, 以及 DEMO 和完整的反应堆之间。表 9.1 给出第一壁的一些大数字。我们看到, ITER 和 DEMO 之间的步伐远大于 DEMO 和反应堆之间。因此才呼吁要有在 ITER 和 DEMO 之间的为材料测试用的中间系统。

表 9.1　第一壁上的负载

	ITER	DEMO	反应堆	单位
聚变功率	0.5	2.5	5	GW
热通量	0.3	0.5	0.5	MW/m^2
中子负载	0.78	< 2	2	MW/m^2
中子寿命负载	0.07	8	15	$MW \cdot years/m^2$
中子毁坏	< 3	80	150	dpa

给出的聚变功率单位是 $GW(10^9 W)$。一个典型发电厂产生 1GW 的电力; 因为托卡马克需要能量来运转, 而在蒸汽厂产生电力时仍然存在热循环, 也许需要 5GW 的聚变功率输出才行。接触第一壁上的热通量大约是 $0.5MW/m^2$。这意味着 $50W/cm^2$ 或者大约 $300W/sq.in$。这和电熨斗的表面差不多, 但总热量是相当大的。真正的问题是偏滤器, 它必须处理从等离子体来的大部分热量。稍后将介绍偏滤器。

中子负载的是中子从 D-T 反应携带的 14MeV 的能量, 它们通过第一壁。这个能量不会沉积在第一壁, 而是中子会损坏器壁。在整个壁寿命上的中子负载总和才是重要的。这个问题在反应堆上比 ITER 还要大, 由于 ITER 只是实验装置, 而在反应堆必须翻新之前, 它将存活大约 15 年。用每个原子的位移 (dpa) 可以测量中子损坏。材料暴露在中子通量的时间越长, 被中子打出去的各个原子会更多。在经历许多原子位移后, 材料膨胀或者收缩而使它变成如此脆弱以致无用。

铍容易熔化, 不能用在反应堆。尝试镀硼已经成功, 但是也不能经受高温。钨似乎是最佳的可用材料, 因为它不易受侵蚀和溅射, 而且有 3410℃ 的高熔点。很明显, 它是高原子序数 (高 Z) 材料, 并且不容易加工。液态锂第一壁曾被考虑过, 但是这个提议后来不再提了 [1]。碳化硅 (SiC) 是有前景的材料, 已在实验室广泛研究, 但是还没有一个已知的方法能在工厂进行大量加工[1]。SiC 和其他材料在运转温度下的比较显示在图 9.3 中。这些温度区域用于受过辐射影响的材料, 因而也包括中子引起的膨胀和断裂。碳纤维增强石墨 (C/C) 能经受高温, 但是由于碳能吸收氚而不能用。钨和钼是典型的难熔金属, 如果它们溅射入等离子体, 会冷却等离子体。如果能制成没有杂质的碳化硅增强碳化硅纤维层 (SiC/SiC) 的话, 它对第一

壁似乎是理想的材料，因为它能经受高温、相当牢固，而且耐辐射损伤。它会有 15
年的寿命，和反应堆一样。它的性质在裂变反应堆中已经被测量[2]，主要缺点是热
传导率比其他材料较低。

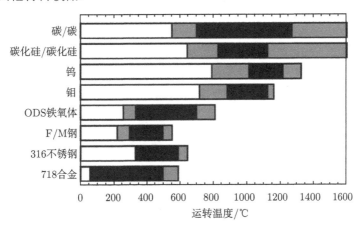

图 9.3 在辐射条件下[1] 不同壁材料的温度区域。上面四种材料是耐火材料，下面四种是结
构钢。各个柱中间黑色部分是合理的运转区域，整个柱是可能的但还没有被证明的扩展区域

最新的高技术材料是 SiC 基质/石墨纤维复合材料[1]，它已经增加热传导率，
此外还有其他好的特性。这些先进的材料不能用已有的计算机程序来设计，后者仅
能用于金属。一些反应堆的研究假定 SiC 第一壁材料是可用的。虽然碳化硅复合
材料有巨大潜力，但在它们成为现实前，许多研究和测试必须完成。

9.2.2 偏滤器

排出的等离子体的 60% 按设计要进到 "偏滤器"，因此它代替第一壁成为热负
载的主要部分。不能用于第一壁的材料和冷却方法能够用在偏滤器。图 9.4 显示如
何进行。坐落在真空室下部的专门线圈能弯曲最外的磁力线，因此它们离开主体进
入偏滤器。等离子体倾向于跟着磁力线，它们的大多数离开真空室撞击偏滤器表面
而不是第一壁。只有穿过磁力线移动的等离子体打击第一壁。当存在一个不稳定性
如一个 ELM 或一个破裂能使等离子体突然穿过磁力线时，第一壁热负载大于平均
值。ITER 的第一壁将不得不抵挡如此的热脉冲，而 DEMO 必须建造成能够避免
这样的灾难。

在图 9.4 中能够看到偏滤器磁力线的边界层是很薄的，在 ITER 仅大约 6cm。在
偏滤器，这些磁力线散布在大面积上，而等离子体撞击的表面倾向于几乎平行于磁
力线，以致热量在尽可能大的表面上沉积。钨能用于制作这些表面，尽管碳复合材料
能保留氚，它们还是能够使用的。偏滤器的部件比第一壁容易替换，因此氚能够周期

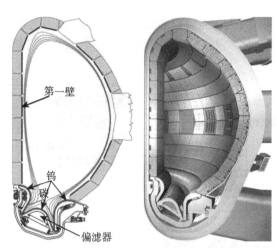

图 9.4　显示偏滤器、第一壁和加热以及诊断设备或测试模块 [30,31] 的托卡马克横截面的两个剖面。左边图是画出的最外面磁力线，说明它们怎样引领等离子体进入偏滤器。为了清楚起见，省略了内部闭合磁面

性加以清除。偏滤器表面上的热负载是巨大的，大约为 20MW/m^2，为此冷却系统是要设计成一个主要部件。在 ITER 中水冷却是可能的，但是在高温下的氦气冷却将必须用在 DEMO 和 FPPs。偏滤器的内部条件是苛刻的，是很难想象的。携带几万电子伏能量的离子沿着磁力线往上流入，相伴的电子中和了它们的电荷。当离子碰到固态表面时，它们和电子结合形成中性原子。那里有等离子体和由氘、氚和氦中性气体以及杂质混合成的稠密的混合物，这些气体以后必须在排气处理装置上被分离开。在中性气体流回主体装置而且再被离化成离子和电子之前，它们必须用真空泵快速泵出。为捕集偏滤器里面的中性粒子，必须加上圆顶 (dome-shaped) 结构。图 9.5 显示为 ITER 设计的偏滤器主要部件。等离子体以斜角进入并冲击由钨和 CFC 组成的高温表面。一个吸热材料 CuCrZr 把热量转移到水冷却表面。

　　被限制到大约 170℃ 的水冷却不能用在 DEMO 和 EPP，它们必须用氦气来冷却。氦气将以 540℃ 注入而被加热到 720℃，而钨和 CFC 片将达到 2500℃[3]。冷却剂在一定压力下注入来冷却小圆顶，在图 9.6 中演示。这些小圆顶被装进 9 个指形装置，然后这些装置形成均匀的冷却表面。

　　因为偏滤器小，而且它们已经被广泛测试，偏滤器技术比其他问题领域要好得多。例如，1m 长短的钨和 CFC 偏滤器部件 (图 9.7) 已经在德国卡尔斯鲁厄 (Karlsruhe) 测试，热通量高达 20MW/m^2。在那个大的实验室，偏滤器材料已经被中子照射过，而且已经制定它们的制造和安装技术，甚至更换偏滤器的远程处理技术也已经测试过。看来有可能设计热通量高达 20MW/m^2 的水冷偏滤器，以及热通量高到 15MW/m^2 的氦冷却偏滤器 [31]。

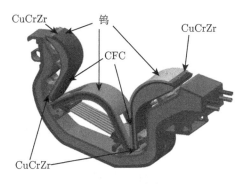

图 9.5 水冷偏滤器[31] 的概念图

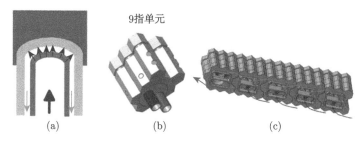

图 9.6 偏滤器氦冷却系统的可能设计[31]。(a) 氦冷却一个圆顶形的"手指",(b) 安装成一个装置的 9 指单元,(c) 许多 9 指单元串在一起形成一个冷却表面

图 9.7 水冷偏滤器测试表面[31]

9.2.3　结构材料

除了材料要暴露于等离子体和大的热通量外, 结构材料必须选择能够支撑反应堆部件 —— 真空室、磁场线圈、增殖再生区等的巨大重量。通常人们会用钢材, 但是对聚变, 钢材类材料必须小心地去设计。中子轰击结构材料将使它变成放射性的。仅仅如下元素能使用: 铁、钒、铬、铱、硅、碳、钽和钨。元素如锰、钛和铌用在其他钢材, 它们将导致长寿命放射性同位素。两种**降低活性的铁素体马氏体钢**已经被设计: Eurofer (欧洲钢铁联盟的钢材) 和 F82H(日本)。它们在铁中添加如表 9.2 所示的元素 [4], 这些钢材只有短寿命放射性, 而不像裂变产物, 它是非挥发性的, 在储存 50~100 年后可以再用。在中子轰击下膨胀量大大小于普通不锈钢。膨胀和脆性来自钢材捕集的氦和氢泡泡。有实验氧化物弥散强化钢 (oxide dispersion strengthened, ODS), 它有 Y_2O_3 纳米粒子能够捕集氦和氢, 增强材料和减少蠕变 (creep)。虽然工厂加工这些材料要保持低杂质量, 但还是有许多事要做, 要研究它们的焊接特性, 测试在全运转时的温度极限和辐射电阻, 在聚变技术中结构材料不是一个令人担忧的问题。

表 9.2

	铬 (Cr)/%	钨 (W)/%	钒 (V)/%	钽 (Ta)/%	碳 (C)/%
Eurofer	7.7	2	0.2	0.04	0.09
F82H	8.9	1	0.2	0.14	0.12

图 9.8 说明在聚变反应堆全功率运行 25 年后预计欧洲的 Eurofer 和 SiC 的放

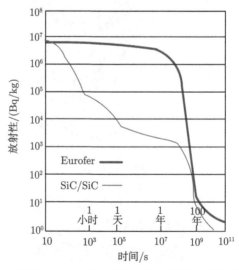

图 9.8　预测 Eurofer 钢和碳化硅复合材料随时间的变化,
纵轴的单位是 Bq/kg, 数据来自文献 [4]

射性。请注意坐标是取对数坐标,因此垂直刻度以一个因子 10 增加,而水平刻度以一个因子 100 增加。在 100 年以后,放射性几乎衰退了百万倍。这种材料是固体,而且不会有容器泄漏的问题。主要的放射性危险来自氚,它会在 12 年内衰变,稍后将详细考虑。注意,即使这个放射性和裂变相比是很小量的,但它事实上是 D-T 反应发射出带能量的中子造成的。在使用先进燃料的第二代反应堆中将几乎没有放射性。

9.3 再生区和氚增殖

9.3.1 再生区的原理

它肯定不是薄的而是保持等离子体温暖的软罩 (soft cover)。这是一个厚厚的、巨大的、复杂的结构,它有三个主要目的:①捕集聚变产生的中子和把中子的能量转化成热量;②产生氚并提供给 D-T 反应堆作为燃料;③把超导磁铁和中子隔离开。再生区分成容易替换的模块。图 9.9 示出再生区处在托卡马克内部的地方。在图 9.9(a) 中,我们看到等离子体首先打击第一壁 (FW),第一壁也是再生区前表面。然后,中子进入再生区,它捕集中子的能量而且发生氚增殖。热气体和液态冷却剂

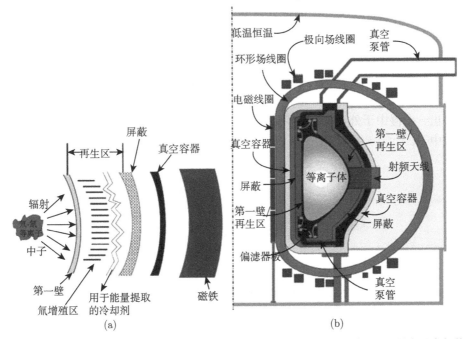

图 9.9　(a) 托卡马克主要各层的秩序,显示整个再生区必须在真空室中; (b) 托卡马克部件的总图,显示整个装置在低温恒温器中保持超导磁场冷却 [32]

把热量带走去加热外面的交换器。屏蔽材料保护真空壁和超导磁铁免受高热和中子的冲击。图 9.9(b) 示出再生区是怎样环绕等离子体和铺在真空室内的。真空室外部是磁线圈。中心螺旋管线圈是关键的，因为环装置的中孔没有足够空间放它进去。环装置的对称轴在左边。将整个装置放入低温恒温器内，它把磁场线圈和外界隔离开，保持磁场线圈处在超导温度。在反应堆中可能有上百个再生区模块，每个模块重 1 吨。有许多关于再生区的设计思想，而 ITER 将有三个插口可用来测试再生区模块 (TBMs)。有 6 种再生区模块 (TBM) 的提案为这三个要点 [5] 进行竞争。

9.3.2 锂的角色

氘和氚不是聚变的唯一燃料，需要锂来增殖氚，氚在自然界中只是微量存在。锂在地球上是丰富元素，它有同位素，即 92.6%Li^7 和 7.4%Li^6(上角标是原子量，在原子核中是质子和中子的总数)。Li^6 是更有用的一种而且很容易富集成 30%～90% 用在再生区。一个 1000MW 聚变发电站每年将消耗 50～150kg 氚，比其他来源 (如裂变反应堆) 能够提供的多得多。要在再生区产生这样多的氚，每个反应堆每年将需要不到 300kg Li^6。可用的锂在陆地上大约有 10^{11}kg，而在海洋有 10^{14}kg。如果全世界能量来自聚变，锂将在 3000 万年后耗尽 [6]。氘将维持更久。氘在海洋有 5×10^{16}kg，以每个反应堆每年 100kg 的速率消耗，它将在 300 亿年后耗尽! 那就是我们说的聚变是无限能源的意思。

从 Li^6 产生氚的方法示于图 9.10。开始以 14MeV 能量的中子通过和慢化剂材料碰撞减速，它和锂核撞击后把锂核破碎成 α 粒子 (氦核) 和氚 (氚核)。α 粒子和氚一起携带从锂核分裂获得的 4.8MeV 能量。这个能量以及中子携带的能量将转移到液体或气体冷却剂，并最终转移到蒸汽而用来发电。n-Li^7 反应是一样的，除了多出一个慢中子外，它能够经受另一个产生氚的反应。但 n-Li^7 反应显然只适用于快中子。

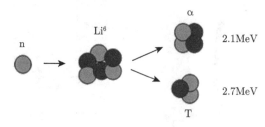

图 9.10 n-Li^6 增殖反应，中子在反应中破碎 Li^6 核变成一个 α 粒子 (氦核) 和氚 (氚核)。
质子是深色而中子是浅色

这个计划的问题在于没有产生足够的氚，由于只有 20%～40% 的中子实际上和锂 [3] 反应。一些中子通过再生区为等离子体加热和测量设备间所需的缝隙而损失。一些中子由于打击支撑结构而不是铺锂的材料而损失，而一些中子由于跨越整个再生区而损失。为了解决这个问题，幸运地有中子倍增器，主要用铅 (Pb^{208}) 和铍 (Be^9)。铍进行的反应示于图 9.11。

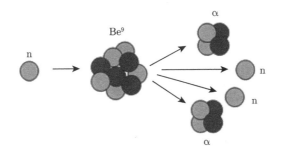

图 9.11　铍作为中子倍增，当一个中子加入时，破碎后成两个氦核 (α 粒子) 和两个中子

再生区将包含锂、铅、铍和结构材料；但主要问题是要冷却它们并把所有热量带出来作为反应堆的功率输出。根据冷却方法和使用的锂的形态，再生区设计有所不同。为了显示涉及了什么，我们将描述三种有前景 (领先) 的已经详细制订的提案。

9.3.3　再生区的设计

可用的冷却剂是加压水、液态金属和氦。水冷只能用于近期实验。反应堆可能需要高温的氦气。结构材料的考虑和第一壁是相同的：铁氧体钢、钒合金或者碳化硅复合材料。锂能够是锂陶瓷固态鹅卵石型、铅和锂的液态混合物或者叫做 FLiBe 的熔盐 [3]。图 9.12 显示怎样将 TBM 插入 ITER 的一个插口。

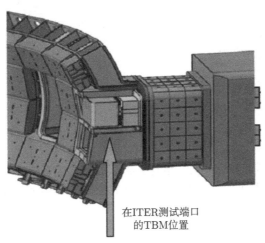

在ITER测试端口
的TBM位置

图 9.12　准备在 ITER 用的再生区模块的插件，代替第一壁的部件 [33]

氦–冷却陶瓷增殖堆(helium-cooled ceramic breeder，HCCB) 用固态材料，铍倍增器和锂增殖器放置在不同的隔间。图 9.13 显示 HCCB 模块的部件。厚块含有铍和陶瓷，分别以 (橙) 红色和蓝色表示。厚块之间是冷却通道，氦通过通道在 80 个大气压 [3] 下泵入。氦的温度达到 500°C，而增殖器材料能达到 900°C。请注意再生区的前面是第一壁的部分。在反应堆中，再生区模块能够从组装模块安装，如图 9.14 所示。再生区厚度大约 50cm，而宽度大约 3m。

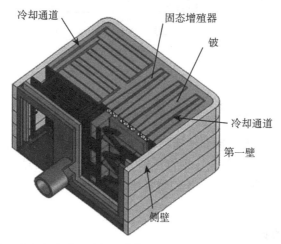

图 9.13 氦–冷却陶瓷增殖堆模块 [33] 的示意图 (扫描封底二维码可看彩图)

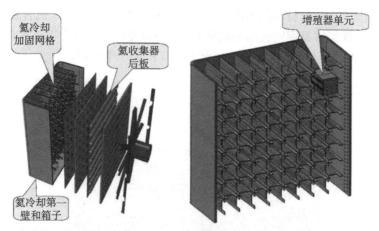

图 9.14 一个大的再生区模块示意图。左边分解视图显示支撑栅格和冷却管道的分层，为了清楚起见，它们从盒子拉出来。第一壁 (FW) 在左边。右边视图显示组装模块将被插入 [3] 的插槽

固体增殖器材料由陶瓷鹅卵石硅酸锂 (Li_4SiO_4)、亚钛酸锂 (Li_2TiO_3) 或其他类似材料组成。技术已经发展到能加工全同的球形鹅卵石,它们本身能够均匀分布。卵石尺寸要小,直径小于 1mm,使径向的温度差别最小,因此脆性的卵石不会裂开 [7]。为了提取氚,含有一些氘 (D_2) 或氢 (H_2) 的氦气流通过鹅卵石床,而氚 (T_2) 在这个气流中被带出。然后这个气体被冷冻,由于各种气体有不同的沸点,通过蒸馏法被分离。人们已测量了 [8] 重要的鹅卵石床的热性能。

氦–冷却锂铅(HCLL) 再生区使用叫做共晶体的锂和铅熔融合金。希腊语的意思是容易熔化,共晶体在比它的组成材料还低的温度熔化。首选的共晶体是**Pb-17Li**,在丰富的 90%Li^6 中含有 17% 的锂。这个共晶体在 234℃熔化,而铅在 328℃熔化,锂在 181℃熔化。在再生区,共晶体由中子 [3] 从 400℃加热到 660℃。由于铅像铍一样 (图 9.11) 是中子的倍增器,倍增和增殖同时在同一种液体完成。对 Pb-Li,图 9.14 的组装模块将有散布氦冷却通道的循环路径。氦的部分显示在图 9.15 中,而 Pb-Li 将处于冷却板之间。在 Pb-Li 中产生的氚通过两种方法之一回收:渗透或者冒泡。氢有倾向通过壁扩散,而氚恰恰是氢的另一种形式。在再生区内部,要避免氚渗透到氦冷却剂或者其他不该去的地方。在再生区外部,可制造渗透窗户让氢通过,而且和氦流混合流向分离氚的装置。除此之外,Pb-Li 能形成泡沫柱,在这里氦泡沫在液态 Pb-Li 中捕集氚而携带它到处理工厂。

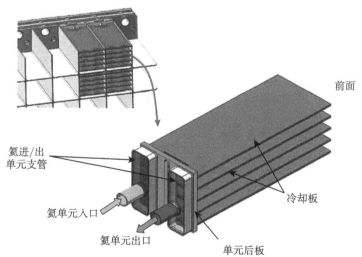

前面

氦进/出
单元支管

冷却板

氦单元入口

氦单元出口

单元后板

图 9.15   在 HCLL 再生区组装模块 [3] 中的氦冷却配置

在早期的工作中,叫做 FLiBe 的熔盐含有氟化铍 (BeF_2) 和一份或两份氟化锂 (LiF) 被提议作为增殖液体,但是现在 Pb-Li 成为首选。在 FLiBe 的工作中发现磁流体动力学流动 [9] 的问题,它也适用于 Pb-Li[10]。两者都是导电的流体,而当它们在磁场内流动时在液体中产生电流;而这些电流后来和磁场反应而产生拉曳流体的运动。考虑到在托卡马克有强大的磁场，这个拉曳是一个严重的问题，增加了泵的电力需求。如果流动沿着磁力线，拉曳会变小，但是最终流体必须穿过磁力线离开增殖区域。

　　一个双–冷却锂铅(DCLL) 再生区运用两者 —— 氦和 Pb-Li 本身作为冷却剂。这个概念在图 9.16 中示出。由于 Pb-Li 是液体，它能够运送到它本身的热交换器，而且作用像它自己的冷却剂。氦单独用于冷却第一壁。在 Pb-Li 通道的流动示于图 9.17，这是对于这种磁场方向指向纸内的情形。计算机模型已经发展到描述导电液体的流动，包括当在顶部和在底部温度不同时的浮力效应。如计算那样，在流体中的漩涡显示在插图。由于托卡马克中的各个模块将被调节以不同角度对着磁场，流动的结构和由此导致的压力的落差在装置的各处将是不同的。

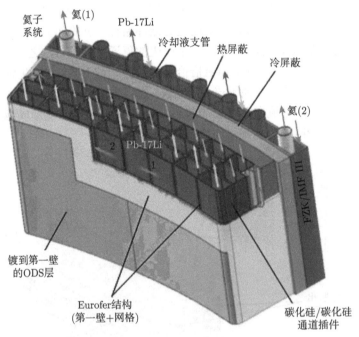

图 9.16　双–冷却锂铅再生区 [34] 的示意图。ODS、Eurofer 和 SiC/SiC 参阅在第一壁和其他材料所描述的高温材料

　　在先进的设计中，消除了氦，结果在自–冷却锂铅增殖再生区中 Pb-Li 担负了所有的冷却工作。要快速泵出 Pb-Li 以克服磁场的拉拽也许要多用许多电力。可能的希望也取决于奇妙的材料 SiC/SiC 的发展，它能在 1000℃ 运转，并能够包含比其他材料更高温度的液体。

　　这些再生区的设计没有显示运转再生区所需要的所有辅助设备。对于 ITER 中的单个 TBM，全房间的管道、热交换器、屏蔽和各种仪器示于图 9.18。再生区模块本身仅仅是在左边的弯曲单元，它成为第一壁的一个部件。

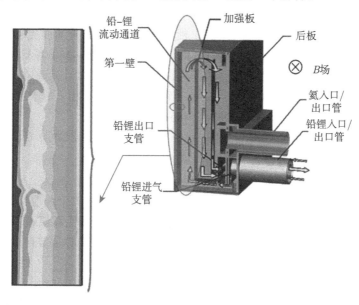

图 9.17 在 DCLL 再生区组装模块中的铅–锂流动路程。插图显示当流动垂直磁场[32] 时一个圆柱中涡流的计算机结果

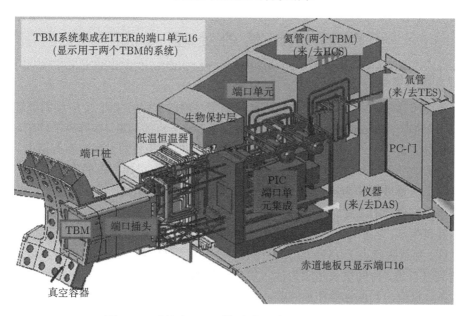

图 9.18 建议在 ITER[6] 安装试验再生区的示意图

对于全规模反应堆，再生区除了冷却和增殖氚外，将需要满足许多其他要求。

对于要运转 25 年以上的反应堆的设计, **维护和运转构成严重的问题**。在反应堆的寿命期间, 再生区材料必须更换许多次。如卵石床 HCCB 的固体增殖器必须整体移除而变换卵石。在液体再生区, Pb-Li 能循环到再生区的外面而更新, 不用替换再生区。显然, 最终还是必须替换再生区而需要停止反应堆。为了容易替换再生区, 已经提议使用能够和 D-形等离子体外形匹配的香蕉形再生区。这些将在关闭期间从托卡马克顶部落下, 而且和再生区的所有连接必须来自顶部。由于对工作在反应堆的人们有太强的放射性, 所有这些工作必须用远程操控。

由于再生区处于真空室内部, 它们必须是不能泄漏的。焊缝必须是保险的。在再生区内部, 在增殖器和冷却剂之间有许多交界面, 如有一个漏洞, 不移出再生区就不可能修理。在管道中有许多连接点, 它们连接再生区到真空室的外界。在 2008~2009 年, 日内瓦的大型强子对撞机经受液氦系统的单个漏洞而延迟了启动装置超过一年。在 2003 年, 由于一块泡沫型材料松动, 哥伦比亚航天飞船坠毁, 造成 7 名航天员丧命。因事故总会发生, 所以托卡马克反应堆必须要格外小心, 它有百万处可能发生泄漏。

还有在意外情况下的安全议题, 包括在反应堆关闭 [11] 时的热衰减和放射性。回收和处理废物也必须考虑。显然, 这不是再生区特定的问题, 在其他章节会谈到。

9.4　氚的处理

9.4.1　氚的自足

上面所显示的再生区的设计勉强能够增殖足够的氚保持 D-T 反应堆的继续工作。氚增殖率 (tritium breeding ratio, TBR) 是对这一点的测量。在等离子体中, 每次氘和氚聚变产生一个中子。因为在重新注入氚到等离子体的过程中将有损失, 一个中子必须产生一个以上的氚。另外, 多余的氚必须储存以建立氚的库存去运转较高功率反应堆或者作为给予其他聚变反应堆的燃料。只有聚变能够产生足够的氚才能建立它自己的工业。

在再生区, 各个中子产生氚的数目是 TBR。没有可能设计 TBR 大于 1.15 的再生区。那意味着小于 15% 的余量 (margin) 是可用的。结果是要在许多年以后才能达到氚自足。时间很长是因为注入等离子体的氚只有一个小百分比和氘发生聚变; 多数氚流出到偏滤器和被回收。这个**燃耗分数**只有几个百分点。图 9.19 说明多长时间能使氚库存加倍的计算。TBR 图示在垂直坐标上。低于 TBR=1.15 的下面部分是可能的。水平轴显示燃耗分数, 以百分数为单位。标有一年的曲线说明花费一年时间加倍氚库存是不可能的, 由于曲线永远不能低到 TBR 的可行区域。如果 5%的燃耗能够达到，5 年曲线勉强可以达到。更可能的是，它将用约十年时间来达到加倍，而要达到自足只能在几十年² 以后。

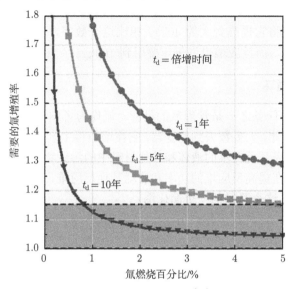

图 9.19 双倍氚库存的时间对 TBR 和氚 [32] 的燃耗分数的曲线图

早期托卡马克，在发展到好偏滤器之前，由于**回收**，燃耗分数大得多，也许达 30%。等离子体中的离子轰击真空壁并结合成中性气体。没有离开真空室，中性气体回到等离子体再电离和再加热而成为再可用的气体。如果现代的偏滤器工作得好，显然离子不再轰击器壁，为此也不用被回收。反过来，离子被导入偏滤器，在那里它们结合成气体，被泵出而不再进到等离子体。在 ITER，燃耗分数被预计只有 0.3%，对于反应堆 [32]，这将是不能接受的。由于燃耗取决于第 8 章讨论的三个数的乘积 $Tn\tau$，这是在 ITER 和工作反应堆之间的大跨越的另一个标志。

裂变反应堆每年只能产生 2~3kg 的氚，每年氚衰变 5.5%，所以它是在连续损失。要用 10kg 氚启动 DEMO。ITER 本身将使用世界 [32] 上大部分可用的氚。因此，发展较高的 TBRs 增殖再生区迫在眉睫。

9.4.2 氚的基础知识

双倍重于氢，氚有两个额外的中子，它们不能与单个质子相处得好。为此，氚通过发射电子进行衰变，这个过程为 β 衰变。负电荷的损失改变一个中子成一个带正电荷的质子而转变成氦 -3，有两个质子和代替通常有两个中子的一单个中子的氦同位素。这个衰变使氚具有放射性，而且必须在聚变发电厂小心处理它。

幸运的是，放射性是弱的。发射出的电子有很低的能量，大约 19keV。它不能穿过皮肤，甚至在大气中只能传播 6mm(1/4in)[12]。然而，服用它是有害的，而且必须小心，让它远离水源。不同于裂变产物，氚有 12.3 年的短半衰期。这意味着每年它的 5.47% 衰变成无害的氦。因为它的短寿命，在自然界存在很少的氚。宇宙射线每年产生大约 200g 的氚，在地球大气层中在任何一个时间内只存在大约 4kg 的天然氚。人造氚将它提高到大约 40kg。相比这个数字，要让 ITER 在 DT 运转将要取用 1kg 的氚，而反应堆也许每年要用到 100kg。

9.4.3　氚燃料的循环

　　最复杂的技术任务之一是管理氚的供应。氚作为燃料注入等离子体。它通过真空泵离开等离子体，大多数去到偏滤器。它在增殖再生区产生而且必须被捕集和被纯化。它也是在离开反应堆的液体和其他材料中的污染物，而且必须从那些材料清除。为了将来用在提高反应堆的功率和启动其他反应堆，必须安全地储存多余的氚。图 9.20 显示了这个路径的一个简化图。

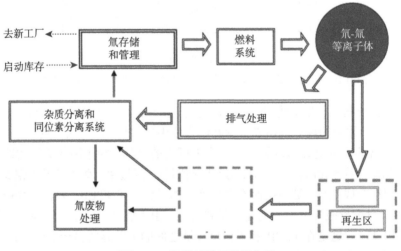

图 9.20　氚燃料循环的简化图

　　氚离开托卡马克有两条途径：其一通过真空泵，包括泵到偏滤器的氚；其二通过第一壁和再生区。真空的排气直接到一种同位素分离系统，在那里保存氚 (T$_2$)、氘 (D$_2$) 和氦 (He)，并且清除杂质。纯 T$_2$ 直接送到氚储存和管理系统。在再生区产生的氚首先去到氚处理厂，把它从增殖材料中提取，然后送到同位素分离系统。两个来源中含有不能清除的氚污染的材料要送到氚废物管理。燃料系统从这两个途径得到回收的氚以及从氚储存或外部氚源得到氚，然后把氘和氚注入等离子体。氘是廉价和安全的，不必过度节省地回收。

　　环装置中的真空用低温泵 [13] 来保持。它有多孔碳表面，由液氦冷却到 5K，即绝对零度以上 5°，绝对零度就是 −273°C 或者 −459°F。在那个温度，除了氦以外的所有气体冷凝而且黏在低温泵表面。要释放氢气，包括氚，低温泵周期性加热到大约 90°K，而这些气体送到同位素分离系统。要释放所有捕集气体，泵要加热到室温。

加燃料是通过以足够速度注入氘和氚的冰冻丸到达等离子体中心来完成的。这比注入 DT 气体到边界更加有效，由于气体在表面将被电离而不能达到内部。在这个过程中损失一些氚，它们将被泵系统带走。等离子体主要通过中性束 (neutral beam injection, NBI) 注入加热，中性束由氘和氚组成。这个系统将有它自己的氚管理系统。

同位素分离通过把气体冷冻到液氮温度进行，然后在四个相互连接的蒸馏塔 [13] 选择加热。在 ITER，氚的处理厂是一幢 7 层大楼 [12]。另外，全部在 ITER 安装的水和从大楼来的空气必须通过除氚厂去清除氚。释放回到环境中的水是纯水 (H_2O)，而释放到空气的氢是气 (H_2)。氚必须储存直到被使用。它是在金属氢化物吸收床完成的，每个可能容纳 100g 的氚 [13]。钴化锆 (zirconium-cobalt, ZrCo) 吸收氚形成 $ZrCoT_3$。反应是可逆的，加热后释放 T_2。虽然在裂变工业已有完善的氚的控制技术，聚变需要的氚数量很大。到目前为止，对这么大的规模还没有经验。

9.5 超 导 磁 铁

9.5.1 引言

托卡马克或任何其他磁瓶的主要特征是产生用来约束等离子体大磁场的沉重线圈。到目前为止，所有托卡马克都用铜制的磁线圈，它的传导电力比其他任何金属都好，银除外。即使如此，它必须消耗许多能源来产生通过铜线圈的兆安培电流，而聚变反应堆将必须运用超导线圈。超导体有零电阻，而一旦电流开始产生，它将几乎永远不断地流动。障碍是超导体必须用液氦冷却到低于 4.2K。必须建立低温工厂以提供液氦，而磁线圈 (因此整体装置) 必须附上低温恒温器去把它们和室温隔离开来。好消息是这种技术发展得很好，而它对聚变反应堆不是一种严重障碍。在 1986 年，世界上最大超导磁体，即磁镜聚变试验工厂 (mirror fusion test facility, MFTF) 在加利福尼亚州劳伦斯利弗莫尔实验室建成。它是另一种类型的磁瓶，我们将在第 10 章来叙述。显然，项目几乎马上被里根政府砍掉以便支持托卡马克，因为美国没有能力去支持两个昂贵的聚变途径。MFTF 太大以致只过一会儿就变成了人们能走进的博物馆。现在，有三个超导托卡马克在运转：法国的 Tore Supra、中国合肥的 EAST(实验型先进超导托卡马克) 和韩国大田的 K-STAR。很快将加入它们的是改进的日本 JT-60U(图 8.6)，叫做 JT-60SA。另外，大的螺旋装置，超导仿星器类装置在日本已经运转二十年。ITER 当然将用超导磁体。

可用在大范围的两种超导材料有钛化铌 (NbTi) 和锡化铌 (Nb_3Sn)，NbTi 是较廉价和容易制得的，但是它在大于 8T(特斯拉) 时失去超导性。1 特斯拉 (tesla) 是一个大单位，等于 1 万高斯 (10000G，旧的单位)。通常磁体很少大于 0.1T，但是一些核磁共振成像 (MRI) 装置在医疗上可以高到 1.5T。地球磁场只有大约 0.5G 或者 0.00005T。在 ITER，高到 13.5T 的磁场是必需的，因此一些线圈由 Nb_3Sn 制成，而其他 (较低磁场) 是由 NbTi 制成的，分界线大约是 5T[14]。制造超导电缆是很复杂的，因为它们必须由上千股细丝制成。这是因为超导体的电流只在表面流动，而细丝相对于它们的体积有更大的表面积，同时电缆必须是可以弯曲的。

9.5.2 ITER 的磁线圈

图 9.21 显示 Nb_3Sn 电缆内的样子。在 6 捆电缆中有不只 1000 股细丝。中心是螺旋管用来安放携带液氦的管道，外壳是直径为 37.5mm(1.5in) 的不锈钢套管。为 ITER 环向磁场线圈所设计的电缆能够在 9.7T 携带 80kA 的电流。每股直径大约 0.8mm，由装有铬护套的 Nb_3Sn 丝组成，外面包上和 Nb_3Sn 一样多的铜。为减轻淬灭，铜是需要的。因为当过热或者过电流时超导体失去超导性，所以一部分超导体变成正常导体时发生淬灭。电流试图强行通过有电阻的正常导体，这会产生巨大的电压，还可能产生爆炸。铜能使事故变得缓和一些。超导电缆的复杂性是足够糟糕了，但是要把它们缠绕成磁线圈，就意味着各根电缆必须超过 1.5km(1 英里) 长。

图 9.21 Nb_3Sn 电缆的结构，其中一捆已经打开以显出细丝来 [14]

托卡马克有许多不同类型的磁线圈，而每一个需要不同的设计。图 9.22 能够看到其中一些线圈。环向场线圈 (TF) 是大的 D-形线圈。它们在高到 6T 运转而且是最重的一个。运输它们到 ITER 场地需要特别的驳船、卡车和道路。那些围绕装置大的水平线圈是极向场 (PF) 线圈，它们让磁力线扭曲并使等离子体成形。由于极向场线圈大小所限，它们不能运输，只能在 ITER 场地缠绕。在 ITER 缠绕线圈的大楼，将是长 253m、宽 46m 和高 19m³。一个关键组成部件是中心螺旋管线圈 (central solenoid，CS)，它可以在环装置中内部洞看到。那里只有很小的空间，大多数空间属于内部再生区模块。这个线圈是极向场线圈的另一半，它使等离子体成形和驱动托卡马克电流。CS 线圈高 13m，直径 4.3m，重量 1000 吨，它也产生 13.5T 的最高磁场。图 9.23 显示已经装完的中心电磁线圈的试验部分。

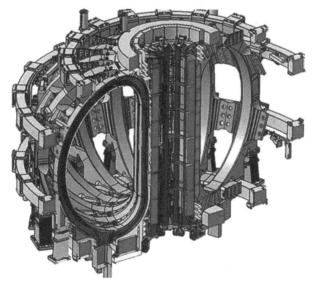

图 9.22 画出 ITER 中的磁线圈 (ITER 新闻纵横，114 期和 122 期，2010 年；http://www.iter.org/newsline/)

除了这些主要线圈，还有小线圈，但是困难的部分是把超导体和供电器连接起来。电流从正常导体的电缆提供给线圈，然后打开超导开关，因此电流只有在超导体流动，而且能切断供给电缆。这些连接用的接头是很复杂的，特别地，电流必须通过低温恒温器的器壁，从室温变化到 4K。几乎所有支持 ITER 的国家都参加设计和生产磁体系统。一些国家提供 NbTi 和 Nb₃Sn 材料。一些国家把它制成线股和电缆。一些国家缠绕电缆做线圈。而一些国家制造供给电缆和连接用的接头。这些技术已经研发并用于较小的托卡马克，对于 ITER 和 DEMO 以及反应堆的有关大步骤只是规模的问题。

图 9.23　ITER[14] 的中心螺旋管线圈的试验性部件

9.5.3　氦的供给 [4]

如果我们可以用氦气填充世界上的气球，它就不是稀有气体。实际上，气球用户仅使用 16% 的氦气。冷却半导体用 33%，其他用于工业和科学需要。大气含有 40 亿吨氦气，但是要通过低温蒸馏法取得它是不经济的。我们使用的大量氦气来自作为天然气的副产品。因此氦来自化石燃料，而且如第 2 章讨论的将随着几十年后天然气的耗尽而耗尽。本章中我们已经看到，如今天所设想的，聚变反应堆在极热或极冷的地方是如何依赖于氦气的。在第一壁和再生区，气体氦用作高温冷却剂。真空系统用液氦去冷却低温真空泵。在磁体系统，液氦用于产生超导电性。它是一个封闭系统，但是有泄漏。据估计 ITER 每年将要消耗 48 吨氦气，大约是世界当今消耗量的 0.15%。但是，如果最终聚变产生世界 1/3 的能源，仅仅为启动 [4] 那些反应堆就需要世界整年都能提供氦气。从一些观点来讲，我们说氦损失库存的 10%，将超过来自天然气的氦气。你会记得，氦是 D-T 反应的产物之一，只有百分之几的燃耗率，显然，这个"灰尘"对总的需求的贡献是可以忽略不计的。氦在其他工业也是需要的，如医疗设备。这种短缺氦的情况非常严重，美国在 2010 年提出配给制度。

9.5.4　高温超导体

1986 年发现一个化合物，它在临界温度高于 30K 成为超导体。从那时起，寻找更好材料的研究很热烈。目标是要得到临界温度在 77K 以上，在这一点上，氮气变成液体。液氮更多、更廉价，比低于 4K 才液化的液氦更容易产生。77K 和 4K 之间的差别 73K 好像不很大。我们每次煮沸咖啡时会遇到这样的变化。显然，由于人们永远不能去到绝对温度零以下,它和绝对零度的差距是重要的。77K 离 0 K 比 4K 远 19 倍;当然氮气是不会短缺的。目标已经达到,已经找到在液氮温度工作的三种超导体。如 2009 年的记录是 135K,在 77K 以上。有代表性的化合物是复杂的:$HgBa_2Ca_2Cu_3O_x$。在能通过计算机来寻找以前,找到新化合物的工作是缓慢的;但是期望有大量高温超导体的产生是合理的,它到 DEMO 建立时将是可能的。也许室温的超导体在那时会被找到。装置将会更加简单和更加便宜。

9.6 等离子体加热和电流驱动

9.6.1 引言

注入中性原子和激发不同类型的等离子体波能使等离子体达到聚变温度。另外不用变压器,波也用于驱动等离子体电流,叫做非感应电流驱动。在这些过程中,牵扯到许多物理学的问题。中性束也是等离子体的燃料,而且给出旋转速度。波不仅加热等离子体和驱动等离子体电流,而且也用于改变等离子体内部的局部条件而形成电流分布。本章我们主要关心技术,因此集中讨论硬件而且只讨论能用到的主要波的种类。

9.6.2 中性束注入

ITER 的一个目标是达到点火,当通过 D-T 反应产生 α 粒子时,它们能保持等离子体热度。要达到这一点,显然巨大的电力必须输入去把温度升高到达 50keV (500 000 000 摄氏度) 的数量级。这主要由中性束注入 (neutral beam injection,NBI) 来完成。ITER 将有 33MW 的 NBI。这些注入器,有三个或者四个通常是最大的伸出托卡马克的附件。在第一步,一个额外的电子给了氘原子以产生负离子。一旦带电,离子能被静电加速。在进入托卡马克以前,负离子通过少量气体,气体剥离多余电子,把负离子变回中性。变成中性的原子不受磁场影响而能够很好地进到等离子体,直到在等离子体内被电子电离。原子能走多远取决于它本身的能量。所有大的托卡马克用 NBI,它已经是研发得很好的技术;但是由于 ITER 是那么大以至于必须要 1MeV 能量的中性束才能到达中心。1MeV 的 NBI 技术还没有研发好 [15]。

9.6.3 离子回旋共振加热

离子回旋共振加热 (ion cyclotron resonance heating,ICRH) 方法加热离子是用旋转电场推动离子,正如离子在接近圆形拉莫尔轨道运动一样,旋转电场的方向跟随离子回旋运动。它有时加热种类少的粒子更有效,如加热氦 -3 比氘和氚有效,因为这种方法会使能量耦合进入等离子体。回旋频率依赖于磁场强度,因此应用的电场必须有特定的频率,取决于离子被加热处的磁场。在 ITER,这个频率大约在

50MHz。这个频率太低，不能通过管道传输，因此真空室内必须放有天线。天线在导向偏滤器 (图 9.4) 的磁力线外面，但是它很接近等离子体以至于离子将轰击它。这些离子将天线材料溅射进入等离子体，而这种污染通常冷却等离子体。ITER 具有 20MW 离子回旋加热。功率不是主要问题，这里的问题是设计天线，使它不能有害地影响等离子体。

9.6.4 电子回旋共振加热

原则上，离子能做的电子也能做，但是技术完全不同。电子回旋频率是在 GHz 范围，需要巨大的微波发生器。输入电能或者电流能够精确地放置在环装置的一定地方，在这个地方可以调节微波频率使其和磁场匹配。由于微波通过波导携带，波导是有特定大小和形状的管道，它们能够通过第一壁的洞插入而不需要在真空室内放置天线。缺点是电子回旋波不能从环装置外面穿透进入等离子体。这些波的特性是它们必须从高磁场注入低磁场。由于磁场在环装置的孔最强，发射波导必须安置在拥挤的被中心螺旋管和内部再生区占有的空间。两倍于回旋频率的波也和电子回旋共振，它能从外部弱场一边进入；但是要产生较高频率更困难。

ITER 的电子回旋加热系统在 170GHz 时需要电能 20MW。这个频率对应于在 6.0T(60 000GHz) 时的回旋频率，它高到足以覆盖 ITER 的 5.5T 磁场。虽然我们每天的生活中使用 170GHz，20MW 的微波，但完全不是一回事。一个微波炉在 2.45GHz 时产生 1kW，它用的磁控管如此小，以至于我们不知道它的存在。大功率微波由回旋管产生，它是通过反向运转的电子回旋共振加热 (electron cyclotron resonance heating，ECRH) 而工作的。在回旋管，首先产生携带高能量的电子束，然后把它注入进磁场，因此电子经历回旋回转运动。这样，它们以回旋频率的谐波发射微波，然后微波被导至通向托卡马克的波导管。微波从电子束获得能量，而电子束损失一部分能量。在实验中，电子束的剩余能量在捕集器转变成热能。在先进的回旋管，原则上电子束可以重新注入，因此它的剩余能量可以重新使用。请注意，在回旋管的电子束不能直接注入托卡马克去加热等离子体，因为电子不能通过磁场。在回旋管，电子从磁力线**末端**被注入进磁场。当然，托卡马克没有这样的末端，因此需要转换动能变成微波辐射，然后直接注入辐射而不是动能。

十年前在俄国圣彼得堡开始高功率回旋管的研究。为了 ITER 的需要，能够连续运转的那些回旋管正在日本、德国和美国研发。到目前为止，在 170GHz，1MW 长脉冲已经显示是可能的。图 9.24 示出这种回旋管的大小。ITER 将需要 24 个回旋管产生所需要的 ECRH 能源。图 9.25 显示带有超导磁体的 2MW 回旋管的设计。

图 9.24　JAERI[35] 回旋管房。一个 1MW 回旋管示在左边，它的高度为 3m(10 英尺) 而且
被磁线圈覆盖

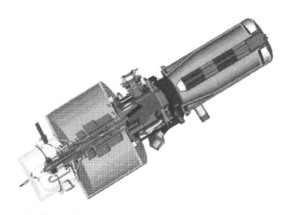

图 9.25　在德国正在发展的 2MW, 170GHz 超导回旋管的设计图

由于回旋管必须在真空下工作，波导在大气压下工作，必须在两端安装窗口使波导管隔离真空。目前，可以在该频率传输波能量的唯一材料是人造金刚石。已经制成直径为 10cm(4in) 的窗口，而且为了所需的冷却已经进行测试。在反应堆中，回旋管和它的窗口必须在维修关闭之间无故障连续运转几个月或者几年。这在工程上成了尚未完成的一大步。

9.6.5　下杂化加热

能够用于加热和电流驱动的第三种波叫做下杂化波 (lower-hybrid heating, LHH)。因为这个波能够控制靠近等离子体外部的电流分布，它是特别有用的。这个下杂化频率是在离子回旋频率和电子回旋频率之间，在 ITER 大约为 5GHz。速调管用于产生这个范围的频率。这个波在磁场方向有长的波长，因此要发射它需要一个几米大小的 "栅格"(grill)，可调节大小，如图 9.26 所示。各个开孔是一个波导管，其中插入一个或几个速调管，每个波导管有自己的真空窗口。从各个波导管发射的波的相位是设定好的，因此包括一些虚拟波导管的总栅格，能将形成波的能量沉积在正确的位置。由于发射器处在靠近等离子体表面，它的材料要承受热和包含中子的损坏。

　　总之，辅助加热和电流驱动的物理学是很好理解的，但是提供能源和波发射器的工程存在一些棘手的问题。

图 9.26　为 ITER 设计的下杂化波发射器，只是 1/4 大小 [36]

9.7　遗留的物理问题

　　ITER 装置是一个足够大的实验装置，需要国际协作。它的任务要获得燃烧等离子体，其中之一是通过 D-T 反应产生 α 粒子能够在没有外部加热时保持等离子体温度。在建造阶段，不是所有的物理问题已经解决，尽管在完成建设过程中这些问题也许能解决。我们希望在建造演示装置 (DEMO) 时这些问题能及时被解决。显然，物理学对于一些工作不需要完全理解。关于网球、棒球、帆船和比萨饼的物理学已经写了许多书，有时更容易地是继续去做。

9.7.1　边缘–局域模

　　第 8 章描述过边缘–局域模 (ELMs)。H-模台基具有不稳定性，H-模台基能突然释放等离子体到器壁。虽然多数的粒子都要流动到偏滤器，突然的热爆发能够侵蚀和破坏偏滤器的表面。H-模的台基约束 1/3 的等离子体能量，这些能量的 20% 或者多到 20MJ 的能量在几分之一秒内 [16] 会沉积到偏滤器。抑制 ELMs 的首选方法是在靠近平台的等离子体表面强加一个波动的磁场。这个想法是打碎倾向于和磁场一致的不稳定性。在 ELM 线圈的电流图样随着磁力线的变化缓慢改变。这个方法在加利福尼亚州圣地亚哥的 D III-D 托卡马克测试过，而且为了设计 ITER 线圈的大小和间距已经进行了详细的计算 [17]。ELM 线圈的面板在图 9.27 示出。图 9.28 显示这些线圈安装好后 ITER 的表面将看似是怎样的，它将消耗 2.6MW 电能来驱动这些线圈。作为容器内的部件，这些线圈必须经受强烈的热和中子的轰击。在 ITER，通过 50cm 厚的水冷却的非增殖再生区保护线圈不受等离子体的影响，再生区的唯一作用就是减少中子 4。

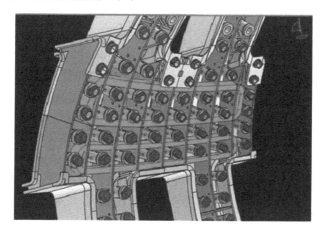

图 9.27 为了 ITER 的 ELM- 抑制线圈 [6]

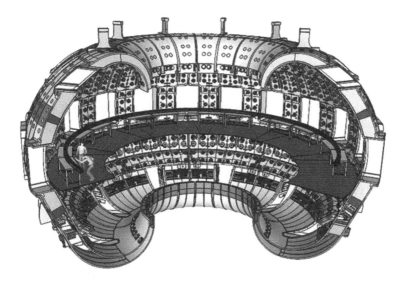

图 9.28 安装在 ITER 的 ELM 线圈 [29] 的绘图 (在左边的人像可显示其尺寸大小)

在 DEMO 中, 没有 ELM 线圈的空间, 由于增殖再生区必须覆盖装置去捕集尽可能多的中子。把 ELM 线圈放置在再生区后面也许是太远了。ELM 线圈是**特设的**, 临时解决方法不包括在原来的 ITER 设计中, 因为问题还没有发生。ELMs 的物理问题必须要很好了解才能去寻找对应的方法来控制它, 但是还有时间做这件事。

一旦 ELM 线圈被安装, 它们也可用于其他目的。通过加上一个在低频如 50Hz 的小电流, 能够控制叫做 RWM 的弱不稳定性。不同间隔的直流电流也能够加上去帮助防止破裂 (详见 9.7.2 节)。

9.7.2   破裂

如在第 8 章所见, 破裂是灾难。突然失去磁约束, 等离子体垂直漂移到器壁, 所有热能沉积在壁上。当等离子体离开, 托卡马克电流试图保持流动, 因此产生很高的电压。带有 MeV 能量的逃逸电子通过高电压产生, 而这些电子碰到器壁崩溃, 产生高能 X 射线。等离子体电流用来产生极向磁场, 而当磁场随着电流衰减时, 大的力作用到磁线圈和托卡马克结构的导电部件。全部能量包含等离子体, 磁场和托卡马克电流大概是 500MJ, 而在破裂时, 在 1/30 秒中这些能量全部倾入 ITER 的结构 [8]。这就像 120kg(260 lbs) 的 TNT 爆炸。在 ITER 预计了破裂, 而它的部件在设计时考虑到能经受破裂。在反应堆中必须消除破裂, 它将引起严重损坏而使得需要长时间去关闭修复。

有一个可能的场景是怎样改变托卡马克放电的磁场结构, 如磁岛的结合是怎样引起破裂的。在实验上已经确认, 处于已知稳定极限之下, 如密度极限能够避免破裂。反应堆需要运行在高水平才能降低供电成本 (cost of electricity, COE)。由于现在知道破裂是由等离子体的垂直位移引起的, 有一些想法是用一个或者多个真空室内的线圈阻止这些位移。这种线圈包含在图 9.27 中。虽然一旦发生了破裂, 没有可能停止它, 但是有方法可以减少损坏。破裂有磁先兆能够探测, 并可以快速采取行动去停止。已经尝试注入液体射流或者冷冻气体的固体小丸去解决, 但是导致产生太多逃逸电子。一股大的气体, 如氩气能很好地进入等离子体而被电离成高 Z 离子, 增加电阻率, 从而使电流缓慢消失。为了这个目的已经研发了快速气阀。然后有较小的倾向在其他地方诱发电流使减少作用在结构上的力, 使逃逸电子也减少。在破裂后, 在真空室唯一留下的是气体。这些气体要泵出去, 然后开始重复放电。

9.7.3   阿尔文波的不稳定性

在燃烧的等离子体中, 会产生 3.5MeV 的 α 粒子, 而当它们冷却时, 把能量转移给等离子体, 使等离子体保持它的热量。在它们热化以前, 显然形成束的 α 粒子沿着磁力线流动,而束能激发不稳定性。要做到这一点,束的速度必须和等离子体中波的速度一致;而这个同步引起束的能量转移到波。这个波能达到这样的强度以致能使等离子体破裂。有一种等离子体波叫做阿尔文波,沿着 B 场运行,而它正好有恰当的速度和 α 粒子束的速度匹配。通过理论 [19] 能够准确预测危险会发生,它实际上能否发生取决于具体情况。ITER 将是第一个能够在 D-T 等离子体中测试阿尔文波的不稳定性的装置。如果测试结果表明这些问题是很重要的,如何防止它们是亟待解决的物理问题。

9.8 运转一个聚变反应堆

9.8.1 启动,缓慢下降和稳态运转

在一个大的托卡马克,打开电源不是一件容易的事。真空系统,低温系统,壁的放电清洗,磁场系统,托卡马克驱动电流以及各种等离子体加热系统和各种不同辅助设备必须依次启动。操作员必须通过经验学习如何在大托卡马克操作这些系统。当加热等离子体以及在与环向磁场的同步增加电流时,等离子体必须保持稳定。各个电源必须在一定的时间以一定的速度逐渐上升。关掉放电之后也需要小心让各个系统缓慢下降。只有发现好的操作程序后才能够启用自动控制。

所有现在的托卡马克用脉冲而不是连续运转。即使脉冲只存在几分钟或 1h,它们都不会出现问题,将出现真正的稳态操作。在 1980 年,一个叫做 ELMO Bumpy 的环装置在橡树岭国家实验室运转。虽然磁位形一直没有搞清,但装置是在稳态运行的,而且揭示出的问题在脉冲装置还没有看到过。在法国靠近 ITER 现场的卡达拉舍 Tore Supra 托卡马克,已经收集到长脉冲运转的有关信息 20 年 [20]。它是高磁场、大电流和强力加热的大托卡马克。第一壁是水冷的掺硼的碳。在氘等离子体中,发现用碳保留氘是有意义的。这是否定碳作为壁材料的原因。人们注意到会损坏 ICRH 的天线。在磁体系统的电力故障被认为限制了放电的长度。人们发现缓慢启动下杂化电源大大地缓解了这个问题。人们发现每年水漏发生 1.7 次。人们也记录破裂发生的频率。在运转许多天以后,找到的主要原因是碳从器壁被剥落。用变压器驱动电流使脉冲稳定 1s 或者 2s 是可能的,但是如加上下杂化电流驱动 —— 用 3MW 的下杂化加热 (LHH) 在 2007 年已经达到 6min 脉冲稳定。在 2MW 能量水平,150 次连续 2min 放电能够经常产生 [21]。当 ITER 连续运转时将会遇到这些类型的问题。

9.8.2 保持电流分布

先进的托卡马克为了增强等离子体约束,运用了反剪切和内部输运垒。这些需要品质因素 q(参见第 8 章) 的精确形状,它确定穿过半径时扭曲磁力线将怎样改

变。$q(r)$ 曲线的形状控制稳定性和等离子体损失率。因为扭曲由等离子体电流产生的极向场来决定，所以这个电流必须用一定的方式来形成。一些电流是通过自举效应 (第 9 章) 自然产生的；其他的必须由下杂化和电子回旋电流驱动。图 9.29 中的黑色曲线表示 $q(r)$ 曲线的一个例子，它处于 $q = 2$ 以上和给出反向剪切；灰色曲线表示需要产生 $q(r)$ 的辅助电流。唯有精确控制局部加热才能产生这样的电流分布。当等离子体启动时，电流将发生变化，而电源将必须程序化以保持电流处于稳定形状。

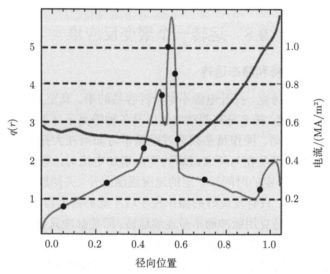

图 9.29 品质因素 $q(r)$ 随着一个先进托卡马克等离子体径向的小直径的变化 (粗线)，为产生 $q(r)$ 而需要的等离子体电流分布 (细线)

9.8.3 远程操控

任何时候氘或者氚被引入磁瓶，壁材料由于中子的轰击将变成放射性的材料。人们将不可能进入装置或靠近它。机器人将用于更换部件，如再生区模块，去填补漏洞以及其他修理，而且在关闭期间去测试真空室内部。机器人装置本身将暴露在中子轰击之中。这种远程操控在普林斯顿的 TFTR(图 8.3) 和英国的 JET(图 8.4) 已经使用成功，两者都用了 DT 燃料。机器人用远程操控可以焊接接头。在 ITER 的第一个实验将用氢和氦，不产生放射性。后来氘的实验将产生小量放射性。在下一个步骤将用氚，而装置会很 "热"。ITER 比起 TFTR 和 JET 会是很大的装置，而且要移动的部件又大又重。远程操控又贵又不方便，但是它不会有技术上的壁垒。

9.9 聚变发展设施

我们上面已经看到，聚变反应堆的工程将需要解决若干个严重的技术问题。ITER 将花费几十年建立和运转，而它不是设计来解决许多这样的问题。因此建立一些特别设计的较小装置用于发展技术是明智的，为此，这项工作可以和 ITER 装置同时进行。为了聚变发展设施 (fusion development facility，FDF)，提出了许多建议。在这里将叙述几个设施。

9.9.1 国际聚变材料辐照设施

欧盟和日本的一个最倾向的建议是国际聚变材料辐照设施 (International Fusion Materials Irradiation Facility，IFMIF)，一个大的线性加速器，已经在计划阶段 16 年了。它的设计图显示在图 9.30 中。正如我们能见到的，它是一个大型装置。加速器占有长几百米的大楼。它设计产生的中子和那些进入托卡马克再生区的中子有相当的能量。这将通过加速氘束到 40MeV 去打击液态锂的靶来完成。如图 9.10 所示，相反的反应会发生：氘打在锂 -6 上产生铍和一个中子，而氘打在锂 -7 上产生铍和两个中子。然后用中子去轰击不同材料来看它们怎样经久耐用。

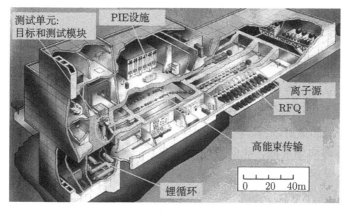

图 9.30 国际聚变材料辐照设施的设计图 [A. Möslang(卡尔斯鲁厄)，聚变材料发展战略和强中子源国际聚变材料辐照设施 (IFMIF)]

评估辐射损伤的关键参数是中子通量、中子积分通量和每个原子的位移。通量是每秒每平方米有多少中子通过。积分通量是有多少中子在材料整个寿命期间通过该区域。每个原子位移是测量每年或整个寿命期间的损坏。国际聚变材料辐照设施产生的通量相当于 ITER 期望值，比演示装置 (DEMO) 小大约 4 倍。在国际聚变材料辐照设施每年每个原子位移相当于演示装置 (大约 30) 而远大于 ITER[5]。积分通量不能和演示装置相比较，但是能够在 ITER 的寿命极限中复制。

国际聚变材料辐照设施将花费 7 亿美元 ($700M)[22]。因为只能测试几平方厘米的小样品, 它受到严厉地批评。它完全不能测试 ITER 和演示装置 (DEMO) 的大部件, 特别是再生区模块。

9.9.2　聚变点火托卡马克

在建造 ITER 以前已建议先建好小的和功能强大的托卡马克去测试燃烧等离子体。20 世纪 80 年代末期, 一个紧凑的点火托卡马克在美国开始建造, 但是很快被砍掉了。1999 年, 在普林斯顿, 戴尔 · 米德 (Dale Meade) 设计了一个 10T, 2m 直径的托卡马克, 叫做聚变点火试验研究 (fusion ignition research experiment, FIRE), 但是从来没有得到资助。这些早期的思想依据一个希望, 不用超导体就能产生很高的磁场, 在小型装置实现点火。麻省理工学院布鲁诺 · 考皮 (Bruno Coppi) 发表的这个设计原理, 导致在麻省理工学院建立托卡马克 Alcator 和在意大利建立 Ignitor。在 2010 年, 意大利和俄国签订了一个协议, 建立一个 13T 点火器型托卡马克, 在 ITER 完成以前去研究燃烧等离子体物理学。这些小的脉冲装置不能揭示 ITER 将面对的稳态问题。工程问题 (如氚增殖和等离子体排出) 只有在足够中子通量时才能研究。为了特定解决 ITER 所没有解决的问题, 有几个建议是设计一个大的装置, 它将和 ITER 同时运转。到目前为止, 没有任何一个建议得到了资助。

9.9.3　大体积中子源

在 1995 年, 注意到国际聚变材料辐照设施对再生区的发展的不足, 阿卜杜 (Abdou)[23] 领导的国际团队提出以等离子体为基础的大体积中子源。一个托卡马克自然是中子源的最好选择, 它对再生区的研发能够覆盖大的面积。团队考虑超导体和普通导体环向场线圈, 他们发现宁可要单匝线圈而不要多匝铜线圈更适合于较小装置。这显示在图 9.31 中。主半径只有 80cm 而环向场只有 2.4T; 等离子体电流还是 10MA, 而中子壁负载能够大到 $2MW/m^2$。最后的数字说明装置极好, 能重复像在 DEMO 反应堆中对材料的损害。这个装置完成得很好 —— 使体积中子源 (VNS), 在容量上只有 ITER 的 0.5%, 在壁面积上只有 2%, 在产生的聚变功率上只有 4%。有意义的是团队进行风险–利益的分析, 比较了不同的途径, 它们对演示装置 (DEMO) 有 80% 的可信度水平, 而且考虑到在失败和修理时间之间的平均时间, 比如说有 50% 的可用性。不需多说, 用体积中子源和 ITER 一起运转胜于 ITER 独自运转。VNS 在运转过程中使用的氚也少得多。增加的成本很小: 在装置的全寿命中资本成本和运转成本的总额对 ITER 是 196 亿美元 ($19.6B), 对 ITER 加体积中子源 (VNS) 是 244 亿美元 ($24.4B)。

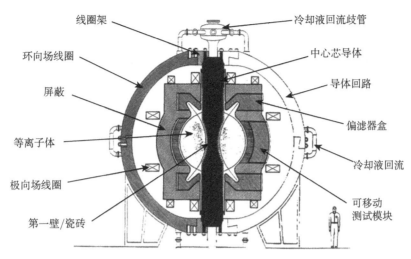

图 9.31 具有单匝普通导体环向场线圈的托卡马克中子源 [23]

9.9.4 聚变发展设施

加利福尼亚州圣地亚哥 [24] 通用原子能公司的团队为了技术测试已经提出了一种更具雄心的托卡马克装置。这个装置示于图 9.32。要注意这个描绘只是环装置的一边;主轴是在图的左边缘。主要特性是围绕装置的巨大的铜环向场线圈,它将产生 6T(60 000G) 的磁场。正如看到的人体大小图可以和图 8.24 相比较,FDF 装置实际上小于 JET。然而,装置会产生 250MW 聚变功率而且能够每次连续工作 2 周。中子通量需要 $1\sim2MW/m^2$,在 10 年寿命中的积分通量是 $3\sim6MW\cdot years/m^2$。

虽然 FDF 比 ITER 小很多,但它不能达到点火,只为技术测试产生中子。在 $Q=5$ 时,它运转稳定,Q 是聚变能量除以输入等离子体的能量。对于点火 $Q > 10$ 是需要的,而且更加困难。然而,FDF 需要先进托卡马克的所有特性:高自举电流,内部输运垒,射频电流驱动等。将开发远程处理,从顶部降低要更换的部件,其中环向场线圈的上部能够被搬开。最初,再生区模块将被测试。然后在 2 年关闭后,全固态陶瓷再生区将被安装并测试。在第三阶段,在另外 2 年关闭后,将安装 Pb-Li 再生区。只有有完整的再生区的装置能做这样大量的测试,如热应力、核废料和处理、辐射损坏和材料寿命。

目前设计的具有完整的再生区的 FDF 能够演示一个闭合燃料周期,增殖它所要用的氚,使达到 1.2 倍的 TBR。事实上,如果在聚变能量 400MW 运转,它实际上增殖的氚速度每年为 1kg,可以储存给演示装置 (DEMO) 使用。这是一个很有气魄的目标。在这个意义上,FDF 的成果可以与即将完成的 ITER 相媲美。ITER 将推动超导技术,测试 α 粒子效应以及点火的目标,但是 FDF 用小装置将着手解决技术的难题。FDF 并不廉价，它的成本也许是 ITER 成本的 1/3；但是因为它能替换 D Ⅲ -D，大量的专业知识已经到位；而且最重要的是可以避免国际项目的政治问题。在砍掉 TFTR 以后，美国需要再赢得聚变研究的前列位置。

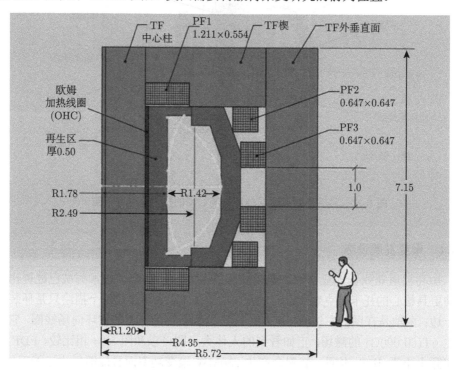

图 9.32   FDF 托卡马克 [24] 横截面图。环装置的中心是在图的左边缘，TF 是环向场线圈，PF 是极向场线圈，尺寸以米为单位

9.9.5   一个球形托卡马克 FDF

球形托卡马克是有很小纵横比的托卡马克，纵横比是大半径对小半径的比值。它们是中间有很小孔的胖甜甜圈。它们很难制造，但是它们在稳定性上具有优势。这将在第 10 章叙述。彭 (Peng) 等 [25] 已经设计了聚变发展设备，它是纵横比为 1.5 的球形托卡马克 (FDF-ST)，示于图 9.33。磁线圈是普通的导体铜，即使中心很窄，腿可以伸进这个小的中心孔。大半径只有 1.2m，装置比其他设计更小而且也能产生中子壁负载 $1.0MW/m^2$ 或 $2.0MW/m^2$。环向场是 1.2T，而等离子体电流是 8.2MA。聚变能量只有 7.5MW 或者 2.5 倍于输入功率。这个装置能够容纳 $66m^2$ 的再生区面积。如果能够工程化，它将是为演示装置作准备的最省钱的核测试设备。

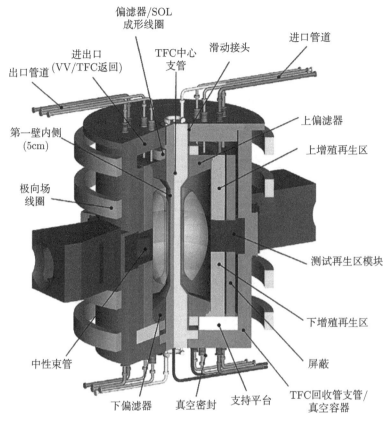

图 9.33 一个运用球形托卡马克的聚变核科学设备 [25]

9.10 聚变发电厂

9.10.1 商业用的现实性

工业对技术细节不感兴趣，它关心的是底线。RAMI 是四个准则 —— 可靠性、可用性、可维护性、可检验性的首字母缩小词。美国电力研究院 (EPRI) 甚至把它放在更加基本的地位：经济、公众接受和管理简单。要了解这些将有怎样的结果还太早，但是聚变发电厂的设计者以及聚变技术研究人员知道这些准则并且铭记于心。聚变的核心仅仅是整个发电厂的一部分，图 9.34 显示了一个草图。为了维护和检查，远程处理系统是必需的。加热、电流驱动和燃料系统影响可靠性。复杂的燃料循环系统对氚的释放必须是绝对安全的。发电厂的配套设施，产生电力和传导电力的设备比动力核心是更大的部分，作为一个小的辅助设备，它不成比例地显示在图 9.34 中。这是驱动发电机的蒸汽涡轮机、变压器和电容器，它们是传输到输电线路的输出条件。不管燃料是煤、石油、天然气还是铀，所有发电站转换热变成电力都有这种设备。水力发电站不需要蒸汽；水驱动发电机。风力和太阳能发电厂直接产生电力。聚变发电厂能够使用在化石或者核发电站已经存在的同一个发电机和输电线路；唯一必须更换的是动力核心。然而，托卡马克是如此复杂并包括这样的极端温度，导致它们比其他动力核心将需要更高的资本成本份额。

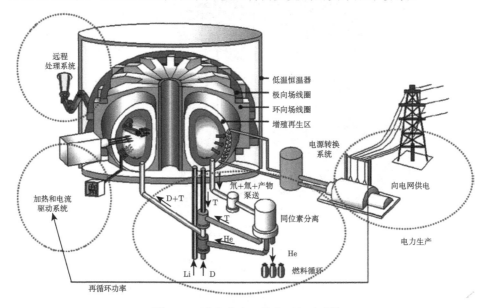

图 9.34　聚变发电厂的主要部分 [37]

　　可用性是聚变反应堆一个很难评估的重要特征。漏洞的发生有多频繁，重新焊接要多长时间？必须替换再生区的事有多频繁，关闭装置替换再生区要多长时间？破裂的发生有多频繁，重新装配装置要多长时间？每年装置运转时间的百分数是多少？在关闭期间，电力将来自何处？我们是否需要备用托卡马克或者需要从其他发电站的新传输线路？那些根据已知知识设计聚变反应堆的人已经提出了一些有见地的猜测。

9.10.2　发电厂的设计

　　美国的 ARIES 项目是设计聚变反应堆的领导小组。最初在 20 世纪 80 年代在威斯康星大学和加利福尼亚大学洛杉矶分校由罗伯特·康 (Robert W. Conn) 开始，现在是由加利福尼亚大学圣地亚哥分校的法洛赫·纳马巴迪 (Farrokh Najmabadi) 领导。这些年来，当已经发现新物理学时，已经做出新的 ARIES 设计。这个设计不仅为了托卡马克，还覆盖了仿星器和激光聚变反应堆。先进托卡马克 ARIES-AT 和球形托卡马克 ARIES-ST 的最近设计，受到了上面描述过的 FDF 建议的启发。

实际的考虑，如大众接受度，作为电源的可靠性，经济竞争力贯穿了研究工作，设计得很详细。他们把物理参数最佳化，如等离子体的形状、中子壁负载。他们也把工程的细节最佳化，比如怎样替换再生区和怎样连接导体使接头更能抗辐射。当新物理学和新技术成为可应用时，反应堆 ARIES Ⅰ，Ⅱ，⋯ 到 ARIES-RS(反向剪切) 和 ARIES-AT(先进托卡马克) 演变成较小和更便宜。这在图 9.35 中说明。我们看到，当聚变物理在各个条组从左发展到右时，托卡马克的尺寸大小、磁场和电流驱动功率随着中子产额的增加而减少。这是由于在等离子体中 β 值的大幅增加，设计师认为是可能的。循环功率分数是用于运转发电厂的功率；剩余的可以出售。它从 29% 降到 14%。在最新的设计中热效率通过使用布雷顿循环 (Brayton cycle) 打破 40% 的卡诺循环壁垒，最终，我们看到电价 (COE) 预期会减半，从每千瓦小时 10 美分减到用先进托卡马克的 5 美分。

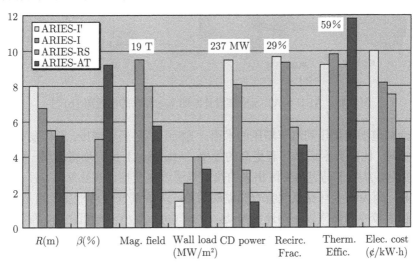

图 9.35　ARIES 反应堆设计的演变图。一些条被重新调整以适合该图表；这些都显示最大值。R 是大半径，β 是等离子体能量和磁场能量的比值。磁场峰值的单位是特斯拉 (T)，中子壁负载单位是 MW/m^2，CD 是驱动电流。Recirc. Frac. 是循环功率分数，Therm. Effic. 是发电厂的热效率，Elec. Cost 是每千瓦时几美分的电价

ARIES-AT 示在图 9.36 中。不像现有的托卡马克，为了能远程维护和替换部件，这个反应堆设计在中心有空间。反应堆设计的基本原理是，假定可预见的物理学和技术的进步实际上可以实现。由此作为基础，使反应堆最佳化，让工业界和人们都能接受它。当前还不清楚高温超导体是否可用在大型反应堆，但是这将简化反应堆。再生区将有 DCLL 类型，而且预言不用加热 SiC 器壁到 1000℃ 以上，Pb-Li 本身能够达到 1100℃。这么高的温度是高热效率的关键。为了容易维护和更容易得到，再生区由三层组成，其中两层将和反应堆的寿命一样长。只有第一层随着偏

滤器每 5 年必须更换。部件被水平移除而在热的过道用铁路运输到一个热的加工单元。关闭估计要花费 4 周的时间。

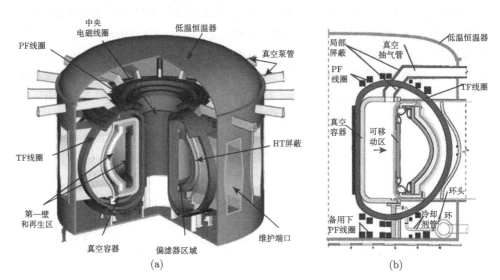

图 9.36　ARIES-AT 反应堆设计绘图 (a) 和它的剖视图 (b)[38]

　　大众知道涡轮增压和汽车增压的术语。飞机引擎是涡轮增压。现代发电厂运用热力学循环,比经典卡诺循环有更高的效率。ARIES-AT 反应堆将运用一种叫做布雷顿的循环。从托卡马克再生区出来的热氦气通过热交换器加热氦气,后者通到发电涡轮机。因为托卡马克氦气会有如氚的污染,两条氦气回路相互之间是隔离的。涡轮机也用较冷的氦气以不同速率推动。在氦气进入氦气涡轮机之前,布雷顿循环预先压缩氦气 3 次。由涡轮机出来的氦气热量在冷却机回收,后者在氦气压缩以前把氦气冷却。正是这个系统使得 ARIES-AT 设计的热效率达到 59%。

　　ARIES-AT 将产生 1755MW 的聚变功率,1897MW 的热功率和 1136MW 的电力。产生的放射性废物每年将只有 30m³ 或者在 50 年后为 1270m³。如果可用性是 80% 的话,发电厂在 50 年中将可运转 40 年。90% 的废物具有低级别的放射性;其他的只须储存 100 年。不必准备大众的疏散,而工人暴露的危险不高于其他发电厂。ARIES-AT 的电价 (COE) 和其他能源的比较示于图 9.37 。我们看到,来自聚变的电力预期并不是很昂贵的。

　　欧洲人也已经在他们的发电厂概念研究 (power plant conceptual studies, PPCS)[26] 中做出反应堆模型。图 9.38 是他们设计中的托卡马克的简图。正如 ARIES 研究一样,在 PPCS(图 9.39) 中的模型 A,B,C 和 D 由于聚变物理和技术的先进可以跟踪设计的演变,而模型 D 用了更多的理论上的假设。所有这些模型产生大约 1.5GW 的电力,但它们体积更小,随着知识的增长,耗电量也会更少。模型 D 的循环分数和热效率与 ARIES-AT 相当。仔细地考虑了安全和环境问题。价格估计在图 9.40 中给出,也是用每千瓦小时多少美分。批发电价和消费者的电价之间的差别可清楚地说明。可以看出,聚变和最经济的能源 —— 风力发电和水力发电相比更有利。

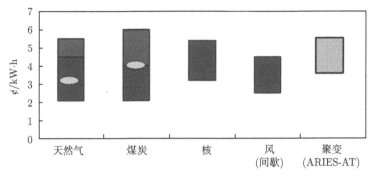

图 9.37 估计在 2020 年来自不同能源的美国电价每千瓦小时几分 [图改编于文献 [25],但是原数据来自斯诺马斯能源工作组和美国能源信息署 (黄色椭圆)]。如果$100/吨碳税实行的话,红色区域是它的价格。聚变区域是对于不同大小的反应堆;较大的反应堆有较低的价格 (扫描封底二维码可看彩图)

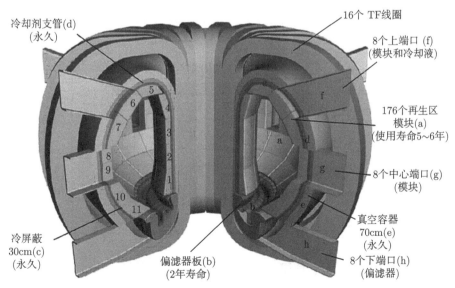

图 9.38 欧洲 [26] 在发电厂概念研究中托卡马克的简图

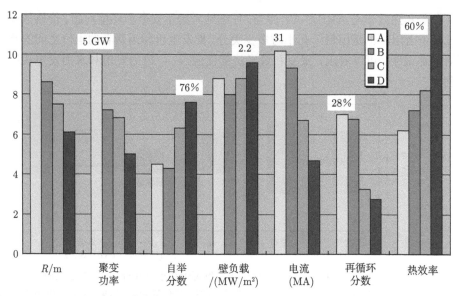

图 9.39　PPCS 设计 [26] 的演变 (参考图 9.35 的说明)(扫描封底二维码可看彩图)

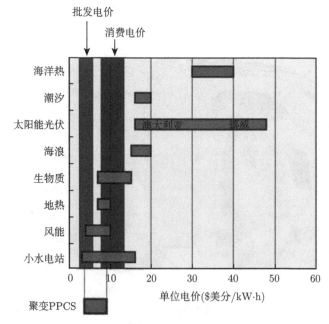

图 9.40　聚变和其他再生能源 [26] 的价格对比 (扫描封底二维码可看彩图)

9.11　电　　价

9.11.1　方法论

　　尽管事实上我们还不知道聚变反应堆将怎样建造,或者甚至它是否完全可能实现,根据 9.10 节描述的反应堆模型在电价方面已经进行了详细计算。我们将在这里总结沃德 (Ward) 等 [27] 的工作,它是根据欧洲的 PPCS 设计的。他们计算发电厂的各个部件的价格,和美国的 ARIES 的研究很好地进行了对比。作为再生能源,聚变能和风能、太阳能和水力发电能一样有几乎为零的燃料价格的好处。然而,资本成本是大的。沃德 [28] 在图 9.41 给出了价格细目。托卡马克装置的核心建设成本几乎和在图 9.34 所显示的电厂辅助设备一样多,包括功率转换系统和发电机。和化石燃料发电厂相比较,建设成本与更换覆盖层和转向器代替了燃料成本。这些聚变设备具体费用取决于反应器的模型。图 9.39 的 A,B,C 和 D 模型包括从使用不锈钢真空室,水冷系统的像 ITER 原始设计到推测的具有 Pb-Li 液体冷却以及 SiC/SiC 第一壁的先进设计。计算机程序被用来计算不同假定条件下各个组件的成本。

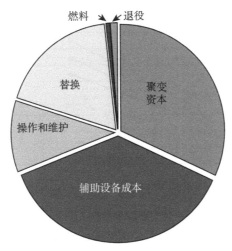

图 9.41　聚变发电厂 [28] 的价格细目

9.11.2　重要的依赖关系

　　电价依赖于一些因素,这些因素不取决于聚变装置的核心和聚变的其他特性。这些因素出现在 COE(电价) 的下面的公式之中,看来好像是相当吓人的。不过,我们不需要详细知道公式的意义是什么;在这里它只是一个方便的方法说明什么影响了价格。COE 正比于括弧的量乘上它后面的分数分母中的那些数。

$$\text{COE} \propto \left(\frac{rL}{A}\right)^{0.6} \frac{1}{\eta_{\text{th}}^{0.5} P_{\text{e}}^{0.4} \beta_{\text{N}}^{0.4} N^{0.3}}$$

其中，r 是折扣率，类似于利率的经济因素，将在后面解释；L 是学习因子 (learning factor)，它考虑到一种类型的第一个通常都会比第十个更昂贵；L 从 1 开始随着学习增长而变小，因此价格下降；A 是可用性，即发电厂运行的时间分数而不是为了维修关闭的时间分数。较大的 A 意味着低的成本。聚变反应堆设计 A 的范围是从 60% 到 80%。

分母上的右边第一、第二个量和整个电厂有关，而最后两个关系到托卡马克等离子体的质量。η_{th} 是热量转换到电力的效率。P_{e} 是依据产生电力定义的发电厂大小，因为经济规模越大越好。归一化 $\beta(\beta_{\text{N}})$ 表达效率，由于这个效率，等离子体电流能够通过使磁场产生恰当的扭曲来约束大量热等离子体。最后，N 是等离子体密度对稳定等离子体预测的格林沃尔德极限 (第 8 章) 的比值。对不同反应堆模型，r 从 5% 到 10% 变化，L 从 0.5 到 0.7 变化，A 从 0.6 到 0.8 变化，η_{th} 从 35% 到 60% 变化，P_{e} 从 1 到 2.5GW 变化，而 N 从 0.7(安全) 到 1.4(推测) 变化。最重要的是 β_{N} 从 2.5 到 5.5 变化，它表征从现有扎实的数据到有希望达到先进托卡马克运转的进展。图 9.42 说明对 PPCS 模型 A-D 作为学习因子 L 的函数。

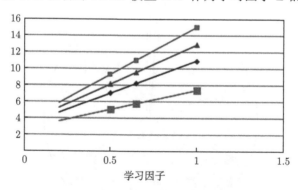

图 9.42   根据各种不同的反应堆模型作为学习因子 L[28] 的函数计算的电价，每千瓦时几分欧元。模型 A 是一个像 ITER 的装置，而 D 是现在预见的最先进的反应堆。发电厂在 $L=1$ 开始而向左边的进展生成更低的成本

作为一个电价对模型的假设是如何敏感的例子，图 9.43 说明可用性因素 A 如何随着第一壁和再生区材料的寿命变化。寿命被表达为材料在它们必须替换以前经受的中子积分通量。积分通量是在等价于中子能量通量 1MW/m² 时以年为单位被测量的。寿命越短，再生区更换就越频繁，因此降低可用性。显然，这将增加成本 (左边的较高蓝点)。

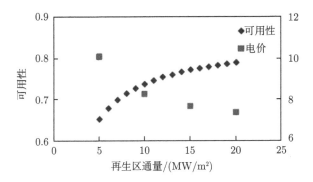

图 9.43 发电厂可用性和电价依赖于托卡马克反应堆材料能经受中子破坏[28]的程度

9.11.3 成本层次化/折扣

费用和收入都是时间的函数。当发电厂被提出并对比如环境的影响进行初步研究时,成本开始累积。购买土地,设计工厂,订购设备和开始施工,这是要花费许多年的。工厂完工,开始发电;开始有利润,一年又一年。同时,工厂的运转和修理以及更换设备需要开支。为了得到合理的电价,人们必须每天往前或往后调节所有的费用和收入。时间是金钱,这叫做打折扣。要用其他的公式进行计算:

$$\text{COE} = \frac{\sum_t (C + OM + F + R + D)_t / (1+r)^t}{\sum_t E_r / (1+r)^t}$$

这对物理学家来说是一个不熟悉的公式,但是对商业或者财务的读者也许更加熟悉。这里 C 是资本成本,OM 是运转和维修成本,F 是燃料成本,R 是更换成本,D 是到寿命后的退役成本,而 r 是折扣率。在分母上,E 是收入。$\sum_t$ 对时间 t 求和。对发生在其他时间的费用和收入,要推算出时间为零的值,必须应用折扣。折扣率正像利率,但是也包括如市场将变化的期望值、将有多少通货膨胀等因素。金融机构通常设置的折扣率在 5%~10%。

假定我们从开始计划起要计算电价,设定 $t = 0$。为简单起见,让我们每年而不是每月或每日做核算。假定花费 5 年时间做准备,花费 5 年时间建造设备,而再花费 5 年时间运转装置。对于 $t = 1 \sim 5$ 年,我们有 $C_1 \sim C_5$ 的钱用在哪些年,它只有借贷的利息、工资、租办公室的租金。对于 $t = 6 \sim 10$ 年,当建造设备时 C 钱将花费得更多。对于 $t = 11 \sim 15$ 年,我们将在哪些年有 $C + OM + F$ 钱要花费,而同时也是挣到收入 E。为了得到 $t = 0$ 的值,每年的总数除以 $(1+r)$ 加上 t 乘方。分子和分母都是对各年的总数,而比值就是电价。在后来的时间里,也就有 R 和 D 的值。

　　为了得到较清楚有关折扣的意义，让我们考虑一个简单的例子。假定一个人借了 100 万美元花费 5 年时间建造装置。在这五年的年终，他以 100 万美元卖掉装置，在 0 年时，你显然不能以 100 万美元卖掉装置，由于装置还不存在，而你不能用它赚任何金钱。在 0 年时，根据上面的公式，它有较小的折扣值为 $C/(1+r)^5$。如果 $C = \$1M$ 和折扣率是 $r = 5\%$，在 $t = 0$ 时，我们得到一个值 $C/(1.05)^5$，算出这个值只有 \$0.784M。原因是你在 5 年期间必须付出复式利率。100 万美元年复式利率 5% 是 100 万美元乘上 $(1.05)^5$，它是 \$127.6 万美元。你必须付出 27.6 万美元的利息，因此你只有 72.4 万美元，而这接近于在 0 年时的装置的值。实际上，你不需要一次借所有的钱，因此折扣或者层次化后的值是 78.4 万美元，它精确地是 127.6 万美金的倒数。

　　这个练习指出，不管它的动力资源，任何一个发电厂的一大部分成本是建设中的利息。如果折扣率是 7.5%(5% 和 10% 之间的中数)，而用 5 年建造工厂，对于每个 5 年的资本成本的 1/5 的折扣值总数说明 20% 的成本是利息和其他财政因素。许多不同国家的各种类型的发电厂 (聚变除外) 的层次化电价已经被国际能源署 [6] 繁琐又详细地进行分析。

9.11.4　聚变能价格

　　图 9.44 显示聚变能和其他能源 [28] 电价的比较。每个条目有两个条分别显示极小值和极大值，这个差别部分地取决于地区和部分地取决于技术。对于化石燃料，最大的成本是包括碳封存的费用。对聚变来说，极大和极小表达上面描述的反应堆 ABCD 模型的范围。其他能源的数据来自 1998 年国际能源署 (IEA) 的报告。近几年燃料价格和利率如此激烈波动以致这些数据的比较没有被更新。但是，有 2005 年 [6] 和 2010 年 [7] 非聚变能源层次化的电价。2010 年的数据示于图 9.44。为了比

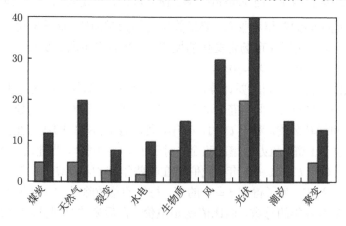

图 9.44　来自传统能源和再生能源 [28] 的电价比较

较，图 9.44 给出的聚变电价在图 9.45 重新列出。图中也说明资本成本、运转和维修成本，以及化石燃料的碳捕集和封存的成本估价之间的不同。这个数据来自不同的时间周期，但是从包含的不确定性看来差别是无足轻重的。可以看出，**聚变发电厂的电价将会和再生能源以及要处理碳的化石燃料发电厂进行竞争。**

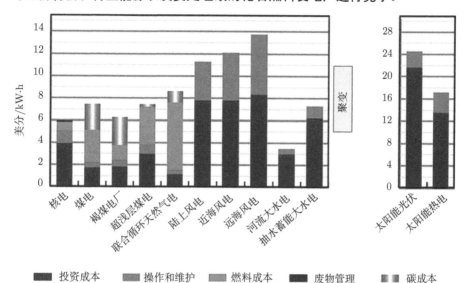

图 9.45 　假定 5% 的折扣率[7]，来自核能，化石燃料和再生能源的估计电价。颜色代码给出资本成本、运转和维修 (O&M) 和燃料费用之间的不同。对核电站，有处理核废料的费用。对化石燃料，在一定假设下有碳管理费用。聚变发电厂的估计成本范围已经加上，太阳能光伏和太阳热能必须在不同坐标作图

值得注意的是，电价的大变化反映在 2010 年国际能源署 (IEA) 的报告[7] 中。各个能源随着国家的不同而有巨大变化。另外，强调了对各种因素，如公司税收、折扣率和燃料成本的估计的敏感度。

不包括在上面分析的是外部的成本，包括环境的、普通健康和人类生命的损害。这样的成本通过各工厂在消除地方偏差后进行估价。比如，当聚变发电厂放在和燃煤发电厂同一个地方时，人们考虑它们的差别。结果是聚变的外部成本是极低的，每千瓦时从 0.07 欧分变到 0.09 欧分。和其他能源的比较示于图 9.46。

聚变提供的净价值要考虑到成功或者失败的概率。虽然这显然有高度的不确定性，但是仍然存在大的可能误差，由于年度世界能源支出超过年度聚变发展成本 1000 倍。据已有的估计，如果在 50 年中聚变占领 10%~20% 的电力市场，打折扣后的将来聚变效益是 4000~8000 亿美元 ($400~800B)；或如果失败的概率也算上，它仍然有 1000~4000 亿美元 ($100~400B)。这是意味着，即使聚变只占领 1% 的世界电力市场[27]，发展聚变还是值得的。

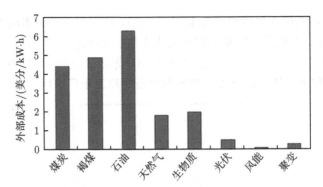

图 9.46　聚变的外部成本和其他能源的比较 [27]

注　释

1. However, a vertical Allure Ignition Stellarator with a liquid Li wall was proposed in 2010 to be built in Spain.

2. It has been pointed out that tritium is also generated in the beryllium multiplier, an effect usually neglected in estimates of breeding ratio [3].

3. ITER Newsline Nos. 114 and 122 (2010). http://www.iter.org/newsline/.

4. M. J. Schaffer (General Atomic), private communication.

5. A. Möslang (Karlsruhe), *Strategy of Fusion Materials Development and the Intense Neutron Source IFMIF*.

6. *Projected costs of generating electricity, 2005 update*, published by the Nuclear Energy Agency and the International Energy Agency of the Organization for Economic Cooperation and Development (OECD).

7. *Projected costs of generating electricity, 2010 Edition*, published by the Nuclear Energy Agency and the International Energy Agency of the Organization for Economic Cooperation and Development (OECD).

参 考 文 献

[1]　L.L. Snead, *Ceramic Structural Composites, the Most Advanced Structural Material, 9th Course on Technology of Fusion Tokamak Reactors* (International School on Fusion Reactor Technology, Erice, Italy, 2004)

[2]　L. Giancarli et al., Fusion Eng. Des. **61–62**, 307 (2002)

[3]　L. Giancarli, *The PPCS In-Vessel Component Concepts* (International School on Fusion Reactor Technology, Erice, Italy, 2004)

[4] D. Stork, *DEMO and the route to fusion power*. 3rd Karlsruhe International School on Fusion Technology, Sept 2009

[5] A. Ying et al., *Current status of the test blanket program in ITER and implications for blanket component testing requirements and goals*. Symposium on Fusion Energy, San Diego, CA, June 2009

[6] G. Janeschitz, *The development of commercial fusion energy in the EU*. Seminar, University of California, Los Angeles, Jan 2008

[7] S. Casadio, *Ceramic Breeder Technology* (International School on Fusion Reactor Technology, Erice, Italy, 2004)

[8] A. Abou-Sena, A. Ying, M. Abdou, Fusion Sci. Technol. **56**, 206 (2009)

[9] J. Takeuchi et al., Fusion Eng. Des. **83**, 1082 (2008)

[10] S. Smolentsev, R. Moreau, M. Abdou, Fusion Eng. Des. **83**, 771 (2008)

[11] A. Pizzuto, *Comparison of Breeder Blanket Designs* (International School on Fusion Reactor Technology, Erice, Italy, 2004)

[12] M. Glugla et al., *Review of the ITER fuel cycle systems and recent progress*. Symposium on Fusion Energy, San Diego, CA, June 2009

[13] I.R. Cristescu, *The Fuel Cycle System* (International School on Fusion Reactor Technology, Erice, Italy, 2004)

[14] E. Salpietro, *Magnet Design and Technology* (International School on Fusion Reactor Technology, Erice, Italy, 2004)

[15] Report of the Research Needs Workshop (ReNeW), Bethesda, MD, June 8–12, Office of Fusion Energy Sciences, US Department of Energy, 2009

[16] P.J. Heitzenroeder et al., *An overview of the ITER in-vessel coil systems*. Princeton Plasma Physics Laboratory Report PPPL-4465, Sept 2009

[17] M.J. Schaffer et al., Nucl. Fusion **48**, 024004 (2008)

[18] L.R. Baylor et al., *Disruption mitigation technology concepts and implications for ITER*. Symposium on Fusion Energy, San Diego, CA, June 2009

[19] H.L. Berk et al., Phys. Rev. Lett. **68**, 3563 (1992)

[20] G. Giruzzi et al., Nucl. Fusion **49**, 104010 (2009)

[21] J. Bucalossi et al., *Performance issues for actuators and internal components during long pulse operation*. Symposium on Fusion Energy, San Diego, CA, June 2009

[22] J. Rathke, *Engineering overview: International fusion materials irradiation facility*. FESAC Subcommittee Review (FESAC is the Fusion Energy Sciences Advisory Committee of the US Department of Energy), San Diego, CA, Jan 2003

[23] M.A. Abdou et al., Fusion Technol. **29**, 47 (1996)

[24] A.M. Garofalo et al., IEEE Trans. Plasma Sci. **38**, 461 (2010)

[25] Y.K.M. Peng et al., Fusion Sci. Technol. 56, 957 (2009)

[26] D. Maisonnier, *PPCS Reactor Models* (International School on Fusion Reactor Technology, Erice, Italy, 2004)

[27] D.J. Ward et al., Fusion Eng. Des. **74-79**, 1221 (2005)

[28] D.J. Ward (EURATOM/IKAEA Fusion), *Impact of Physics on Power Plant Design and Economics* (International School on Fusion Reactor Technology, Erice, Italy, 2004)

[29] N. Holtkamp, *Status of ITER*. Fusion Power Associates meeting, Washington, DC, Dec 2009

[30] G. Federici, *Plasma Wall Interactions in ITER and Implications for Fusion Reactors* (International School on Fusion Reactor Technology, Erice, Italy, 2004)

[31] G. Janeschitz, *Divertor Physics and Technology* (International School on Fusion Reactor Technology, Erice, Italy, 2004)

[32] M. Abdou, *Challenges and development pathways for fusion nuclear science and technology*. Seminar, Seoul National University, S. Korea, Nov 2009

[33] N.B. Morley, M. Abdou, in *Fusion Power Associates Annual Meeting*, Washington, DC, Oct 2005

[34] D. Ward (UKAEA, Culham, UK), *Impact of Physics on Power Plant Design and Economics* (International School on Fusion Reactor Technology, Erice, Italy, 2004)

[35] K. Sakamoto et al., Nucl. Fusion **43**, 729 (2003)

[36] G.T. Hoang et al., Nucl. Fusion **49**, 075001 (2009)

[37] J. Pamela et al., *Key R&D issues for DEMO*. Symposium on Fusion Technology, Rostock, Germany, Sept 2008

[38] F. Najmabadi, in 18th KAIF/KNS Workshop, Seoul, Korea, 21 April 2006

第10章 将来的聚变概念*

10.1 先进的燃料循环

有一天这个星球的居民将回顾笨拙的磁瓶和在前几章描述过的氘–氚 (D-T) 托卡马克。相对于微软 2GHz 笔记本电脑，托卡马克似乎将是一个老的 IBM 有字球式的 Selectric 打字机。氘–氚反应是一个糟糕的聚变反应，但是因为它容易点火，我们必须在开始时用它。它用中子来产生动力，使得所有东西都具有放射性，为此任何人不能靠近反应堆。中子很难捕集，也会毁坏装置的所有结构，而且你必须增殖氚，要保持它不污染环境。现有更清洁的聚变燃料，人们可以用在下一代的磁瓶中。

这些未来的磁瓶将在更长时间内约束稠密和热的等离子体。然后我们可以运用这些反应，它们不会产生令人困扰的氘–氚反应具有的强高能中子通量。这里列出主要可能的反应。

$$D + D \longrightarrow T + p \qquad \text{(一半概率)}$$
$$D + D \longrightarrow He^3 + n \qquad \text{(一半概率)}$$
$$D + He^3 \longrightarrow \alpha + p$$
$$p + B^{11} \longrightarrow 3\alpha$$
$$p + Li^6 \longrightarrow He^3 + \alpha$$
$$He^3 + Li^6 \longrightarrow 2\alpha + p$$
$$p + Li^7 \longrightarrow 2\alpha$$
$$He^3 + He^3 \longrightarrow \alpha + 2p$$
$$D + Li^6 \longrightarrow 2\alpha$$

在这个反应清单中，D 代表氘，T 代表氚，p 代表质子，而 α 代表 α 粒子 (He^4 原子核)。He^3 是只有一个而不是有两个中子的氦的稀有同位素。图 10.1 是和氘–氚 (D-T) 反应进行比较的反应。图中显示的是它们的反应率，说明在各个离子温度每种燃料混合物发生聚变有多快。

氘–氚 (D-T) 反应的特定作用是显而易见的。氘–氚 (D-T) 聚变不仅比其他任

---

* 上标的数字表明在本章结束后的注释编码，而方括号 [ ] 表明本章结束后所示的参考文献编码。

何反应都要快速, 而且它的峰值是在更低的温度发生。50keV 的峰值温度已经能够达到了。我们下一步要分组来描述聚变反应的先进燃料。

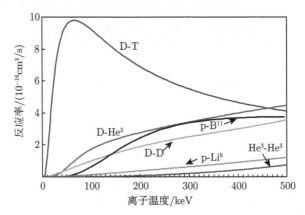

图 10.1　几个聚变反应的反应率相对于量纲为 keV[1,2] 的离子温度作图

第一组只用氘, 它在水里是很丰富的。它和自己本身发生聚变有两种途径, 或者产生氚和质子, 或者产生 He^3 和中子。当它进行第一种反应时, 质子是无害的, 但是氚将快速通过氘-氚反应而产生 14MeV 的中子。如果氘和氘进行第二种反应, 产生无害的 He^3 和较弱的中子。因此, 氘和氘的反应不能完全干净; 有中子, 但是比那些危险的反应产生的中子更少。40% 的能量被带电粒子 (p, T, He^3 和 α) 带走, 它们保持等离子体的热度和传给它们能量去发电而不用通过热循环, 大大地减少了中子对材料的破坏。氘和氘的两种反应将同时发生, 但是它们的反应率即使加在一起还是很低的。显然, 因为两种反应物是相同的, 有两倍的收益。也就是说, 各个氘核和所有其他离子起反应, 而不是仅仅和在氘氘反应堆中只占一半的氘起反应。当然, 氘氘反应率仍然比氘氚反应低很多。

第二组的反应有第二高的反应率, 而且是最有希望的一种。$D-He^3$ 反应在低温有相当大的反应率, 而且不产生中子。不幸的是, 任何人不能阻止氘和它自己的聚变, 因此就有氘和氘反应同时进行。但是中子能量相对于氘和氚反应要减少 20 倍, 而这个几乎算是清洁反应。问题是 He^3 不能自然产生。但是它可以到月球去挖掘。估计在月球表面下有 10 亿吨 He^3, 如果能够运回地球 [3], 足够供应世界 1000 年。已经设计开挖机器, 一年 [4] 能够挖 1km², 3m 深的月球泥土, 得到 33kg 的 He^3。如果移民到月球, 将有燃料可用。在那里找到氘也许不容易, 因而将必须用 He^3-He^3 反应 (图 10.1), 这样会更加困难。要在地球上燃烧 $D-He^3$ 必须要等到航天飞机能够达到月球。尽管如此, 工程的简单性很有吸引力, 以致已经设计出 $D-He^3$ 反应堆 [5]。

现在, $p-B^{11}$ 反应是最吸引人的一个聚变反应。反应物不是放射性的, 只产生氢。没有中子，所有的屏蔽和氚氚反应需要的再生区都不必要。聚变发电厂可以免除氚回收和加工厂，以及远程处理设备，只需用氢和硼，硼在地球上是丰富的，而 B^{11} 是它的主要同位素。我们通常使用的硼砂 (Mule Team Borax)20，是一种清洁剂。所有能量由快速 α 粒子带出。由于这些是带电荷的粒子，也许存在从能量直接转换为电力而不需要通过锅炉和涡轮机的可能性。这可以通过引导 α 粒子进入一个通道来完成，在通道内它们被电场减速，为此可以直接产生电力，或者捕集通过 α 粒子在磁场中旋转发出的同步辐射。然而，硼不是一种轻元素；当它全部电离时，它的电荷是 $5(Z=5)$。当电子和离子碰撞，产生 X 射线，其速率随着 Z^2 而增加。虽然屏蔽这些 X 射线并不困难，但这表示等离子体失去能量，而且提高等离子体温度比较困难。正在发展的克服这个问题的专门方法将在后面的章节来叙述。

我们列出的所有其他反应有很低的反应率，如图 10.1 列举的 p-Li^6 和 He^3-He^3。具有原子数 Z 在 2 以上的反应物除了低的反应率还有两个其他的问题。第一，上面提到的回旋同步辐射损失。第二，当存在大量的质子和中子时，就有竞争反应，而且它们能够以不同方式组合。例如，p-Li^7 看似是一个极好的反应，产生两个 α 粒子。显然，$p+Li^7 \longrightarrow Be^7+n$ (一个中子) 也是可能的 [6]，有 80% 概率发生这个反应。在以上的第三组的这两个反应形成一个连锁反应，在反应过程中，通过 p-Li^6 产生的 He^3 能够和 Li^6 反应产生质子，而仅有的结果是 α 粒子。然而，这个反应率是低的，而且还有竞争反应。

连锁反应是汉斯·贝特 (Hans Bethe) 发明的著名的碳循环，它允许氢在太阳和在相对低的温度下发生聚变。碳作为催化剂自己能再生。自从那时候，已经设计出太阳的其他连锁反应。迄今，没有人在地球上找到能够在低的等离子体温度下燃烧的先进燃料的连锁反应。然而，也没有做出太多的努力，去寻找这样的连锁反应。

上面列出的最后的反应，$D+Li^6 \longrightarrow 2\alpha$，看起来很有吸引力，但是有 5 种产生令人讨厌的产物的竞争反应。它有一个有趣的故事。锂是最轻的固体元素。氢化锂 (LiH) 是玻璃质的固体，这是第 3 章提到的氢化物之一，它在氢动力汽车中用来携带氢。如果我们用 Li^6 代替 Li，用氘 (D) 代替氢 (H)，会得到 Li^6D，是一种容易运输和存储的类似固体。有关这个反应，网络上没有任何信息，显然是因为它可用于制造氢弹，容易携带和产生 22MeV 的大量能量。从炸弹来讲，反应由中子引起，为此并不在乎产生的讨厌产物。在美国原子弹发展的公共历史中能够找到所谈的这个反应的测试。显然，在反应堆中，氘–锂等离子体将很难点火，而发射的中子和 γ 射线很难去处理。反应率 [7] 大约是 He^3-He^3 的 28%，后者是图 10.1 中的最低曲线。此外，竞争反应 $D+Li^6 \longrightarrow Be^7+n$ 发生的概率要大 3.5 倍，还产生中子。这就是许多看起来干净的反应实际上对反应堆不是可行的原因。

10.2 仿 星 器

闭合磁瓶的研究开始于仿星器,如显示在图 4.18 的 8 字形仿星器。在 1969 年,普林斯顿的 C 型仿星器,在当时是最大的,因为托卡马克有好的结果,它被改成为来自俄国的托卡马克的位形。很快,几乎所有的新装置都是托卡马克。这是因为托卡马克的自愈性质,如在第 7 章所介绍的。当等离子体温度分布出现尖峰时,就发生锯齿振荡使其平滑而保持稳定。所有这些现在已经在变化,而仿星器作为将来的希望已经回归。

这两种环装置托卡马克和仿星器之间的差别是产生极向磁场 (产生螺旋扭曲磁力线的部件) 的方式。在托卡马克,等离子体大电流产生磁场。在仿星器,外部线圈产生磁场,不需要大的等离子体电流。但是,这些外部极向场线圈很难制造。现在先进的托卡马克不再依赖于刚开始时有用的自愈特性。我们已经学会用射频来塑造等离子体电流和用微波保持等离子体的稳定。事实上,锯齿振荡现在是有意地消除了。由于自组织已不再是必要的,我们可以重新考虑仿星器。仿星器很少受到如破裂的影响,这与大等离子体电流有关。实际上,它们消除允许等离子体自组织的能量来源,阻止了等离子体从约束中逃逸。此外,由于驱动等离子体电流的变压器的作用不必要了,仿星器对稳态和连续运转更适宜。

10.2.1 文德尔施泰因

在托卡马克时代,保持仿星器存活的最大方案是德国的文德尔施泰因 (Wendelstein) 方案和日本大螺旋装置 (LHD)。现在看到的仿星器离第一初始装置已经很遥远了。一个经典的仿星器磁线圈结构图示于图 10.2。圆形线圈产生环向磁场,而螺旋线圈加到极向场。在小圆周上的导体数决定螺旋场的周期性。磁岛结构由外部而不是内部等离子体电流来确定。请注意等离子体不再是圆形的,它遵循线圈的螺旋结构。

现在想象圆形线圈和螺旋线圈结合成单一的线圈,产生相同的磁场。然后我们有示于图 10.3 的结构,这就是文德尔施泰因 7-X,它是最新的仿星器,在德国 (原来的东德) 格赖夫斯瓦尔德 (Greifswald) 建造。这些线圈容易组装,是因为极向场不需要穿过环向场线圈。为了节省磁场体积 (这是昂贵的),线圈也塑造成和等离子体的形状一致。

线圈的设计可用计算机来完成,但是这些特殊的线圈实际上是用特殊的模具来建造的。线圈用液氦冷却的超导体 NbTi 做成。当然,不是所有的线圈都不同。它会有 7 种不同形式,每种 10 个,总共 70 个线圈。图 10.4 显示这些将被吊起的其中两个。真空室也将和等离子体形状一致;它的一部分示于图 10.5 中。这将把线圈连接在一起而且必须和它们一起组装。

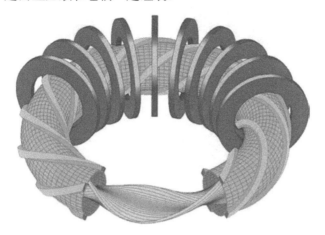

图 10.2 具有独立的环向线圈和螺旋绕组的仿星器示意图

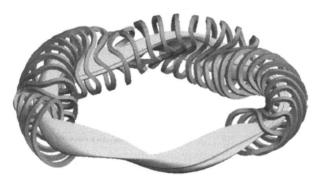

图 10.3 文德尔施泰因 7-X[10] 的磁线圈结构

图 10.4 两个文德尔施泰因 7-X 线圈 [8]

图 10.5　文德尔施泰因 7-X 真空室 [8] 的部分

文德尔施泰因 7-X 是很大和复杂的装置，它将在 2014 年建成。(译者注：该装置于 2014 年 5 月 20 日宣告建成)。计划是达到具有 40MW 加热功率的 30min 脉冲，达到的条件接近于 ITER，但是只用无中子燃料。

10.2.2　大螺旋装置

第一个非圆形仿星器也许是澳大利亚堪培拉的螺旋 (Heliac) 装置，但是它们的祖先是日本土岐的 LHD，示于图 10.6。20 世纪 60 年代在普林斯顿当时是休假日，是蔻吉尤欧 (Koji Uo) 设想的而在 1998 年完成，这个装置说明，大的超导线圈产生 30T 的磁场能够在工厂加工和可靠地运转多年。然而，最了不起的成就是演示奇怪的扭曲的真空室和类似的复杂磁线圈在实际上能够按需要的精度被加工制造。图 10.7 显示一个真空室的艺术照片。

在运转时，LHD 在几个方面超过托卡马克。等离子体密度达到 $10^{21}\mathrm{m}^{-3}$ ($10^{15}\mathrm{cm}^{-3}$)，它比格林沃尔德极限 (第 8 章) 大许多倍。这说明它是无法解释的，凭经验的极限也许只能用在托卡马克，而在仿星器能够超越它。离子和电子的最高温度分别可达到 13.5keV 和 10keV，虽然不是同时得到。尽管如此，它在正常运转时，T_i 超过 T_e 是令人期望的，因为 T_i 是引起聚变的离子温度。β 是等离子体压力对磁场压力 (第 8 章) 的比值，它是聚变等离子体质量的一个重要测量。在 LHD 达到 5% 的 β 值比一般托卡马克高。当然，不是所有的破纪录的数字在装置上同时得到。关键的是同一时刻的离子温度、密度和约束时间的乘积 $Tn\tau$，如在图 8.1 中所显示的。在那个坐标中，LHD 将是 0.44，大约在图的中间。利用弹丸燃料注入，当功率较低时，$Tn\tau$ 是在极大值的 80% 处，在 LHD 能够产生 1h 长的放电。

图 10.6 大螺旋装置的总体视图 [10]

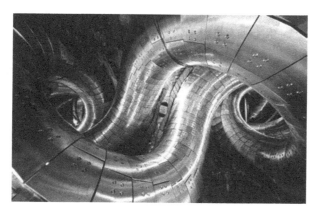

图 10.7 LHD 的真空系统 (WWW.nifs.ac.jp/en/introduction_e.html.)

10.2.3 非轴对称的好处

托卡马克等离子体围绕主轴基本上是对称的。它们也许有 D- 形而不是圆形截面，但是从任何方向它们看起来是相同的。这里的图显示的仿星器远非对称的。不是用等离子体电流而是用外部线圈使等离子体成形，而它们能够产生的形状是不能如在自愈托卡马克中的等离子体电流本身来形成的。正是**缺少**自组织使得仿星器有它的好处 [11]。非对称轴的形状能用于改善等离子体的不稳定性。控制 ELMs，而消除破裂。的确，ELM 线圈正加到 ITER，通过破坏轴对称去抑制 ELM 的不稳定性。在演示装置 (DEMO)，依赖于自举电流，至少能够提供 80% 的等离子体电流。当自组织很强时，这去产生和控制是极度困难的。在仿星器，由于旋转变换由外部线圈产生，大的等离子体电流完全不需要。

除了它们适合稳态运转以外，仿星器作为反应堆有一些出人意料的优势。已经发现在磁场方面的很小误差 (0.01%) 能产生等离子体约束的问题。起初，仿星器的问题相信是由于磁场误差，但是已经发现一旦破坏了轴对称性，上面显示的混乱形状实际上对磁场误差是不敏感的。来自所有仿星器的数据已经发现它遵循一条定标律而且落在同一曲线上，就像托卡马克的图 8.21 所示一样，因此外推能够用于设计较大的装置。另外，在仿星器已经达到较高的密度和 β 值。较高密度的好处 [11] 是来自边缘的多面不对称辐射 (multifaceted asymmetric radiation from the edge，MARFE)，当等离子体到达偏滤器之前重组时，形成一分离层。在等离子体到达偏滤器之前，能量显然辐射出去，避免了偏滤器有大的热负荷。但是，该能量必须由第一壁接收。仿星器的优势是有代价的：制造和安装古怪形状的线圈和真空室的难度是很大的；但是这项技术已经被证实可以实现了。

10.2.4　紧凑仿星器

像文德尔施泰因这样的仿星器是具有大纵横比 R/a 的大装置。R 是环的主半径，a 是横截面半径。有一个议案是要通过缩小纵横比为 3~5 而不是 10 以上去建造较小和较经济的装置，提出紧凑仿星器已经用不同磁场位形进行设计，看看哪一些会更好。这种设计的自由不适用于托卡马克，但是它也意味着难于集中最优化的设计。国家紧凑仿星器实验装置 (national compact stellarator experiment，NCSX) 在普林斯顿等离子体物理实验室被资助和被建造，但是在 2009 年世界经济萧条期间项目被砍掉。图 10.8 示出 NCSX 和它的线圈结构。它只有三种不同类型的 18 个线圈。虽然这个装置设计得好，而且对文德尔施泰因 7-X 也是很好地补充，但它的终止是合理的。托卡马克在发展上远远领先，而且是能让聚变反应堆运转最快的方法，是给予它们最高的优先权。

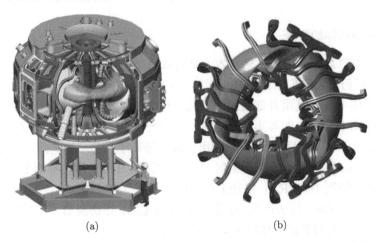

(a)   (b)

图 10.8　国家紧凑仿星器实验装置简图 (a) 和它的线圈结构 (b)[12]

仿星器是第二代约束装置。作为反应堆，它们也许比托卡马克更合适，但是我们需要有关它们运转的更多的经验。一个明显的问题是：在 DT 仿星器反应堆中，你在哪里放置再生区？问题是磁线圈不是圆的而是有小的扭曲和弯曲。这些线圈必须靠近等离子体以便它们细微的特点能体现出来；如太远，这些细节将被抹去。那就是为什么真空室必须制成能够放入线圈的形状。在反应堆，人们仍然必须为氚增殖再生区留下空间，而唯一的方法是把整个装置设计得更大。从德国、日本和美国已经研究了几个反应堆。ARIES-CS 的设计示于图 10.9，而且整个视图示于图 10.10。可以发现在等离子体、真空壁和超导线圈之间放置再生区模块是可能的。

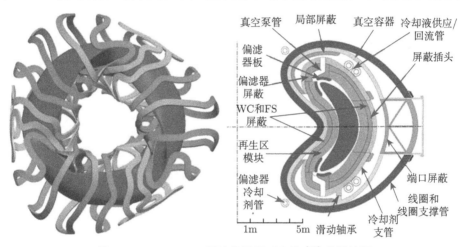

图 10.9 ARIES-CS 紧凑仿星器反应堆 [13] 的设计图

图 10.10 ARIES-CS 反应堆概念设计的整个视图

10.3　球形环装置

10.3.1　球形托卡马克

在第 3 章, 我们认真地说明了磁瓶必须双连接而不是球形, 因此托卡马克都是环装置 [1]。然而, 托卡马克怎样能够是球形的? 不, **球形托卡马克**不是一个自相矛盾的说法。托卡马克能够是球形的只要在中间有一个孔。这个示于图 10.11。这个小的、胖的托卡马克的典型纵横比 A 是在 1 和 2 之间。它们因为有小纵横比 A 而具有许多优势, 但是, 问题是怎样把所有需要的设备放入小孔。球形托卡马克 (ST) 是这样吸引人以致许多聪明的想法已经被提出来处理这个小孔, 而且全世界就有超过 24 个 ST 装置测试这些想法 [2]。事实上, 只要磁场仍然是环向的, 人们就能够在真空室完全消除这个孔。

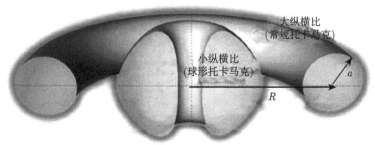

$$纵横比 = 长半径/短半径$$
$$A = R/a$$

图 10.11　球形托卡马克的纵横比远小于普通托卡马克 [15]

除了体积小和随之而来的成本的节省外, ST 具有等离子体稳定性的优点。在图 10.12 中解释这个问题, 它显示在一个 ST 装置的磁场结构。磁力线的行为非常不同于普通托卡马克 (图 6.1)。在回到等离子体外部以前, 粒子随着磁力线围绕中心柱旋转。好的和坏的曲率示在图 7.10 中。在好的曲率中, 弯曲是向着等离子体的, 而在坏的曲率中, 弯曲是离开等离子体的。我们看到有许多好曲率围绕中心柱, 而当磁力线回到上部时, 有一个较弱的坏曲率区域。由于粒子在好曲率比坏曲率停留时间长, 就有强力推着等离子体向内。由于好的约束, 在 ST 需要的磁场要小得多。

在 1986 年的文章 [16] 中, 彭元凯 (Martin Peng) 和斯特里克勒 (D. J. Strickler) 注意到在托卡马克 (图 6.19) 中需要的垂直场有自然的倾向去拉长等离子体, 它们为 ST 的设计奠定了基础。拉长率是等离子体垂直长度和它的小半径的比值, 而且它对 ST 有好的结果。当纵横比从 2.5 下降到 1.2 时, 拉长率从 1.1 增加到 2, 而对给定的等离子体电流，为达到所需的品质因素 q，磁场下降 20 倍 [15]！因此，β 值 (等离子体压力和磁场压力的比值) 在 ST 中很高。

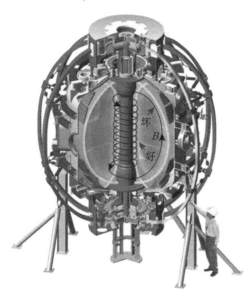

图 10.12　由中心柱携带电流的球形托卡马克中磁力线的草图。好和坏的曲率被标注 (编自普拉杰 (S. Prager，威斯康星大学)，磁约束核聚变科学现状和面临的挑战，2005 年 2 月)

　　英国的装置小紧密纵横比托卡马克 (small tight aspect ratio tokamak，START) 和它的继承者百万安培球形托卡马克 (megaampere spherical tokamak，MAST) 已经给出有关 ST 的大量信息。在 START 中球形等离子体的照片示于图 10.13。在 START(图 10.14) 中得到的 β 值的曲线图说明比普通托卡马克有巨大的改善。在那张曲线图中，β_T 是环向 β 值 (用环向磁场计算的)，而 β_N 是

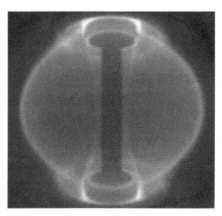

图 10.13　在 START[15] 中的球形等离子体

归一化值，如在第 8 章中在特洛容极限下的定义。现在的数据 (黑色点) 说明在球形环装置能够超过密度极限。

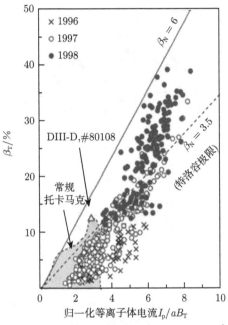

图 10.14   在 START 和在普通托卡马克中的环向 β_T[15] 的绘图

尽管它们的物理外表不同，但是在 ST 和大 A 托卡马克装置上观察到相同的现象，如 H- 模和 ELM。MAST 适合于 ELM 的研究，用于设计 ELM- 抑制线圈。磁力线的形状也给予 ST 一个自然偏滤器。

现在我们着手处理怎样使中心柱的宽度极小化的问题。托卡马克中的环向**磁场**通过线圈产生，绕线通过孔，如图 6.1 所示。所有通过孔的线圈腿能够结合成携带电流的单个铜棍，示于图 10.12。这是可以做到的，因为在 ST 中 B 场是小的，所以线圈电流要减少。为驱动环向**等离子体电流**，强力的方法是在孔中放入铁心而且如图 7.14 中用变压器的作用驱动电流。多数托卡马克用空心变压器，没有铁心。这些由围绕等离子体的环向线圈，包括孔内的一些线圈组成，示于图 7.15。这种方法叫做**感应驱动**。不利之处是必须增加电流去激发电流，由于它不能无限地增加，托卡马克必须用脉冲工作。现代托卡马克用**非感应**驱动，它由自举电流和波驱动电流 (第 9 章) 组成。这将消除对孔中环向线圈的需要。

问题是你不能发射波除非那里有等离子体，你不能约束等离子体除非已经有旋转变换。为此似乎至少必须把一些小环向线圈塞进那个孔，不过也许会有办法。中性束注入是加热大托卡马克的普通方法。现在，用这样的方法加强 NBI 并驱动电流已得到一些成功 (在 MAST[15])。它也有可能在能嵌入极向线圈的真空室角落产生等离子体,并使这些等离子体漂移而合并到中心。这在图 10.15 中进行说明。

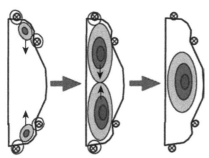

图 10.15 没有中心柱的由两个等离子体合并的球形托卡马克中环向等离子体的产生
(扫描封底二维码可看彩图)

当 ST 实验正在全世界热烈进行时,在欧洲和美国已经开始进行反应堆研究。1999 年设计的 ARIES-ST 示于图 10.16,中心柱能被滑出而容易替换,所有再生区模块都放在外部。请注意在上部或者下部的自然偏滤器。

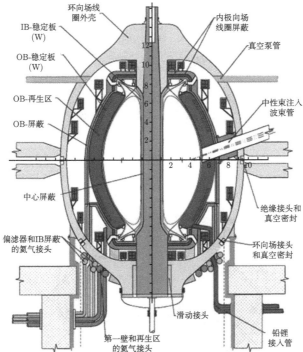

图 10.16 ARIES-ST 球形托卡马克的设计
(http://www-ferp.ucsd.edu/ARIES/Docs/ARIES-ST/)
(译者注: 图中 (W) 是指网址 www-ferp.)

10.3.2　球马克

　　球马克 (图 10.17) 是一个没有中心孔真空室的环向等离子体。它会有环向线圈产生极向 B 场，但它不会有能产生环向 B 场的任何线圈，因为这样会需要把导体放入中间。有嵌入场的等离子体从外部来源注入到真空室，然后等离子体自组织成环向场和极向场的环向形状 (图 10.18)。和消除托卡马克自组织的仿星器相反，球马克完全依赖于自组织。经典的注入法用 "等离子体枪"，在图 10.19 示出。

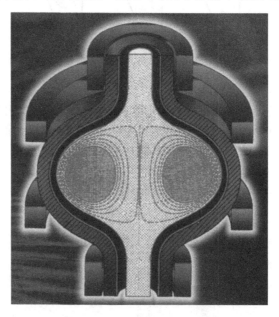

图 10.17　球马克的艺术复制

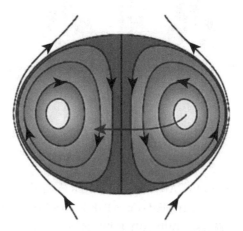

图 10.18　在球马克的环向场和极向场 [19]

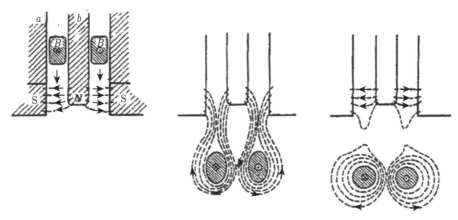

图 10.19 用等离子体枪注入环向等离子体进入球马克 [20]

周期性的场的不稳定性和重排导致稳定的位形和电流，已由泰勒 (J.B. Taylor)[9] 的经典理论预测。主要论点是通过 *B* 场的电流产生的力垂直于 *B* 场。这些力使等离子体在周围运动直到力全消失。当电流 *J* 在任何地方都平行于 *B* 场时，会导致不存在垂直的力。然后 **B的磁力线和电流J的路线一样**。各个电流 *J* 的流元产生 *B* 场恰恰是相邻 *J* 的流元要跟随的。这意味着磁场是在外部纯极向而在小轴纯环向，但是这个磁场不必刻意地安排，如图 10.18 所示。它是能满足最小力条件的混乱的磁力线。等离子体将由它自己组织。一种导电壳层也是需要的，以保持整个等离子体不膨胀。若等离子体试图膨胀，壳层中设想的电流将把等离子体推回来。

物理学家对这些没有力的位形有兴趣，因为它们发生在许多地方，包括外层空间。然而，球马克不像是聚变反应堆的候选装置。到目前为止，约束时间短，而等离子体必须是脉冲的。实验的主要目标是解决磁场重新连接的问题，这在空间物理学中是重要的。

10.4 磁 镜

10.4.1 磁镜的工作原理

在 20 世纪 50 年代聚变研究刚起步时，对于等离子体约束装置，和仿星器一起的磁镜装置是最有力的提案。波斯特 (R.F. (Dick) Post) 领导的磁镜研究，到今天他仍然还在积极探求磁镜的概念。不幸的是，在美国为了集中研究托卡马克，在利弗莫尔的磁镜项目在 1986 年被砍掉。磁镜约束的研究在俄国赖尤托夫 (Dmitri Ryutov) 的指导下继续进行，在日本有伽马 (Gamma)10 装置。运用磁镜原理的反应器不用热循环直接把能量转换到电力有巨大优势，它和水力发电、风力发电和太阳能发电有同样的优势，也能超越其他能源。

　　磁镜装置是一个泄漏磁瓶。在图 10.20 中，一对线圈产生磁场，磁场之间凸出。一个离子或电子将围绕磁力线在拉莫尔轨道旋转，如图 4.10 所示。当这个轨道接近末端强场区域时，拉莫尔轨道变得越来越小。为了保持角动量，粒子必须旋转得越来越快，正如滑冰一样，当旋转时他抱着胳臂就会越转越快。但是能量是守恒的，而为了得到这份额外的旋转能量，粒子必须用去平移运动能量。在向末端逃逸的过程中，它的速度减慢。最终，所有平动能量损失掉，而粒子必须转头回去，恰好在磁镜强场区域被反射回来。在磁镜的两端之间，粒子来回弹跳。

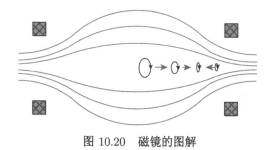

图 10.20　磁镜的图解

　　当产生等离子体时，离子 (和电子) 有平动能量和转动能量。具有大的平动能量和小的转动能量的一类粒子在末端损失掉。如果磁镜是强的，意味着在喉口和中间平面的磁场之间的**磁镜比**是大的，只有少量粒子损失掉；其他的等离子体被约束。显然，等离子体不是处在热平衡，一些速度失踪了，这些速度处于**损失锥**。等离子体将发生一个不稳定性再产生那些失踪的速度而填满损失锥，然后继续损失，给出磁镜一个短的约束时间。这样的微观不稳定性显然并不是磁镜的主要问题。

10.4.2　约飞棒和棒球线圈

　　请注意，一个简单的磁镜有不利的曲率 (图 7.10)，而且对基本的瑞利–泰勒交换不稳定性 (图 5.5) 是不稳定的。这个问题被约飞 (M.S. Ioffe)[21] 通过加上现在所熟知的约飞棒解决了，在图 10.21 中显示了约飞棒。它们是平行于轴的加上极向场到磁镜场的四根导电体。等离子体压缩成薄荷糖的形状。磁场强度在每一个垂直方向向外都增强，因此使瑞利–泰勒不稳定性发展和推出等离子体变得完全不可能。这叫做**最小-B 位形**，因为等离子体是在 B 场最小处。当然，等离子体仍然能够从末端漏出。

　　现在想象怎样组合约飞棒和圆形线圈成一个单个线圈。这可分两步进行。第一，人们能够组合它们成相同的线圈，叫做阴阳线圈，示于图 10.22。它具有那么迷人的形状，艺术家做了它的雕塑 (图 10.23)。最终，所有必要的电流能够组合成只需单个线圈，叫做**棒球线圈**，因为它就像棒球的接缝。这显示在图 10.24 中。

图 10.21　具有约飞棒的磁镜 (最初来自劳伦斯利弗莫尔国家实验室的
一种老的简图或者照片)

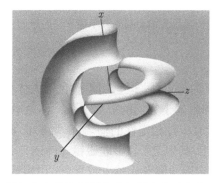

图 10.22　阴阳线圈 (最初来自劳伦斯利弗莫尔国家实验室的一种老的简图或者照片)

图 10.23　一个阴阳线圈的雕塑 (照片由作者摄于 1977 年美国物理学会等离子体分会会议,
亚特兰大乔治亚)

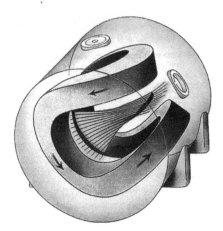

图 10.24　棒球线圈 (最初来自劳伦斯利弗莫尔国家实验室的一种老的简图或者照片)

10.4.3　磁镜装置

　　虽然这些线圈提供好的稳定性, 但它们不能包围大体积的等离子体。然而, 它们可以用于稳定大体积的附属于它们的等离子体。称为串联磁镜的一系列大的装置在利弗莫尔建成, 它具有中性稳定性的均匀 B 场的长区域, 而且在末端用阴阳线圈或者棒球线圈来稳定。其中之一, 串联磁镜 (TMX), 示于图 10.25。当每个困难克服之后, 这些装置的末端线圈变成越来越复杂。用棒球线圈稳定在较弱中心区域的主要等离子体, 强烈的加热产生足够的密度。热能势垒用静电电势保持在棒球线圈中的等离子体热度。晃荡离子被用于成形这些电势。传送用的线圈把棒球线圈中扁平的等离子体与任何一侧的圆形线圈相匹配。具有较高磁场的锚形线圈最终堵住末端。

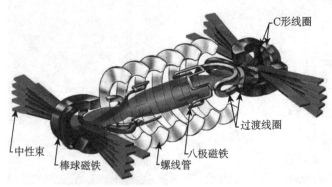

图 10.25　串联磁镜实验的简图 [23], 扁平的板片表示中性束加热在稳定线圈中的等离子体

　　TMX 的下一代装置将是安装的 MFTF-B, 它的大小能够通过图 10.26 来欣赏, 图会显示用古罗马的滚动圆木搬运的阴阳磁铁之一。尽管当线圈抬高要就位时发

生了地震，但装置按时完成了，正好这时整个项目被取消，这当然令领导者托马森 (Keith Thomassen) 和波斯特 (Dick Post) 很沮丧。

图 10.26　移动中的 MFTF-B 阴阳磁铁 (最初来自劳伦斯利弗莫尔国家实验室的一种老的简图或者照片)

　　在日本筑波市的 27m 长的伽马 10 装置，显然继续在运转，而且由于增加约束离子 [24] 的势垒已经改善约束。不稳定性通过产生电场剪切 [25] 也已经消除。显然，串联磁镜的结果和环装置的结果相比差得远。密度峰值 $4\times10^{18}\mathrm{m}^{-3}(4\times10^{12}\mathrm{cm}^{-3})$，离子温度 1keV 或者 2keV，电子温度大约 250eV，而能量约束时间为 10ms 量级。另外，电势的控制有时需要等离子体接触导电壁。虽然以现在磁镜的技术状态不能建议把它们用在反应堆上，但它们也许可以用到不需要净能量输出的其他任务中。这些包括产生等离子体来转变核废物或者以裂变–聚变产生混合型的能源。首先也是最重要的，显然提议用磁镜装置是为了材料的测试，可以作为经济的中子源，如在第 9 章描述过的。这种燃烧 D-T 燃料的装置将会在相当大面积产生携带 14MeV 的 $2\mathrm{MW/m}^2$ 的中子通量，每年只用 200g 的氚 [26]。

10.4.4　轴对称磁镜

　　在前二十年磁镜中断期间，显然新思想已经出现，磁镜反应堆有复活的可能性。串联磁镜的阴阳和其他末端线圈由于它们的扭曲形有大的磁应力。新思想是只用简单的圆形线圈制造完全轴对称的磁镜装置。这个可行性在俄国新西伯利亚市由气体动态陷阱实验 (gas dynamic trap experiments) 所证实 [14]。磁镜磁场可以极强大，产生大的磁镜比 (可大到 2500)，为此可减少损失锥的大小。一个原理图示于图 10.27。它看起来好像等离子体在各个末端具有针孔大的漏洞，但是针孔不是在真的 (坐标) 空间而是在速度空间。

　　气体动态陷阱产生 10keV 离子温度，具有峰值密度 $4\times10^{19}\mathrm{m}^{-3}(4\times10^{13}\mathrm{cm}^{-3})$，

而电子温度为 200eV。β 值是 60%，和只有几个百分比的托卡马克可以相比较，因为只需要弱的中心场去遏制带有主要垂直能量 3 的大轨道离子。在磁镜，中性束用来注入离子，而在加热电子时没有浪费能量。这个装置脉冲仅仅 5ms，约束时间仅有约 1 毫秒。对磁力线终止处的器壁不同部分施加电压产生电场。

在轴对称串联磁镜中，不存在稳定线圈的复杂性；圆形线圈容易制造。而后等离子体如何稳定呢？结果是，在磁镜**远处**外部等离子体起了本质的作用。那里的磁力线有**良好的**曲率，向内凸起向着等离子体。那里的稳定性能够克服由在中心区域的末端的坏曲率引起的不稳定性。结果是，只要那里的等离子体直径大，对于发生这种情况，外面区域的密度不需要很高。人们能够用大线圈塑造外部磁场，这里显示其中之一，以使稳定效应最佳化 [27]。一个 "动力学稳定串联磁镜" 装置已经提议 [26,27] 去测试这个原理。那个装置示于图 10.28，使用多重轴对称磁镜和注入离子到分散区域去可改善稳定性。

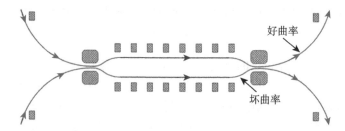

图 10.27   完整的轴对称磁镜的磁场系统

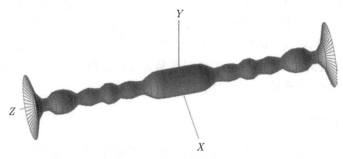

图 10.28   提议的动力学稳定串联磁镜装置 [27]

10.4.5   直接转换

如果这些理论上的思想证明是可行的，逃逸等离子体能够用来直接发电，如图 10.29 所示。离子通过电极，在此感应电流。注意到这个排气装置是天然偏滤器，把热量分散到大的面积上。产物 α 粒子很好地被约束在主要等离子体中，从而保持等离子体的热度；通过设计磁镜可以控制它们释放的速率。

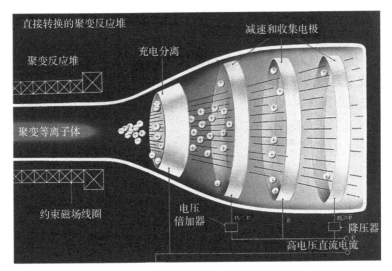

图 10.29　磁镜直接转换器的草图 (最初来自劳伦斯利弗莫尔国家实验室
的一种老的简图或者照片)

10.5　磁　箍　缩

10.5.1　反场箍缩

箍缩是携带电流的等离子体大以致产生的周围磁场约束和压缩它。对扭曲不稳定性 (图 6.2)，它基本上是不稳定的。环向箍缩有环绕环流动的电流，因此它也会遇到重力交换不稳定性 (图 5.7)。反场箍缩 (RFP) 加上由外部线圈影响的环向场，如在托卡马克，有特定的性质。1958 年在日内瓦世界和平利用原子能会议上透露在英格兰哈维尔的 Zeta 装置，最初聚变实验之一是一种 RFP(参考第 8 章)。那个装置遭受对它产生的中子的判读错误而后被抛弃，但是从那时起这类装置 RFP 的研究还继续在进行。

Zeta 实验说明，在初始期之后等离子体固定在静止稳定态。这种状态被泰勒的理论所解释 [9]，他的理论预测等离子体会自组织到最小力，最大感应状态。在 RFP，这个状态有电流分布，它使螺旋磁力线方向相反，如图 10.30 所示。它看似图 5.9 所示的托卡马克，但是要留心，最外面的磁力线和接近中心的磁力线不同，它是和环向方向相反的。因此取名为反场箍缩。

尽管泰勒态似乎是静止的，但 RFP 遭受由主要的磁流体不稳定性引起的磁场涨落，特别是撕裂模 (第 6 章)。需要一个接近于等离子体的传导层去控制电阻壁模，而且也需要主动的反馈稳定。如果它能够运转的话，RFP 有自身产生磁场的巨大优势，只需要从外部线圈加上一个小的环向场。这些线圈不用超导体，因为它们消耗很少的电力。这相对弱的磁场意味着能够达到很高的 β 值。当然，对于一个反应堆，传导层使再生区和第一壁的设计成为问题。自举电流是小的，因此大的环向电流必须用变压器感应驱动。那就是等离子体必须是脉冲式的。有一些证据说明，直流 (DC) 电流用振荡驱动器 [30] 可以产生，但是现在还处于初始阶段。

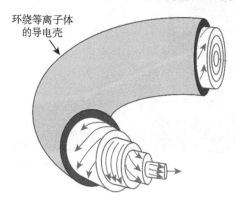

图 10.30   一个 RFP 磁面的磁力线 [30]

    尽管怀疑有关它的反应堆的相关性，但对 RFP 的物理学上的理解已经出现显著的进步。这个研究也引起空间科学家的兴趣，因为像重新连接的过程也发生在空间。新的结果主要来自意大利帕多瓦的 RFX 装置 [31] 和威斯康星大学的 MST[30]。在低功率，RFP 没有充分地自组织，而许多螺旋性的磁面都纠缠起来。当电流在 1.5MA 占主导的模超过 4% 时，等离子体快速呈单螺旋，它的横截面示于图 10.31。等离子体运动出中心变成螺旋状，磁面再不混乱，而大大改善了约束。测得的电子温度看起来增加了 2 倍到大约 850eV。

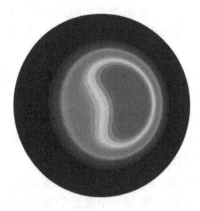

图 10.31   在单螺旋模的 RFP 的温度分布 [31](扫描封底二维码可看彩图)

在 MST，用脉冲极向电流驱动使电流分布成形主动地抑制磁场的混沌。图 10.32 是在加上电流驱动之前和以后磁面的计算机模拟。等离子体约束时间用此方法增加 10 倍高到 12ms，这个数据比得上小托卡马克。电子温度达到 2keV，而离子温度为 1.3keV。β 值已经达到 26% 的量级。等离子体密度超过格林沃尔德极限 (第 8 章)20%[30]。已经发现，尽管是弱磁场，但携带能量的离子被约束得很好。这是由下列的事实发现的，通过注入 20keV 中性 (氘) 束，中性束变成 20keV 的氘核。然而，在 RFP 中的离子不是用中性束加热，因为它们是磁重连而自然加热的。这是磁力线合并的过程，破坏一些 B 场和转换它的磁能到等离子体能量。这种现象在地球磁场中也发生，因此 RFP 研究以及球马克研究对于其他科学领域有现实的意义。

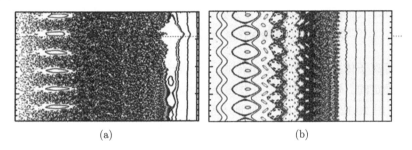

(a)　　　　　　　　　　　　(b)

图 10.32　在 RFP 截面磁力线的模拟：(a) 在应用脉冲极向电流驱动之前，(b) 在应用脉冲极向电流驱动之后 [30]

10.5.2　反场位形 (FRC)

这个人们感兴趣的装置不是真的箍缩，它有球马克、箍缩、惯性约束和磁镜的特性。一个简单示意图在图 10.33 中示出。如果任何人旋转这张图 90°，则它看起来像球马克 (图 10.18)，但是它有一个本质上的不同，即**没有环向磁场**。用椭圆的电流和离子拉莫尔轨道表示环向方向。在外部的环向线圈产生的磁场 (B 场)，在图中从右去到左。在等离子体中驱动的环向电流产生一个和外部磁场相反的 B 场。电流和离子抗磁性电流 (第 6 章) 在同一个方向，它们加在一起。当电流足够大而抵消外部磁场时，有一个 B 场等于零的半径 R。这是管状等离子体的中心，由纯极向 B 场来约束。在 R 的内部，这个 B 场和外加的磁场方向相反。在 R 的外部，从内部电流的 B 场和外部线圈被挤压到传导真空壁，它是**通量保存器**。磁力线被分成两类，用以虚线表示的**分界线**来分开，它表示磁力线到达轴上 $B=0$ 的点。那里的磁场必须是 0，因为它不能同时指向两个方向。分界线内的等离子体在闭合的磁面被约束，那些扩散到分界线外部的等离子体在装置的两端损失掉。因此这是自然偏滤器。图中示出其中之一的磁镜线圈，以磁镜装置 (图 10.27) 同样的方法，能设计它去处理逃逸等离子体，包括直接转换的可能性。

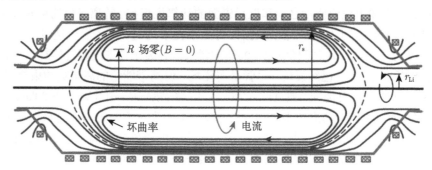

图 10.33   显示**极向磁力线**和成形的环向电流的原理图。**虚线**是具有最大半径 r_s 的分界线，离子轨道显示定义的拉莫尔半径 r_{Li}，R 是处于 $B=0$ 等离子体中心的大半径。粗的**灰色线**表示真空壁和通量保存器，图中示出坏 (凸) 曲率区域

虽然等离子体处的磁力线是闭合的，会比磁镜要好很多，但是反场位形 (FRC) 是高度不稳定的。不存在螺旋形磁力线连接到好的和坏的曲率区域，如存在于球形托克马克 (图 10.12)。事实上，任何地方都没有好的曲率。在装置末端曲率特别坏，如图 10.33 所示。FRC 等离子体如何防止主要的磁流体不稳定性得到稳定呢？FRC 取决于有限拉莫尔半径效应 (第 6 章)。离子在坏曲率区域的拉莫尔半径 r_{Li} 和所说的瑞利–泰勒不稳定性 (第 5 章) 的大小比较是不能忽略的。那意味着离子能够横穿磁力线运行足够远去短路不稳定性产生的电压，防止它增长。具有很小拉莫尔半径的电子不能起到这种作用，它们紧紧地被绑在磁力线上。

r_{Li} 必须是多大呢？它必须是等离子体宽度的相当大的分数，等离子体宽度能够用等离子体中心和最后在 r_s 的闭合磁面之间的距离来测量，即 $R - r_s$。那个宽度的拉莫尔半径数目为 $s = (R - r_s)/r_{Li}$。为了保持等离子体的稳定，参数 s 必须**小**。在早期的 FRC 实验，s 只有 2 或者更小。然而，等离子体以一个正比于 r_{Li} 的速率经过电子–离子碰撞而扩散，即使它是稳定的 (第 6 章)。因此为了得到长的约束时间，s 必须**大**，人们经常努力在尽可能大的 s 上得到稳定性。

如果能够控制住不稳定性，FRC 作为反应堆将会有优势 [17]。它们很小，不需要大的 B 场。由于 β 实际上在磁场 $B=0$ 是无穷大，它们天然有大 β 值。预测较长的装置会是更稳定，这给出一个容易的方法来得到更大的等离子体体积。FRC 有天然的偏滤器和直接转换的可能性。一旦产生，FRC 等离子体能够运动到压缩室，在那里脉冲线圈能够箍缩它们到较高密度和较高温度。FRC 的研究经常被搁在一边，所以它们没有像托卡马克和激光聚变那样得到大运算工作的支持，也没有像中性束加热这样昂贵的设备。我们有早期怎样建立等离子体的珍贵的少量信息，但是最近在运用旋转磁场 (rotating magnetic field，RMF) 电流驱动方面的成功已经

给这个工程带来新的动力。澳大利亚阿德莱德大学的琼斯 (Ieuan Jones) 和麦卡锡 (Lance McCarthy) 在 30 多年前发明的这个方法应用一个横向磁场，它在环向方向用射频旋转。如图 10.34 显示，当磁力线受到等离子体影响时的 RMF 磁力线在末端上的视图。电子被磁力线带走而且尽其所能随着磁力线旋转，但是它们因与离子碰撞而变慢。旋转的场必须有足够的能源去克服这个阻力。也存在射频肌肤深度，以致磁场不能穿透整个等离子体。在原先的旋转马克 (Rotomak)，磁力线不是封闭的，因此约束不够好；但是 RMF 在 FRC 工作得很好。

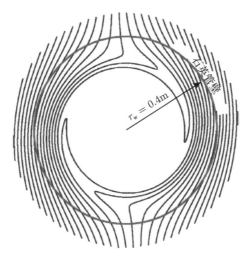

图 10.34　RMF 电流驱动的磁力线，图案顺时针旋转大约 150kHs[32]

在华盛顿大学的雷德蒙等离子体物理实验室已经在一系列装置进行了 FRC 的科学实验。最棘手的不稳定性已经变成斜置模 (tilt mode)，示于图 10.35。到 1995 年，已经得到稳定性高达 $s = 5$[17]。人们发现能量损失主要是来自器壁的杂质的辐射。在 TCSU 装置用新的真空系统，条件已经大大地改善了。

图 10.35　使用 NIMROD 代码 FRC 中的斜置模 [33]

减少 RMF 电流驱动的阻力，允许它产生更稠密和更热的等离子体。总的温度 $(T_i + T_e)$ 增加大约 4 倍到约 200eV，等离子体密度大约增加 3 倍，而等离子体压力大约增加 50%。诊断仍然是初步的。等离子体压力能够表示为有同样压力的磁场 B_e 压力。和 RMF 振幅 B_w 对比，B_e 大 4.9 倍。RMF 电流驱动原则上允许稳态运转。有令人鼓舞的结果，但是等离子体参数仍然很适中。它也许要花费很长的时间才能达到旧反应堆研究 [34] 的条件。

FRC 的高 β 值使它们适合于先进的燃料，它需要较热和较稠密等离子体去点火。在私人企业已用 FRC-类装置开展研究，在该装置上为了进行 p-B^{11} 反应将氢离子注入硼等离子体中。在加利福尼亚尔湾市的三阿尔法能源公司，是由于从反应中得到 3 个 α 粒子而被命名的。这个创新包括在 FRC 的等离子体加上旋转，这是根据有名的等离子体理论家诺曼·罗斯托克 (Norman Rostoker)[35] 的理论得出的。

10.5.3　Z-箍缩

在英国叫做 Zed-箍缩的一个 Z-箍缩是所有聚变探索中最简单的一种。它只涉及沉浸在氘或者氘氚之中的两个电极之间的脉冲大电流。用电流电离成等离子体柱，通过由电流本身产生的磁场约束它，不需要外部线圈。B 场很强，它既然紧紧地围绕等离子体，而且它压缩等离子体一直到达到聚变的密度和温度。当然，因为扭曲不稳定性 (图 6.2)，它是很不稳定的。由于 Z-箍缩那样容易制造，人们作了很大努力试图稳定箍缩，或者在不稳定性破碎它以前使它快速运转以致发生聚变。这些不成功的努力由于金属线排列的发明变成过时了。

由于重离子初始的直接路径和缓慢的运动，从电流通过钨丝开始，人们发现 Z-箍缩得到改善。还发现如图 10.36 所示的一个圆环钨丝，因为它们磁场的混合，质量上更好。如果这些钨丝相互足够近，在圆环外的 B 场形成一个全方位场 (overall azimuthal field) 去压缩所有等离子体到中心，则没有扭曲不稳定性，因为通过各个钨丝的电流是相当小的。

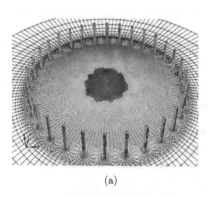 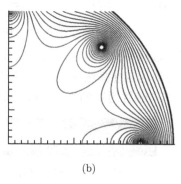

(a)　　　　　　　　　　　　　　　　(b)

图 10.36　(a)Z-箍缩钨丝圆形排列简图 (新墨西哥州，阿尔伯克基，圣地亚国家实验室，www.sandia.gov)；(b) 围绕每个钨丝的磁场

图 10.37(a) 是在新墨西哥州阿尔伯克基圣地亚国家实验室的图片，它是由 240 根直径为 7.5μm (0.0075mm) 的钨丝组成的直径为 4cm 的阵列。在 Z-装置 (后面会叙述)，大约 20MA 电流通过这些钨丝推动在中心形成一个稠密的 Z-箍缩。目标是产生 X 射线，其功率 [36] 大约为 200TW(200×10^{12}W)。这是惊人的成果，因为美

国总的发电量只有大约 1TW。当然, X 射线脉冲寿命仅仅大约毫微秒。图 10.37(b) 是用 120 根钨丝内部排列安装的同一个箍缩装置。来自内部钨丝的等离子体产生的一种等离子体能平滑在等离子体外部形成的不稳定性, 而且 X 射线的功率增加到 280TW[37]。显然, **这些箍缩不能产生用于主要能源的连续能量。**

伦敦帝国学院的喜鹊 (Magpie) 项目在金属线排列 Z-箍缩上进行创新研究, 在这个装置中, 金属线从中心点径向向外 [38]。外部磁场也能被嵌进箍缩中。虽然这个工作有趣, 但它是用于其他目的而不是能源。

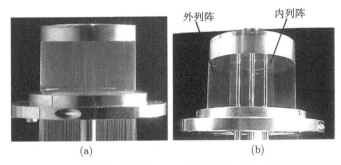

图 10.37 为了圣地亚[36,37]Z-箍缩的 (a) 单线排列和 (b) 双线排列, 线长大约 2cm

10.5.4 等离子体焦点

等离子体焦点也被称作稠密等离子体焦点 (DPF), 这是为产生聚变而创造的最老的装置。因为它的简单性, 被用在全世界为了教学研究的小实验室。一个简图在图 10.38 示出。经过在中心电极和外部圆柱体之间的大电容器放电形成等离子体。由白色曲线显示的电离前沿迅速移动到右边的末端, 在那里, 在皇冠形等离子

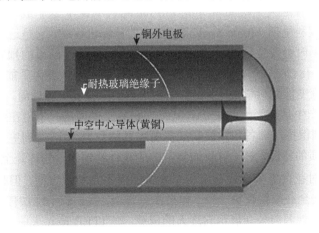

图 10.38 稠密等离子体焦点的简图 (http://www.plasma-universe.com)

体组成的彩带中, 电流在电极之间流动。在皇冠的中心是稠密 Z-箍缩, 它在一个瞬间能够达到聚变条件。

它产生强烈的 X 射线, 以氘代替氘氚 (DT), 在 10~20ns[39] 中产生中子。对于 DPF, 诊断和理论都困难, 而且不是很好理解。尽管如此, 一些小组提出将 DPF 用于 p-B^{11} 聚变。对 DPF 存在的有趣的物理学现象可以进行研究, 但是正如所有单脉冲装置一样, 作为能源它是不合适的。

10.6　惯性约束聚变

10.6.1　引言

在 1970 年左右, 当高强度激光成为可用, 人们如利弗莫尔的基德 (Ray Kidder) 和加利福尼亚大学圣地亚哥分校的布鲁克勒 (Keith Brueckner) 开始考虑惯性聚变。如果用磁场约束等离子体如此艰难, 那么用激光快速加热等离子体以致在它分崩离析之前就聚变会怎样? 这个思想是用氘或者氘氚 (DT) 填进很小的玻璃球, 然后从各方用激光来轰击它。玻璃会蒸发和向外膨胀, 而作用力会把它 (燃料) 向内推到一个小的热点, 在那里在燃料转向和向外喷发前, 燃料能够聚变。他们得到一些数字并向原子能委员会提议在利弗莫尔开始激光聚变方案。这个提议由主席哈夫斯塔德 (Lawrence Hafstad) 和包括作者在内的委员会进行审查。这个提议被接收, 其他就是历史了。

以远小于磁聚变的预算开始, 激光聚变方案很成功, 而且建立了一系列越来越大的激光器, 如杰纳斯 (Janus)、阿古斯 (Argus)、雪娃 (Shiva)、诺娃 (Nova) 和现在的国家点火装置尼夫 (National Ignition Facility, NIF)。这个成功在很大程度上取决于约翰·奴科里斯 (John Nuckolls) 复杂的计算机程序, 它是这类程序的第一个, 能预测聚爆时会发生什么。4.58 亿美元 ($458M) 惯性约束的预算超过磁约束的 4.26 亿美元 ($426M)[29]。然而, 惯性聚变的投资不是主要为了能源。虽然一些科学资助来自聚变能源科学, 但主要资助是来自国家核安全管理局。那是因为激光微型爆炸能够产生足够强大的去仿真氢弹在材料上的效应, 不用在地面测试真正爆炸, 能够得到保持核储备和发展新武器所需的数据。另外, 研究在极端压力和温度条件下物质的特性, 对了解我们宇宙中的天体物理学的物体是至关重要的。

人们会反对花费更多金钱在聚变军事方面而不是能源方面, 但是支出是必不可少的。国家安全必须摆在第一位。如果没有自由, 我们就不能做任何事情。人们把激光聚变作为能源向公众展示它迷人的成就。在 ITER 能点火前几十年, 激光会达到点火。然而, 它和在前面章节叙述的箍缩一样是脉冲系统, 而且要使它成为平稳的能源是困难的。

主要问题是缺乏合适的驱动力。**惯性约束聚变**这个词的定义包括的驱动力不只是激光。要有平稳的功率输出，激光聚变发电厂必须爆炸球丸至少每秒 10 次。一个具有 1 分钟 3200 次 (4 缸，转速 800 转/分) 爆发的汽车会平稳运行，但是对发电厂每秒爆发 10 次是足够的。然而，激光不能脉动那么快。最强大的激光器用直径几英尺的掺钕玻璃盘。为了放大，要让尽量多的光线通过玻璃，这样会加热玻璃，让它几乎达到破裂点。要花费几个小时使玻璃冷却。用早期的激光，可期望达到的是每天两次。在百万焦耳 (MJ) 激光器中有几千个这样的玻璃盘。如果其中之一的玻璃盘破裂的话，整个系统将停止运转。

然而，主要任务是发现更好的驱动器。尝试过离子束，但是它很难聚焦到小的靶丸，而且也必须是脉冲的。氟化氪 (KrF) 激光器不用玻璃而且脉冲更加快速。它们有一些指望，但是每秒 5 次脉冲已经证明只在低功率是可能的。基于脉冲电源的系统 (稍后讨论) 脉冲也是不能很快重复的。激光聚变应该视为神奇的技术成就，它确实这样，但不是作为有指望的基本负荷的能源。

10.6.2 一般原理

激光聚变需要独立的书来描述。这里作为托卡马克聚变的一个替代简单地进行处理。这个想法是把氘–氚混合物放进直径大约 2mm(∼1/16in) 的胶囊，而且在几十亿分之一秒内用巨大的激光功率从各个方向轰击它。国家点火装置 (NIF) 的功率在一个短脉冲中是 500 倍于美国的电力总容量。这就是该发生的事。

在图 10.39(a) 中，激光或者离子束能量从四面八方均匀地撞击胶囊。胶囊含有固体形状氘氚 (DT) 燃料，用叫做**消融体**(ablator) 的损失层来覆盖。这个消融体立即电离成稠密的等离子体，激烈地从中心向外膨胀，好像喷气式飞机从四面八方起飞了似的，胶囊被压缩。图 10.39(b) 显示膨胀的等离子体压缩胶囊。有了足够的激

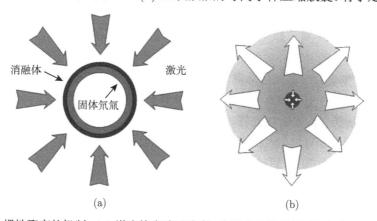

(a)   (b)

图 10.39 惯性聚变的机制: (a) 激光撞击球形胶囊，实际上的胶囊靶更加复杂; (b) 从消融体分离的膨胀等离子体正在压缩胶囊

光功率, 氘氚 (DT) 燃料压缩到密度 $1000\mathrm{g/cm^3}$, 近似 100 倍铅的密度, 而温度达到 10keV。等价的劳森判据 (第 5 章) 的得失相当条件是 $\rho R > 1\mathrm{g/cm^2}$, ρ 是密度, 单位 $\mathrm{g/cm^3}$, R 是最后的半径, 单位 cm。聚变发生, 而且有微型爆炸放出氦和中子产物。国家点火装置的脉冲能量大约是 1.8MJ, 而产生的能量能够多到 100MJ, 等价于 24kg 的 TNT 炸药。要产生 1000MW 的热能, 需要每秒爆炸 10 次。但是, 钕玻璃激光器只能产生几小时一次的脉冲。

10.6.3   不稳定性

惯性约束的美丽之处应该是它摆脱了磁约束的不稳定性。但是没有这样的好运, 它有新的不稳定性。首先, 它有一个老的不稳定性, 即瑞利–泰勒不稳定性 (第 5 章), 发生在任何轻流体推动的一个重流体。膨胀的等离子体用巨大的力推动胶囊。如果胶囊或者激光的平滑度有任何偏差, 小的涟波将成长而在压缩变得很大以前去破坏压缩。图 10.40 说明能够发生什么现象。

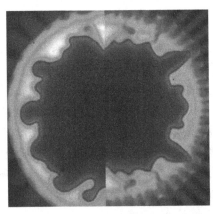

图 10.40   瑞利–泰勒不稳定性 [40] 的计算机模拟 (扫描封底二维码可看彩图)

参量不稳定性是新一类的不稳定性, 是由激光辐射 [41] 引起的。在图 10.41 中, 一个激光射线从右边进入被分离的等离子体中而在等离子体中产生一个用曲线显示的波。在垂直杆上的等离子体密度中, 波有最大值。激光射线相干地从这些密度条纹反射, 仿佛它们是衍射光栅。被反射的射线向右离去。入射波和反射波的干涉有效地增强等离子体波, 然后等离子体又更强地反射。净结果是大多数入射波被反射回到激光器, 少数激光到达胶囊, 但是这不是最坏的部分。

必须特别关注当反射光回到激光时, 要防止反射光被放大; 否则, 它将烧坏激光器。在参量不稳定性中能够产生两类不同的等离子体波, 一种是离子声波, 在这种情况下, 这个不稳定性叫做受激布里渊散射 (stimulated Brillouin scattering, SBS); 另一种是电子等离子体波, 在这种情况下, 这个不稳定性叫做受激拉曼散射 (stimulated Raman scattering, SRS)。有关受激拉曼散射的最坏作用就是等离子体波加速电子束。它能预热氘氚燃料以至于它不能被压缩到所需要的大小。所有这些发生在很小的空间,因此电子束很窄,形成箍缩。这个电子束产生的磁场以 MG(几百特斯拉) 为单位进行测量。说惯性聚变没有磁场,这不是事实! 显然,惯性聚变的不稳定性不是磁聚变的不稳定性。

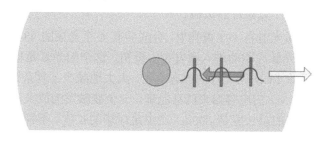

图 10.41 参量不稳定性的示意图 (在下面解释)

激光的频率越高,发生受激布里渊散射和受激拉曼散射的密度越高。较高的激光频率将更深地穿透等离子体晕 (corona) 而且使这些不稳定性减到最小。这是国家点火装置将应用它的基频的第三次谐波 ("3ω") 的原因,即使在转换中将损失一半激光强度。

10.6.4 玻璃激光器

主要的激光装置很长使得不能用一张照片显示出来。一个简单示意图在图 10.42 示出。左边的振荡器产生了一个恰当的空间和时间分布的弱脉冲。同一个脉冲被送到各个激光链。每个同样的链是由为了提高光束的功率而不断增大的放大

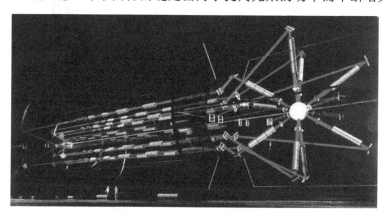

图 10.42 玻璃激光器安装的简单示意图 (照片来自作者档案室;原照片来国家实验室:利弗莫尔,洛斯阿拉莫斯或圣地亚)

器所组成。在右手边，光束进入**开关站**(switch yard)，它是由镜子所组成，镜子以设定的角度使光束进入白色球靶室。光束有有限的长度，因为光以每纳秒 1 英尺 (30cm) 的速度传播，因此一个纳秒脉冲只是 1 英尺长。每个光路必须有同样长度以便光束同时达到。在放大器之间是一些光学单位，是为了抑制反射光和保持时间同步，空间分布和光束开始时的平滑度。光被分成多束不仅是为了均匀地照亮靶，而且也是为了避免各个光束过热玻璃。

国家点火装置激光器有 192 束光束，分成各有 4 个光束的 48 组。掺钕玻璃激光器通过闪光灯的光脉冲驱动进入激发态。最初，这个闪光灯是像照相机的电闪光，现在转化到用像 LED 闪光灯的固态单元，大大地减少了复杂性和成本。为了这个灯，需要用 400MJ 的电容器来储存能量。一个被激发的放大器放大从前一级来的激光。各个光路的总长度是 300m，三个足球场的长度，不管是美式足球还是英式足球场。钕玻璃激光器产生波长 1.06μm 的红外线。用磷酸二氢钾单晶倍频到 3ω。这个 3ω 光是波长 351nm 的紫外线，为此必须用不同的光材料。图 10.43 显示在早期诺娃激光器的各个光束管。图 10.44 显示在被全面覆盖前的国家点火装置激光器机架 (bay)。在各个光束管的光学单元进行精确调准而且保持完全无尘环境。在国家点火装置中，各个放大器级之间的光学设备是预先安装在电冰箱大小的盒子中，因此如果一个单元坏了，就可以把备用单元从下面滑进替换它。

图 10.43   诺娃激光机架的视图 (http://lasers.llnl.gov/multimedia/photo_gallery/)

日本大阪激光工程研究所在山中千代绘 (Chiyoe Yamanaka) 教授的领导下也研发了钕玻璃激光。研发钕玻璃激光的其他重要参加者有莫斯科列别杰夫物理研究所 (Lebedev Institute) 的两个竞争小组：院士巴索夫 (N.G. Basov) 和普罗霍罗夫 (A.M. Prokhorov)；密歇根 KMS 聚变的创立者西格尔 (Kip Siegel)；纽约罗彻斯特大学建立激光能量学实验室的摩西·鲁宾 (Moshe Lubin)；英国卢瑟福–阿普尔顿实验室的小组；法国帕莱索巴黎综合理工大学的爱德华法布尔实验室，它导致在波尔多建造兆焦耳 (MJ) 激光。

图 10.44　国家点火装置 (NIF) 激光机架的视图
(http://lasers.llnl.gov/multimedia/photo_gallery/)

10.6.5　其他激光器

CO$_2$ 激光器是最早的高功率激光，而且洛斯阿拉莫斯国家实验室大力追赶。首先 MARS，然后 Helios，再 Antares 激光被建造。Antares 激光有大型机车大小，但是一直也没有完成。CO$_2$ 激光器有波长 10.6μm，是在远红外，人们很快发现，在如此长的波长，不能控制参量不稳定性。在华盛顿 DC 海军研究实验室 (NRL) 研发了一个大的 CO$_2$ 激光器。大量的 He-N$_2$-CO$_2$ 混合物通过大片状电子束电离。这个技术被用在 3kJ 耐克氟化氪 (Nike Krypton-fluoride) 激光器，它有波长 248nm，比国家点火装置的 351nm 3ω 激光较短和较好。作为气体，KrF 不需要在脉冲之间进行冷却，而在 NRL 的 700J 的厄勒克特拉 (Electra) 激光在 5Hz 的脉冲可持续保持几天或者几周时间 [22]。如果笨拙和昂贵的电子束能够被简单的电离器所取代的话，KrF 激光可能适合于驱动惯性聚变。

10.6.6　靶设计

最初，含有氘氚 (DT) 气体的玻璃微球用于做靶。它们像用来涂到放映机屏幕上的玻璃珠，但是它们必须完全是圆的和光滑的。图 10.45(a) 显示其中之一，而其中一些显示在图 10.45(b) 的硬币上。当用激光轰击，玻璃爆炸，一半离开，一半向内压缩气体。这是人们第一次观察到聚变中子。

(a)   (b)

图 10.45　用作激光聚变靶的玻璃微球：(a) 被放大的微球图，(b) 真正的大小图 (照片来自
　　　　作者档案室；原照片来自国家实验室：利弗莫尔，洛斯阿拉莫斯或圣地亚)

后来的靶用低-Z 消融体，它有更加可控的压缩 (Z 是原子序数)。靶的设计的例子示于图 10.46。所有这些都有冷冻的氘–氚壳层作为燃料。在图 10.45(a) 中，中心也有一点氘–氚，由重推进器限制住。这是假设它首先点火，然后给出能量去帮助点燃燃料。在图 10.45(b) 中，这个消融体是聚苯乙烯泡沫，它允许氘–氚气体不用如图 10.45(a) 那样的细管就能渗透进入胶囊。氘–氚在低温冷冻，而且它从氚的衰变的一点热量被熔化和变平滑。在图 10.45(c) 中，铍消融体被用于设计最佳的激波加热。为了改善压缩，通过塑造逐步增强的激光脉冲能够产生多重激波。因为强激波比弱的激波传播较快，多重激波能够在它们达到中心时追上前面的一个。

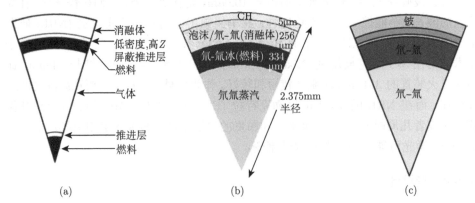

(a)   (b)   (c)

图 10.46　胶囊设计的例子：(a) 具有中心点火 [43]；(b) 具有塑料泡沫 [42]；
　　　　　　　　(c) 具有铍消融体 [44]

由于聚爆的进行必须预测好，靶的设计是很密集的计算。它们的目的和驱动方式的设计也是不同的。仅是为这些靶的其中一个就要有高超的技能和高昂成本。在反应堆中，每个弹丸成本不能超过 50 美分 ($0.50)。令人惊讶的是，根据预算，这些靶在大量生产中，每个只是 16 美分 ($0.16)[45]。成千上万的靶能够在液化床同时制成，把氘–氚灌注进球内，并且在温度 18K 涂上冷冻的一层能够同时对全部批量完成，因此用单个微管注入氘–氚不再必要。

10.6.7　直接和间接驱动

到目前为止直接驱动是我们已经描述的：一个球形靶用激光从各个方向均匀打击而被压缩。主要问题是激光束必须没有能够引起瑞利–泰勒不稳定性发展的热点。在纽约罗彻斯特激光能量学实验室，欧米茄激光的任务是有关直接驱动的研究。经过几年的试验后，对产生所需要的均匀性光束，已经创造光学技巧。

间接驱动被认为是更加复杂的。激光首先发射进一个圆柱腔，叫做**黑腔** (hohlraum)，德国称之为 "空洞"(hollow space)。在撞击通常用金制成的黑腔内壁时，激光产生强烈的 X 射线。在中心的胶囊沐浴在 X 射线的海洋中，X 射线均匀压缩胶囊。由于它们的高频，X 射线不受参量不稳定性的影响。显然，激光束必须通过任何一端的小孔进入黑腔。任何杂光打击孔的旁边将产生等离子体并在那里激发参量不稳定性。图 10.47 是金黑腔的剖面，而图 10.48 是一个艺术家对激光束进入有胶囊在中心的黑腔的想象图。

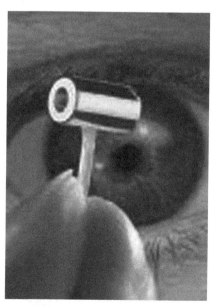

图 10.47　一个黑腔 (https://laser.llnl.gov/programs/nic/)

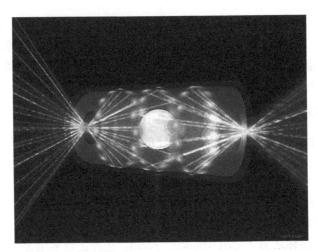

图 10.48 间接驱动的机制 (www.flickr.com/photos/llnl/2843501990/)

间接驱动, 利弗莫尔方案的重点, 众所周知的工作是在炸弹方面, 但是对聚变, 它比直接驱动更加复杂。黑腔很难制造, 而且胶囊必须在中心悬浮 (为了这个, 有人谈到用蜘蛛网络链, 没有人造的可以替代它们)。黑腔必须射到靶室的中心, 因为如果它们降落慢的话, 氘-氚将熔化。即使这样, 在它们经过靶室期间, 必须用图 10.49 中的冷架子来保持黑腔处于低温。架子也帮助黑腔免受用于加速它们的力。**快速点火**是一个新的更复杂的装置。为了得到更高的效率, 这个新方法运用一个很短的用圆锥 (图 10.50) 聚焦的预脉冲在靶丸中心点燃氘-氚气体。从这个燃烧得到的聚变能量帮助点燃主要燃料。

图 10.49 冷却指状物之间的黑腔支架

(https://publicaffairs.llnl.gov/news/news_releases/2010/nnsa/NR-NNSA-10-01-02.html)

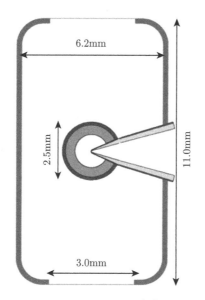

图 10.50 快速点火黑腔[44] 的简图

想象一下每个射击的次序。在振荡器产生的激光脉冲，被分成 196 条小线束，在 300m 长路中每一个小线束通过为数众多的放大器和光学开关一直到总能量超过 1MJ。这些小线束形成 48 束，开关站 (switch yard) 把 48 束送到靶室，示于图 10.51。以微米级空间精确度和以纳秒级时间的精确度把每一个束聚焦到靶。对于间接驱动，每一个束被分成两分束，每个分束在一端进入黑腔。光束不能溢出到孔的边缘，否则会使等离子体堵住入口。圆柱必须和光束完全对准。在快速点火时，黑腔还必须在正确的方位上以便圆锥能对准。在射击后，所有东西蒸发，而靶室必须清空预备下一个射击。在实验中，靶用扶手严格支撑，而靶丸已经成功地聚爆。

图 10.51 NIF 靶室被抬进大楼 (https://www.llnl.gov/str/Atkinson.html)

10.6.8　反应堆技术

即使还没有找到合适的驱动器, 反应堆的研究仍然可以进行, 特别对较简单的直接驱动的情况 [42]。从各个胶囊释放的能量等价于几十千克 TNT 炸药, 但是不能产生 TNT 冲击波, 因为只包含一点材料 [43], 只有从很小胶囊和氘-氚燃料来的离子, 加上产生的氦气。更多的能量作为辐射放出, 而且第一壁必须经得起辐射。中子通常通过第一壁进入增殖再生区。第一壁必须经受辐射, 多数是 X 射线。惯性聚变比托卡马克有优势, 在能源和器壁之间有更大的距离。对第一壁的主要选择是①固体材料, 如为托卡马克提议的 SiC/SiC 化合物, ②液体薄湿壁, 而③液体 FLiBe(第 9 章) 的瀑布覆盖固体壁。激光聚变固体壁将要经受重复的热循环, 它将大大缩短寿命。

在直接驱动中, 71% 的聚变能量作为中子能量, 27% 作为离子能量, 而仅仅 1.4% 作为 X 射线能量。在间接驱动中, 69% 作为中子能量, 5.8% 作为离子能量, 而巨大的 25% 作为 X 射线能量, 由于黑腔被设计成产生 X 射线 [47]。离子和 X 射线在 **干壁**(dry wall) 上的薄层存储它们的能量, 干壁对所带的热必须冷却得很好。更严肃的问题是快速 α 粒子沉积在器壁上, 形成引起器壁剥落的氦气泡。避免这个问题的方法是加上会切 (cusp) 磁场 (图 7.8) 去保护器壁和引导离子进入偏滤器。显然, 这需要像磁聚变那样强大的超导线圈。

湿壁会是通过第一壁小孔注入 FLiBe 的薄层, 能保护器壁防止离子和 X 射线的伤害。这个液体收集在下部, 重新处理, 而重新在反应室上部注入。**厚密液体壁**(thick liquid wall)[43] 是在靶和固体壁之间的 FLiBe 或者 PbLi 的圆柱瀑布。这个瀑布拦截聚变产物, 进到反应室下面的槽, 而重新处理后在反应室上部再注入。在这种情况下, 靶必须从反应室上部或者下部进入。塞斯伊恩 (Sethian) 等 [42] 已经根据二极管泵浦玻璃激光器和 KrF 激光器比较了直接驱动反应堆, 已经显示两种类型激光器能够经受低功率 5~10Hz 重复脉冲的打击。它们有类似插头效率: 分别是 10% 和 7%; 它们和能发展的高功率脉冲的情况进行了比较。

在惯性聚变中, 在射击之间有在 100ms 内复原真空的问题。剩余的气体必须不会被激光电离。激光束必须从 10m 到 20m 远用 20μm 精确度打靶, 而且小量气体将使束偏离。为了克服这个问题 [42], 测试一个 "闪光"(glint) 系统。当胶囊接近反应室的中心时, 点燃一个小的激光器来照亮它。探测了反射光的方向, 然后移动镜子以保持激光束能打到靶上。用 48 束做这件事, 显然是令人沮丧的任务, 而且只有直接驱动的球形靶能够用。**用激光得到聚变能量的道路还看不清。**

10.6.9　脉冲电源

这个词描述的系统在短时间内能够积累大量能量, 不用激光。早期聚变研究者之一科尔布 (Alan Kolb) 离开那个项目在加利福尼亚圣地亚哥创办麦克斯韦实验室开辟脉冲电源领域，为了储存能量发展了大的快速电容器。他们是最早放置 "罐子里的兆焦耳"(a megajoule in a can) 的。兆焦耳不是一个不得了的能量总数，它是一壶 (3L) 水在沸腾温度的加热能量。一个 50A·h 的汽车电池含有 2MJ 的能量，重要的是怎样快速释放能量而得到电力。功率是能量传递的速率。当一个汽车电池在 1h 内被耗尽时，电容器可以在纳秒内释放它的能量。电容器能够储存超过 $2J/cm^3$ 的能量。1MJ 能够挤满 500 000cm³，它是每边为 80cm(30in) 的立方体。一个脉冲电源安装有上百个电容器。

为了得到高电压，电容器电路耦合成马科斯组合 (Marx bank) 电路，显示在图 10.52 中。在这种排列下，直流电源接到各个电容器，如图 10.52(a) 所示。在充电后，电容器之间的开关是断开的，如图 10.52(b) 所示，而对角的开关是闭合的，它把一系列电容器串联起来。然后它产生的电压比单个电源产生的电压更高。

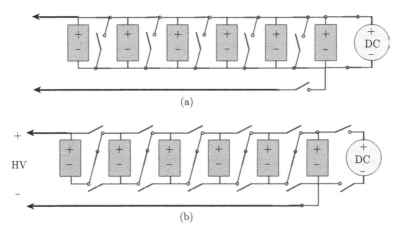

图 10.52 马科斯组合回路的电路图：(a) 电容器并联充电；(b) 电容器串联放电

然后电流被携带到**脉冲形成线**(Blumlein) 装置。这是一个大的特别设计的输电线路，它能够处理马科斯组合回路巨大的电流和电压。**脉冲形成线**使用水作为绝缘体，而且也有电流产生的 B 场的磁绝缘。在这个过程中脉冲也能缩短。火花间隙开关在系统中也许是最重要的高技术元素。

图 10.53 是在新墨西哥州阿尔伯克基圣地亚国家实验室 Z-装置的简图，而图 10.54 显示真实的装置。电容器环绕装置，而圆柱是进入中心真空室内脉冲形成线携带的能量脉冲。Z-装置中的电容器存有 11.4MJ，其中 5MJ 通过脉冲形成线被输送到负载。一个 100ns 脉冲能够携带 20MA 电流和 60TW 功率。对于军用，装置能够在 200TW 功率下产生每个脉冲为 2MJ 的 X 射线。

对于聚变的应用，Z-装置能够产生重的离子或者轻的离子束输送到胶囊，这个胶囊在这里由于高能量比激光聚变要大一些。问题是在传输。离子束到靶丸要穿过

长距离，要保持它的聚焦是困难的。当离子束靠近靶变得狭窄时，除非电荷是中和
了，空间电荷将倾向把它扩大。要做的最好的方法是让离子通过已经产生的等离子
体，它的电子能够中和空间电荷。对束等离子体不稳定性来说，这是完美的解决方
法。离子束驱动器没有成功地发展。现在这个计划是把从脉冲电源产生的强烈的 X
射线用来充满黑腔。即使这个方案能够工作，它也不能在 10Hz 工作。脉冲电源对
惯性聚变驱动器不是一个有前途的电源。

图 10.53   Z-装置简图，世界上最大的脉冲电源装置[46]

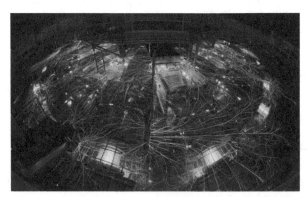

图 10.54   放电期间的 Z-装置 (http://www.sandia.gov/media/)。这张宣传照片显示了弧
光，这只有在正常操作期间才发生

10.7   骗局和死局

10.7.1   冷聚变

1989 年弗莱希曼 (Fleischmann) 和庞斯 (Pons) 宣布他们在重水烧瓶中产生能
量以后，人们都认为这是无中生有。实验包括在阳极和钯阴极之间加上直流电压
电解重水 (D_2O) 产生气体产物。装置的能量输入和输出必须仔细地进行测量。有
几周得到能量平衡，但是，他们后来发现输出比输入大了几瓦。自此以后，实验被
许多有名的科学家重复几百次，但没有得到类似的结果。已经有许多冷聚变的"信

徒",他们指责科学界的势利排他性,而且他们偶尔报告观察到的产生的过剩能量。美国物理学会召开会议并组成专门小组,讨论冷聚变,得出结论认为这是不可能的。电化学电势有时惊人得强大。氢汽车燃料电池 (图 3.51),比如,在加热前,用了铂或者钯催化剂神奇地去离解和电离氢。显然,在电离的 10eV 和在聚变克服库仑势垒的 10keV 之间有很大的区别。在冷聚变,也许氘在一段时间后渗入到钯,而最终两个氘很靠近,而且在应用电压作用下以某种形式导致它们聚变。有时观察到一些中子,但是这些也可能是由于宇宙射线。在这些不常见的活动中,有趣的物理学和冷聚变的国际会议自 1990 年开始每年都举行。在某些国家建立了冷聚变研究所。然而,冷聚变的功率如此小以致不能抵消钯的费用,更不用说整个电厂了,而且它仅仅是热能源,不是直接的电能源。冷聚变也许有科学的特征,但是它和能源的产生没有关系。

然而,冷聚变的喧闹是有好处的。它显示公众不是对受控聚变能源不感兴趣,而是只要它是廉价的。人们只是不明白,为什么它是这么难实现,为什么没有捷径可以走到彩虹的尽头 —— 黄金处。本书尝试解释原因。

10.7.2 泡沫聚变

声致发光是一种现象,在这个现象中,在液体中的兆赫兹 (MHz) 声波能引起泡沫,崩溃后变成很小的点,在彼处产生高温。使用氘化丙酮作为液体,一些研究者报告探测到由于泡沫崩溃产生的聚变中子。然而,声致发光的专家,包括加利福尼亚大学洛杉矶分校 (UCLA) 普特曼 (Seth Putterman) 并不能重复这些结果,而且明确提出,这不是产生聚变的方法。看来,这比冷聚变更极端滑稽。

10.7.3 μ 介子聚变

这是冷聚变最初的思想,诺贝尔奖获得者阿尔瓦雷斯 (Luis Alvarez) 在 1968 年 [49] 得奖演讲时已经披露了这个想法。μ 介子是像电子一样的基本粒子,它比电子重 207 倍。它们在加速器产生,而且在衰变前只有 2μs 的寿命,好一个永恒 (an eternity)!正如任何人所知,基本粒子和光子有双重本性,有时的行为如粒子,有时的行为如波。作为波,它们有波长,叫做德布罗意 (de Broglie) 波长,它是与它的质量成反比的。重约 200 倍的 μ 介子,它的波长缩短至原波长的 1/200。一个负的 μ 介子能够代替原子中的电子,而这个负电荷的 "云" 就缩小至原来的 $\frac{1}{200}$,使分子中的核相互靠近。氘-氚分子的 μ 介子聚变示于图 10.55 中。

图中的第一行中,具有大电子云的通常的 D 和 T 原子能够结合成 DT 分子,正如两个 H 原子会形成 H_2。在第二行,一个 μ 介子代替氚原子的电子导致尺寸更小的 μ 介子氚。下一行,氘原子核结合在 μ 介子云中的氚核形成具有两个核相互接近的 μ 介子 DT。通常,D 和 T 都带正电荷而互相排斥,不能在室温聚变成氦气。显然，在量子力学中，如果库仑势垒足够薄，粒子能够因隧道效应穿越库仑势垒。在 μ 介子 DT 分子中，这个隧道效应发生很快，而在 μ 介子的寿命 2μs 期间能够发生几百次。在图 10.55 最后一行，发生 DT 聚变，产生了中子和 α 粒子的普通的产物。显然，μ 介子起的作用是必要的。如果 μ 介子飞离，它能催化另一个聚变，然后是一个又一个的聚变。然而，如果 μ 介子 "胶黏" 在 α 粒子，则它被带走而丢失。这个胶黏分数在 0.4% 和 0.8% 之间，而这限制了一个昂贵的 μ 介子能催化的反应的数目。

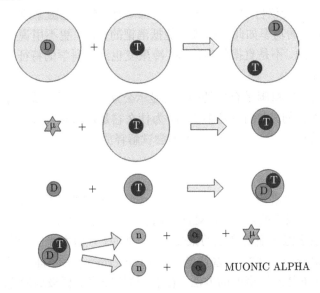

图 10.55　μ 介子聚变的步骤，随着一些 μ 介子 "胶黏" 到 α 粒子而结束

　　实验正在加速器实验室如英国的 RIKEN-RAL[4]和加拿大温哥华的 TRIUMPH 进行。已经观察到每个 μ 介子大约 120 次的 DT 聚变 [28]。以每次事件有 17.6MeV，总计超过 2GeV 的能量。然而，它消耗 5GeV 制成一个 μ 介子。可以使用极化的氘核，通过工作在高温或者制造便宜的加速器去改进这个比例。在目前的阶段，μ 介子聚变的物理学仍然处于婴儿期。

10.7.4　天体器

　　天体器的故事更多的是关于一个人而不是关于聚变概念 [50]。克里斯托费罗斯 (Nick Christofilos) 是自学成才的希腊物理学家，他和别人同时独立地发明加速器的交变陡度聚焦原理，而后来就是天体器装置。由于他是希腊公民而从事美国机密材料工作，他不被允许接触他自己的已经存档的工作文件。天体器是在利弗莫尔的很大的一个装置，用来产生反场位形 (FRC)(图 10.33)，这个装置具有一个他自己所设计的感应电子直线加速器注入相对论性电子的环。多脉冲积累电子层没有成功，而只得到 6% 的反向场。与此同时，康奈尔大学的弗莱希曼用脉冲电源达到 100% 的反向场。没有充分了解，克里斯托费罗斯也没有意识到，电子通过同步辐射会损失它们的能量。但他的说服工作最终被放弃，原子能委员会准备关闭这个项目。在项目关闭前，克里斯托费罗斯 —— 一个拼命工作、拼命喝酒和抽烟者，在 1972 年死于心脏病，时年 55 岁。

10.7.5 静电约束

一个电场推着离子和电子在相反方向运动，它造成一个观念，一个稳定电场不能约束等离子体。但是，赫希 (Bob Hirsch) 后来领导 AEC 聚变部门提出一个装置，这个装置由于它的简单性深得业余爱好聚变者的喜爱。该设备有两个球形栅极，一个套一个，外面一个是接地的，里面一个处于大的负电势 [51]。气体在两个栅极之间电离，离子被加速向着中心，在那里它们积聚而产生大的正电势。随后的离子由于"虚拟阳极"被排斥，而且被反射回到栅极。它们然后在球内振荡而能够相互碰撞使得偶尔发生聚变。这就要遭受损失，原因和原来的热等离子体一样，正如在第 4 章所解释的。流动离子聚变在一万次碰撞中只有一次发生。其他碰撞减少它们的能量以至于不再发生聚变，而最终扩散离开系统。栅极对小的实验是可以的，但是在聚变密度下它们将熔化。此外，在这些密度下德拜屏蔽会阻止外加电压达到网格中孔的中心。

10.7.6 密葛玛

在早期的计划中，提出了让加速器束碰撞的提案，建了几个密葛玛特罗伦斯 (migmatrons) 装置。运用加速器，很容易得到高达 DT 反应峰值的 80keV 离子能量，甚至接近 300keV 的 p-B^{11} 反应。这种束是低密度的，但是它们能够被放进储存环去循环而通过碰撞点许多次。但是弹性散射产生轫致辐射的射线，还总有流动离子的不稳定性。对密葛玛还未提出全面的稳定性理论。

10.8 终极的聚变

从现在算起一百年后，聚变反应堆会变成什么模样呢？本章描述的许多思想将会有被淘汰，而有几个会结合起来。一旦缝缝补补的小题大做 (rube goldberg) 的实验的周期过去，私营企业会发展简单和廉价的系统 —— 自组织成稳定的位形和不用更多的外部能源能够保持本身的热温度。反应堆也许会有带圆形的形状，就像紧凑托卡马克一样。燃料也许是 p-B^{11}，它不需要氚增殖和产生很少中子，或者它可以是 D-He^3，虽然 He^3 必须要在辅助的裂变反应堆制成。磁面会是封闭的而且有球

形托卡马克 (图 10.12) 内部好的曲率。它们看起来也许像那些 CKF(Chandrasekhar-Kendall-Furth) 无力位形，如图 10.56 所示。

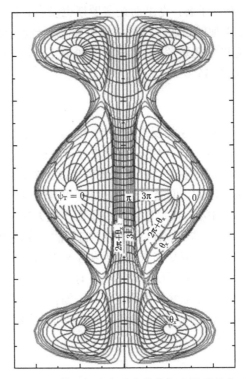

图 10.56　第三代聚变反应堆的概念性磁场位形

(http://www.frascati.enea.it/ProtoSphera%202001/3.%20Chandrasekhar-Kendall-Furth.htm)

　　在装置的上部和下部会有自然偏滤器。在偏滤器颈部的上面和下面的外部区域能够延伸 (如对称轴镜子)(图 10.27) 产生更多好的曲率来保持稳定。高能 α 粒子离开偏滤器后能从隧道进到直接转换器直接地产生直流 (DC) 高电压。中间的核心能够连续地向上或者向下滑动更新而不用关闭装置。

　　这是一个梦想，但是我们可以寄托希望。

注　释

　　1. The Latin plural is, of course, *tori*; but we use *toruses* here so as not to confuse *tori* with *torii*.

　　2. http://www.toodlepip.com/tokamak/spherical-tokamaks.htm.

3. Energy, of course, has no direction; it is velocity that is perpendicular to the B-field. In this section, we use this loose term, which might be easier for a nonscientist to understand.

4. RIKEN standes for Rikagaku Kenkyusho, a private research foundation in Japan. RAL stands for the Rutherford-Appleton Laboratory in England.

参 考 文 献

[1] H.-S. Bosch, G.M. Hale, Nucl. Fusion **32**, 611 (1992). for deuterium fusion

[2] W.M. Nevins, R. Swain, Nucl. Fusion **40**, 865 (2000). for boron fusion

[3] L.J. Wittenberg, J.F. Santarius, G.L. Kulcinski, *Lunar source of ^{3}He for commercial fusion power*. Fusion Technol. **10**, 167 (1986)

[4] J.F. Santarius, *Role of Advanced-Fuel and Innovative Concept Fusion in the Nuclear Renaissance*, 48th Annual Meeting of the Division of Plasma Physics, Philadelphia, PA, Oct. 31, 2006 (Bull. Amer. Phys. Soc. Abstract No. BAPS.2006.DPP.JM2.4)

[5] F. Najmabadi, R.W. Conn, et al. *The ARIES-III D-He^3 Tokamak Reactor Study*, 14th Symposium on Fusion Engineering, San Diego, CA, 1991 (IEEE No. 91CH3035-3, p. 213) (IEEE, Piscataway, 1992)

[6] E. Fermi, *Nuclear Physics*, Notes by J. Orear, A.H. Rosenfeld, R.A. Schluter (University of Chicago Press, 1950), p. 152

[7] R. Feldbacher, *The AEP Barnbook* (Alternate Energy Physics Program, Institute for Theory of Physics, Graz, Austria, 1987). Published by the International Atomic Energy Agency, Nuclear Data Section

[8] H.-S. Bosch (Max-Planck Institute), *Construction of Wendelstein 7-X: Engineering a Steady State Stellarator*. 23rd Symposium on Fusion Engineering, San Diego, CA 2009

[9] J.B. Taylor, Phys. Rev. Lett. **33**, 1139 (1974)

[10] J.F. Lyon (Oak Ridge National Laboratory), *The World Stellarator Program*, Fusion Power Associates Symposium, Washington, DC, 2006

[11] A.H. Boozer, Plasma Phys. Control Fusion **50**, 124005 (2008)

[12] H. Neilson (Princeton Plasma Physics Laboratory), *The Promise and Status of Compact Stellarators*, Fusion Power Associates Symposium, Gaithersburg, MD, 2004

[13] F. Najmabadi and the ARIES Team (University of California, San Diego), *ARIES-CS Compact Stellarator Study*, Report UCSD-CER-06-05 (2006)

[14] A.A. Ivanov, Paper EX/P5-43, 22th IAEA fusion energy conference, Geneva, Switzerland, 2008

[15] A. Sykes (Culham), *The Development of the Spherical Tokamak*. International Conference on Plasma Physics, Fukuoka, Japan, 2008

[16] Y.-K.M. Peng, D.J. Strickler, Nucl. Fusion **26**, 769 (1986)

[17] J.T. Slough et al., Phys. Plasmas **2**, 2286 (1995)

[18] P.M. Bellan, *Spheromaks* (Imperial College Press, London, UK, 2000)

[19] S. Woodruff (University of California, Berkeley), *Alternative Pathways to Fusion Energy*, Fusion Power Associates Meeting, Washington, DC, 2006

[20] H. Alfv"|n, L. Lindberg, P. Mitlid, J. Nucl. Energy Part C Plasma Phys. **1**, 116 (1959)

[21] M.S. Ioffe, J. Nucl. Energy, Part C Plasma Phys. **7**, 501 (1965)

[22] M.C. Myers et al., Nucl. Fusion **44**, S247–S253 (2004)

[23] A Livermore drawing. See, for instance, Richard F. Post, *Thoughts on Fusion Energy Development*, Fusion Power Associates Meeting, Livermore, CA, December 2008

[24] K. Yatsu et al., Nucl. Fusion **43**, 358–361 (2003)

[25] T. Cho et al., Paper EX/9-6Rd, 20th IAEA Fusion Energy Conference, Vilamoura, Portugal, 2004

[26] W. Horton et al., *Axisymmetric tandem mirror D-T neutron source* (2008), http:// burningplasma. org/web/ReNeW/whitepapers/5-24%20horton_renew_whitepaper.pdf

[27] T. Simonen et al., *The Status of Research Regarding Magnetic Mirrors as a Fusion Neutron Source or Power Plant*, Summary of workshop held in Berkeley, CA, September 8–9, 2008

[28] K. Ishida (RIKEN), *Muon catalyzed fusion, recent progress and future plan*, International Workshop on Neutrino Factories and Superbeams, Irvine, CA, 2006

[29] FY 2010 estimates: Phys. Today, April 2010

[30] J. Sarff (University of Wisconsin), *Physics Progress of Reversed Field Pinch Magnetic Confinement*, American Physics Society Division of Plasma Physics Meeting, Atlanta, GA, 2009

[31] R. Lorenzini et al. (Padua), Nat. Phys. Lett. (online), June 14, 2009

[32] H.Y. Guo et al., Phys. Plasmas **14**, 112502 (2007)

[33] R.D. Milroy et al. (Redmond), *FRC Formation and Sustainment with RMF Current Drive*, American Physics Society Division of Plasma Physics Meeting, Atlanta, GA, 2009

[34] J.F. Santarius et al., *Field-Reversed Configuration Power Plant Critical Issues*, University of Wisconsin Report UWFDM-1084 (1998)

[35] N. Rostoker, A. Qerushi, Phys. Plasmas **9**, 3057 (2002). 3068

[36] R.B. Spielman et al., Phys. Plasmas **5**, 2105 (1998)

[37] C. Deeney et al., Phys. Rev. Lett. **81**, 4883 (1998)

[38] F. Suzuki-Vidal et al., IEEE Trans. Plasma Sci. **38**(Part 1), 581 (2010)

[39] V.A. Gribkov et al., Physica Scripta **81**, 035502 (2010)

[40] D.S. Clark et al., Phys. Plasmas **17**, 952703 (2010) 416 10 Fusion Concepts for the Future

[41] F.F. Chen, *Introduction to Plasma Physics and Controlled Fusion*, 2nd ed., vol. 1: "Plasma Physics" (Plenum, New York, 1984), p. 309ff

[42] J.D. Sethian et al., IEEE Trans. Plasma Sci. **38**, 690 (2010)

[43] J.J. Duderstadt, G.A. Moses, *Inertial Confinement Fusion* (Wiley, New York, 1982)

[44] D. Clark et al. (LLNL), *Indirect Drive Fast Ignition Target Designs for the National Ignition Facility*, FESAC Subpanel Workshop, Washington, DC, August 2008

[45] D.T. Goodin et al., Nucl. Fusion **44**, S254 (2004)

[46] R.B. Spielman et al., Plasma Phys. Control Fusion **42**, B157 (2000)

[47] F. Najmabadi et al., Fusion Sci. Technol. **46**, 401 (2004)

[48] A.R. Raffray et al., Fusion Sci. Technol. **46**, 417 (2004)

[49] S.E. Jones, Nature **321**, 127 (1986)

[50] E. Coleman, *Greek Fire: Nicholas Christofilos and the Astron Project in America's Fusion Program*, w3.pppl.gov/post/docs/coleman.pdf

[51] R.L. Hirsch, J. Appl. Phys. **38**, 4522 (1067)

第 11 章 结　　论

啊，但是人总要超越自己的极限，否则为什么要有天堂呢？

勃朗宁 (Robert Browning) 的名句中没有比这一句更中肯的了。当自然界的馈赠用尽后，人类能否存在取决于他本身取到能量的能力。要创造我们自己的普罗米修斯之火，我们也许不成功，但是它是可以达到的。

聚变是解决气候变化和能源短缺这两个问题的答案。聚变能量是用之不尽，没有污染的能源。

聚变将会缓解我们对石油的依赖。人们将不必要发动中东战争。拥有了无限能量，人们将能用电力或者氢来驱动汽车。

拥有了无限能量，海水淡化能够给所有沿海地区提供淡水。

聚变不会爆炸或者扩散。

聚变不需要干扰环境和野生动物栖息地。反应堆能建立在老化的燃煤电厂和核电站的旧址。特别是，它们可以建立在人口密集的地方。不用急需建造新的横跨全国的传输线。

聚变是唯一可以维持人类未来千万年的能源。我们越早得到它，花在临时能源方案的费用越少。

11.1　科学性总结

第 1 章，我们总结了全球变暖的科学证据，它是由人类活动，特别是化石燃料燃烧放出的 CO_2 造成的。第 2 章，我们总结了已知的化石燃料储存的事实，特别是石油严重短缺。我们说明了在提取最后储存的难度和危险以及封存化石燃料排出的温室气体的费用。第 3 章，我们调查了可替代能源，而且发现除了核能外没有其他能源能够提供可以依靠的主体能源，虽然有许多替代能源作为补充能源是适宜的。

第 4~6 章，我们介绍了聚变能源的概念，解释了为什么需要用磁瓶约束热等离子体把氢聚变成氦，由此从水得到能量。第 7 章和第 8 章，我们解释了托卡马克装置的等离子体约束的物理学，而且归纳了所有已经解决的难题。第 9 章，我们详细给出了有待解决的所有极端困难的工程问题。最后，第 10 章，我们陈述了得到聚变能源的其他方法，这些方法还没有被深入地探讨，但也许是比托卡马克更好的聚变反应堆。

11.2 发展聚变的费用

11.2.1 财政上的数据

聚变的效率来得不会便宜,但是它的成本比美国已经成功地开展的其他项目还是较少的。图 11.1 比较了曼哈顿 (Manhattan) 项目、阿波罗计划,以及伊拉克和阿富汗战争 (到 2010 年) 的成本和发展聚变反应堆项目的成本。以稳定的 2010 年的美元为标准,曼哈顿项目的成本为 226 亿美元 ($22.6B),而周期较长的阿波罗计划成本为 1008 亿美元 ($100.8B)[1]。其他项目的估价要高一倍[2]。迄今为止[3]两次近代战争成本分别为 7320 亿美元 ($732B) 和 2820 亿美元 ($282B)。发展聚变的成本只是高度猜想的估计。ITER 的成本,原来为 50 亿欧元 (€5B), 63 亿美元 ($6.3B),后增加到 160 亿欧元 (€16B), 210 亿美元 ($21B)[4]。搞工程的研究人员将需要聚变发展设备 (FDF)。这些设备的费用没有被估算,但是设计一个规模为 45% ITER 的线性装置,成本是随着尺寸大小的平方增加的。由于预计中 ITER 有更高的成本,它将使一个 FDF 装置成本大约是 42 亿美元 ($4.2B)。也许 3 个 FDF 需要的总成本为 126 亿美元 ($12.6B)。演示装置 (DEMO) 成本至少会是 ITER 成本的两倍,即 420 亿美元 ($42B)。总成本是 750 亿美元 ($75B),比不解决任何紧迫问题的阿波罗项目要少。在 DEMO 成功运转之后,进一步发展会移交给私人企业,而将不再需要国家的支持。这里给出的聚变成本是一个猜测,但它是很清楚的,美国不需外援就有能力发展聚变。这只不过是是否优先的问题,约翰·肯尼迪已证明它能够做到。

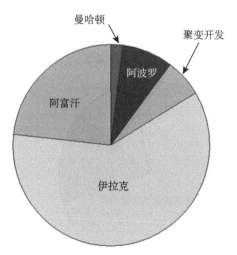

图 11.1 曼哈顿项目、阿波罗计划、伊拉克和阿富汗战争,和猜测的发展聚变反应堆的成本进行比较。所有成本以 2010 年美元为标准

图 11.2 给出美国能源部科学办公室 [5] 的 2011 年财政年度 51 亿美元 ($5.1B) 的分解图。聚变能源科学是支持磁聚变研究的项目，在所有项目中是最小的。基础能源科学理所当然地是最大的项目，因为它支持现代的再生能源，如风能和太阳能。高能物理从传统上有一个庞大的预算，因为它带给了我们氢弹从而打赢了第二次世界大战。在加速器和实验方面仍然有很大的预算，因为它能增进我们对物质结构的认识。这是前沿科学，但是人类要生存也许不需要知道这些。

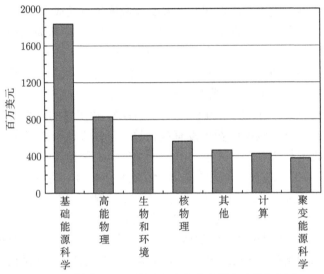

图 11.2   美国能源部科学办公室支持的各个部门经费

图 11.3 比较了美国磁约束以及惯性约束聚变研究和 NASA 空间计划的 19 亿美元 ($1.9B) 的年度预算。磁聚变预算包括贡献给 ITER 的 8000 万美元 ($80M)，

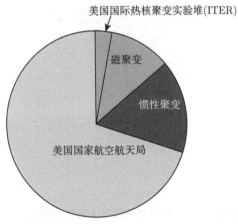

图 11.3   美国空间方案和聚变方案年度预算的比较

相当于伊拉克战争 4 个小时的支出。太阳系的探索 (NASA) 和研究极端条件下物质的特性 (ICF) 是激动人心的现代知识的延伸，科学家很高兴这些项目能够得到资助，这是因为它们对国家安全有很大的重要性。然而，这些方案对解决环境和能源问题的贡献很少。我们在寻找希格斯玻色子 (Higgs boson) 花费的钱比解决全球变暖和石油短缺要多得多。重新审视优先项目是势在必行的。

图 11.4 显示的是 ITER 的成本，包括建设成本，但不包括运转成本。它的费用由 7 个国家共同分担。它是走向聚变反应堆的第一大步。和这个对比，美国一国花费的总数相当于它维持**一个月**的伊拉克战争[6]。这个图说明了一切。美国可以很容易地单独完成这一步，而不用如此依赖于中东石油。

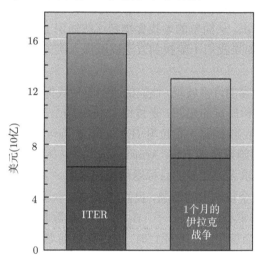

图 11.4 ITER 的成本和 1 个月在伊拉克战争的花费的比较。对 ITER，下面部分是最初的预算，而上部分是修订要增加的成本估计。对伊拉克战争，该线分成最小和最大成本[6]估计，最大成本包括占领和遣返部队的费用

11.2.2 结论

(1) 发展聚变能源的花费低于把人类送上月球。曼哈顿和阿波罗计划说明，出于国家的优先支持、紧迫感的认同、对个人的挑战以及全民的自豪感，科学和工程学界有独创性地去达到几乎不可思议的目标。由于 7 个国家联合推动聚变向前发展，美国失去了单独进行聚变的机会。然而，因为最困难的问题 —— 材料工程还有待解决，我们仍然离目标很远。美国通过建立一个或更多大的 FDF 装置能够在聚变研究重拾昔日的领导地位，FDF 可以和 ITER 同时去解决材料工程的问题，使实现聚变反应堆的时间缩短。

(2) 在私人企业发展的风能和太阳能已经刺激了经济发展。聚变装置极大，因

而必须由国家资助，但是通过分包合同授给小公司生产也可以促进经济的发展。比如，超导股线的部件、碳化硅砖、再生区模块、射频天线，甚至 3D 计算都可以配给刚成立的公司去做。这将创造新的工作岗位，从而保证新的资金投入。

(3)**把聚变作为一个高优先的类似于阿波罗计划放在快速发展的轨道上，将比阿波罗计划成本少，而且将一次就解决 CO_2 的问题、化石燃料短缺的问题和依赖石油的问题。**

11.3 结 束 语

空间科学、天文学和高能粒子的研究产生了有关我们环境的宏观的和微观的难以置信的详细的知识。从简单的寻找食物到这些知识上的高度，人类经历了漫长的启智旅程。显然，如果我们不能找到方法以确保人类的生存，这些知识不会有很大的帮助。

我们受益于冒险家的许多发现，他们的愿望驱使我们去探索未知的和达到高不可攀的，甚至是危险和昂贵的东西。麦哲伦 (Magellan)，哥伦布 (Columbus)，阿蒙森 (Roald Amundsen)，埃德蒙·希拉里 (Edmund Hillary)，罗杰·班尼斯特 (Roger Bannister)，尼尔·阿姆斯特朗 (Neil Armstrong)······ 人们因为珠穆朗玛峰的存在而要攀登它，但从追求无限能源的目标退缩是懦弱的。

我们正在接近一个哲学上的命题。我们已经极其幸运。我们的星球距离太阳的位置恰好使得一种非常稳定的水分子 (H_2O) 在大多数时间里是以液体形式存在，形成了生命的基础。当植物诞生和死亡时，它的化石随着人类生命的发展被埋藏数千年。化石能源的传统使得人类形成文明和发展智慧，使得我们能够抽象思考和探索我们周围的事物以及整个宇宙。我们的智慧和能力发展到这种程度使得我们能够设计和制造计算机，终会有一天它可以代替我们去思考。支持所有这些行为的能源即将被迅速耗尽，但是，幸运的是，现在我们已经聪明到可以去创造我们自己的能源。问题是我们真的有智慧实际地去做吗？

注   释

1. D.D. Stine, *The Manhattan project, the Apollo program, and federal energy technology R&D programs: a comparative analysis*, Congressional Research Service RL34645 (2009).

2. Physics World, July 2007.

3. http://www.costofwar.com.

4. IEEE Spectrum, September 2010. Some say that it might be as high as $20–25B, but this still puts the cost of fusion below that of the Apollo program.

5. Request to Congress as of February 1, 2010.

6. Congressional Budget Office per http://www.usgovinfo.com/library/weekly/aairaqwarcost. htm.

索　引

这个索引也可作为词汇表，以粗体显示的页面包含词汇的定义。